太湖生态系统特征
及其演替过程

杨柳燕　王梦梦 等　编著

科学出版社
北　京

内 容 简 介

本书开展太湖生态系统生物与非生物组成部分特征及变化驱动因素的研究。描述 70 多年来太湖藻类、高等水生植物、浮游动物、底栖动物、鱼类及微生物等生态系统群落结构组成及其演替过程，同时阐述太湖水环境质量变化过程。在太湖生态系统演替过程中，水生生物之间及其与水环境之间存在相互作用。太湖水生生物群落组成演替不仅受到全球气候变化等自然因素的影响，而且受到氮磷污染物排放、水利工程和渔业生产等人为因素的影响。

本书可供湖泊水生态环境研究与管理的相关人员，环境科学与工程、水利工程及污染环境修复工程等相关领域的科技工作者参考阅读。

图书在版编目（CIP）数据

太湖生态系统特征及其演替过程 / 杨柳燕等编著. -- 北京：科学出版社, 2024. 12. -- ISBN 978-7-03-080602-4

I. X832

中国国家版本馆 CIP 数据核字第 2024BD5465 号

责任编辑：何　念　汪宇思/责任校对：高　嵘
责任印制：徐晓晨/封面设计：无极书装

科 学 出 版 社 出版
北京东黄城根北街 16 号
邮政编码：100717
http://www.sciencep.com

北京富资园科技发展有限公司印刷
科学出版社发行　各地新华书店经销

*

开本：787×1092　1/16
2024 年 12 月第 一 版　印张：16
2024 年 12 月第一次印刷　字数：420 000
定价：**168.00 元**
（如有印装质量问题，我社负责调换）

前 言

太湖如明珠镶嵌在江南大地上,但是随着城市化进程加快和工农业生产发展,太湖水环境质量有所下降。因此,研究太湖生态系统特征及其演替过程,探索太湖生态系统演替的主要驱动因素,对于提升太湖水环境质量,具有非常重要的现实意义。

作者在查阅大量太湖生态系统研究成果的基础上,结合课题组长期的研究积累,编著本书。湖泊生态系统包括生命系统和非生命系统两个部分,两者之间相互作用、相互影响,组成完整的生态系统。太湖湖泊生命系统主要包括藻类、高等水生植物、浮游动物、底栖动物、鱼类、微生物、鸟类和两栖类动物等;非生命系统主要包括太湖湖体物理、水文及水环境化学等。本书从湖泊生命系统与非生命系统交互作用的角度出发,力求阐明以蓝藻水华暴发为重点的太湖生态系统特征及其变化过程。

本书共分10章。第1章为太湖流域概况,由潘丽玉、杨柳燕、陈黎明和钱新编写;第2章为太湖生态系统结构和功能,由朱金玲、杨柳燕和陈小锋编写;第3章为太湖藻类群落结构与演替,由王梦梦编写;第4章为太湖高等水生植物群落结构与演替,由范丹丹和杨柳燕编写;第5章为太湖浮游动物群落结构与演替,由何堤、杨柳燕和缪爱军编写;第6章为太湖底栖动物群落结构与演替,由王秋静和杨柳燕编写;第7章为太湖鱼类群落结构与演替,由谢梦娇和樊梓豪编写;第8章为太湖微生物群落结构与演替,由殷张弘余、彭宇科和杨柳燕编写;第 9 章为太湖水环境质量变化,由王梦梦、龚正文、吕学研和潘丽玉编写;第 10章为太湖生态系统演替原因分析,由王梦梦、钱新、陆昊和杨柳燕编写。王梦梦负责统稿工作,并请曾巾研究员进行审核。

秦伯强老师领导的团队对太湖生态系统开展了卓有成效的研究,创新的科研成果将太湖生态系统研究推向新高度,阐明了太湖蓝藻水华暴发过程及其生物地理驱动机制。同时各国科学家对太湖生态系统开展了深入的探索,极大提升了科研人员对太湖生态系统结构与功能的认识,谨代表全体编著人员对为本书内容作出贡献的科研人员表示感谢,并在列出相应参考文献的基础上,力求原意引用,如引用欠妥或漏标成果出处,还望相关科研人员海涵,以容我们后续修正。

本书的编著过程,得到了张全兴院士的鼓励和鞭策。2008年江苏专门成立了"江苏省太湖水污染防治专家委员会",张全兴院士任副主任委员,为太湖水环境治理提供科技支撑和决策咨询,并依托江苏江达生态科技有限公司,在无锡太湖之滨建立了江苏省企业院士工作站,承担了国家"水体污染控制与治理科技重大专项"(水专项)任务,在贡湖湾小溪港开展了湖泊生态修复研究和工程示范,示范区内实现"湖水清、生物多、景观美",生态系统得到有效恢复,成为研究太湖生态系统演替的一个范例。张全兴院士致力于太湖水环境系统治理,希望太湖早日重现碧波美景。敬仰张全兴院士崇高的科研精神,本书的出版是对张全兴院士无私奉献的回馈。

　　本书的出版得到了国家自然科学基金项目"太湖藻华释磷潜力时空差异性研究"、江苏省生态环境科研课题"太湖生态系统修复可行性研究及工程措施建议"及国家水专项项目的资助，在此一并感谢。本书力求完整呈现太湖生态系统的结构和功能，并反映其演替过程，但限于工作积累和学术水平等原因，表述如有不妥之处，敬请太湖生态系统研究领域的专家斧正，我们一定会虚心接受，不断完善本书。

杨柳燕
2024年2月19日

目 录

第1章 太湖流域概况 ·· 1
  1.1 地形和气象 ·· 1
  1.2 水文和水资源 ··· 2
  1.3 社会经济发展 ··· 9

第2章 太湖生态系统结构和功能 ·· 10
  2.1 太湖生态系统结构组成 ··· 10
     2.1.1 太湖生态系统生物类群 ·· 10
     2.1.2 太湖生态系统食物网 ··· 17
     2.1.3 太湖草型和藻型生态系统 ·· 18
  2.2 太湖生态系统功能 ··· 20
     2.2.1 太湖生态系统的物质循环 ·· 21
     2.2.2 太湖生态系统的能量流动 ·· 34
  2.3 太湖水生态服务功能 ·· 35
     2.3.1 防洪功能 ··· 36
     2.3.2 供水功能 ··· 37
     2.3.3 旅游、航运、水产养殖等功能 ·· 37

第3章 太湖藻类群落结构与演替 ·· 40
  3.1 太湖浮游植物群落结构组成与演替 ·· 40
     3.1.1 浮游植物种类组成 ·· 40
     3.1.2 浮游植物密度及蓝藻水华 ·· 45
     3.1.3 浮游植物优势种演替过程 ·· 54
     3.1.4 浮游植物多样性 ··· 57
  3.2 太湖着生藻类群落结构组成与演替 ·· 60
     3.2.1 太湖着生藻类时空分布差异 ··· 60
     3.2.2 太湖着生藻类群落组成与功能 ··· 62
  3.3 太湖蓝藻水华暴发与氮磷交互作用 ·· 63
     3.3.1 太湖氮磷营养盐输入加剧蓝藻水华暴发 ···································· 63
     3.3.2 太湖蓝藻水华暴发促进湖体 TP 浓度升高 ·································· 64

         3.3.3 太湖蓝藻水华暴发促进湖体 TN 浓度降低 ·· 67
         3.3.4 低氮和蓝藻水华暴发导致湖体 TP 浓度升高 ·· 69

第 4 章 太湖高等水生植物群落结构与演替 ·· 72
    4.1 太湖高等水生植物种类和生物量 ··· 72
         4.1.1 太湖高等水生植物种类组成与演替 ·· 72
         4.1.2 太湖高等水生植物生物量 ··· 76
    4.2 太湖高等水生植物分布面积 ··· 81
         4.2.1 太湖高等水生植物分布面积时间变化过程 ·· 81
         4.2.2 太湖高等水生植物分布面积空间变化过程 ·· 85
         4.2.3 影响高等水生植物分布的因素 ··· 92
    4.3 高等水生植物与湖体氮磷浓度的关系 ··· 94
         4.3.1 高等水生植物影响湖体氮磷浓度 ··· 94
         4.3.2 高等水生植物影响湖体氮磷浓度的机制 ·· 95

第 5 章 太湖浮游动物群落结构与演替 ·· 100
    5.1 太湖浮游动物群落结构组成与演替 ··· 100
         5.1.1 太湖各湖区浮游动物种类组成 ··· 100
         5.1.2 太湖浮游动物优势种的演替过程 ··· 106
    5.2 太湖浮游动物密度和生物量变化 ··· 111
         5.2.1 太湖各湖区浮游动物密度和生物量变化 ·· 111
         5.2.2 太湖各湖区浮游动物生物量季节变化 ·· 118
         5.2.3 太湖各湖区浮游动物密度与湖体营养状况关系 ·· 119
    5.3 太湖浮游动物多样性及驱动因素 ··· 121
         5.3.1 太湖浮游动物多样性 ··· 121
         5.3.2 太湖浮游动物群落演替的驱动因素 ·· 123

第 6 章 太湖底栖动物群落结构与演替 ·· 126
    6.1 太湖底栖动物种类组成和优势种 ··· 126
         6.1.1 太湖底栖动物种类组成与演替 ··· 126
         6.1.2 太湖底栖动物优势种及优势度 ··· 133
    6.2 太湖底栖动物密度和时空分布 ··· 135
         6.2.1 太湖底栖动物密度和生物量 ··· 135
         6.2.2 太湖底栖动物的时空分布差异 ··· 144
    6.3 太湖底栖动物多样性 ··· 145

第7章 太湖鱼类群落结构与演替 150

7.1 太湖鱼类群落结构组成与演替过程 150
- 7.1.1 太湖鱼类种类组成与演替 150
- 7.1.2 太湖鱼类优势种演替过程 154

7.2 太湖渔业生产方式对鱼类结构影响 155
- 7.2.1 太湖捕捞对鱼类结构影响 155
- 7.2.2 太湖围网养殖业对鱼类结构影响 160
- 7.2.3 太湖人工放流增殖对鱼类结构影响 163

7.3 太湖鱼类群落结构变化的生态学过程 167

第8章 太湖微生物群落结构与演替 169

8.1 太湖细菌群落结构与功能 169
- 8.1.1 太湖浮游细菌群落结构与功能 169
- 8.1.2 太湖附生细菌群落结构与功能 177
- 8.1.3 太湖沉积物细菌群落结构与功能 180

8.2 太湖古生菌群落结构与功能 184
- 8.2.1 太湖氨氧化古生菌群落结构与功能 184
- 8.2.2 太湖产甲烷古生菌群落结构与功能 185

8.3 太湖真菌群落组成与分布 186

8.4 太湖病毒组成与数量 186
- 8.4.1 太湖浮游病毒 186
- 8.4.2 太湖噬藻体 187

第9章 太湖水环境质量变化 189

9.1 太湖湖体水质变化过程 189
- 9.1.1 太湖湖体水质年际变化 189
- 9.1.2 太湖湖体水质时空变化 195

9.2 太湖水体富营养化状态及其影响因素 199
- 9.2.1 太湖水体富营养化状态年际变化 199
- 9.2.2 太湖水体富营养化的影响因素 201

第10章 太湖生态系统演替原因分析 204

10.1 太湖流域入湖氮磷负荷 204
- 10.1.1 太湖流域入湖河流水质年际变化 204
- 10.1.2 太湖湖西区主要入湖河流水质年际变化 205
- 10.1.3 太湖主要入湖河流氮磷负荷 206

10.2　太湖沉积物氮磷释放对湖体水质影响 207
　　　　10.2.1　太湖沉积物蓄积量 208
　　　　10.2.2　太湖沉积物氮磷释放 210
　　10.3　水文和气象过程影响生态系统 215
　　　　10.3.1　太湖来水量与河道入湖氮磷负荷 215
　　　　10.3.2　太湖换水周期与湖体自净 223
　　　　10.3.3　气候变化与太湖蓝藻水华暴发 224
　　10.4　藻毒素影响生态系统结构组成 229
　　　　10.4.1　太湖水体中微囊藻毒素 229
　　　　10.4.2　微囊藻毒素在水生动物体内积累 231
　　　　10.4.3　微囊藻毒素改变水生生物群落组成 233

参考文献 236

第1章 太湖流域概况

1.1 地形和气象

太湖流域位于长江下游,行政区划分属江苏、浙江、安徽和上海三省一市,北濒长江,南濒钱塘江,东临东海,西以天目山、茅山等山区为界。太湖流域总面积 36 895 km²,其中江苏、浙江、上海和安徽境内太湖流域面积分别占流域总面积的 52.6%、32.8%、14.0%和 0.6%〔生态环境部太湖流域东海海域生态环境监督管理局(https://thdhjg.mee.gov.cn/dwgk/lyhyjj/202002/t20200219_764696.html)〕。

太湖流域西部山丘区属于天目山及茅山山区的一部分,北、东、南周边受长江口和杭州湾泥沙堆积的影响,地势相对较高,中间是平原河网和以太湖为中心的洼地及湖泊,因此呈现出周边高、中间低的地形特点(图 1-1)。

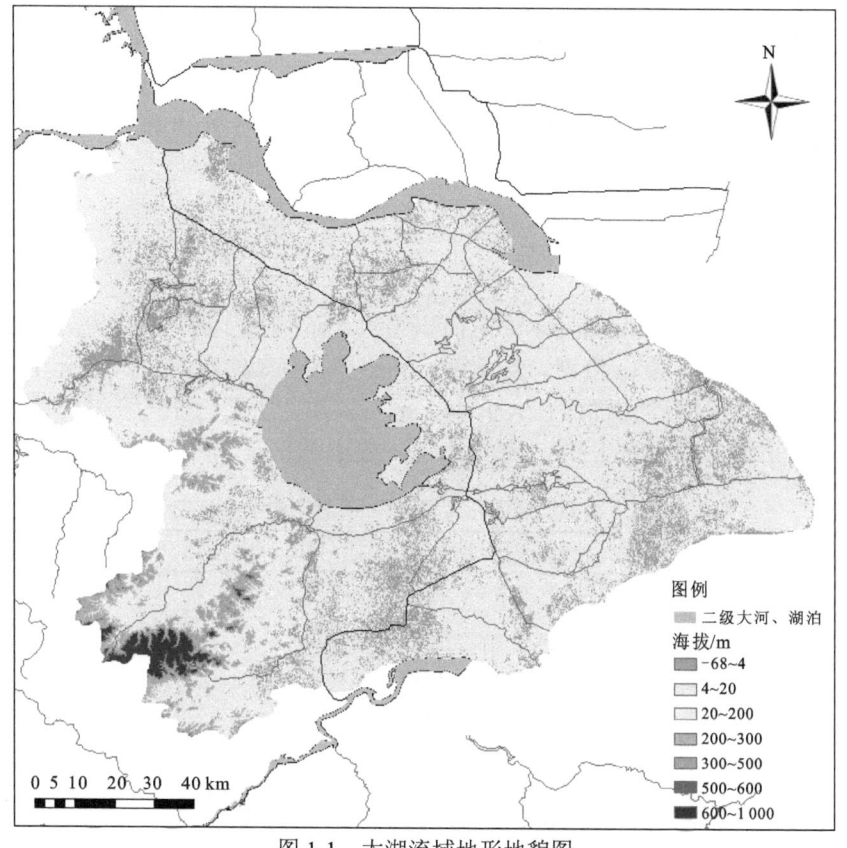

图 1-1 太湖流域地形地貌图

太湖（30°55′40″~31°32′58″N，119°52′32″~120°36′10″E）位于太湖流域中心，太湖水面面积约为 2 338 km²，是中国第三大淡水湖泊，为典型的亚热带浅水湖泊。太湖较大的湖湾包括竺山湾、梅梁湾、贡湖湾、胥口湾和东太湖等。

太湖位于江苏南部，北临江苏无锡，南濒浙江湖州，西依江苏常州、江苏宜兴，东近江苏苏州（蔡天祎 等，2023），由江苏对太湖全境进行行政管辖。太湖西侧和西南侧为丘陵山地，东侧以平原及水网为主。西南部湖岸平滑呈圆弧形，东北部湖岸曲折多湖湾和山甲角。湖泊长度 68.5 km，最大宽度 56 km。一些岛屿分别与东、西庭山连体，近岸岛屿则与湖岸相连成半岛，现尚存大小岛屿 48 座，以西洞庭山面积最大，为 75 km²。

太湖流域属亚热带季风气候区，冬季盛行偏北风，夏季盛行东南风。纪迪等（2013）对 1956~2007 年太湖流域的气温变化进行分析，结果显示太湖流域从 20 世纪 80 年代初气温显著上升，1956~2007 年全流域增温幅度为 0.38 ℃/10 a。由于统计分析的年限增长，何昶等（2022）研究发现太湖流域气温在 1958~1990 年呈下降趋势，在 1990~2018 年呈上升趋势。2022 年夏季高温天数异常偏多，极端最高气温与历史最高纪录持平。

太湖流域年降水量在 1956~2018 年以 0.557 mm/a 的速率缓慢增长（许钦 等，2023）。陆昊等（2022）收集 2010~2019 年太湖流域降水量数据，分析发现多年平均降水量为 1 322.0 mm，与 1986~2009 年相比，增加了 15%。2020 年太湖流域年降水量为 1 552.0 mm，较常年偏多 31.8%（水利部太湖流域管理局，2020a）。2021 年，太湖流域天气形势异常，汛期先后受梅雨、台风强降雨、盛夏连阴雨等影响，发生编号洪水（金科和张祎旸，2021）。2021 年太湖流域年降水量为 1 370.4 mm，较常年偏多 13%。各水利分区降水量均偏多，增幅为 12%~61%（朱威，2022）。2022 年，太湖流域年降水量 1 066.6 mm，较常年同期少 10.8%（金科 等，2022）。2023 年，太湖流域年降水量 1 253.0 mm，与常年基本持平（金科 等，2023）。2020~2023 年太湖流域多年平均降水量为 1 310.5 mm，与 2010~2019 年多年平均降水量相当。

1.2 水文和水资源

太湖流域河网如织，湖泊散布，水面总面积约为 5 551 km²。流域内太湖、滆湖、阳澄湖、淀山湖、洮湖（又称长荡湖）、澄湖、昆承湖、元荡和独墅湖的水面面积大于 10 km²，占流域湖泊总面积的 89.8%。6 个水面面积大于 40 km² 的湖泊的主要特征见表 1-1。太湖流域湖泊都是浅水湖泊，平均水深不超过 2 m，最大水深一般小于 3 m，个别湖泊最大水深超过 4 m。

表 1-1　太湖流域面积大于 40 km² 湖泊的主要特征

湖泊名称	湖泊面积/km²	湖泊水面面积/km²	湖泊长度/km	平均宽度/km	平均水深/m	蓄水量/（10⁸m³）
太湖	2 427.80	2 338.10	68.50	34.10	1.90	44.30
滆湖	192.00	189.10	23.00	6.12	1.20	5.00
阳澄湖	119.00	116.00	17.00	11.00	—	1.67
淀山湖	62.00	59.20	12.90	4.30	1.94	1.60
洮湖	88.97	85.80	16.17	5.50	1.00	0.98
澄湖	40.64	40.10	9.88	4.11	2.49	0.74

数据引自《太湖流域水环境综合治理总体方案》（2022 年）。

第1章 太湖流域概况

太湖流域内水系以太湖为中心，分为西部山丘区独立水系（上游水系）和平原河网水系（下游水系）。西部山丘区独立水系由苕溪水系、南溪水系和洮滆水系等组成；平原河网水系由以黄浦江为主干的东部黄浦江水系（包括吴淞江）、北部沿江水系和南部沿杭州湾水系等组成。京杭运河作为流域内重要航道，穿越流域及下游诸水系，在水量调节和承转中起重要作用（汪院生 等，2022）。

按照水系特点，全流域划分为7个片区：以太湖为主并包括部分沿湖地区的太湖区；以苕溪水系为主并包括长兴诸河的浙西区；以南溪水系和沿江水系为主，北到长江，东到常澄（常州、江阴）一线的湖西区；武进以东至望虞河的武澄锡虞区；望虞河以东，嘉定青浦一线以西，太浦河以北的阳澄淀泖区；太湖和太浦河以南直至杭州湾，东到上海张泾塘的杭（州）嘉（嘉兴）湖（湖州）区；上海境内的浦东、浦西区。其中，阳澄淀泖区、杭嘉湖区和浦西区最为低洼，是流域洪涝治理的重点。

太湖流域沿长江江堤长为311.6 km，包括江苏段的207.2 km，以及上海段的104.4 km。江苏段沿江主要口门构筑物共有64座，包括湖西区15座、武澄锡虞区33座、阳澄淀泖区15座，以及位于武澄锡虞区和阳澄淀泖区分区界河望虞河河口1座，即常熟水利枢纽。14条主要河道沟通长江与流域腹地河网，引排水量占所有口门的60%以上（汪大为和陈红，2016）。除2015年、2016年发生特大洪水，排水量突增外，从长江引水增加了太湖从湖西区进入太湖的水量，2018年长江总引水量最高，达 $1.046×10^{10}$ m^3。

太湖流域水资源北引长江，通过太湖进行调蓄。2006~2013年，通过北部沿江口门引水量从 $1.3×10^{10}$ m^3/a 逐渐上升至 $1.7×10^{10}$ m^3/a，南部钱塘江取水量较小（图1-2）（王俊杰，2016）。

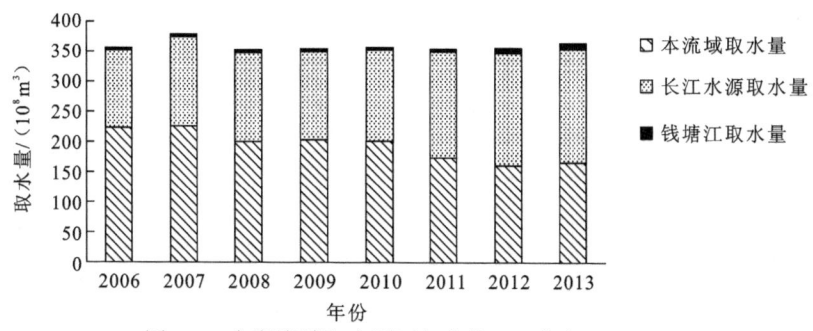

图1-2 太湖流域取水量逐年变化（王俊杰，2016）

望虞河引排工程是太湖流域重要的水资源调度工程。据统计，多年来望虞河引水量与入湖水量呈波动下降的趋势。2022年由于太湖流域降水量偏少，出现了罕见的夏秋连旱，调水总量位居引江济太以来前列。2013~2022年，望虞河多年引水的入湖率波动变化，2013年入湖率最高，为61.0%，2016年入湖率最低，为43.0%（表1-2）。

表1-2 2010~2021年望虞河引江济太调水状况

年份	常熟水利枢纽引水 时间/d	引水量/(10^8 m^3)	望亭水利枢纽入湖 时间/d	入湖水量/(10^8 m^3)	入湖率/%
2013	190	22.39	121	11.41	61.0
2014	170	20.17	137	10.56	57.0
2015	103	9.61	60	3.89	53.0

续表

年份	常熟水利枢纽引水 时间/d	常熟水利枢纽引水 引水量/(10^8 m^3)	望亭水利枢纽入湖 时间/d	望亭水利枢纽入湖 入湖水量/(10^8 m^3)	入湖率/%
2016	47	4.80	30	1.44	43.0
2017	149	14.12	75	4.84	49.5
2018	139	11.71	82	5.44	55.0
2019	165	13.66	72	5.62	54.0
2020	87	6.60	32	2.36	56.0
2021	151	14.37	105	7.20	57.0
2022	201	22.80	160	11.91	56.0

数据引自水利部太湖流域管理局（2022a，2021，2020b，2019，2018，2017，2016，2015，2014，2013）。

太湖流域出入太湖河流 228 条，其中在口门建有控制性工程的河道 166 条，敞开河道 62 条（水利部太湖流域管理局，2011a）。引水口门以常熟水利枢纽为主，引水量达到 $3×10^8$ m^3/a 以上，为望虞河控制工程。排水口门以杭嘉湖口门为主，排水量达到 $8×10^8$ m^3/a（图 1-3）（王俊杰，2016）。

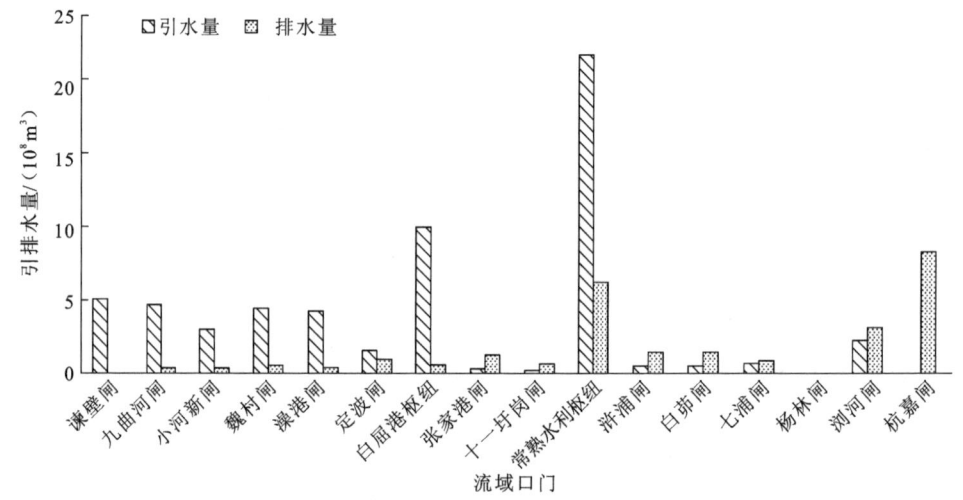

图 1-3 太湖流域口门引排水量对比（王俊杰，2016）

从 2005 年开始，浙江环太湖河流水流以出湖为主。2010～2011 水文年浙江河流入湖水量为 $2.289×10^9$ m^3，而出湖水量为 $3.16×10^9$ m^3。2014 年浙江沿钱塘江口门入湖水量为 $1.02×10^9$ m^3，而出湖水量为 $2.36×10^9$ m^3；2015 年入湖水量为 $1.04×10^9$ m^3，而出湖水量为 $2.39×10^9$ m^3；2016 年入湖水量为 $1.16×10^9$ m^3，而出湖水量为 $3.79×10^9$ m^3；2017 年入湖水量为 $1.42×10^9$ m^3，而出湖水量为 $1.47×10^9$ m^3。因此，除了太湖流域发生大规模洪水，太湖浙江片区出湖水量大于入湖水量。西苕溪是主要的入湖水系，原来占总入湖水量 30%～40%，现在出入湖水量随年际波动，水流呈往复流，以入湖为主。

在出湖方面，太浦河是太湖主要的出湖河流，2010～2017 年出湖水量约占总出湖水量的 25%。同时，无锡梁溪河原为入湖河道，现作为排水通道将太湖水排至京杭大运河，成为太湖出水通道之一。

湖西区位于太湖流域的西北部，是太湖的主要汇水区之一。区域多年平均入湖水量占环太湖地区总入湖水量的60%，其本地水源除了山地丘陵区来水以外，外引长江水是主要的水源之一（汪大为和陈红，2016）。2000年后太湖每年入湖水量超过以前多年平均入湖水量$7.0×10^9$ m^3。湖西区陈东港是最主要的入湖河道，输入太湖水量占比最大，2017年其入湖水量占比接近35%。

武宜运河位于常州武进区和宜兴境内，常年流向自北向南，枯水期水位为3.7~4.0 m，丰水期为5 m左右，汛期流量为150 m^3/s（陈丽娜等，2014）。武宜运河自北向南沿途与武南河、太滆运河、漕桥河、殷村港、烧香港、东湛渎港等入太湖河流交汇，其范围内的点源、面源污染物最终汇入入湖河流，进入太湖。

太湖是平原河网型湖泊，太湖出入湖河流有228条，其中30条主要出入湖河流可分为4类（图1-4）：第1类为江苏15条主要入湖河流，包括望虞河、太滆运河、漕桥河、殷村港、陈东港和大浦港等；第2类为浙江7条主要入湖河流，但存在明显的往复流，包括长兴港和苕溪等；第3类为浙江4条主要出湖河流，包括罗溇、幻溇、濮溇和汤溇；第4类为江苏4条主要出湖河流，包括太浦河、瓜泾港、胥江和浒光运河。

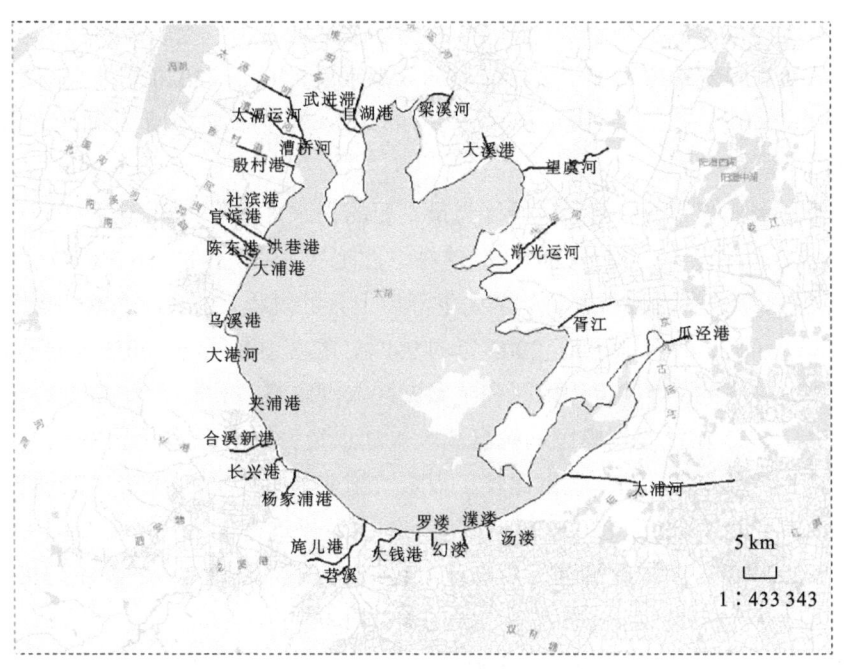

图1-4 太湖30条主要出入湖河流位置图

根据水利部太湖流域管理局的年报，1986~2020年，环太湖多年年均总入湖水量为$9.415×10^9$ m^3，环太湖总入湖水量整体呈上升趋势，2020年的环太湖总入湖水量为$1.394×10^{10}$ m^3，较1986年增加了$8.871×10^9$ m^3。环太湖总入湖水量最小为2007年的$8.875×10^9$ m^3，2016年受特大降水年影响，环太湖总入湖水量最大，为$1.598×10^{10}$ m^3（图1-5）。

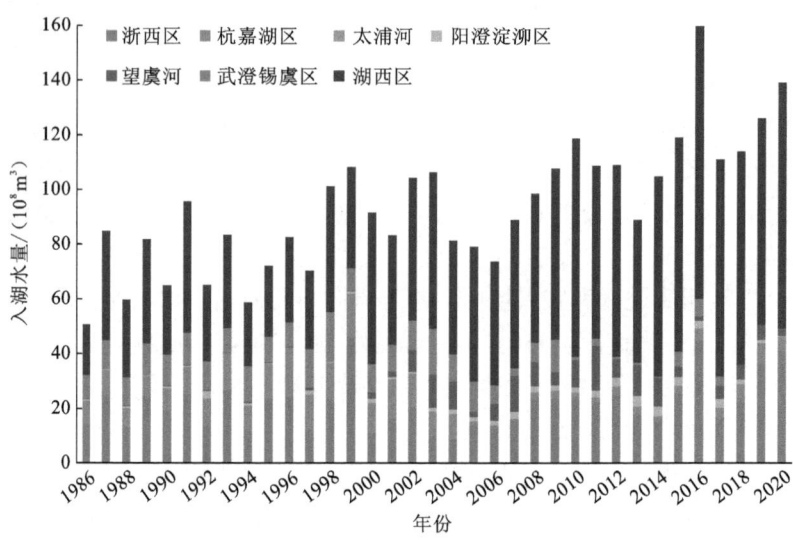

图 1-5　1986~2020 年环太湖分区入湖水量变化

2000 年后，太湖流域湖西区沿长江口门完成了闸门改、扩建工程，泵站的引、排水能力逐渐增强（申金玉 等，2011）。此外，2002 年起，水利部太湖流域管理局与流域内有关省市实施以引江济太为重点的流域水资源调度（张亚洲 等，2017）。沿长江口门引水和望虞河引江济太工程的实施一定程度增加了太湖流域的入湖水量，2000~2020 年环太湖多年平均总入湖水量为 $1.062×10^{10}$ m^3，与 1986~1999 年的环太湖多年平均总入湖水量相比增加了 $2.907×10^9$ m^3，增加 37.7%。

在太湖入湖水来源方面，湖西区始终为最主要的来水片区，2000 年后湖西区入湖水量占比大部分时间在 60%以上，并呈波动上升趋势，占比从 1986 年的 36.6%增加到 2020 年的 64.6%。浙西区入湖水量占比经过了一个先下降后上升的过程，1986~2003 年浙西区入湖水量占比由 1986 年的 28.4%下降到了 2003 年的 9.4%，之后逐渐回升，2020 年浙西区入湖水量占比上升到 29.3%。1986 年武澄锡虞区和杭嘉湖区入湖水量占比合计为 33.7%，在 2005 年后开始显著减少，2020 年武澄锡虞区和杭嘉湖区入湖水量占比合计降低至 3.9%。2002 年引江济太工程实施后，望虞河入湖水量占比较工程未实施前显著增加，1986~2001 年望虞河入湖水量平均占比为 0.7%，2002~2020 年望虞河入湖水量平均占比为 7.9%。除 1992 年和 2013 年外，1986~2020 年，阳澄淀泖区入湖水量占比相对稳定，在 1%~2%，而 1992 年和 2013 年阳澄淀泖区入湖水量占比超过总入湖水量的 4%（图 1-6）。

1986~2020 年，环太湖总出湖水量整体呈上升趋势，与总入湖水量变化趋势基本一致（图 1-7）。2020 年环太湖总出湖水量为 $1.358×10^{10}$ m^3，与 1986 年相比增加了 $6.789×10^9$ m^3，但增加幅度小于同期总入湖水量的增加幅度。1986~2020 年，环太湖多年平均总出湖水量为 $9.645×10^9$ m^3。1994 年为 1986~2020 年环太湖总出湖水量最少的年份，环太湖总出湖水量为 $6.253×10^9$ m^3。2016 年受特大降水影响，环太湖总出湖水量为 1986~2020 年的最大值，达 $1.672\ 7×10^{10}$ m^3。

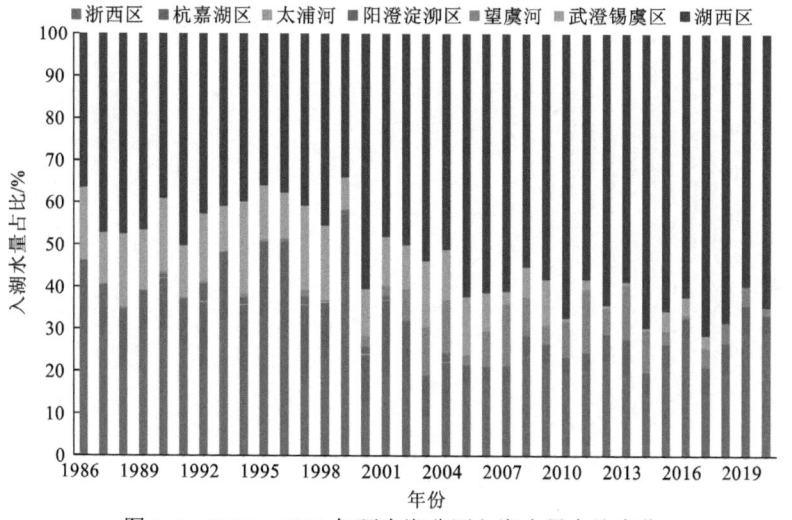

图 1-6 1986~2020 年环太湖分区入湖水量占比变化

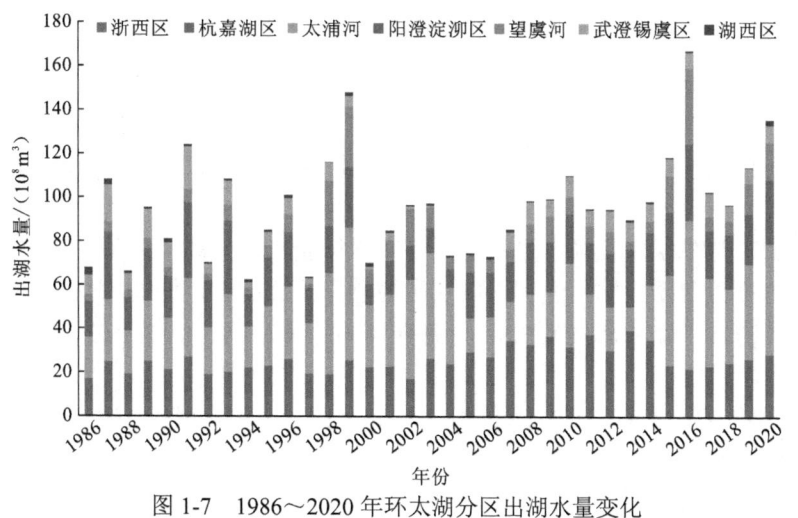

图 1-7 1986~2020 年环太湖分区出湖水量变化

1986~2020 年环太湖总出湖水量的变化过程大致可分为两个阶段：第一阶段为 1986~2000 年，多年平均总出湖水量为 $9.122\times10^9\ m^3$，但波动较大；第二阶段为 2001~2020 年，多年平均总出湖水量为 $1.003\ 7\times10^{10}\ m^3$，与 1986~2000 年相比波动更加平稳，且呈逐渐上升趋势。2001~2020 年多年平均总出湖水量与 1986~2000 年相比，增加了 $9.15\times10^8\ m^3$，增加比例为 10.0%。

与各片区入湖水量占环太湖总入湖水量的比例不同，太湖各片区出湖水量占环太湖总出湖水量的比例年际间较为均匀。1986~2020 年，太浦河、阳澄淀泖区、杭嘉湖区和浙西区多年平均出湖水量占比分别为 31.9%、23.1%、16.4%和 11.6%，各片区出湖水量占比年际差异较小（图 1-8）。太浦河始终为太湖最主要的出湖河道，其出湖水量占比逐年增大，从 1986 年的 27.9%增加到了 2020 年的 37.2%；湖西区出湖水量始终较小，其占比也始终较小，1986~2020 年湖西区多年平均出湖水量占比为 1.1%；随着引江济太工程的实施，望虞河工程调度设施的建设也使得望虞河成为汛期保证太湖水位的一个重要通道，因此，望虞河出湖水量占比有所增加，武澄锡虞区出湖水量占比有所减少。

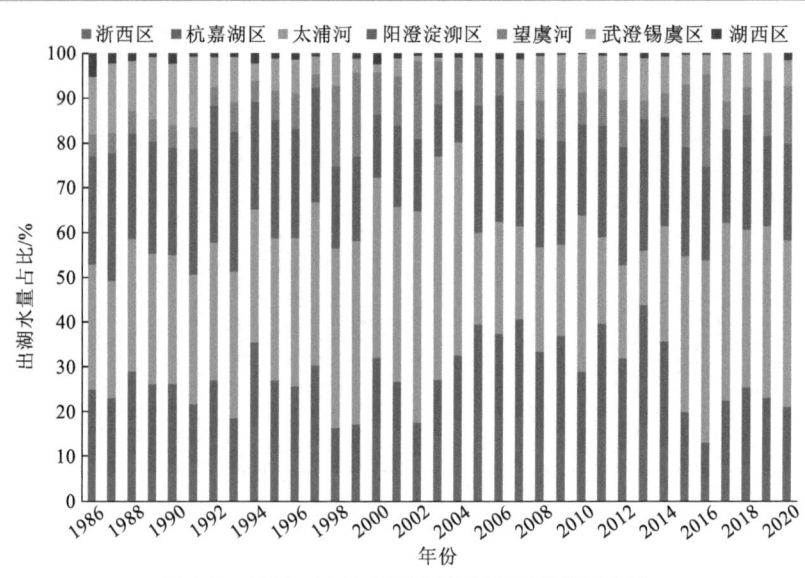

图 1-8　1986～2020 年环太湖分区出湖水量占比

太湖来水量增加导致太湖换水周期大大缩短，从原来的年均 250 d，缩短到 150 d，随着新孟河延伸拓浚工程的运行，太湖换水周期还会进一步缩短。除区域降水产流增加外，太湖来水量增加还与南京、镇江、常州和无锡各地区长江引水有关，望虞河引江济太水量占总引水量比例较小。

太湖流域属亚热带季风气候，夏季受热带海洋气团影响，高温多雨，易产生极端降水天气，冬季受北方高压气团控制，温和干燥（常翔宇 等，2022）。太湖平均水深为 1.89 m，多年平均水位为 3.21 m，警戒水位为 3.8 m。每年 4 月春雨增加，水位上升，9 月后开始下降，11～12 月进入枯水期。

1954～2020 年的太湖多年平均水位为 3.15 m（图 1-9）。其中，1954～1968 年太湖年均水位呈波动下降趋势，1968 年之后太湖的年均水位呈波动上升趋势。自 2007 年开始，连续 14 年的年均水位均高于 1954～2020 年的多年平均水位，也呈波动上升趋势。1954～2020 年，太湖年均水位的最大值出现在 1954 年，年均水位为 3.64 m；年均水位的最小值出现在 1978 年，为 2.69 m。2000～2010 年太湖多年平均水位达到了 3.22 m，明显超过了 1954～1979 年、1980～1999 年 2 个阶段的 3.05 m、3.15 m。2021 年和 2022 年，太湖年均水位为 3.33 m 和 3.22 m。2006 年是年均水位变化过程的突变年，该年年均水位为 3.21 m。突变年份之后，年均水位显著上升。

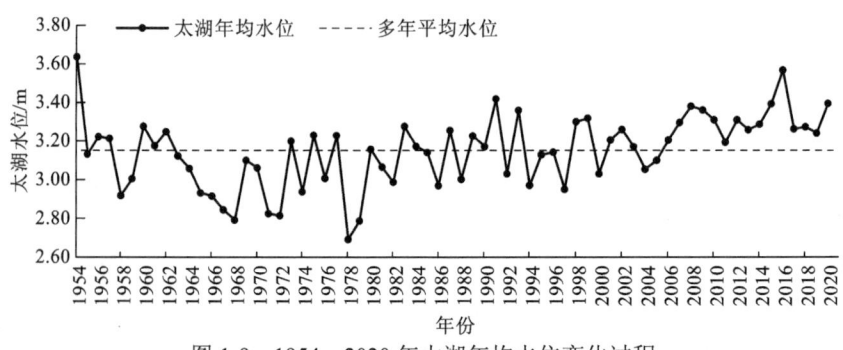

图 1-9　1954～2020 年太湖年均水位变化过程

1954～2020 年太湖平均年最高水位为 3.83 m，年最高水位具有显著的年际变化，其最大值出现在 1956 年，为 5.18 m；最小值出现在 1978 年，为 2.91 m，极差为 2.27 m，极值比为 1.78。1954～2020 年年最高水位存在 5 个显著的高低演替过程：1954～1962 年总体偏高，均值为 4.11 m；1963～1979 年总体偏低，均值为 3.51 m；1980～1999 年总体偏高，均值为 3.95 m；2000～2014 年总体偏低，均值为 3.74 m；2015～2020 年总体偏高，均值为 4.14 m，这与太湖流域汛期降水量的丰枯变化相吻合。

1954～2020 年，太湖年最高水位共有 18 次达到或超过 4.10 m，其中有 14 次出现在 1954～1999 年。2000 年以来，随着流域汛期降水偏枯，年最高水位随之总体偏低，1954～2014 年年最高水位总体上不具有显著的上升或下降趋势，但是 2015 年以后流域降水丰沛，年最高水位显著上升，使得 1954～2020 年年最高水位总体呈上升趋势。故 1954 年以来年最高水位的年际变化更多与降水要素的周期性振荡相关。即使在 20 世纪 80 年代以后太湖流域人类活动强度越来越剧烈，年最高水位的变化仍然受控于汛期降水（王磊之 等，2016）。

1954～2020 年太湖的年最低水位变化趋势与太湖年最高水位变化趋势不同，呈波动上升趋势，1954～2020 年太湖的平均年最低水位为 2.69 m。其中，太湖年最低水位的最高值出现在 2016 年，为 3.07 m；太湖年最低水位的最低值出现在 1956 年，为 2.09 m，极差为 0.98 m，极值比为 1.47。1954～1999 年太湖年最低水位整体偏低，均值为 2.61 m；2000～2020 年太湖年最低水位与 1954～1999 年相比总体偏高，均值为 2.86 m。2002 年是年最低水位变化过程中的突变年，年最低水位为 2.98 m。突变年之后，年最低水位显著上升。

1.3 社会经济发展

太湖流域自然条件优越，水陆交通便利，人口产业密集，是长江经济带的龙头。2000 年以来，太湖流域国内生产总值（gross domestic product，GDP）和工业增加值同步快速增长，第三产业增加值增速更快。2022 年，太湖流域总人口为 6.825×10^7 人，占全国总人口的 4.8%；GDP 为 1.18173×10^{13} 元，占全国 GDP 的 9.8%；人均 GDP 为 1.73×10^5 元，是全国人均 GDP 的 2.0 倍（水利部太湖流域管理局，2022b）。

第 2 章 太湖生态系统结构和功能

2.1 太湖生态系统结构组成

2.1.1 太湖生态系统生物类群

生态系统是指在一定空间中共同栖居的所有生物（即生物群落）与其环境之间由于不断地进行物质循环和能量流动过程而形成的统一整体，由非生物成分和生产者、消费者、分解者 3 种基本生物成分组成。生态系统中的生物组成不断地发生演替，环境状况也不断地发生变化，并且生物和非生物之间相互影响。湖泊（包括水库）及其流域内的各种地质、地貌、水文、化学、生物等因素相互依存、相互制约，在湖泊及其流域内相互作用，形成了一个完整的湖泊生态系统（朱爱民，2020）。

湖泊生态系统具有结构多样性、功能复杂性的特征，湖泊水生生物具有不同的生态位（图 2-1）。湖泊生物分布于不同水层，具有一定的生态位。高等水生植物一般分布在湖泊的浅水区。在岸边最常见的是芦苇（*Phragmites australis*）和香蒲（*Typha orientalis*）等，睡莲（*Nymphaea tetragona*）等高等水生植物的叶延伸到水面，根系则生长在底泥。水体中浮游

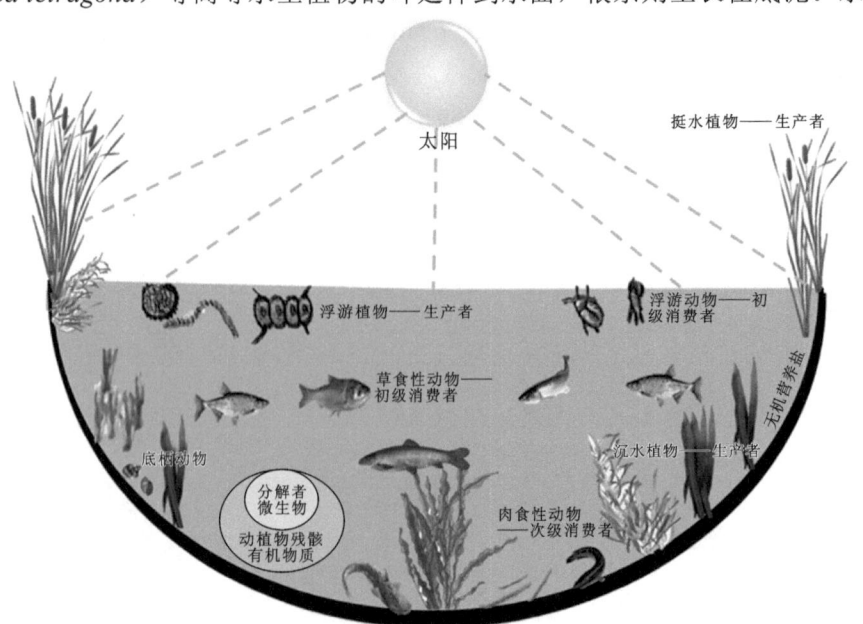

图 2-1 湖泊生态系统

植物，以单细胞藻类为主，在夏季大量繁殖，使得水体呈现绿色。水体中浮游动物以浮游植物为食。常栖息于水体上层的鲢（Hypophthalmichthys molitrix）、鳙（Aristichthys nobilis）等鱼类以浮游植物和浮游动物为食物；生活在水体中下层的鱼类，如草鱼（Ctenopharyngodon idellus）等一般以高等水生植物为食；而以螺蛳（Margarya melanioides）、河蚬（Corbicula fluminea）等软体动物为食物的鱼类往往生活于水体底层，如青鱼（Mylopharyngodon piceus）等。湖泊水体中不仅有生产者和消费者，而且有多种微生物，它们促进物质循环和能量流动，以维持水生态平衡。

20 世纪 50 年代以来，科研人员对太湖进行了多次调查，发现 1950~2010 年太湖水环境质量逐渐变差，水体富营养化程度加剧，这不仅与外源污染物输入有关，也与生态系统生物组成演替有关。2010 年以前，由于生境改变和人类活动的干扰，太湖水质明显恶化，生态系统结构组成明显退化。2010 年以来，各级政府采取了一系列的治理措施，太湖水质得到一定的改善，外源输入营养盐浓度下降，水体富营养化程度有所缓解，但是没有得到根本解决。太湖生态系统生物种类数下降，清洁种减少，耐污种增加，生物多样性下降。太湖各种水生生物向小型化方向发展，原核生物的蓝藻数量大增，小型枝角类和鱼类数量占据优势，高等水生植物数量减少，生态系统处于退化和不稳定状态，生态系统功能处于营养物质高速转化状态，导致太湖初级生产力增加，蓝藻水华暴发面积处于高位（董一凡 等，2021；张运林 等，2020；秦伯强，2009）。到 2020 年以后，太湖水质逐步得到改善，蓝藻水华面积不断减小。作为一个大型浅水湖泊，太湖生态系统的结构和功能至今仍然缺乏全面、系统的研究，因此，探索太湖生态系统结构组成的演替过程对提高湖泊水环境质量将起到重要的作用。

太湖生态系统中生产者包括浮游植物、高等水生植物、光合细菌和化能自养菌；消费者包括浮游动物、底栖动物及鱼类；分解者包括病毒、细菌、古生菌及真菌。同时还有一些两栖类、爬行类和鸟类动物在浅水区和湿地生活。这些生物共同构成太湖完整的生态系统结构，任何一部分缺失都会对生态系统造成严重的破坏。太湖生态系统生物群落结构受水体输入污染物总量及各种物质浓度的影响，生态系统中生物也能对湖泊水质和输出湖泊的各类物质产生反作用。生物群落结构和功能完好的良性湖泊生态系统常可以消纳外源输入的各类物质，并使湖泊维持良好水质，而结构和功能受损的生态系统对外源污染物消纳能力较弱，湖泊水质及其稳定性往往较差，影响湖泊功能的正常发挥。

1. 浮游植物

浮游植物是湖泊生态系统最基本且最原始的生产者，它是太湖生态系统中重要的生产者之一，其光合作用不仅可以把水体中无机碳转化为有机碳，给消费者提供食物，还可吸收转化水体中各类污染物，降低水体中氮（N）、磷（P）浓度，改善湖泊水质（徐雪红，2011）。但是，当浮游植物过度繁殖，超过消费者利用的能力时，会导致湖泊生态系统失衡，出现藻类水华，产生严重的水环境问题。根据多年的调查，1960~2020 年太湖地区的浮游植物物种构成和数量都有很大的变化，整体上呈现出种类数降低，而个体数量急剧增加的趋势。太湖浮游植物生物量在 1960~1988 年迅速增加（由 1.18 mg/L 增加到 6.45 mg/L）是该时期的特点。从 1960 年的绿藻门（Chlorophyta）到 1981 年的硅藻门（Bacillariophyta），再到 1988 年的蓝藻门（Cyanophyta），浮游植物的优势类群也在发生变化。1988~1995 年，太湖浮游植物以蓝藻门为主，其生物量呈周期性波动增加（2.05~6.45 mg/L）。1996~1997 年，虽然太湖浮游植物的总生物量不断增长，但优势种的数量却出现了微小的改变。1998 年之后，蓝藻门的微囊藻（*Microcystis* sp.）仍是主要的浮游植物，其生物量每年均有波动（图 2-2），2019 年蓝藻水华面积达到顶峰，随后呈现下降的趋势。2020 年太湖全湖优势浮游植物包括长孢藻（*Dolichospermum* sp.）、微囊藻和假鱼腥藻（*Pseudanabaena* sp.），但均以微囊藻占绝对优势（盛漂 等，2024）。

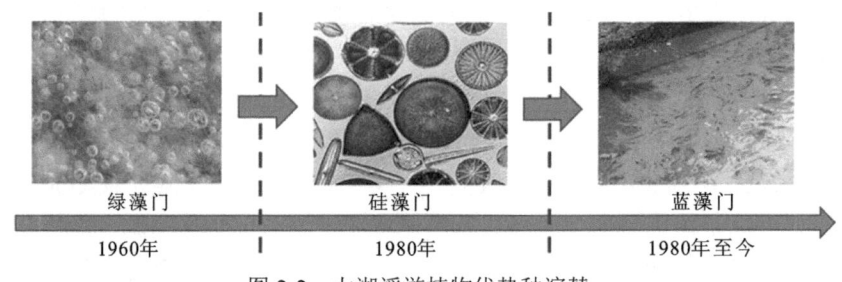

图 2-2　太湖浮游植物优势种演替

2. 高等水生植物

高等水生植物是太湖中重要的初级生产者，在维护水质、固定沉积物、防止沉积物再悬浮、维持生态系统稳定性、保护生物多样性，为小型水生动物逃避捕食和生存提供场所等方面具有重要的作用。太湖高等水生植物包括挺水植物、浮叶植物、漂浮植物和沉水植物四大类群，主要分布在东太湖、东部沿岸区、南部沿岸区和贡湖湾，其中太湖东部湖区是太湖高等水生植物分布较为丰富的湖区。20 世纪 50～60 年代，太湖有高等水生植物 27 科 47 属 66 种，其中挺水植物的优势种为菰（*Zizania latifolia*）和芦苇，沉水植物优势种是苦草（*Vallisneria natans*）和马来眼子菜（*Potamogeton malainus*）。20 世纪 70 年代末期，高等水生植物密集区的物种以芦苇、苦草、菰和马来眼子菜为主，有少量轮叶黑藻（*Hydrilla verticillata*）和极少量浮叶植物。20 世纪 80 年代以前东太湖沉水植物生长的环境条件比较稳定，到 20 世纪 80 年代中期芦苇群丛退化，菰的分布面积和生物量均远超芦苇，苦草形成一定规模，菹草（*Potamogeton crispus*）数量增加，但优势种仍为苦草和马来眼子菜。至 1997 年微齿眼子菜（*Potamogeton maackianus*）为绝对优势种，轮叶黑藻和苦草成为沉水植物的优势种，挺水植物优势种为菰和芦苇，外来种伊乐藻（*Elodea nuttallii*）入侵并形成一定的规模（徐雪红，2011）。2000～2007 年，因围网养殖的影响，东太湖高等水生植物优势种为金鱼藻（*Ceratophyllum demersum*）和人工引种的伊乐藻，非养殖区高等水生植物退化严重，马来眼子菜群丛萎缩严重，但仍为优势种。2008 年，东太湖的水体质量得到了一定的改善。在挺水植物方面，主要有芦苇和菰等品种。浮叶植物方面，有 15 种不同的植物，其中以荇菜（*Nymphoides peltatum*）、菱（*Trapa bispinosa*）和莲（*Nelumbo nucifera*）为主要代表。而沉水植物主要包括马来眼子菜、轮叶黑藻、苦草、金鱼藻和狐尾藻（*Myriophyllum verticillatum*）等品种（徐雪红，2011）。2014 年荇菜一跃成为仅次于马来眼子菜的高等水生植物，微齿眼子菜依然是主要优势种之一，其分布区转移至东北部湖区的贡湖湾和东部湖区的胥口湾（水利部太湖流域管理局 等，2018）。在贡湖湾、梅梁湾和竺山湾等湖体，冬、春季存在一定数量的菹草（图 2-3）。2020～2023 年太湖高等水生植物分布面积变化不大，但是浮叶植物生物量增加，沉水植物分布面积有所下降（任天一 等，2024）。

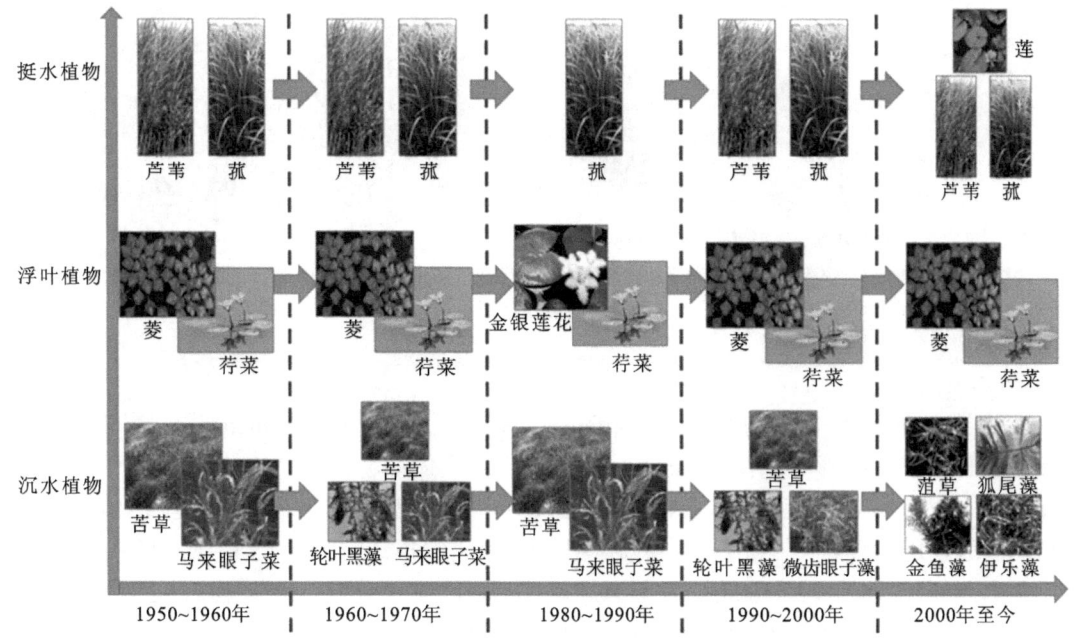

图 2-3　太湖高等水生植物优势种演替

3. 浮游动物

浮游动物是太湖中极其重要的初级消费者，一方面它是次级消费者的主要食物来源；另一方面它可消耗湖泊中浮游植物活体及其残体，抑制浮游植物的过度繁殖，是湖泊生态系统中食物链网中重要节点和纽带，对湖泊生态系统物质和能量循环具有重要影响，也对湖泊内鱼类结构和组成具有重要影响。太湖浮游动物以轮虫（Rotifera）出现的属种最多，原生动物（Protozoa）次之，枝角类（Cladocera）其后，桡足类（Copepoda）最少（图 2-4）。20 世纪 80 年代太湖浮游动物主要种类共 122 种，20 世纪 90 年代全湖观察到 73 属 101 种。到 20 世纪末浮游动物数量增加速度较快。2007 年全湖及各湖区浮游动物数量均达到历史演变过程的最大值。几十年来，由于银鱼（*Hemisalanx prognathus*）和小型鱼类等以浮游动物为食的鱼产量增加，太湖浮游动物呈现小型化的趋势，大型浮游动物（主要是枝角类）生物量锐减，而小型枝角类、桡足类及轮虫显著增加。由于 20 世纪 90 年代后太湖蓝藻大面积暴发，在夏季和秋季，太湖和梅梁湾浮游动物优势种被长额象鼻溞（*Bosmina longirostris*）和角突网纹溞（*Ceriodaphnia cornuta*）取代。长额象鼻溞和角突网纹溞是杂食性种类，虽然它们不能直接以蓝藻为食，却能利用蓝藻衰亡后形成的碎屑及附生的细菌，大量繁殖（徐雪红，2011）。2008~2018 年浮游动物多样性指数总体呈上升趋势，数量组成上主要为原生动物和轮虫，这也与水质有所改善有关（水利部太湖流域管理局 等，2018）。

4. 底栖动物

底栖动物不仅是湖泊生态系统中重要的组成部分，而且是湖泊水环境质量的重要指示生物之一。底栖动物以湖底及高等水生植物根茎叶为栖息地，以着生藻类及碎屑为食物，是湖泊生态系统食物链网重要组成部分，在物质循环中发挥极其重要的作用。太湖地区的底

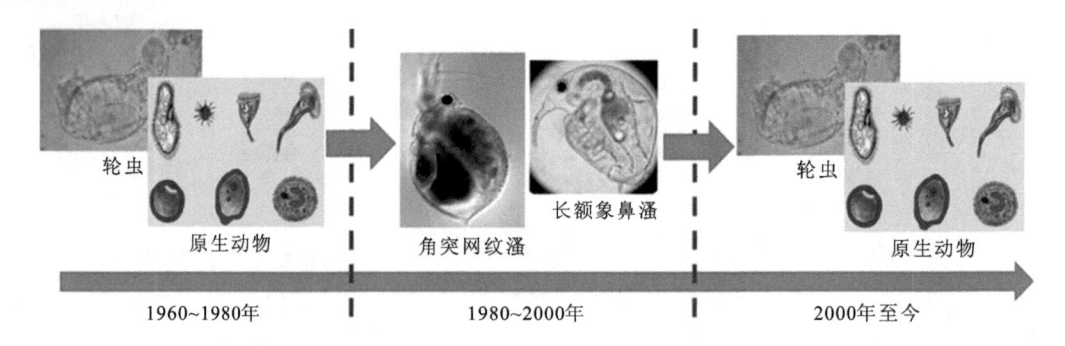

图 2-4 太湖浮游动物优势种演替

栖动物种类主要包括多孔动物门（Porifera）、腔肠动物门（Coelenterata）、扁形动物门（Platyhelminthes）、线形动物门（Nemathelminthes）、软体动物门（Mollusca）和节肢动物门（Arthropoda），而在其他各门中，不仅种属数量较少，个体数量也相对较少，因此在定量采集的样本中很难找到。1959~2007 年，太湖检出的底栖无脊椎动物共有 72 种属，其中腔肠动物门 2 种属，环节动物门（Annelida）11 种属，软体动物门 27 种属，节肢动物门 32 种属。20 世纪 50~60 年代，太湖的底栖生物主要是河蚬和螺蛳；到 20 世纪 80 年代，光滑狭口螺（*Stenothyra glabra*）也被纳入其中，在某些湖区里，人们发现了更多能够抵抗污染的苏式尾鳃蚓（*Branchiura sowerbyi*）。到了 20 世纪 90 年代，湖心区的主要优势种依然是河蚬和光滑狭口螺，西部沿岸带和梅梁湾齿吻沙蚕属（*Nephtys*）占优势。在五里湖和梁溪河入湖口，底栖动物主要以羽摇蚊幼虫（*Chironomid plumosus larva*）、克拉伯水丝蚓（*Limnodrilus claparedeianus*）等耐污物种为主。太湖底栖动物的数量在 1960~2007 年呈现增加的趋势，特别在竺山湾、梅梁湾和西部沿岸区等区域增加明显；但是其生物量却呈现"W"状变化特征，变化幅度增大。太湖底栖动物数量的增加主要表现为耐污种增多。除贡湖湾、东太湖外，其他湖区均存在底栖动物小型化的趋势，尤其以五里湖及西部沿岸最为显著。近几年霍甫水丝蚓（*Limnodrilus hoffmeisteri*）在污染严重的区域占据绝对优势，河蚬仅在湖心和西南湖区占据优势，腹足纲（Gastropoda）螺类在胥口湾和其他水草分布区占据优势（徐雪红，2011）。2006~2007 年，河蚬和铜锈环棱螺（*Bellamya aeruginosa*）是太湖软体动物的优势种。2007~2008 年，太湖中的主要底栖动物群落以霍甫水丝蚓、中华河蚓（*Rhyacodrilus sinicus*）、河蚬、铜锈环棱螺、中国长足摇蚊（*Tanypus chinensis*）和钩虾（*Gammarus* sp.）等物种占优势。2008~2018 年，优势种为河蚬、水丝蚓（*Limnodrilus hoffmeisteri*）和裸须摇蚊（*Propsilocerus*）（温舒珂 等，2023）。梅梁湾、竺山湾和西部沿岸带底栖动物密度高，耐污能力强的水丝蚓和摇蚊居多（水利部太湖流域管理局 等，2018），太湖底栖动物优势种演替见图 2-5。

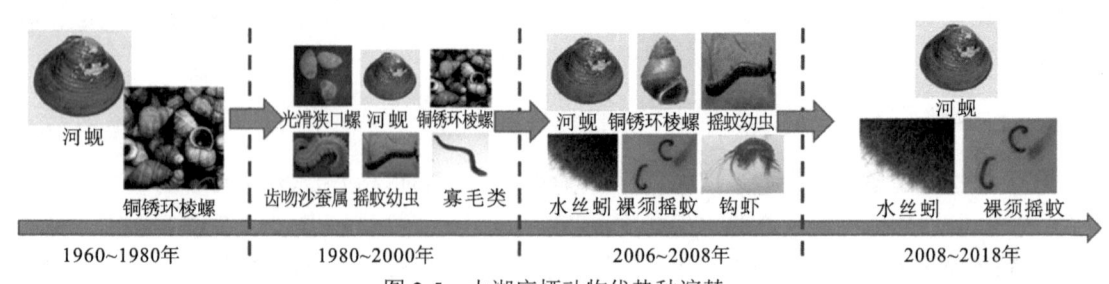

图 2-5 太湖底栖动物优势种演替

5. 鱼类

鱼类是太湖生态系统中重要的消费者，也是湖泊主要的经济产品。湖泊水体中生长的动植物大多都是鱼类的食物，由大气和陆地进入水体中的动植物或残体也常被鱼类所摄食，因此，在湖泊生态系统中鱼类起着将浮游植物、浮游动物、高等水生植物，以及外源进入的有机物质转化为人类所需水产品的重要作用，人类通过对鱼类的捕捞可以从湖泊水体直接带走大量营养盐，减缓营养盐在湖泊中累积。按鱼类氮质量分数2%计算，2003～2009年太湖鱼类捕捞可以从湖中带走579～722 t/a 氮，约占每年输入太湖氮总量的2%～3%。太湖鱼类主要分三个类别。第一是以太湖地区常见的鲫（*Carassius auratus*）、鲂（*Megalobrama skolkovii*）、鲌（*Culter*）、鲤（*Cyprinus carpio*）、银鱼和湖鲚（*Coilia ectenes taihuensis*）等为主要种类的定居性鱼类；第二是江海洄游性鱼类，例如刀鲚（*Coilia ectenes*）和鳗鲡（*Anguilla japonica*）等鱼类；第三是青鱼、草鱼、鲢和鳙等江河半洄游性鱼类，目前以人工放流为主补充其种类数量。1952年以来随着湖泊富营养化、人工捕捞强度增加和水利工程建设，太湖鱼类种类数逐年下降。1989年前，太湖共发现鱼类106种，分属于15目、24科，其种类组成以鲤科（Cyprinidae）鱼类为主，共有54种，占全湖鱼类51%；鲍科（Haliotidae）鱼类9种；鳅科（Cobitidae）鱼类5种，占4.7%。太湖鱼类资源调查显示，2003年以来太湖鱼类属种数下降，大型鱼类及江海洄游性鱼类逐年消失。20世纪50年代至21世纪，鲤科鱼类一直是太湖的优势种。湖鲚数量增加，导致太湖天然渔业捕捞产量不断增加，但经济效益好的鱼类产量下降，原有鱼类群落结构发生改变。2000年太湖鱼类中湖鲚总产量比1952年增加了3倍以上，银鱼下降50%，鲢、鳙下降近60%，鲤、鲫、鳊（*Parabramis pekinensis*）下降近20%，青鱼和草鱼下降近87%，其他下降近10%，虾类下降近55%。2009年除人工放流鲢、鳙外，小型鱼类比例进一步上升，湖鲚的比例高达55.8%，2011年太湖西部和竺山湾鱼类调查显示湖鲚占绝对多数，太湖鱼产品品质下降的趋势（徐雪红，2011）。2012～2014年，太湖水体中鱼类群落组成没有显著改变，但水体中鱼类种群组成存在很大的差异，鲢、鳙、鲤、红鳍原鲌（*Cultrichthys erythropterus*）、鲫等鱼类仍然是太湖的主要鱼种；与20世纪80年代相比，鱼类种群结构以幼鱼为主，个体小型化现象显著。2015～2018年，湖鲚成为太湖的主要优势鱼类（水利部太湖流域管理局 等，2018），太湖鱼类优势种演替见图2-6。2020～2023年，太湖禁捕。

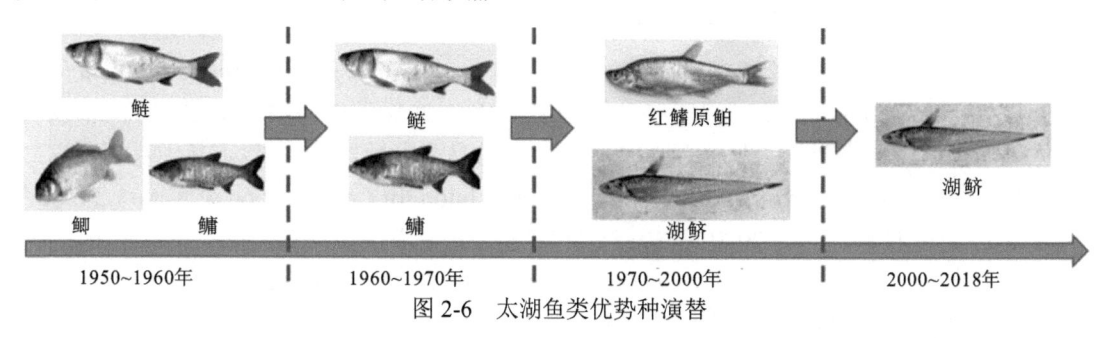

图2-6 太湖鱼类优势种演替

太湖沉积物有机质浓度较高，太湖东部湖区、太湖近岸水体中生长着大量高等水生植物，存在大量的底栖动物，为以底栖动物为食的鱼类如青鱼、鲤、黄颡鱼（*Pelteobagrus fulvidraco*）、沙塘鳢属（*Odontobutis*）、黄鳝（*Monopterus albus*）、蛇鮈（*Saurogobio dabryi*）提供了良好的栖息环境。鲫、鳑鲏属（*Rhodeus*）、草鱼、赤眼鳟（*Squaliobarbus curriculus*）等以湖底的藻类、碎屑及高等水生植物为食，是初级消费者，在渔获物中占 20%左右。太湖水体中肉食性鱼类如红鳍原鲌、蒙古红鲌（*Erythroculter mongolicus*）、乌鳢（*Channa argus*）、鳜（*Siniperca chuatsi*）等的种类数占鱼类的总种类数比例虽然不大，但因其处于食物链上端，在整个太湖鱼类群落结构中起重要作用（徐雪红，2011）。

6. 两栖类和爬行类

两栖类和爬行类动物作为生态系统中不可或缺的组成部分，具有极其重要的生态意义和经济价值。它们在维护区域生物多样性和生态平衡方面发挥着关键作用。然而，与鸟类和陆地哺乳动物相比，两栖类和爬行类动物的生理特性和活动能力存在限制，大多数物种的生存能力较弱。因此，它们更容易受到人类的威胁、干扰和破坏，其自身的安全和栖息地的稳定性都面临着巨大挑战。太湖湖滨湿地共有两栖类、爬行类动物 3 目 5 科 10 种。

7. 鸟类

鸟类在湖泊生态系统中占有重要的位置，是食物链的顶端物种，也是湖泊生态系统中的重要组成部分。因此在研究湖泊生态系统时，对于鸟类的研究也较为重要。对鸟类进行种类和丰度分析，能够较好地反映高等水生植物、鱼类生物量及湖泊水位和营养状态的变化情况，同时鸟类还可以通过摄食高等水生植物、排出粪便对湖泊生态系统产生影响。太湖湖滨带和沿岸湿地为留鸟提供生存环境，也可为迁徙鸟类提供栖息地或停歇地。从 1996 年开始，在鼋头渚风景区内，鹭鸟开始出现在人们的视野中。当时，数量只有几十只，经过多年的发展，到 1999 年 6 月已增长到近 $5×10^4$ 只（张迎梅 等，2000），到 2000 年 6 月猛增至 $1.7×10^5$ 只左右（李涛 等，2002）。鼋头渚共分布有 4 种鹭科鸟类，夜鹭（*Nycticorax nycticorax*）、白鹭（*Egretta garzetta*）、池鹭（*Ardeola bacchus*）和牛背鹭（*Bubulcus ibis*），其中夜鹭数量占绝对优势，白鹭次之。2006~2011 年，随着五里湖生态环境不断改善，在湖区观察到的鸟类数量也逐渐增多。这些鸟类有鸳鸯（*Aix galericulata*）、白琵鹭（*Platalea leucorodia*）、小鸦鹃（*Centropus toulou*）等，以及被国家列为二级保护动物的鸟类。同时，在湖区内发现被《中国濒危动物红皮书》列出的鸟类，包括小鸦鹃、白琵鹭、黑尾塍鹬（*Limosa limosa*）、鹗（*Pandion haliaetus*）、鸳鸯等（邓昶身，2012；徐卫东 等，2012）。2013~2014 年太湖湖滨湿地鸟类最少，有 36 种。在鸟类中，雀科（Passeridae）、鹭科（Ardeidae）、鸭科（Anatidae）是比较常见的，其中麻雀（*Passer montanus*）和白鹭分布最广。数量上以麻雀、白鹭、斑嘴鸭（*Anas zonorhyncha*）、夜鹭和白头鹎（*Pycnonotus sinensis*）为主（范竟成 等，2016；朱铮宇 等，2016）。2019 年苏州太湖湿地共记录鸟类 11 目 38 科 215 种，占江苏鸟类种数的 48.10%，其中包括国家二级保护鸟类 24 种，世界自然保护联盟（International Union for Conservation of Nature，IUCN）红色名录 15 种（肖科沂 等，2022）。2015~2020 年，太湖湖滨湿地鸟类总数增加至 191 种，较湿地恢复前增加 44 种，小天鹅（*Cygnus columbianus*）、凤头蜂鹰（*Pernis ptilorhynchus*）等珍稀濒危动物数量稳步增长（卢新和谢冬，2022）。

2012 年开始了贡湖湾小溪港退渔还湖湿地生态修复工程，综合示范区 2013~2015 年调查共发现水鸟类 6 目 17 科 19 属 23 种。

20 世纪 80 年代初以来太湖生态系统发生了剧烈的变化，水生生物群落组成向低等化、小型化、早繁殖演替。太湖氮磷污染程度随着时间的推移逐渐升高再逐渐降低，沉积层的厚度逐渐增加，浮游植物密度也随之增加，各种营养级的物种数量也在逐渐减少，且明显趋于小型化。随着挺水植物和浮叶植物的分布面积不断扩大，沉水植物的分布面积和生物量也在不断下降。1959年至20世纪80年代末，太湖底栖动物数量和密度都有所提高。20世纪90年代以后，随着围网养殖的快速发展和过度捕鱼，软体动物的资源量锐减。2020年太湖禁捕后，太湖各营养级生物的低等化、小型化、早繁殖的趋势得到遏制，鱼类生物量增加，各鱼类种群个体变大。

2.1.2 太湖生态系统食物网

太湖生态系统中食物网主要由牧食食物链和碎屑食物链交织组成（图2-7），在太湖营养盐输入到输出过程中，食物网承担营养盐的迁移、转化和不同环境介质分配的功能，同时伴随着能量的输入、转移和输出。

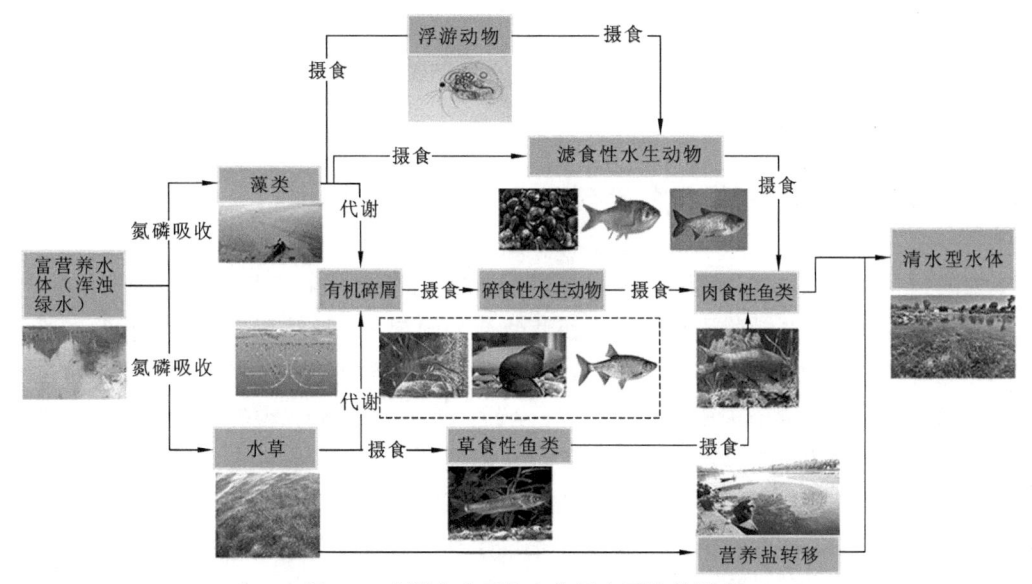

图2-7 太湖生态系统食物网主要结构组成

太湖生态系统牧食食物链能量流主要通过藻类→浮游动物→滤食性水生动物→肉食性鱼类来完成，部分通过水草→草食性鱼类→肉食性鱼类来完成。碎屑食物链中能量流主要通过内生有机物→有机碎屑→碎食性水生动物→肉食性鱼类来完成。太湖生态系统占绝对优势的物种具有个体小、生长快、生命周期短、繁殖力强、竞争能力弱等特征。太湖是典型的"幼态"生态系统，2020年以前过度捕捞造成初级生产力的利用效率低下。2020年前，由于过度捕捞，太湖渔业资源规模日益缩小，大型肉食性鱼类数量明显减少，种类数量不断降低。太湖生态系统的"幼态"主要体现在太湖鱼类以低龄群体为主，高龄群体数量稀少，大型鱼类如鲌、"四大家鱼"等就呈现这一现象，同时小型鱼类如银鱼、湖鲚等也以幼、小群体为主，使得太湖生态系统呈现金字塔结构，其底层"粗大"，但高度却在"缩短"，太湖顶级肉食性鱼类对太湖生态系统结构的调控能力逐渐降低。因缺少捕食者，小型鱼类湖鲚因其生物量庞大，成为太湖生态系统中重要一员，因幼龄湖鲚主要以浮游动物为食，给浮游动物造成较大捕食压力。2020年前，太湖大型、中等规模的鱼类特别是肉食性鱼类资源的减少，导致对小型鱼虾的捕食压力降低，滤食性水生生物成为优势种，它们对植食性浮游动物具有控制作用，改变了太湖生态系统的结构。同时，水体富营养化也极大地增加了太湖初级生产者蓝藻的数量，但是浮游动物等对蓝藻的利用率低，导致蓝藻大规模累积，造成水华暴发和沉积物有机质富集，从而严重破坏太湖生态系统的稳定性。2020年太湖禁捕以后，鱼类种类和生物量得到有效恢复。

由于太湖"幼态"的特点，太湖生态系统对外界扰动的响应能力较差，且其年内、年际间生态系统结构变化波动大，稳定性差。2008~2019年太湖蓝藻水华频发，水体中浮游动植物、底栖动物乃至小型鱼类等资源均发生显著改变。水体中浮游植物利用率不高，"阻塞"了生态系统中营养物质的循环。尤其是在夏天，随着湖水温度升高，以蓝藻为主的浮游植物迅速生长，数量急剧增加。大多数蓝藻细胞含有胶质的胞外多糖，很难被浮游动物和鱼类消化，同时浮游动物又要承受湖鲚等小型鱼类的捕食压力，导致以水华蓝藻为主的浮游植物数量难以减少，再加上湖泊养分的输入，使得蓝藻水华暴发愈加严重，导致湖泛形成，局部湖区生态系统发生崩溃。因此，在未来的研究中，应加强对太湖水生生物资源的保护，保护大型鱼类，并通过食物链的级联效应来调控小鱼的数量，以恢复到1980年前太湖生态系统结构，从而达到缓解太湖湖泊富营养化的目的。

2.1.3 太湖草型和藻型生态系统

在太湖生态系统中，高等水生植物可以与浮游植物争夺水中和沉积物中养分及水中光能。金鱼藻、菹草等高等水生植物不但可以对沉积物起到固定和稳定作用，减少微粒的悬浮，减轻营养盐的释放，抑制浮游植物的生长，而且可以为浮游动物和各种鱼类提供栖身之所，是维持湖泊生态系统健康的关键生物之一（Ferreira et al.，2018）。根据生态系统初级生产者的不同，湖泊常常分为草型湖泊和藻型湖泊。在草型湖泊中，一般存在着以挺水植物（如芦苇、香蒲等）、沉水植物、浮叶植物或漂浮植物[如浮萍（*Lemna minor*）、凤眼莲（*Eichhornia crassipes*）等]为主体的初级生产者。此类湖泊的水体一般表现为清澈、水质优良、生态系统结构稳定和生态服务功能较好等特点。水体中初级生产者主要由蓝藻门、绿藻门、硅藻门等浮游植物构成，属于藻型湖泊。在藻型湖泊中，藻类的数量和种类众多，往往表现出水体浑浊、水质较差、生态系统结构脆弱、生态服务功能退化等特点。草型湖泊可以演变为藻型湖泊，此时草型湖泊中高等水生植物严重退化，生态系统发生灾变，藻类数量增加，消费者也逐渐演变为藻型湖泊类型的生物（图2-8）。

历史上太湖不少湖湾高等水生植物茂盛，其中高等水生植物覆盖度最高达 500 km^2，水质清澈，但由于超量营养盐输入和人为作用，自1980年起，五里湖、梅梁湾、竺山湾、贡湖湾等水域的高等水生植物逐渐萎缩，乃至完全消失，蓝藻水华暴发面积不断增加，持续时间不断延长。太湖梅梁湾为典型的藻类生态系统，1990~2020年水华暴发频繁，水体富营养化严重；太湖胥口湾是典型的草型生态系统，2020年以来，由于水草打捞和水华蓝藻的入侵，加上太湖禁捕，沉水植物的覆盖率逐渐降低，藻类数量不断增多，生态系统呈现出草型生境向藻型生境转换的趋势。自2000起，太湖的生态环境已从草型-藻型生境过渡到藻型生境，并在2007年发生无锡地区的饮用水危机（Qin et al.，2010）。

第 2 章　太湖生态系统结构和功能

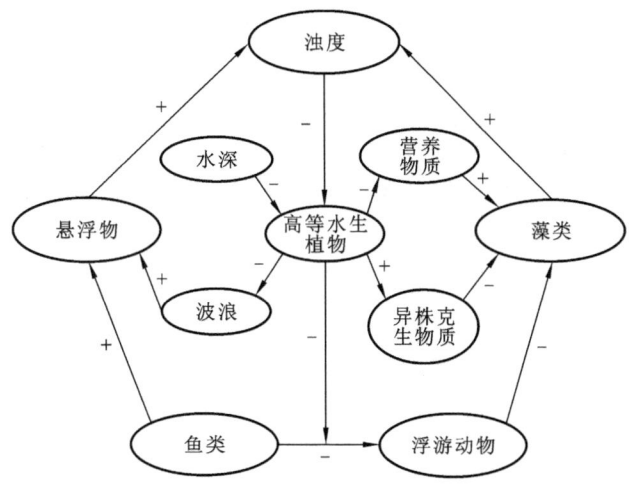

图 2-8　草型湖泊和藻型湖泊生物与非生物因素之间相互影响

沿着箭头方向上的符号表示因素间相互影响

营养盐浓度是藻型和草型生态系统之间转换的关键因素之一。湖泊不同生态系统结构对应着不同的营养盐时空分布。2014 年，太湖各湖区水体营养盐水平呈现出梅梁湾高于东部沿岸区，东太湖营养盐水平最低的特征（图 2-9）。在较高的营养盐水平下，梅梁湾藻型生态系统更稳定，而东太湖和东部沿岸区草型生态系统在较低的营养盐水平时较稳定。

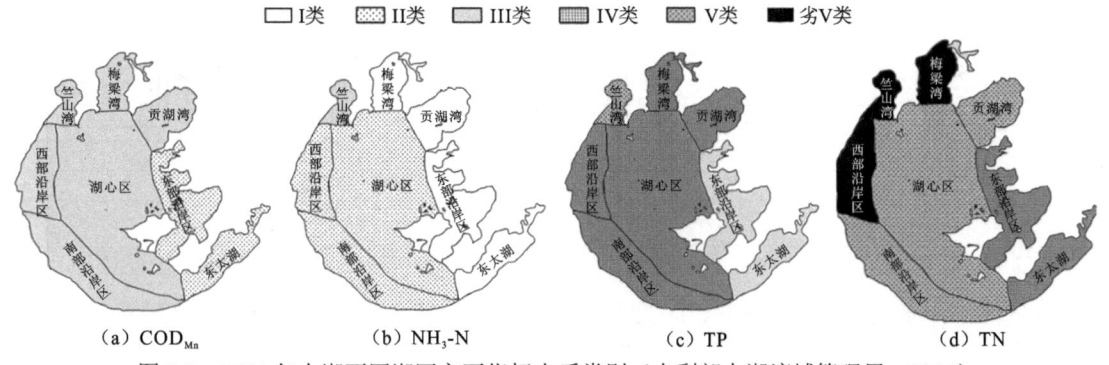

(a) COD$_{Mn}$　　(b) NH$_3$-N　　(c) TP　　(d) TN

图 2-9　2014 年太湖不同湖区主要指标水质类别（水利部太湖流域管理局，2014）

COD$_{Mn}$：高锰酸盐指数；NH$_3$-N：氨氮；TP：总磷（total phosphorus）；TN：总氮（total nitrogen）

梅梁湾与胥口湾和东太湖两个不同湖体由于初级生产者不同，营养盐浓度存在明显差异，总体上 TN 浓度介于 1～3 mg/L，TP 浓度介于 0.01～0.10 mg/L。在不同季节，梅梁湾 TP 浓度冬、夏季均高于春季，而胥口湾和东太湖冬、春季 TP 浓度高于夏季；梅梁湾 TN 浓度春季最高，冬季次之，夏季最低，胥口湾及东太湖 TN 浓度则是春季最高，夏季次之，冬季最低。梅梁湾春季藻类生长吸收磷，夏季藻类生物量增加，沉积物中磷不断释放，导致 TP 浓度夏季高于春季。胥口湾高等水生植物吸收同化的磷储存在植物体内，不进入水体，同时高等水生植物促进磷的沉降，因此，随着高等水生植物生物量的增加，水体中 TP 浓度下降。冬季高等水生植物和藻类衰亡，造成该区域水体 TP 浓度增加，这种现象在梅梁湾和胥口湾水域均存在。太湖西部、北部湖区 TP 浓度高与飘来的外源性水华蓝藻大量释放磷有关（朱广伟 等，2021；张运林 等，2020），因此，太湖草型生态系统和藻型生态系统会影响水体中氮磷的赋存形态和数量。

太湖草型和藻型湖区环境样品（水样和沉积物样）的碳（C）、氮和磷浓度呈现较高的空间异质性（徐德琳 等，2017）。总体而言，由于藻型湖区环湖的外源污染物输入量高于草型湖区，所以藻型湖区环境样品的碳、氮和磷浓度高于草型湖区。在太湖西部、北部湖区 TP 浓度高还与内源性蓝藻水华释放磷有关。在生物样本，与高营养级物种相比，低营养级物种碳、氮和磷浓度也呈现出较高的空间差异性（图 2-10）。低营养级物种（沉积微生物、浮游植物和浮游动物）的碳、氮和磷浓度对环境变化较高营养级物种更为敏感。在草、藻型湖区，虾类和鱼类的碳、氮和磷浓度差异性较小，符合高营养级生物生态化学计量的内稳态特征。保持自身营养元素的稳态是生命体的本质特征，目前认为维持化学计量的内稳态对于物种在面临短暂的外界压力后迅速恢复具有重要意义。然而，我们的研究表明弱稳态物种更适应环境条件的变化，因其可以贮存多余的营养物质，以备在资源匮乏时使用，从而确保其生长速率，如太湖水体蓝藻和沉积物中聚磷菌（polyphosphate accumulating organisms，PAOs）在环境胁迫的条件下能"奢侈吸磷"，一旦它们转入有利生境中，就能优先利用细胞内吸收的磷进行生长。

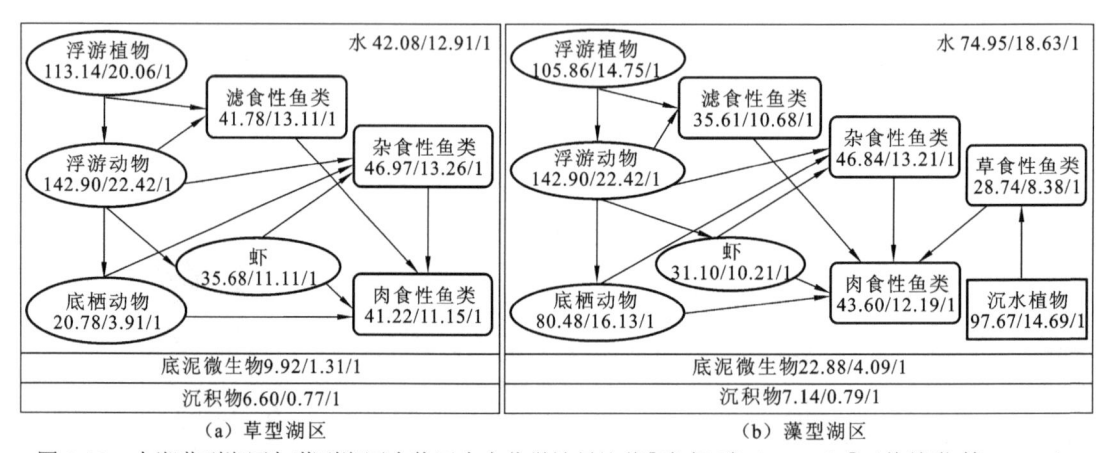

图 2-10　太湖草型湖区与藻型湖区食物网生态化学计量比值［碳/氮/磷（C/N/P）］（徐德琳 等，2017）

太湖生态系统是一个复杂的系统，其中无机物流动受到人为因素和自然因素的双重影响。在过去的一百多年里，人类影响已经超越了自然变率支配期的气候条件对藻类的丰度和群落构成的控制，而在太湖水体富营养化发生以后，这些变化会对诸如气温升高、风速下降及极端气候等因素产生明显的响应，太湖富营养化与气候变化共同影响蓝藻水华暴发。此外，湖泊的类型、流域水文地貌等因素对湖泊水质、生态也具有一定的调控作用。

2.2　太湖生态系统功能

生态系统的维系依赖于物质的不断循环和能量的持续流动，而物质循环和能量流动都是由食物链或食物网完成，两者相互依存，互为补充，密不可分。太湖生态系统中各种生物是物质循环和能量流动的载体，并通过信息传递调控生态系统的结构组成和能量流动的途径，因此，太湖是一个巨大的生物反应器，以生物催化为核心，进行各种各样生化反应，并伴随着各种物理和化学过程，发挥生态系统的功能。

2.2.1 太湖生态系统的物质循环

生态系统中物质循环系统是指将不同的有机物分解为可供生产者使用的形式,再通过食物链或食物网进行传递,最后回到环境中再利用。在生态系统中,藻类和高等水生植物吸收养分,形成有机物质,然后通过食物链传递到其他生物,最终由微生物将其分解,转化为养分,以营养物质的形式回到水体中,实现循环(图 2-11)。

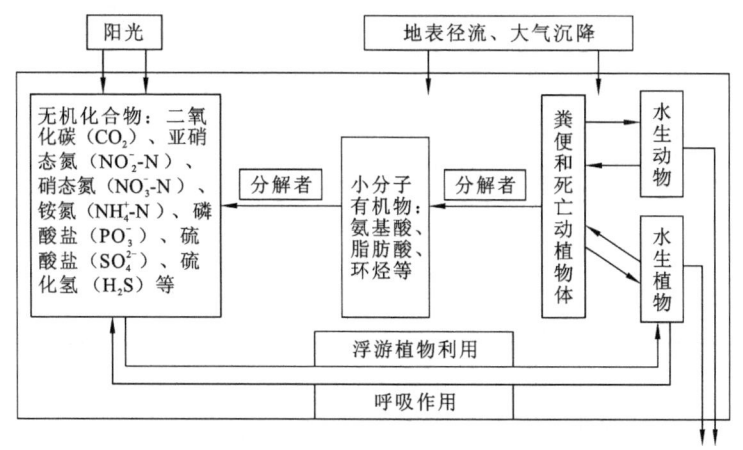

图 2-11 太湖生态系统物质循环简图

2.2.1.1 太湖氮循环

氮循环(nitrogen cycle)是自然界中氮转换的一个循环过程,它反映了自然界中氮元素和含氮化合物在生态系统流动和转化过程。氮循环在全球生物地球化学循环中占有举足轻重的地位,由于人类活动每年都会增加"活性"氮,从而使氮循环出现严重的不平衡,进而引起大量的环境问题,如水体富营养化、水酸化、温室气体排放等。湖泊生态系统中氮循环发生在气-水界面、水体、水-泥界面和沉积层中,是开放的循环过程。湖泊水体中氮主要为无机氮和有机氮,可被藻类、高等水生植物、底栖动物等吸收同化,将其转化为生物中有机氮,在生物死后这些有机物分解会产生大量的有机氮和无机氮,形成水体中氮循环过程(图 2-12)。无机氮主要是 NH_4^+-N、溶解的氮气(N_2)、NO_2^--N、NO_3^--N 等,有机氮有蛋白质、氨基酸和腐殖酸等。水体中无机氮既能实现硝化和反硝化作用,又能通过沉降、扩散等物理作用,形成氮素的生物地球化学循环过程。

1)湖泊微生物硝化过程

湖泊 NH_3-N 的硝化作用分为 NH_3 氧化成亚硝酸盐的氨氧化反应和 NO_2^- 氧化成硝酸盐的亚硝酸氧化反应,氨氧化反应是硝化过程中一个限制速度阶段,以氨氧化微生物催化为主体,是一个耗氧的过程,受溶解氧(dissolved oxygen,DO)浓度、微生物数量和硝化活性等多种因素的制约。氨氧化古菌(ammonia-oxidizing archaea,AOA)和氨氧化细菌(ammonia-oxidizing bacteria,AOB)是氨氧化的重要微生物,以前人们普遍认为 AOB 是氨氧化的主要动力,但随着对氨单加氧酶(ammonia monooxygenase,amoA)基因研究的深入,发现 AOA 在氨氧化反应中也有重要作用。

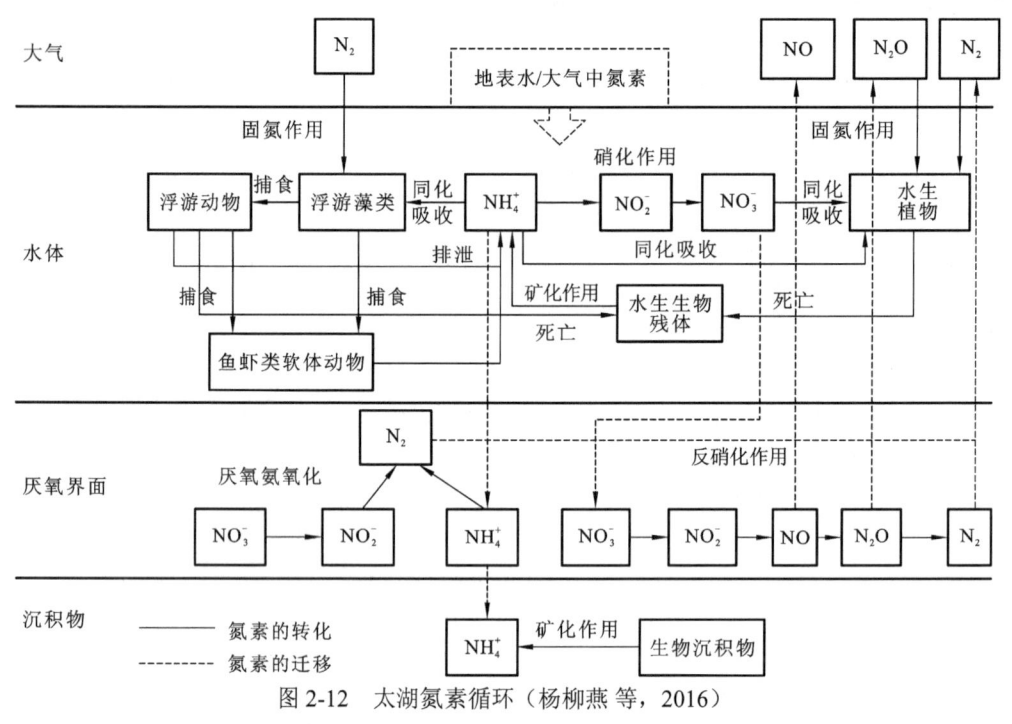

图 2-12　太湖氮素循环（杨柳燕 等，2016）

NO：一氧化氮；N_2O：一氧化二氮；NO_2^-：亚硝酸根；NO_3^-：硝酸根；NH_4^+：氨根离子

1892 年，Winogradsky 首先报道了 AOB 的存在，接着又分离出了第一株 AOB，到 20 世纪 60 年代，Watson 共分离出 16 种 AOB，并在此基础上进行了进一步的研究（Monteiro et al.，2014）。根据 16S 核糖体核糖核酸（ribosomal ribonucleic acid，rRNA）的不同，AOB 可划分为 5 个属，即亚硝化囊杆菌属（*Nitrosocystis*）、亚硝化毛杆菌属（*Nitrosomonas*）、亚硝化螺菌属（*Nitrosospira*）、亚硝化球菌属（*Nitrosococcus*）和亚硝化肢杆菌属（*Nitrosogloea*）。两群化能自养菌参与了硝化反应。它的反应过程可分成 2 个阶段。第一个阶段是亚硝化，也就是 NH_3 氧化成 NO_2^-，亚硝酸盐细菌在此期间的活动以 AOB 菌属为主，以亚硝化毛杆菌属为主要活性成分。第二个阶段是硝化，也就是将 NO_2^- 氧化为 NO_3^- 的过程，在此期间的活动中硝酸盐细菌分 3 个属：硝酸刺菌属（*Nitrospina*）、硝酸细菌属（*Nitrobacter*）和硝酸球菌属（*Nitrotoga*），主要参与反应过程的是维氏硝化杆菌（*Nitrobacter winogradskyi*）和敏捷硝酸杆菌（*N. agilis*）等。通过对太湖沉积物 AOB 分子生物学分析，杨柳燕等（2016）发现 AOB 都是亚硝化单胞菌属，多数为少噬亚硝化单胞菌（*Nitrosomonas oligotropha lineage*），表明 AOB 中亚硝化单胞菌尤其是少噬亚硝化单胞菌在太湖竺山湾沉积物中质量分数最高。

2）湖泊微生物反硝化过程

反硝化作用是在低氧环境下，反硝化细菌将 NO_3^- 中 N 经过一系列的中间产物（NO_2^-、NO、N_2O）还原成 N_2 的过程。在反硝化反应过程中，反硝化细菌利用 NO_3^- 作为一个电子受体来进行呼吸，从而获取能源。这些细菌称为反硝化细菌。在氮循环过程中，反硝化是一个重要的过程，它可以降低水体中氮水平，消除 NO_3^- 累积引起的生物中毒效应和氮累积引起的水体富营养化。

（1）反硝化细菌。

在自然条件下，反硝化作用主要是通过反硝化细菌进行的。与 AOB 比较，反硝化细菌的种类更多，目前已知 50 个属 130 多个种，如副球菌属（*Paracoccus*）、芽孢杆菌属（*Bacillus*）和假单胞菌属（*Pseudomonas*）等。大部分的反硝化细菌主要属于变形菌门（Proteobacteria）和拟杆菌门（Bacteroidetes）。在沉积物中存在着大量的好氧反硝化细菌，在好氧条件下，NO_3^- 被还原为 N_2O 或 N_2。尽管反硝化过程可以在好氧条件下进行，但一般所说的反硝化过程是指厌氧反硝化过程。应用 16S rRNA 的方法无法将反硝化细菌按不同的种类进行分类，所以一般将其作为其分子标志物，用于研究环境中反硝化细菌的群落结构构成。

（2）反硝化分子机制。

NO_3^- 还原为 N_2 的过程是通过硝酸盐还原酶（nitrate reductase，Nar）、亚硝酸盐还原酶（nitrite reductase，Nir）、一氧化氮还原酶（nitric oxide reductase，Nor）和氧化亚氮还原酶（nitrous oxide reductase，Nos）来实现的（图 2-13）。反硝化反应的第一阶段是将 NO_3^- 还原为 NO_2^-，通过膜结合 Nar 和周质硝酸还原酶（periplasmic nitrate reductase，Nap）完成，这些酶在反硝化细菌细胞中的不同位置，Nar 与 Nap 对氧的敏感性也不一样，Nar 在厌氧环境下起作用，在有氧条件下，Nap 优先表达。Nar 主要由 NarG 基因编码的 α 亚基、NarH 基因编码的 β 亚基、narI 编码的 γ 亚基 3 个亚基构成；Nap 是两个二聚体，分别由 NapA 和 NapB 编码。第二阶段，Nir 将 NO_2^- 还原催化为 NO，这个阶段限制反硝化的速度，而 Nir 主要存在于细胞外周质空间，可以划分为 NirK 基因编码的 Cu 亚硝酸盐还原酶和 NirS 基因编码的 cd1 型亚硝酸还原酶，这两种 Nir 在大多情况下都不会同时存在于细菌细胞中。由于 Nir 是主要的酶，所以人们经常使用 NirK 和 NirS 基因研究水体的反硝化细菌的群落结构与多样性。NirS 细菌在环境中数量多，而 NirK 细菌只占 30%左右，但是其生理学分类更广。反硝化过程的第三阶段为 Nor 将 NO 转化为 N_2O，该酶主要位于细胞膜中，由 NorC 和 NorB 基因编码的亚基组成。反硝化过程的最终步骤是通过 Nos 将 N_2O 转化为 N_2，Nos 的主要成分是由 NosZ 基因编码的含有 8 个 Cu^{2+} 的 2 个相同亚基组成的，NosZ 基因也广泛用于研究环境中反硝化细菌的群落结构组成（杨柳燕 等，2016）。

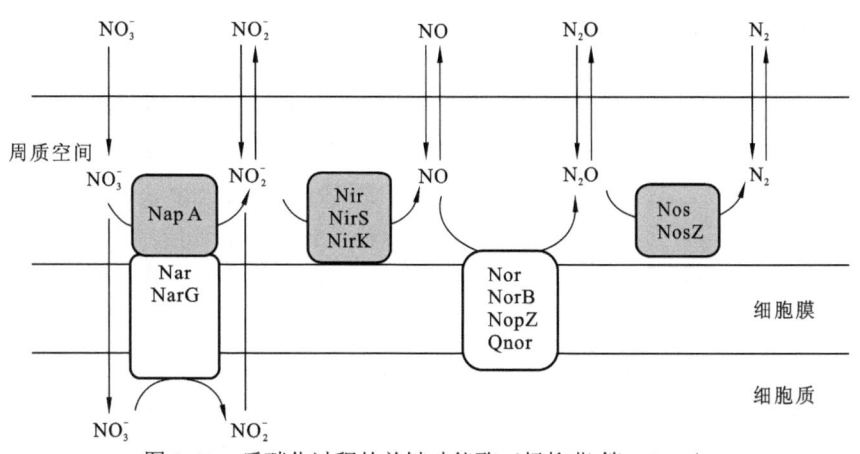

图 2-13 反硝化过程的关键功能酶（杨柳燕 等，2016）

3）影响湖泊微生物硝化和反硝化过程的因素

（1）影响湖泊硝化过程的因素。

a. 对 AOB 的影响。

AOB 的空间异质性除了与其本身的生物化学特征有关，还与其栖息的环境密切相关。氨是氨氧化的底物，影响着 AOB 的分布，而 AOB 与 NH_3 的亲合性、耐氨能力也有很大的差别。pH 是调节 AOB 分布的又一重要因子。AOB 对 pH 的耐受范围较窄，在 pH 低于 7 时，非离子氨浓度下降，AOB 的生长受底物浓度的制约。一些 AOB 属的细菌能适应较低 pH，但在 pH 低于 6.5 时，几乎检测不出 AOB 的活性。温度升高可以加速细菌的代谢，对 AOB 的生长和硝化作用具有促进作用，但温度超过 40℃ 时也检测不到 AOB 的存在。一些生物因素同样对 AOB 的生长和活力有一定的影响，例如，水体中高等水生植物可以通过根系分泌氧气（O_2）从而促进 AOB 的生长，进而使 AOB 群落结构发生变化。同时沉积物的底栖动物通过捕食和扰动也会改变 AOB 的群落结构。

湖泊生态系统中底栖生物、高等水生生物及藻类等生物一方面可以与 AOB 进行 NH_4^+、O_2 的争夺，另一方面可以为 AOB 提供多种生态位，进而对 AOB 群落结构、丰度和活性等产生一定的影响。湖泊不同湖区理化因素的差异使得水体中 AOB 质量分数有较大的变化，比如太湖藻型生境的梅梁湾沉积物中，AOB 质量分数和 NO_2^- 浓度都较草型生境的贡湖湾高，随着沉积物厚度的增加，二者的数目都呈递减的趋势，但是在贡湖湾 AOB 所占总菌数的比重要比梅梁湾大，表明沉积物中微生物组成和氮循环过程都受到高等水生植物的影响。

梁龙（2013）对蛭弧菌和 AOB 进行了协同培养，结果显示蛭弧菌对氨氧化反应有一定的促进作用。王国祥等（1999）采用常规的最可能数（most probable number，MPN）计数法，研究了太湖各生态区的氮循环细菌分布情况，发现 AOB 在敞水区中质量分数较高。李倩等（2014）的研究表明，培养轮叶黑藻能提高沉积物-水界面的 O_2 浓度，提高表面沉积物的 O_2 浓度，同时沉积物中 AOB 质量分数也在不断增多。在室内模拟试验中，藻在光照下的生长对硝化反应有一定的抑制作用。此外，其他非生物（氧、有机质、磷浓度、重金属、铁硫浓度）、生物（生态类型）等也会对 AOB 的分布和活力产生一定的影响。

b. 对 AOA 的影响。

随着编码 amoA 基因作为分子标记物的广泛应用，研究人员发现，AOA 在自然界的分布十分普遍，在淡水沉积物中也存在许多 AOA（Isobe et al.，2012）。NH_3-N 是氨氧化的主要底物，它会对 AOA 的分布及群落结构产生影响。不同种属 AOA 的最佳 NH_3-N 适应量及耐氨浓度也有一定的差别，但总体上 AOA 的亲合性偏低，对 NH_3-N 的亲合性也更高。研究显示，随着 NH_3-N 浓度的升高，AOA 在淡水和沉积物中富集时间会持续很长。pH 是影响 AOA 生长的又一因子，AOA 对 pH 具有更好的耐受性，可以在 2.5~9.0 的环境中生存。Nicol 等（2008）发现 pH 可以筛选出具有不同生理特性和生态位的 AOA，AOA 的丰度随着 pH 的升高而下降，表明在低 pH 条件下，硝化过程可能是 AOA 驱动的。

同时 AOA 对不同温度具有很好的适应能力，在 0.2~97℃ 都有 AOA 的存在。在低温条件下，AOA 的多样性下降，并伴随着特定的低温 AOA 存在，表明 AOA 是由其自身的群落结构发生改变而形成适应不同温度的菌属群落。沉积物中 amoA 基因数目与间隙水中 NO_2^- 浓度没有明显的关系，而与 NO_3^- 浓度有明显的相关性。除上述因素之外，水体中 DO 浓度、沉积物类型及硫、磷、有机质浓度对 AOA 的分布及群落特性均有一定的影响。

c. 对厌氧 AOB 的影响。

厌氧 AOB 的生长受多种因素的影响，基质与产物、DO、有机物等都是影响其生长的重要因素。通常认为，厌氧 AOB 对高浓度的 NH_3-N、NO_3^- 有一定的抗性，而高浓度的 NO_2^- 对其生长有显著的抑制作用。厌氧 AOB 是严格的厌氧菌，它的活性很容易受到 DO 的影响。大量的试验结果显示，有机物质会对厌氧 AOB 的生长产生不良影响。反硝化作用产生的自由能比厌氧氨氧化反应高，同时反硝化细菌的生长速度要快得多，因此在一定数量的有机物质存在时，厌氧 AOB 很难与反硝化细菌进行竞争。

对厌氧氨氧化反应影响最大的因素是厌氧 AOB 的种类和数量，同时有机质、温度、pH 等环境因素也会影响厌氧氨氧化反应。高浓度的有机质不仅会与 NH_3-N 的电子受体竞争，并且有机质更容易作为电子的供体，导致厌氧氨氧化的脱氮率下降。在不同的环境条件下，不同的温度、pH 对细菌的生长速度和酶活力有一定的影响。

（2）影响湖泊反硝化过程的因素。

水体中 NO_3^- 浓度、碳的利用性、DO 浓度、温度、高等水生植物的生长、沉积物特征等都是影响反硝化过程的因素。NO_3^- 浓度对反硝化作用也起着重要作用，NO_3^- 浓度在 1 mmol/L 以下时，反硝化速度与 NO_3^- 浓度有明显的正相关性（Zhong et al.，2010）。NO_3^- 浓度由 2 mmol/L 增加到 20 mmol/L 时，反硝化速度明显降低。NO_3^- 的浓度决定着反硝化反应的最后产物 $N_2O:N_2$ 的比例。一般情况下，当 NO_3^- 浓度较高时，$N_2O:N_2$ 的比例较高，这是由于反硝化细菌在还原 NO_3^- 时所得到的能量大于还原 N_2O 所得到的能量，所以应优先进行 NO_3^- 的还原。反硝化过程需要微生物生长所需的碳源，在理论上，还原 1 mol 的 NO_3^- 需要 1.25 mol 的碳，而在试验中，化学需氧量（chemical oxygen demand，COD）则需要 2.86 mol，这主要是由于某些碳源必须用于细胞物质的合成。微生物可利用的碳对异养反硝化过程有一定的影响，而改变碳矿化的因素也会对其产生一定的影响。脱氮主要是在厌氧条件下进行的，所以氧是影响脱氮反应的主要因素之一。少量的氧（0.02 atm①）就会使脱氮反应速度明显下降，而反硝化还原酶中 Nos 对氧的敏感性最强，容易被氧抑制，从而使脱氮不彻底。

由于水体中有机物质对水体反硝化作用产生了一定的影响，富营养化湖泊中蓝藻水华暴发可以为湖泊水体中反硝化提供丰富的碳源。在厌氧条件下，添加太湖水华蓝藻作为碳源可以促进沉积物微生物反硝化脱氮能力，藻体中大量生物可降解的碳素在水中生成挥发性脂肪酸，可以直接被反硝化细菌吸收，使水体中 NO_3^-、NO_2^- 转化为 N_2 或 N_2O，提高湖泊水体的脱氮能力。

（3）底栖动物对氮转化的影响。

底栖动物可以通过生物扰动、摄食、排泄等手段，提高沉积物中 DO 浓度，并增加沉积物中有机质浓度，促进溶解性无机氮（dissolved inorganic nitrogen，DIN）和颗粒性有机氮（particulate organic nitrogen，PON）在沉积物与上覆水之间好氧-厌氧界面的氮迁移转化，使得湖泊中氮转化途径发生改变（Stief et al.，2010）。

对于掘穴类底栖动物，由于生物扰动，沉积物洞穴内好氧-厌氧界面的增加，可溶有机质的数量变多，DO、DIN 浓度随着底栖动物的活动而发生波动，NH_3-N 浓度升高。底栖动物通过扰动和自身排泄提高了洞穴内的 DO 和 NH_3-N 浓度，提高了硝化细菌的活力，增加了穴内硝化细菌的丰度。同时，在掘穴过程中，底栖动物会消耗一定的 O_2，将水中可溶性有机物

---

① 1 atm=1.013 25×10⁵ Pa。

和 NO_3^- 引入到洞穴中，促进了硝化和反硝化耦合过程。一些挖掘底栖类动物[摇蚊幼虫、寡毛类正颤蚓（Tubifex tubifex）、沙蚕（Nereis pelagica）等]对氮循环影响有一定的密度依赖性，高密度的底栖动物往往会增加氮循环速度，同时也会增加 DIN 的转化通量。

造礁类底栖动物多栖息于浅水区的坚硬沉积物表面，在造礁构造中，底栖生物可以改变水体的流动状态和沉积速度，并通过生物沉降和自身排泄来提高有机物和 NH_3-N 浓度，其过滤性能可以改善水质，提高透明度，对浅水区营养盐的转化（特别是对氮循环）有一定的影响。瓣鳃纲（Lamellibranchia）底栖动物为微生物膜的形成提供了载体，硝化细菌和古生菌可以附于贝壳表面的生物膜层，通过新陈代谢生成 NH_3 和 CO_2。在低流速密闭的水体中，瓣鳃纲底栖动物通过滤食可以加快悬浮物的沉降，减少浮游植物的生物量，提高水体透明度和 DO 浓度，提高底栖大型藻的数量和活力，从而促进沉积物的硝化和反硝化。如果瓣鳃纲底栖动物密度太高，会导致水体中 DO 浓度下降，使沉积物的硝化过程受到抑制。

刮食性底栖动物可以通过对沉积物中微生物捕食降低底栖环境中与氮循环有关的微生物数量，从而降低硝化和反硝化速度。但是，在沉积物中底栖动物所捕食的微生物只占很少的一部分，而沉积物中微生物则可以通过迅速增殖来补偿。由于不断地觅食，底栖生物可以有效地减少沉积物中微生物数量。研究结果显示，由于摇蚊幼虫的存在，沉积层中生长缓慢的硝化细菌丰度大大下降，而通气层的硝化细菌丰度则显著高于底层，底层的硝化率则有所下降。对某些底栖动物而言，捕食能影响 AOA 和 AOB 的相对比例，并能改变氨氧化微生物组成结构，进而影响其硝化速度，但不会对 AOB 的总丰度产生影响。持续的捕食对湖泊水体中水反硝化能力的影响不大，这主要是因为反硝化细菌的高生存率和反硝化细菌在底栖动物肠道的高存活率。

底栖动物不仅能加速氨从湖泊沉积物向上覆水的迁移，降低沉积物 DIN，还能促进沉积物释放 N_2O，其原因为底栖动物的扰动引起其栖息微环境的好氧厌氧交替变化，增加营养盐浓度，提高氮转化速率，产生 N_2O，同时排泄物内反硝化细菌能进一步强化沉积物反硝化形成 N_2O。

（4）蓝藻水华对湖泊 N_2O 产生和释放的影响。

a. 蓝藻水华对 N_2O 产生和释放的促进作用。

有机氮矿化是湖水中无机氮的主要来源（Hampel et al., 2018）。Wang 等（2007）发现，太湖 N_2O 的释放与其氧化还原电位、沉积物 TN 浓度有明显的正相关性，并且认为 N_2O 的释放是通过矿化和硝化作用来实现的。但已有研究显示，太湖水体 NH_4^+-N 的再生速度是沉积物的 6 倍（Paerl et al., 2011），由矿化再生的 NH_4^+-N 的总数量甚至比外源输入的数量高出 2 倍（Hampel et al., 2018）。前期研究发现，蓝藻水华暴发中后期，水体中有较强的有机氮矿化-硝化作用（Chen et al., 2016），同时，相关分析还显示，N_2O 与 TN、叶绿素 a（Chlorophyll a, Chl-a）的浓度具有明显的相关性。因此，蓝藻的凋亡与降解能促进硝化反应，间接地为反硝化反应提供基质，从而加快 N_2O 的生成与排放。目前，国内外学者普遍认为，水体中存在着大量的反硝化细菌。当蓝藻水华暴发时，高密度的蓝藻聚集在水面上，释放出大量的胶状物质，使得大气复氧作用受到抑制，同时，藻类和微生物的呼吸也会导致 DO 浓度下降，造成水体缺氧，乃至产生厌氧环境。水中 DO 浓度随着藻类的凋亡而下降，从而使反硝化过程的发生成为可能。由于藻类中大量生物可降解碳，使其在厌氧状态下生成小分子物质，如挥发性脂肪酸，其降解后生成的小分子物质能够直接作为反硝化碳源，从而大大加速了 N_2O 的生成。

b. 蓝藻水华对 N_2O 产生和释放的抑制作用。

结果显示，在 NH_3-N 和 NO_3^- 同时存在的情况下，蓝藻只有在 NH_3-N 全部消耗后，才会使用 NO_3^-，所以，如果水体中 NH_3-N 浓度很低，那么它们就会和硝化细菌争夺 NH_3-N 资源。微生物的硝化反应和蓝藻在利用氮的竞争中通常处于不利地位（Salk et al.，2018）。反硝化作用是 N_2O 产生的重要途径，蓝藻堆积造成的缺氧环境反硝化产生不是太湖湖岸地区 N_2O 排放量高的主要原因。蓝藻水华暴发促进太湖水体中反硝化细菌的数量和功能活性的增加，在一定程度上有利于太湖水体中氮去除。

（5）沉积物对湖泊 N_2O 产生和释放的影响。

对太湖水体的氮自净能力进行核算，结果表明，反硝化途径去除的氮约占太湖氮输入量的 90%。水体和沉积物是硝化和反硝化的主要场所，并在水体中形成沉积物，水体双层反硝化，加速了水体反硝化。蓝藻水华暴发后，水体 NO_3^- 浓度显著降低，硝化和反硝化微生物的数量及功能均有所提高，从而促进了硝化和反硝化，加快了水体的脱氮。当向水体添加冻干藻后，腐烂的藻向上覆水和沉积物释放大量的有机质，NH_3-N 浓度在第 3 天达到最大值，随后迅速降低，同时上覆水亚硝态氮和硝态氮浓度持续上升，表明发生了强烈的硝化作用。泥水界面 pH 持续上升，表明藻的存在为硝化和反硝化过程的进行提供了一个有利的环境。湖泊藻的沉降会向水体释放大量的可溶性有机质、无机碳和营养盐，降低水体和沉积物 DO 浓度，从而促进反硝化作用，藻残体降解最快的是蓝藻，然后是硅藻（陈小锋，2012），而太湖梅梁湾蓝藻是优势种属，其数量能达到 90%。当藻和底栖动物同时存在时藻残体降解更快，上覆水和沉积物间隙水 NH_3-N 浓度均高于仅藻存在时的 NH_3-N 浓度，这与底栖动物的摄食有关，摇蚊幼虫为碎屑性底栖动物，主要摄食沉积物颗粒及细小藻类。河蚬为滤食性底栖动物，主要以硅藻门、绿藻门或轮虫等浮游生物为主，摇蚊幼虫摄食藻后排泄物进入沉积物中，增加 NH_3-N 浓度。研究表明增加底物 NH_3-N 浓度有利于硝化作用的进行，从而产生更多的硝态氮；而在上覆水和沉积物间隙水中亚硝态氮和硝态氮浓度均低于仅藻存在时浓度，这种不一致现象可能是由于藻和底栖动物同时存在能降低 DO 浓度，提供了反硝化能力（孙旭和杨柳燕，2018）。

蓝藻存在时底栖动物降低了 AOB 的丰度和多样性，其中藻和河蚬存在时 AOB 的丰度和多样性最低。无蓝藻时，底栖生物可加速沉积物的矿化、硝化和反硝化，而蓝藻与底栖生物的协同作用则会使硝化和反硝化反应增强，表明在蓝藻水华频繁暴发的太湖，当前密度的底栖动物对氮素的削减具有一定的贡献。

2.2.1.2 太湖磷循环

湖泊磷循环（phosphorus cycle）是指磷在湖泊生态系统中的迁移转化过程。地球磷循环主要依赖于地质运动、矿物风化、水流输运、磷矿开采和水产养殖等，磷循环中除了磷化氢以外基本没有其他气体状态。自然界磷循环的一个基本过程是：岩石和土壤中磷酸盐因风化和冲刷而流入江河，再流入大海，在海底沉积，直至地质活动使其重新露出海面，重新参与循环。在生态系统中，磷被水体中藻类和高等水生植物吸收，然后通过食物链从一个层级转移到下一个层级。水生动物和植物残骸分解后，磷被重新释放到水体，从而形成一个循环。然而，有些磷会直接沉积到水体沉积物中，不再参与到循环中。此外，人类捕鱼和鸟类捕食也会将磷重新引入到陆地生态系统中。

在湖泊元素生物地球化学循环中磷循环扮演着重要角色，它在生物体内的新陈代谢与调节方面起着举足轻重的作用。生态系统中磷浓度不仅影响水生生物生长繁殖，还会影响整个湖泊生态系统的演替。根据湖泊磷的来源，可分为外源磷和内源磷。外源磷通过地表径流和大气沉降等多种方式进入湖泊，然后经过吸附、络合、絮凝、沉降等多种迁移转化途径，将一部分磷储存到湖泊沉积物中，成为潜在的内源磷。水体或沉积物中无机磷同化、有机磷矿化、不溶性无机磷溶解和溶解性磷沉淀等是湖泊磷循环的主要过程（图 2-14）。

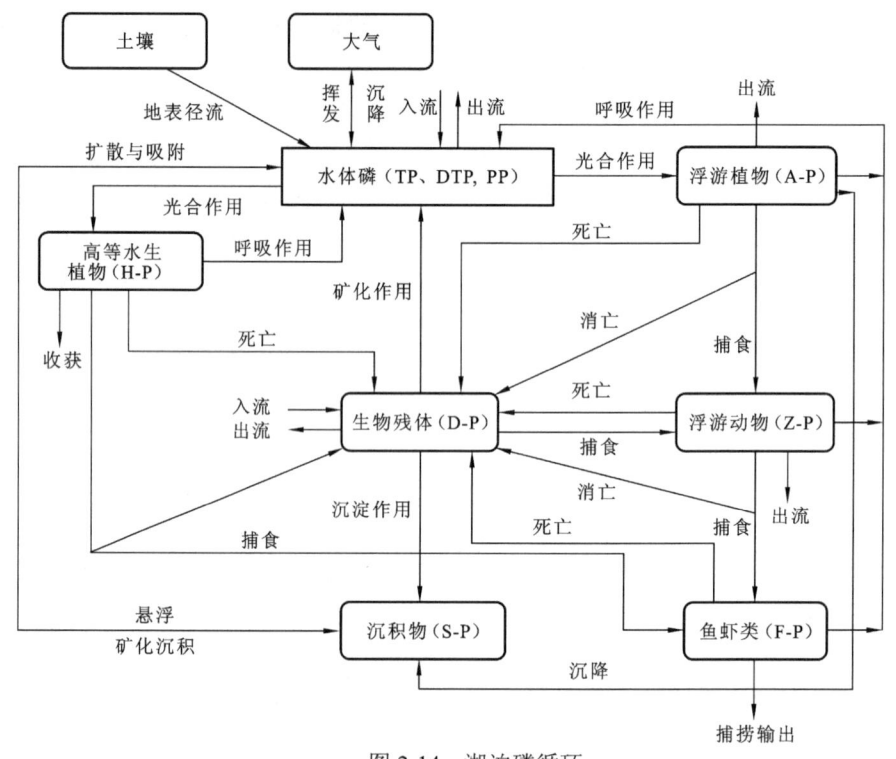

图 2-14 湖泊磷循环

DTP：可溶性总磷（dissolved total phosphorus）；PP：颗粒态磷（particulate phosphorus）

1）湖泊各形态磷空间和浓度变化

2005～2018 年太湖水体中各形态磷的平均浓度见图 2-15。2014 年 TP（全混，未沉降 30 min 预处理）平均浓度为 0.113 mg/L，2006 年为 0.134 mg/L，第二高的峰值出现在 2017 年，为 0.131 mg/L；2010 年平均浓度最低，为 0.086 mg/L。2006～2017 年，TP 平均浓度在 12 年内呈现出"V"形分布，2006～2010 年 TP 平均浓度显著降低，2010～2017 年水体 TP 平均浓度逐渐增加（朱广伟 等，2020）。

太湖水体中 TP 和 DTP 的多年动态变化规律不同。PP 浓度的变化对 TP 浓度的影响较大。由图 2-15 可知，太湖水域 TP 的变化与 PP 的变化趋势基本相符，但与 DTP 等溶解性磷浓度之间存在较大的差别。PP 平均浓度占 TP 平均浓度的 69%，而 DTP 平均浓度仅占 31%。太湖水体 DTP 平均浓度为 0.036 mg/L，2008 年和 2013 年达到高峰，DTP 平均浓度分别为 0.047 mg/L 和 0.048 mg/L。虽然这两年 TP 平均浓度均有高峰，但由于 PP 平均浓度变化不大，TP 的峰值都不是最高值。而 2006 年、2017 年 TP 平均浓度达到高峰时，DTP 平均浓度却有明显降低，分别为 0.031 mg/L、0.029 mg/L，低于多年平均值，其原因是藻类大量繁殖，吸收水体中溶解性磷，转化为藻细胞中有机磷，由于藻密度不断上升，TP 平均浓度不断增加。

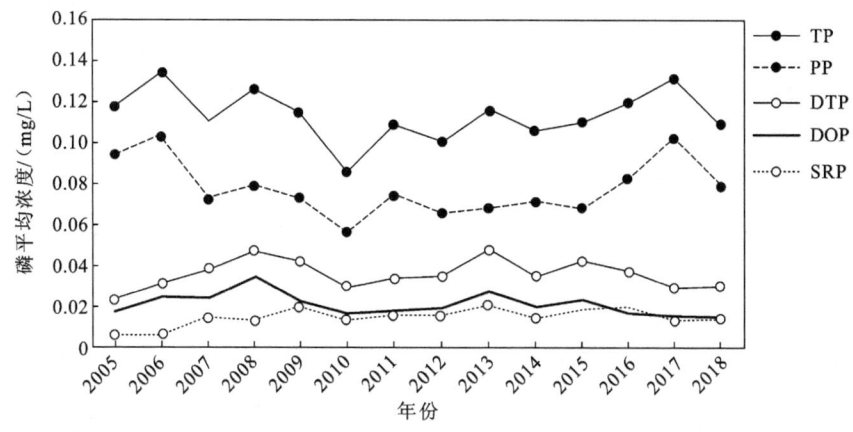

图 2-15　2005～2018 年太湖不同形态磷平均浓度（朱广伟 等，2020）

DOP：可溶性有机磷（dissolved organic phosphorus）；SRP：溶解性反应磷（soluble reactive phosphorus）

太湖水体中 SRP 浓度变化与 DTP 基本相同，年平均浓度为 0.015 mg/L。特别是在 TP 和 PP 平均浓度达到高峰时，SRP 平均浓度也比较低，例如，2017 年 SRP 平均浓度只有 0.013 mg/L，比多年平均值要低。太湖水体中 DOP 年平均浓度为 0.021 mg/L，大部分年份大于 SRP 年平均浓度，且多年来的变化趋势与 DTP 基本一致。

2）沉积物磷释放对湖泊富营养化的作用

当前，太湖水体的治理以太湖的富营养化为重点，通过控制外源和内源负荷来降低水体中氮磷浓度。然而，太湖是典型的浅水湖泊，其内源释放问题长期以来未得到充分认识，淤泥疏浚削减内源负荷的效果也存在争议。

湖泊沉积物是湖泊生态系统中最重要的一部分，同时也是营养物质积累的主要场所。它不断容纳上覆水体中无机颗粒物（如矿物质）和有机碎屑物（如水生生物残体），并将营养物质释放到向上层水体，在水-泥界面上形成一种特殊的缓冲载体。因此，湖泊沉积物既可以间接反映水体污染情况，也可直接影响上覆水体。太湖沉积物的分布和性质与高等水生植物和底栖生物的分布和物种构成等因素有关。沉积物的蓄积量及其理化性质对太湖水体的污染、富营养化、局部水体的生态环境特点具有重要影响。

在室内用扰动使沉积物悬浮，分析沉积物磷释放对水华蓝藻 TP 浓度的影响。不论是否扰动，在沉积物、水、水华蓝藻这一体系中，水中溶解性磷浓度在试验进行的 12 h 内持续上升，随后保持相对稳定。扰动能促进沉积物中溶解性磷释放，水体中最大溶解性磷浓度达到 0.11 mg/L，基本上是同等条件下不扰动的最大浓度的 2 倍。在沉积物和水体系中，水体中最大溶解性磷浓度为 0.03 mg/L，而若在该体系中加入水华蓝藻，则水体中最大溶解性磷浓度达到 0.06 mg/L，因此在有沉积物条件下，加入水华蓝藻能促进沉积物向水体中释放溶解性磷。即使在不加藻而在水、沉积物体系中，水体中溶解性磷浓度也有一个少量的增加，最大浓度为 0.03 mg/L，而在未加沉积物的藻、水体系中，水体中溶解性磷浓度基本上保持不变，为 0.005 mg/L 左右（图 2-16），因此，沉积物磷的释放对水体中溶解性磷有巨大的贡献。

在沉积物、水、水华蓝藻体系中，藻体中 TP 质量分数都有一个大幅度提高，在扰动条件下，藻体中 TP 质量分数在试验初始时就迅速升高，达到 6.25 mg/g DW，而在静态培养条件下，藻体中 TP 质量分数则在试验开始后稳步上升，在试验进行的 12 h 达到最大值为 5.9 mg/g DW。在只有水和水华蓝藻体的体系中，藻体中 TP 质量分数在试验进行 5 h 时也有一个升高，最大值达到 5.4 mg/g DW，8 h 后又迅速下降，最终又恢复到初始水平（图 2-17）。水华蓝藻中 TP 质量分数与水体中溶解性磷浓度和藻的生长状态密切相关，水体中溶解性磷浓度越高，则藻中 TP 质量分数就越高，但在实验室培养条件下，水华蓝藻不能正常生长，室温下水华蓝藻在几天内会自然溶解衰亡，因此实验室内无法观察藻的生长情况。在水和水华蓝藻体系中，虽然水体中 DTP 浓度没有明显变化，但藻中 TP 质量分数确有明显的升高过程，这可能与藻自身生长有关。扰动能加速藻体对外源性磷的吸收，使藻体中磷质量分数迅速达到最大值。

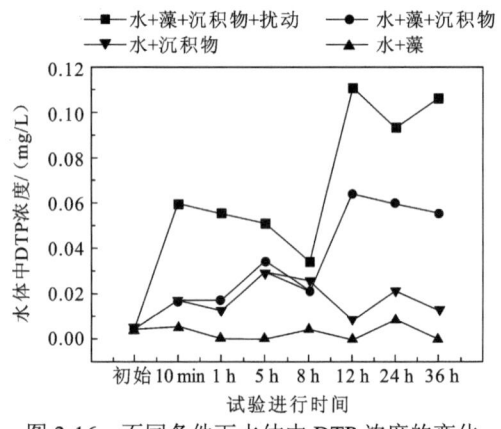

图 2-16 不同条件下水体中 DTP 浓度的变化　　图 2-17 不同条件下水华蓝藻 TP 质量分数的变化

从沉积物释放到水体中磷会对湖中藻的生长有重要的影响，大量的野外调查和研究结果表明，蓝藻水华在太湖中的发生往往是在一场大风过程结束之后，这些现象隐含了水华暴发与水体的动力过程有某种联系。研究表明，扰动能使沉积物间隙水中的磷释放到水体中，致使水体中溶解性磷的浓度足以满足藻的需要，藻从水体中吸收大量的磷，导致藻体中 TP 质量分数有很大的提高，由于藻的生长速率是与藻体自身磷质量分数密切相关的，所以这必将促使藻在水体中大量生长，从而可能形成大风结束后的水华。

（1）对数生长期铜绿微囊藻（*Microcystis aeruginosa*）对于沉积物磷释放、吸收及磷迁移的影响。

a. 扰动对水体中 DTP 浓度的影响。

从图 2-18 中，可以看出处理后水中 DTP 浓度呈现以下规律（按 DTP 浓度从大到小排列）：扰动 3 组>扰动 2 组>扰动 1 组>泥+水+藻组>泥+水组（扰动 1 组为 40 转/min，扰动 30 min；扰动 2 组为 120 转/min，扰动 30 min；扰动 3 组为 170 转/min，扰动 30 min；起始藻密度是 10^6 cells/mL，下同）。并且，泥+水组水体中 DTP 浓度基本维持在 0。无藻的泥+水系统水体中 DTP 浓度基本维持稳定，而有藻的泥+水系统水体中 DTP 浓度较无藻系统高，并且这一差异具有统计意义。

b. 扰动对沉积物吸收/释放磷的影响。

从图 2-19 中，可以看出扰动 2 组、扰动 3 组中沉积物先吸收磷，后释放磷，而扰动 1 组、泥+水+藻组中沉积物一直在释放磷，泥+水组中沉积物基本不释放或吸收磷。沉积物吸收磷量（速率）呈现以下规律（按 DTP 浓度从大到小排列）：扰动 1 组>扰动 2 组>扰动 3 组，泥+水+藻组>泥+水组。因此，适宜的扰动强度可以促进沉积物释放磷。风浪扰动无疑将大幅度增加沉积物上覆水中营养盐总量。

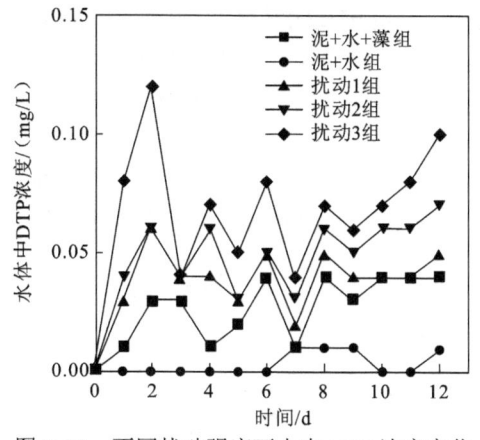

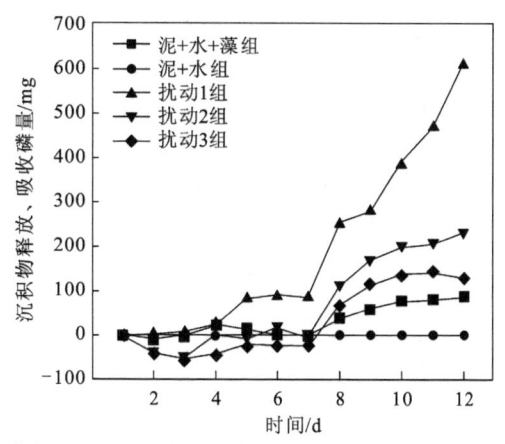

图 2-18 不同扰动强度下水中 DTP 浓度变化　　图 2-19 不同扰动强度下沉积物释放、吸收磷变化

c. 扰动对铜绿微囊藻中 TP 质量分数的影响。

从图 2-20 中可以看出，藻中 TP 质量分数一直呈下降趋势，在 8 d 后，维持稳定。藻中 TP 质量分数大小顺序为：扰动 1 组>扰动 2 组>扰动 3 组>泥+水+藻组，具有显著差异。扰动强度越小，藻中 TP 质量分数降低到的最小值越小。开始时藻中 TP 质量分数的降低可能是由于藻中 TP 质量分数远高于水体中 TP 质量分数。在对数生长期初期（1～7 d），藻在吸收沉积物中磷迅速生长，但藻中 TP 质量分数仍然保持下降，这可能是由于藻中初始磷质量分数过高导致藻释放磷过程强于藻生长吸收磷过程。之后（7 d 后）藻中 TP 质量分数略有提高，可能是由于后一种作用占到了主导地位。

（2）衰亡期阶段铜绿微囊藻对于沉积物磷释放、吸收及磷迁移的影响。

a. 扰动对水体中 DTP 浓度的影响。

从图 2-21 可以看出在试验过程中水体 DTP 浓度从大到小顺序为：扰动 3 组>扰动 2 组>扰动 1 组>泥+水+藻组>泥+水组。增加扰动强度可以提升水体中 DTP 浓度，因此，水体扰动促进沉积物或蓝藻释放磷，导致水体磷浓度增加。

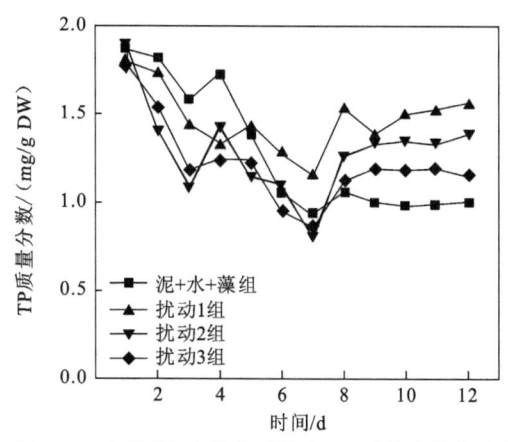

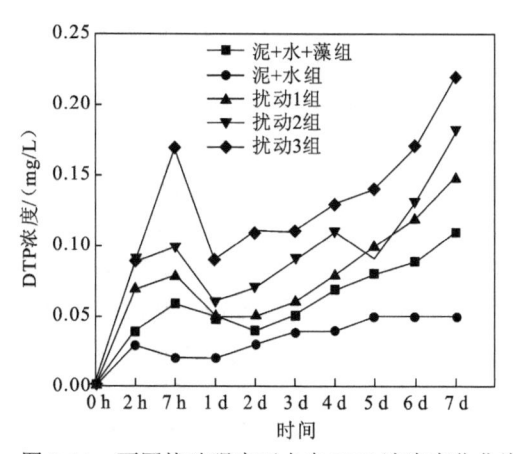

图 2-20 不同扰动强度下藻中 TP 质量分数变化图　　图 2-21 不同扰动强度下水中 DTP 浓度变化曲线

b. 扰动对沉积物吸收磷的影响。

从图 2-22，可以发现沉积物吸收磷量/铜绿微囊藻减少磷量具有以下规律：扰动 3 组>扰动 2 组>扰动 1 组>泥+水+藻组>泥+水组。因此，扰动强度增大可以加快沉积物吸收磷（磷由藻迁移到沉积物中）的速率。可能是由于较高的扰动强度不利于藻的生长，加快了藻的衰亡，促使大量的衰亡藻体沉降到沉积物中。所以在太湖水华蓝藻衰亡期间，如果发生一次较强的风浪，则可能加快水华的消失和磷从藻向沉积物的迁移，促进湖泊生态系统中磷的循环。

c. 扰动对铜绿微囊藻中 TP 质量分数的影响。

从图 2-23 中可以看出，藻中 TP 质量分数减少速率为扰动 3 组>扰动 2 组>扰动 1 组>泥+水+藻组。这可能是较大的扰动强度加速了藻的衰亡，导致磷释放加快及更多的衰亡藻沉积到沉积物中。

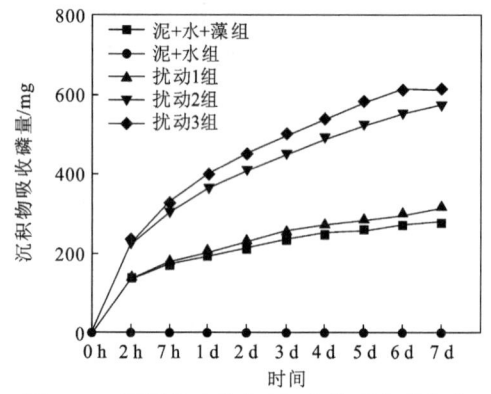

图 2-22 不同扰动强度下沉积物吸收磷变化

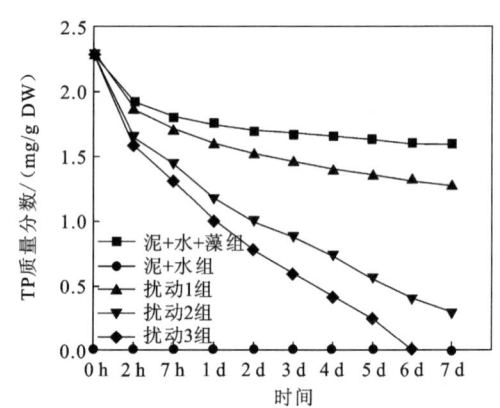

图 2-23 不同扰动强度下藻中 TP 质量分数变化

3）磷营养盐与蓝藻水华赋存量互相作用

太湖湖体氮磷营养盐浓度影响蓝藻水华暴发强度，蓝藻水华赋存量又反过来影响湖水中氮磷浓度，相互作用。2016 年和 2017 年太湖西部湖区 TP 浓度异常升高与蓝藻水华暴发有关。2016 年早春气温较常年偏高，使得蓝藻对数生长期提前，加之太湖地区大范围高强度暴雨导致大量氮磷营养物脉冲式输入太湖，蓝藻水华提前达到高密度状态。2017 年虽然外源氮磷输入变化不大，但是蓝藻水华暴发导致从沉积物中吸取大量磷，同时连年的水草收割和持续高水位导致湖区高等水生植物生物量下降，太湖蓝藻快速生长。蓝藻具有过量吸收存储磷的能力，使得水体中 PP 浓度增加，水体中蓝藻生物量增加将吸收更多的磷进入生物体内，使得水体与沉积物之间的磷平衡被打破，大量磷由沉积物进入水体，水体中磷浓度的增加又为蓝藻生长提供了有利条件，太湖水体中磷与蓝藻形成不断放大的正反馈，当蓝藻水华赋存量达到一定程度后，水体出现厌氧状态，导致蓝藻水华释放磷。同时衰亡的蓝藻细胞会释放出大量的氮磷营养盐，导致 DTP 浓度升高，因此，2016 年和 2017 年太湖水体平均 TP 浓度偏高是蓝藻水华大面积暴发的结果。

在湖泊水华蓝藻凋亡和分解过程中，会产生大量的氮磷营养盐，这些营养盐中有一部分是磷酸盐，也有一些是以颗粒状物质和胶体物质形式，这些都是由温度、扰动和光照强度所决定的。温度对蓝藻中磷的再矿化作用也有一定的影响。周纯等（2012）研究发现，太湖水体中有机磷分解菌株胞外碱性磷酸酶的活力与蓝藻碎屑数量有关。陈伟民和蔡后建（1996）发现，微囊藻在好氧条件下的分解过程遵循一级动力学模式，其溶出量随粒径大小呈指数下降趋势，而微囊藻则通过好氧降解释放磷。当蓝藻分解后，水体中磷浓度是初始值的 5 倍时，蓝藻会快速地释放出所积累的磷。

当水温高、光照充足、风浪平稳时，太湖中水华蓝藻聚集、死亡时，会发生"湖泛""黑水团"，这是水华蓝藻释放磷的极端现象，它会释放大量氮磷等营养素，从而影响水体中氮磷正常循环过程。藻源性湖泛的形成也会使沉积物间磷质量分数上升，从而提高了上覆水层的磷浓度。高密度蓝藻腐解导致上覆水体 DO 浓度、氧化还原电位迅速下降，在短时间内上覆水体经历了明显的缺氧-厌氧过程，水体处于厌氧强还原状态，加速了蓝藻死亡腐解过程，促进了藻体营养盐释放。蓝藻腐解对上覆水氮磷营养盐影响极大，其释放量随藻密度增加而增大，水体氮磷浓度明显上升。太湖蓝藻水华暴发到一定阶段蓝藻会释放磷，可以肯定的是在水华蓝藻高密度的太湖西部和北部湖区是水华蓝藻释放磷的重要区域，水华蓝藻释放磷具有时空差异性。

2.2.1.3 太湖水体营养盐四重循环

生态系统具有一定的稳定性，湖泊一旦形成藻型生态系统，一般难以转化为草型生态系统。藻型生态系统具有自我强化特性是蓝藻水华难以控制的原因所在。太湖藻型生态系统自我强化机制是水体营养盐的四重循环。从细菌学角度来说，蓝藻细胞之间存在营养盐循环，蓝藻通过形成多聚磷酸盐颗粒（polyphosphates，polyP）实现磷酸盐的超累积，以供群体持续增长，衰亡的蓝藻释放出磷酸盐，又被其他蓝藻所吸收，实现蓝藻-蓝藻之间磷循环，有利蓝藻持续增殖。

蓝藻生长形成团聚体，为附生细菌提供了更多的空间，附生细菌吸收衰亡蓝藻中氮磷，作为临时储库，这部分氮磷可以被蓝藻再利用，实现蓝藻与附生细菌之间氮磷循环。微生物活动可以加快沉积物中氮磷形态转化，并促进氮磷的释放，为水华蓝藻颗粒增加了氮磷供给，同时，水华蓝藻颗粒能泵取沉积物中氮磷而生长；衰亡的水华蓝藻颗粒分解矿化后又回到沉积物中，实现沉积物与水华蓝藻颗粒之间的氮磷循环。

太湖不同湖区之间存在水体的交换，太湖主要入湖河道在西部，出湖河道在东南部，氮磷营养盐随水流向东南湖区输送，而夏季在东南风的驱动下水华蓝藻向西北和北部湖区运移，通过这种"淘洗"作用，以水华蓝藻颗粒为载体的营养盐在不同湖区之间形成循环，延长了营养盐在湖体中停留时间。

以上蓝藻-蓝藻、蓝藻-附生细菌、水华蓝藻-沉积物和湖区-湖区构成了太湖营养盐的四重循环（图 2-24），而氮磷的四重循环链正是太湖蓝藻水华持续暴发的强化机制，湖体一旦暴发蓝藻水华，就难以消除。因此，水华蓝藻磷素吸收与释放是太湖磷四重循环链一个重要过程之一，蓝藻吸收、释放磷对于揭开太湖蓝藻水华暴发之谜具有非常重要价值（杨柳燕 等，2019）。如果湖泊浮游动物和滤食性鱼类增加，通过牧食导致漂浮的水华蓝藻数量减少，或由于风向改变，湖泊水体不能暴发水华，或水华蓝藻不能到不同湖区发生正放大的运移，那营养盐的四重循环就不存在，蓝藻水华暴发的程度就会降低。

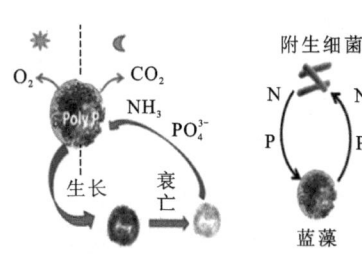

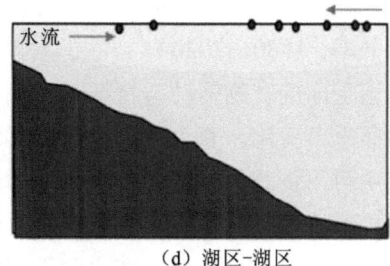

(a) 蓝藻-蓝藻　(b) 蓝藻-附生细菌　(c) 水华蓝藻-沉积物　(d) 湖区-湖区

图 2-24　太湖湖体中氮磷营养盐的四重循环示意图（杨柳燕 等，2019）

2.2.2 太湖生态系统的能量流动

自然界是一个能量的世界，所有的生命活动都是以能量为动力的。所谓生态系统，就是指以食物链、食物网为基础，生物在其中进行物质和能量交换，从而维持自身生存和发展的系统，因此生态系统是一个高度有组织的耗散结构。能量流是生态系统最重要的功能，在生态系统中，有机体和无机体之间的相互作用都伴随着能量的流动与转换（图 2-25）。

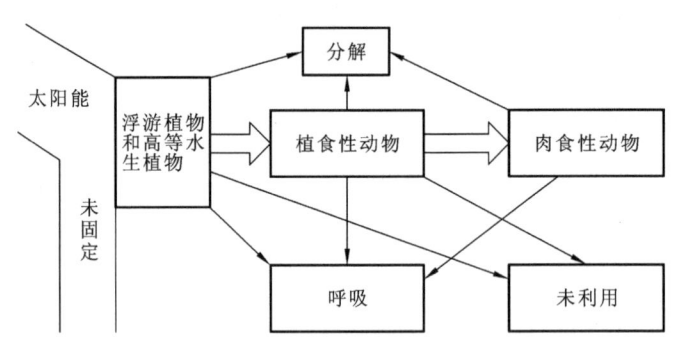

图 2-25　太湖生态系统能量流动示意图

能量随着箭头方向流动

能量是湖泊生态系统结构稳定的基础，所有生命的能量转化和流动是关键的生态系统服务之一，能量流动在生态系统、食物链和种群层面进行分析。在生态系统层面上，通过把每个种群分配到一个特定的营养级（根据其主要食性)，然后测量每个营养级的能量输入和输出值，这种方法称为能量流分析，是以同一营养级的个体物种化合物总数来估算的。这种分析方法通常出现在生态系统中，因为湖泊的边界明确，其封闭程度高，内部环境略微稳定。对食物链层次的能量流分析，将每个种群视为从生产者到最终消费者的能量流中的一个环节。随着能量在不同的生物间传递，通过测定各个环节上的能量值，就可以知道在一个生态系统中，各个具体环节上的能量流动情况。在种群层面上，能量流动具有季节变化特征，但主要集中在食物资源和消费者的稳定同位素值的特征上。太湖及其梅梁湾湖区消费者稳定同位素特征也有季节性变化，这表明食物网中可用资源的稳定同位素值的时间变化会通过食物链传递给更高营养级的消费者。

群落层面的食物网中能量流动的季节变化也有研究，但主要集中在食物资源和消费者的稳定同位素值的特征上。然而，消费者营养生态位的变化，特别是处于较高营养水平的消费者，在维持生态系统的稳定性方面发挥着重要作用，决定着食物链的长度及物质和能量转移的效率。1980~2020 年，由于太湖富营养化问题严重，所以必须关注太湖鱼类消费者群体和群落层面的食物网动态特征。太湖初级生产者（例如悬浮颗粒有机物和藻类）稳定同位素有显著季节变化。整个太湖及其梅梁湾湖区消费者稳定同位素特征也有季节性变化，表明食物网中可用资源的稳定同位素值的时间变化通过食物链传递给更高营养级的消费者。分析太湖的梅梁湾鱼类肠道内容物发现，红鳍原鲌、湖鲚和鳘等泛食性鱼类的食物来源随时间不断变化。可利用资源的季节变化和不同鱼类种群自身的食性季节性转变造成鱼类群落水平的营养生态位在食物网空间中季节性移动。梅梁湾春末、夏季、秋季浮游植物快速繁殖与生长是季节性驱动食物网能量流动的另一个特征。因此，群落水平的鱼类营养生态位移动仅在秋、冬和冬、春季转换中有显著差异。太湖富营养化生态系统中，食物网群落水平营养生态位季节波动也暗示了系统稳定性的下降。

太湖生态系统中各营养级间的能量流动关系如图 2-26 所示，相关数值用有机物干物质量表示（单位：t/km·a）。

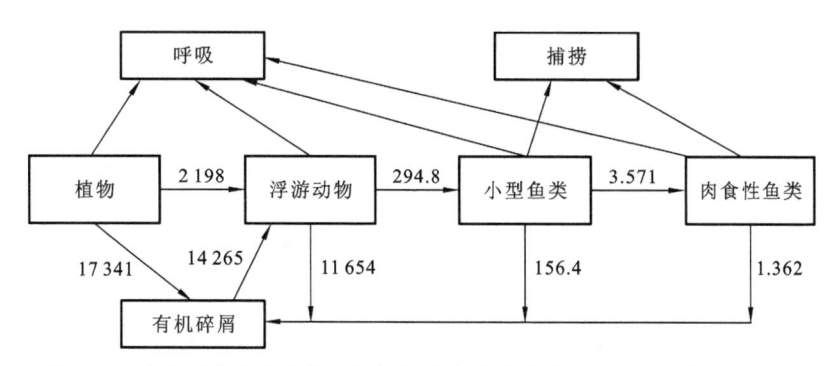

图 2-26　生态系统中各营养级间的能量流动关系简图（李云凯 等，2014）

从生态系统成分的角度看，太湖中某些浮游动物既可以作为消费者，也可以作为分解者。在太湖的生态系统中，有一条从死亡生物或有机碎屑开始的碎屑食物链，以及一条通过捕食而产生的生物之间关系的食物链。从浮游植物到浮游动物的能量流动只占浮游动物总能量的 13.4%，表明在太湖生态系统的能量流动中，碎屑食物链起着更重要的作用。在统计芦苇等挺水植物的总能量时，可在采样点随机抽样将挺水植物连根拔起并称重，计算出总能量。当生态系统中的输入能量与呼吸损失之比逐渐接近一个相等的数值时，意味着生态系统逐渐演替到成熟阶段，就太湖而言，这远未达到此阶段。小型鱼虾的能量只有传递给肉食性鱼类，分析小型鱼虾中的能量除传递给下一个营养级、呼吸散失和流向有机碎屑外，其流向还包括人类的捕捞活动。如果这类活动的强度过大，容易导致太湖中的鱼类以低龄群体为主，物种多样性较低，从而导致生态系统抵抗的稳定性下降。因此，只有合理利用资源，才能保证人与自然和谐发展。

2.3　太湖水生态服务功能

太湖是流域的防洪和水资源的调蓄枢纽，在汛期可以蓄滞洪水、蓄存水资源、缓解洪水对整个流域的防洪压力。在非汛期，可以发挥灌溉和供水的功能，并在流域内对水生态、水环境、航运、水产养殖、旅游等方面取得重要的作用（田颖 等，2016）。

自 20 世纪 80 年代到 2009 年，太湖各湖区水生态状况历史变化情况见图 2-27，生态系统状况整体呈恶化趋势。

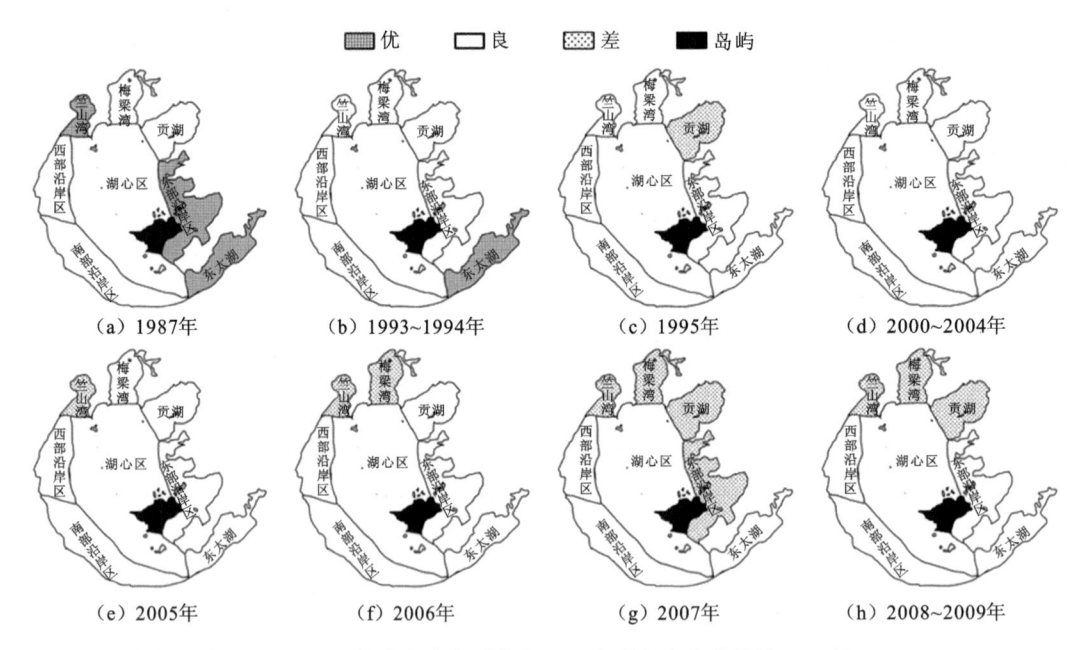

图 2-27 1987~2009 年太湖生态系统状况（水利部太湖流域管理局 等，2009）

2.3.1 防洪功能

太湖流域地势较低，约有 3/4 的流域为平原洼地，地形呈碟状，周围高，中部低，平原低洼地带往往比汛期水位低，再加上流域外围受周围江海潮位的影响，洪水很难排出，河湖水位一旦上涨，就会发生洪涝灾害。由于流域内有众多的河流和湖泊，具有较高的自然调蓄能力，所以在防洪减灾中发挥着巨大的作用。太湖流域以平原为重点防洪保护的对象，洪水防治也以平原为重点。在自然条件下，流域和平原区域是一体的，洪水与地区涝水在平原上汇聚，并通过河网输移，导致了大规模的洪灾。苏州、无锡、湖州三市是环太湖城市，直接受太湖洪水威胁，三市均以环湖大堤为防洪屏障，嘉兴和上海位于太湖下游，受到太湖下泄洪水的威胁。可见，太湖防洪直接关系到流域内大中城市的防洪安全。太湖的安全蓄洪直接保障了流域社会经济稳步发展。其他城镇和农村的防洪和排涝除受本地降水影响外，也与太湖水情有极大的关系。

太湖地区的洪涝灾害主要有两大类：一是梅雨型，大多发生在 5~7 月，特点是范围广、时间长、降水总量大，降水量占全年的 20%~30%；二是台风雨型，大多发生在 7~10 月，特点是强度大，时间短、范围小。5~9 月为汛期，降水量占年降水量的 55%~65%。其中，导致流域性洪涝灾害的降水以梅雨为主，梅雨季节的每年长短不等，平均每年 20 d，入梅通常在 6 月中旬末，出梅在 7 月上旬前期。

太湖水位 3.05 m 时有 4.43×10^9 m³ 的库容，水位 4.65 m 时有 8.3×10^9 m³ 的库容，其庞大的库容，几乎占据了整个太湖流域总蓄水量的 40%。在 1954 年、1991 年、1999 年的洪峰洪水中太湖起到了很好的调节作用，特别是太湖防洪设施建设的不断完善，显著提高了太湖的调蓄能力。

2.3.2 供水功能

通过对太湖流域水资源进行时间和空间上的调节,以丰补枯,从而发挥其重要的调蓄作用,成为流域水资源的调节中枢。在汛期,可以蓄积洪水,将雨洪资源充分调蓄;在非洪涝、旱季,可以利用与长江相连的望虞河等河道,进行太湖的水资源补充。太湖是该流域的主要水源,除了直接供给环湖城市如苏州、无锡和湖州供水外,还通过环湖湖荡及下游河道为环湖及上海市提供用水。

2000 年直接在太湖取水的自来水原水厂设计供水能力约为 $2.296×10^6$ t/d,实际供水能力为 $1.625×10^6$ t/d。在 2005 年底,太湖水源地原水厂的设计供水能力为 $3.770×10^6$ t/d,实际供水能力为 $2.534×10^6$ t/d。2010 年,随着沿湖城市规模的扩大,用水需求不断增加,太湖水源地新建和扩建一批原水厂,2010 年实际供水能力增加到 $6.382×10^6$ t/d,2020 年达到 $6.782×10^6$ t/d,见表 2-1。

表 2-1 太湖流域重要水源地(太湖)自来水厂供水能力(规模) (单位:10^6 t/d)

分区	2000 年 水厂数量/座	2000 年 实际供水能力	2000 年 设计供水能力	2005 年 水厂数量/座	2005 年 实际供水能力	2005 年 设计供水能力	2010 年 水厂数量/座	2010 年 实际供水能力	2020 年 水厂数量/座	2020 年 实际供水能力
江苏	12	1.625	2.296	14	2.534	3.770	17	4.720	17	5.120
浙江	—	—	—	—	—	—	4	1.662	4	1.662
太湖流域	12	1.625	2.296	14	2.534	3.770	21	6.382	21	6.782

总体来看,太湖的供水功能日益重要。目前,太湖间接供水涉及的范围非常广,涉及苏州、无锡、湖州、嘉兴和上海。1999~2002 年环湖河流多年平均出湖水量为 $8.04×10^9$ m^3,这水量一是维系河道生态环境;二是满足农业灌溉;三是为下游地区提供部分生活及工业用水。江苏滨湖地区及浙江杭嘉湖地区约有农田 $5×10^6$ 亩[①],从连通太湖的环湖溇港取太湖水灌溉。太湖间接供水,对于环湖及下游地区生活、工农业生产和生态安全具有重要意义。

2.3.3 旅游、航运、水产养殖等功能

除在流域防洪和供水方面具有举足轻重的地位外,太湖在改善生态环境、旅游、文化养殖、航运等方面也发挥了重要的作用。芜申运河从大浦口入太湖,至太浦河出太湖,穿湖而过。太湖美,美就美在太湖水,太湖周边每年吸引大批游人前往游览。太湖水面开阔,以前周边渔民逐水而居,2020 年以前水产养殖是当地渔民的主要生活来源。航运、旅游、养殖也是太湖为人类服务功能的体现。

1. 太湖旅游功能

自古以来,湖泊就是人们休闲、度假的重要场所,湖泊具有一定旅游资源,旅游业对区

---
① 1 亩≈666.67 m^2。

域经济和社会的发展具有十分重要的意义。

太湖流域自然风光秀丽，文化资源丰富，是著名的旅游景区。太湖碧波荡漾，湖天相接，夕阳西下，云雾缭绕，景色千姿百态，湖中岛屿点缀其间。在太湖东北部，一个个山嘴和半岛伸突湖中，构成众多的水湾和山渚，组成山环水抱的地形特征。沿湖局部地区又由于山丘和沙渚的分割，形成了五里湖、石湖等内湖，所以具有山外有山、湖内有湖、山重水复的独特景观，是著名的风景名胜区。苏州、无锡、湖州位居太湖之滨，尽得太湖山水之利，历史悠久，已成为著名的旅游城市。

2. 航运功能

太湖湖区航运繁忙，有15条航线可供船只通行，如太湖线，芜申线，苏西线。随着太湖地区经济的迅速发展，湖上的船只和货运量迅速增加，湖区船舶日流量超过1 000艘，货物的流动速度也很快，太湖是长江流域的主要水路运输通道。苏州、无锡、湖州都有游客通过太湖，而养殖区域的扩大，也吸引了大量的渔船进入太湖。根据统计，2000年，每年有5 715只船只经过湖区，每日来湖的旅客平均20 000人，每年的渔民达12 624人。

太湖对流域的运输起着举足轻重的作用。太湖流域因太湖水的调蓄和长江水源的补充，可以维持一定的水深。太湖地区自古就有很好的航运基础，长江及其内陆港口和航道的疏浚，使得太湖流域的内河运输比例达到了世界上最发达的区域，太湖流域内河运输比例占国内1/3。

3. 水产养殖功能

太湖宽浅的水域适合各类鱼类的洄游、产卵和生长，是我国重要的淡水渔场，其淡水鱼产量占全国10%左右。太湖鱼产品以湖鲚、银鱼、草鱼、鲤、鲫、鲢和虾等为主。

根据资料显示，1991年太湖渔获总数17 685 t，2000年渔获总数达到35 517 t，较1991年增加了100.8%。自1991年开始，开始采用围网养蟹，其平均单位产量为450～600 kg/hm^2，每亩收益2 500元，比养鱼效益高出2～5倍。1998年，太湖地区的河蟹生产规模达1 692 t，产值达2亿元。2003～2009年，太湖地区的主要水产品产量出现了一定的波动，特别是2003～2007年，出现了明显的涨落（徐雪红，2011）。在2000～2009年10年间，湖鲚的产量是最高的，而且产量一直在稳定地增加，银鱼、鲤、鲫的产量逐年下降，2007年为最低值。2020年起，太湖禁捕，水产养殖功能暂时停止发挥，鱼类资源得到有效恢复，一旦鱼类群落恢复到一个有利于太湖生态系统健康和稳定的程度，就可以重启太湖水产养殖功能。

太湖是长江流域生态系统的重要组成部分，它在长江流域的生态安全和区域生态平衡中起到了重要的作用。但是，由于太湖的自然环境和人为因素的影响，太湖生态系统遭受严重威胁，生态系统服务退化。气候变化改变了降水、温度和蒸发量，而湖底的地形变化则会使湖泊水位、水量发生变化，从而使湖泊的水文状况发生显著变化。由于经济的发展，人为的围湖造田、水利工程建设、采砂和过度的引水灌溉，太湖的生态环境不断恶化。围垦对湖水储水量的人为变化，对太湖的水文水动力产生了一定的影响，是造成湖泊萎缩的最重要原因。

宋兵（2004）从太湖生态特征和生态价值出发，分别在20世纪60年代、80年代、90年代对太湖地区有机物质产品、大气调节、水资源调节和环境能力的服务价值进行评估。生态健康状况的恶化对太湖的环境服务价值有显著的影响，其中太湖生态系统的主要服务功能为水资源调节，占4项服务价值之和的67.70%～82.91%，在3个年份内也呈现出明显的降低趋势。富营养化导致了湖泊初级生产力的增加，因此，在生态系统中，只有大气的调节作用逐渐增加，但其增长速度远远小于其他服务价值下降的速度。有机物质产品是直接利用的产物，在总量中所占比重只有 1.42%~2.11%。结果显示，1980~1990 年，由于人为的破坏和干扰，太湖生态系统的服务功能受到了极大的损害。太湖生态系统的服务价值是以间接利用价值为基础的，在进行湖泊环境与渔业经营决策时，仅注重物质生产的服务价值，势必导致整体生态系统的服务价值丧失，从而增加社会和经济发展的外部成本（图 2-28）。

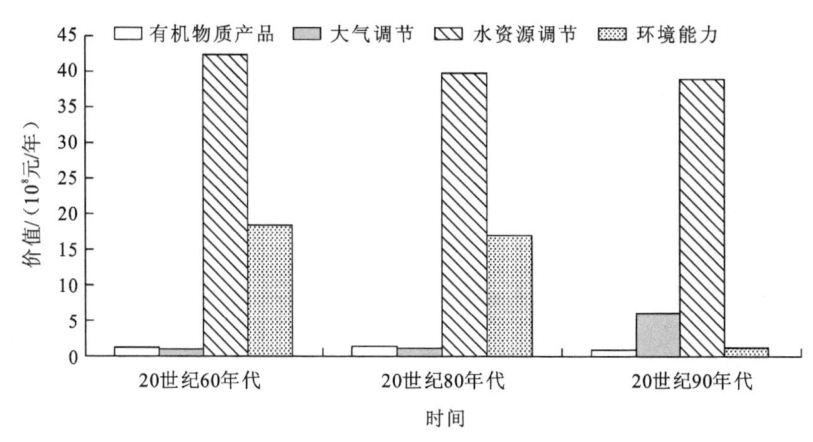

图 2-28　20 世纪 60 年代、80 年代、90 年代太湖生态系统服务价值的改变（宋兵，2004）

根据太湖 2000~2009 年的科学调查资料，贾军梅等（2015）应用生态学和经济分析相结合的方法，全面评价了太湖生态系统 4 大类和 11 个亚类的服务价值。2000 年、2003 年和 2007 年太湖生态系统的服务总额分别为 1 627.98 亿元、1 908.68 亿元和 1 503.99 亿元，2009 年 3 528.73 亿元，保持逐步上升的趋势，但是在 2007 年却意外降低。2007 年太湖地区的服务功能和价值结构在 2000~2009 年有了一定的改变，2000 年主要是以供水功能为主，约占总价值的 43%，2003 年和 2007 年则转为以运输功能为主，分别占其总价值的 41.31%和 38.73%，2009 年则以旅游功能为主，占总价值的 52.52%。太湖流域的航运、旅游功能大幅提升，供水功能大幅降低，对长期的生态服务功能不利。蓝藻水华的出现会使太湖的供给功能、服务功能、文化服务功能下降，从而对太湖的整体生态服务价值产生消极的影响。

1960~2009 年太湖的服务功能价值组成有所改变，但无论如何变动，航运、供水、旅游等功能始终是太湖的中心功能。太湖的航运功能为太湖地区的经济发展提供了有力的支撑。太湖是长三角水资源的重要组成部分，其供水功能价值是太湖水资源的重要组成部分。太湖是我国重要的水利开发基地，但近年来，随着工农业的快速发展，太湖水环境质量与太湖服务功能之间的矛盾日益突出。太湖因其独特的山水资源，拥有许多国家 AAA 级以上的景区，近年来，太湖旅游线路在全国范围内广受欢迎，同时也吸引了来自世界各地的游客，因此，太湖生态系统服务价值的开发将会极大地促进该地区的发展。

第 3 章 太湖藻类群落结构与演替

3.1 太湖浮游植物群落结构组成与演替

湖泊生态系统中水体理化性质影响浮游植物的群落结构组成。随着太湖流域经济不断发展，大量氮磷营养盐输入太湖，湖泊水质不断下降，浮游植物群落结构也随之发生演替。20世纪50年代至2023年太湖浮游植物群落组成和数量发生明显改变。

3.1.1 浮游植物种类组成

太湖浮游植物调查最早始于五里湖。五里湖是太湖西北部的一个湖湾，位于无锡西南。20世纪50年代时五里湖全湖水草茂盛，湖水清澈见底。20世纪60年代前期湖体水质仍保持良好状态，其中菹草、苦草、聚草（*Myriophyllum spicatum*）等高等水生植物为优势初级生产者，在全湖分布。但自20世纪60年代后期，随着水产养殖业的迅猛发展，高等水生植物退化，伴随污水流入，五里湖水体富营养化日益加剧，水体净化能力减弱，透明度降低，水质明显恶化。藻类种类及其数量也相应地发生变化，一些清水性藻类逐年减少，甚至消失，而一些耐污性的浮游藻类密度不断上升，并在湖面形成水华。

20世纪50年代，五里湖的浮游植物以隐藻门（Cryptophyta）和硅藻门为主。浮游植物的数量以春季最多，秋季最少。五里湖夏季蓝藻种类和密度均较高，隐藻门、硅藻门和绿藻门种类及密度次之，其他季节隐藻门和硅藻门在数量上占绝对优势。硅藻门藻类数量比隐藻门数量低，占各门总数量的30.79%，硅藻门藻密度在四季中都较高，尤其在冬季其数量为各门藻类数之冠。铜绿微囊藻和水华微囊藻（*M. flos-aquae*）在20世纪50年代也是常见种，但数量不多（图3-1）。

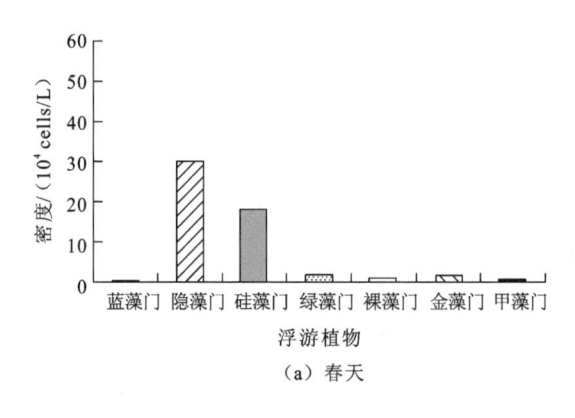

(a) 春天

(b) 夏天

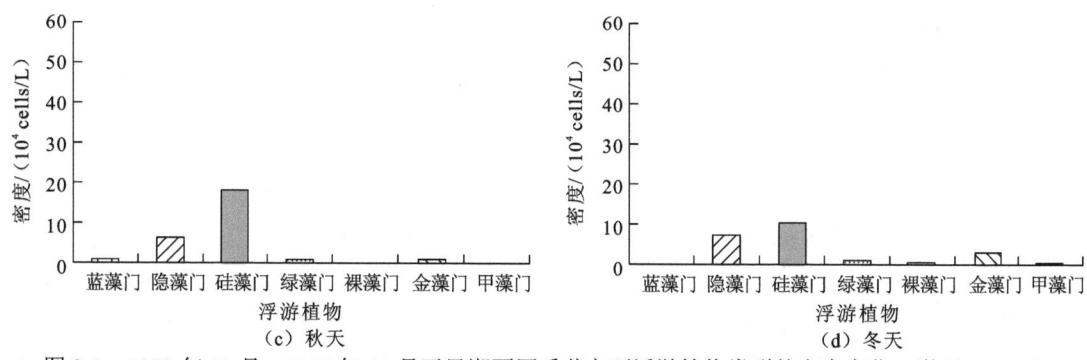

图 3-1 1950 年 12 月～1951 年 11 月五里湖不同季节主要浮游植物类群的密度变化（谢平，2008）
裸藻门：Euglenophyta；金藻门：Chrysophyta，甲藻门：Pyrrophyta

20 世纪 60 年代，太湖主湖体蓝藻门密度占藻类总密度的 96.6%，而以高等水生植物分布为主的东太湖以硅藻门占绝对优势，占藻类总密度的 71.8%，蓝藻门占比为 9.9%。蓝藻分布几乎遍及全湖，而以西北部的马迹山岛周围、南部新塘港口外与小雷山以北的局部水域中密度尤为集中，密度较小的地区为东部湖区及整个东太湖（表 3-1）。蓝藻门中微囊藻和长孢藻的密度最大，分布最广。

表 3-1 1965 年太湖主湖区和东太湖浮游植物平均密度　　　　　（单位：cells/mL）

浮游植物类群	主湖区	东太湖
蓝藻门 Cyanophyta	749.25	7.00
绿藻门 Chlorophyta	17.50	12.56
硅藻门 Bacillariophyta	6.25	50.97
甲藻门 Pyrrophyta	0.75	0.37
黄藻门 Xanthophyta	0.50	—
裸藻门 Euglenophyta	1.42	—
合计	775.67	70.90

引自谢平（2008）。

20 世纪 70～80 年代，随着入湖营养盐数量增加，蓝藻数量也增加，蓝藻门种类组成发生较大变化。在太湖沿岸区浮游植物的优势种由蓝藻门的微囊藻、长孢藻、束丝藻（*Aphanizomenon* sp.）、颤藻（*Oscillatoria* sp.）和硅藻门的直链藻（*Melosira* sp.）等组成。湖心区角甲藻（*Ceratium*）和束丝藻占优势（谢平，2008）。

1987 年和 1988 年不同季度对太湖各湖区浮游植物的研究表明，蓝藻水华暴发持续时间呈增加趋势。在生物量上，夏季蓝藻门占优势（55.3%），隐藻门次之（32.7%），且蓝藻遍布全湖。最早 5 月初，湖面便可见少量条状蓝藻水华，夏季蓝藻水华达到高峰，直到 11 月仍有蓝藻水华出现。夏季铜绿微囊藻、水华微囊藻和色球藻（*Chroococcus* spp.）为优势种；秋季硅藻门和蓝藻门为优势类群，而春季隐藻门为最大的优势类群。在 1988 年 3 月的调查中，硅藻门（占 35.6%）和隐藻门（34.6%）的优势度几乎相等（谢平，2008）。

从 20 世纪 80 年代后期起，梅梁湾北部浮游植物种类较多，东太湖较少。五里湖年平均生物量每年最高，东太湖最低。

20 世纪 90 年代,梅梁湾是太湖蓝藻水华暴发最严重的湖区,太湖蓝藻水华总体呈进一步扩大趋势,蓝藻门中铜绿微囊藻、水华微囊藻、惠氏微囊藻(*M. wesenbergii*)成为全年普生性种类。此外,常年出现且呈全湖性分布的蓝藻有卷曲长孢藻(*Anabaena circinalis*)、水华长孢藻(*D.flos-aquae*)、螺旋长孢藻(*A. spiroides*)等,也呈全湖性分布,并常年出现。一些湖区中微小色球藻(*C. minutus*)、湖沼色球藻(*C. limneticus*)等蓝藻在数量也较多。在局部湖区,颗粒直链藻(*Melosira granulata*)和小环藻属(*Cyclotella*)中一些硅藻门种类有时也可形成优势种,四季可见。在一些湖区卵形隐藻(*Cryptomonas ovata*)、啮蚀隐藻(*C. erosa*)和尖尾蓝隐藻(*Chroomonas acuta*)等隐藻数量也较多,且在这些湖区常年出现。

21 世纪以来,蓝藻门中微囊藻属成为全湖优势藻种,并在太湖北部湖区占绝对优势。2004~2005 年,Liu 等(2008)对太湖梅梁湾和贡湖湾中浮游植物生物量季节变化进行研究,发现在 3~5 月绿藻门占优势,而在其他月份蓝藻门为优势门类。铜绿微囊藻在水华暴发期间为绝对优势种,在 5 月开始出现,6 月急剧增长并在 7 月达到最大值,之后逐渐下降,10 月生物量降至 1 mg/L 以下。从年平均生物量来看,梅梁湾和贡湖湾中蓝藻门生物量占浮游植物总生物量的比例分别为 32.7% 和 26.5%,微囊藻占蓝藻门生物量的比例分别为 91.9% 和 85.8%(图 3-2)。

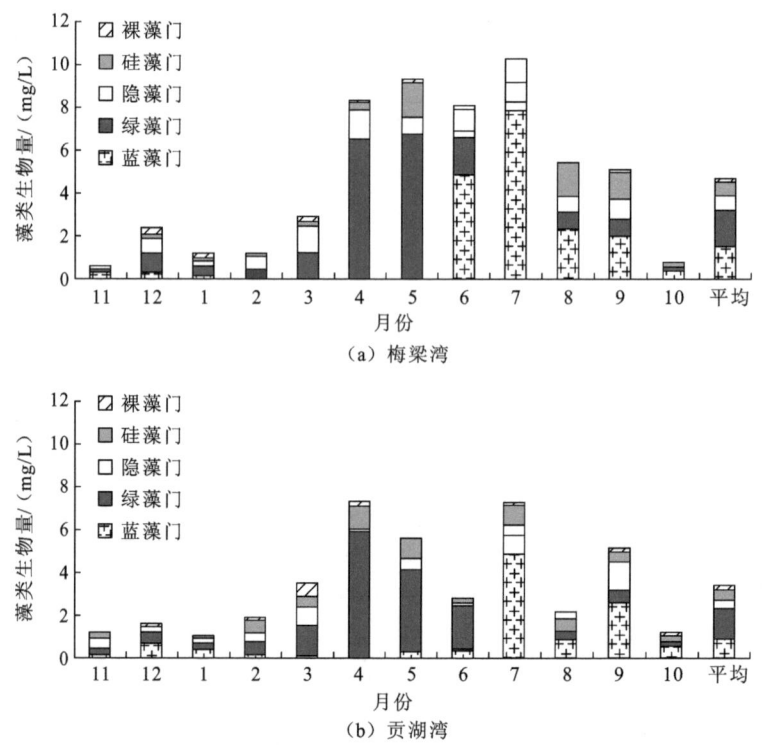

图 3-2 2004 年 11 月~2005 年 10 月梅梁湾和贡湖湾中浮游植物生物量季节变化(Liu et al.,2008)

2007 年 11 月~2008 年 8 月,成芳(2010)对太湖浮游植物进行季节性调查,共鉴定出 8 门 132 种藻类,其中绿藻门最多,共 64 种,但其生物量并不占优势;硅藻门 33 种,蓝藻门虽然仅 20 种,但其生物量占绝对优势。

2009 年 12 月~2010 年 12 月,蔡琳琳等(2012)对太湖梅梁湾吴塘门附近水体浮游植物群落结构进行调查。共分析出藻类 8 门 76 种,其中硅藻门 14 种,蓝藻门 16 种,绿藻门最多,为 34 种。绿藻门、硅藻门在冬、春季占优势，蓝藻门在夏、秋季占优势，且微囊藻属是优势属。

2010 年 1 月，杨宏伟等（2012）对太湖北部湖区五里湖藻类进行了调查分析，共鉴定出藻类 7 门 27 属，分别为裸藻门、蓝藻门、甲藻门、硅藻门、隐藻门、绿藻门和金藻门，其中硅藻门 7 种，绿藻门 12 种，隐藻门 3 种。太湖北部湖区以蓝藻门为主，其中微囊藻仍占绝对优势。

2010 年 5 月，杨柳等（2011）在太湖共鉴定出 6 门 42 种藻类，主要有蓝藻门、绿藻门、隐藻门和硅藻门等。在全湖区硅藻中小环藻均占据优势，席藻属（*Phoridium*）在梅梁湾、五里湖和湖心区所占比例也较大，湖心区的优势属还有长孢藻属和平裂藻属（*Merismopedia*），而太湖东部湖区胥口湾中隐藻门占优势。

2010 年 9 月，沈爱春等（2012）对全太湖藻类进行调查，共鉴定到 6 门 120 种藻类，包括蓝藻门、绿藻门、硅藻门、裸藻门、甲藻门和隐藻门等，其中啮蚀隐藻、微囊藻和小环藻为优势种属。东太湖藻类种类为 64 种，而大浦口站点藻类仅有 7 种。

2012 年 11 月，杜明勇等（2014）在全太湖鉴定出 5 门 89 种藻类。其中绿藻门 36 种，硅藻门 34 种，蓝藻门 12 种，隐藻门 4 种，裸藻门 3 种。太湖水体中蓝藻密度最大，优势种为铜绿微囊藻、假鱼腥藻、小球藻（*Chlorella vulgaris*）、衣藻（*Chlamydomonas* sp.）、卵形隐藻、啮蚀隐藻、小环藻和舟形藻（*Naviculla* sp.）等。

2013 年，李娣等（2014a）对太湖浮游植物群落进行调查，共鉴定出 6 门 124 属（种），其中绿藻门 47 种，硅藻门 34 种，蓝藻门 30 种，裸藻门 6 种，甲藻门 4 种，隐藻门 3 种。微囊藻属依旧为优势属。

2014~2018 年太湖水域浮游植物种类最多为 84 种，总体呈现上升趋势，年际有波动。纵观太湖水域 5 年浮游植物种类组成数据，可以看出绿藻门占比最多，蓝藻门和硅藻门次之，最少的为金藻门。5 年间浮游植物种类增加 62%，优势种仍为绿藻门，第二优势种由蓝藻门变为硅藻门。其中，作为水体富营养化指示种的蓝藻门总体呈下降趋势，但 2016~2017 年上升了 28.19%；2016 年绿藻门占比与 2014 年相比上升 32.67%，到 2016 年后又下降，但总体上仍呈上升趋势，上升了 14.85%（表 3-2）。

表 3-2　2014~2018 年太湖水域浮游植物种类组成

年份	浮游植物种类组成	蓝藻门/%	绿藻门/%	硅藻门/%	甲藻门/%	隐藻门/%	裸藻门/%	金藻门/%	黄藻门/%
2014	52	34.6	40.4	17.3	1.9	5.8	0.0	0.0	—
2015	52	28.8	42.3	19.2	1.9	5.8	0.0	1.9	0.1
2016	69	18.8	53.6	15.9	2.9	4.3	2.9	1.4	0.2
2017	54	24.1	33.3	25.9	3.7	5.6	5.6	1.8	0.0
2018	84	16.7	46.4	22.6	2.4	3.6	7.1	1.2	0.0

太湖梅梁湾和东太湖是典型的藻型湖区和草型湖区，2017 年 7 月~2018 年 6 月，邱伟建等（2022）对太湖藻型湖区梅梁湾和草型湖区东太湖的藻类群落结构进行调查。东太湖和梅梁湾分别出现 37 和 39 种浮游植物。2 个湖区有相同的浮游植物 32 种，只出现在梅梁湾的有 7 种，只出现在东太湖的物种有 5 种。梅梁湾和东太湖的浮游植物年平均密度分别为

$1.047\ 3×10^8$ cells/L 和 $2.118×10^7$ cells/L，（图 3-3），2 个湖区优势门类均为蓝藻门，分别占总藻类密度的 98.78%和 90.89%。

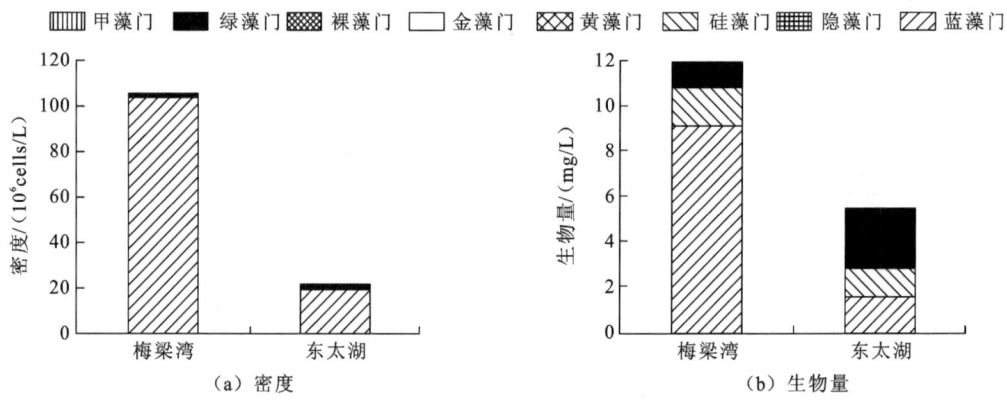

图 3-3　梅梁湾、东太湖浮游植物密度、生物量平均值比较（邱伟建 等，2022）

太湖梅梁湾蓝藻门生物量占大多数，为 76.96%，绿藻门和硅藻门占小部分，分别为 8.48% 和 14.16%。调查期间，与梅梁湾类似，东太湖浮游植物数量全年都是蓝藻门占优势。与之不同的是，2017 年 8~10 月与 2018 年 3~5 月，从生物量看，东太湖绿藻门或者硅藻门为优势门类。梅梁湾微囊藻年均密度（$1.001\ 2×10^8$ cells/L）显著高于东太湖（$1.787×10^7$ cells/L）。梅梁湾微囊藻数量占比为 68.52%~99.52%，东太湖微囊藻数量占比为 57.70%~94.01%（图 3-4）。

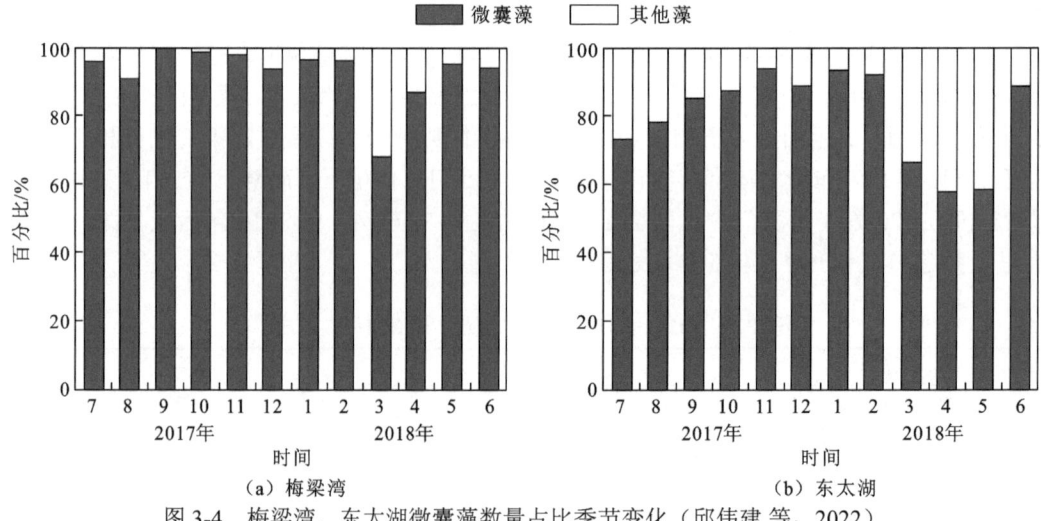

图 3-4　梅梁湾、东太湖微囊藻数量占比季节变化（邱伟建 等，2022）

进入 21 世纪以后，太湖蓝藻全年可见，且全湖区均有分布。每年自 3 月开始，湖面开始出现条带状蓝藻水华，7 月、8 月蓝藻水华面积到达峰值，太湖蓝藻水华一直延续至 11 月。截至 2020 年，蓝藻水华持续时间逐年增加，优势种属为蓝藻门的微囊藻属。在太湖各湖区，绿藻门在生物量上虽不占优势，但种类较多，且常年呈全湖分布。硅藻门也常年呈全湖分布，往往在冬、春两季数量上占优势，太湖常见硅藻门种类为小环藻、直链藻等。隐藻门为全湖性分布种属，但属种较少，且全年可见，春季尤为常见。而裸藻门、金藻门、甲藻门和黄藻门数量较少，仅在东太湖和部分出入湖河道入口被少量发现。

3.1.2 浮游植物密度及蓝藻水华

浮游植物密度和蓝藻水华面积可用来定量评估蓝藻水华暴发的强度，Chl-a 浓度也可用来定量描述浮游植物密度。因此，有必要对太湖 Chl-a 浓度及蓝藻水华暴发的面积和频率进行分析。

1. 太湖 Chl-a 浓度变化

1995～2003 年，Zhang 等（2007）对太湖梅梁湾 7 个采样点（图 3-5）湖水 Chl-a 浓度进行检测。在 9 年间，梅梁湾 Chl-a 浓度年平均值的变化范围为 17.4～54.2 μg/L，以 1996 年和 1997 年最高，最高 54.2 μg/L，而 1998～2003 年在 18～28 μg/L 之间波动。Chl-a 浓度的季节变化明显，一般冬天较低（<20 μg/L）。夏季（6～8 月）Chl-a 浓度最高，最高值为 55.6 μg/L（图 3-6）。

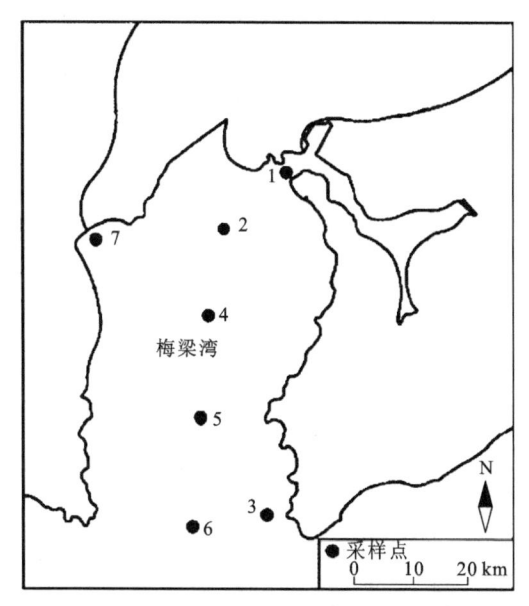

图 3-5 太湖梅梁湾采样点示意图（Zhang et al.，2007）

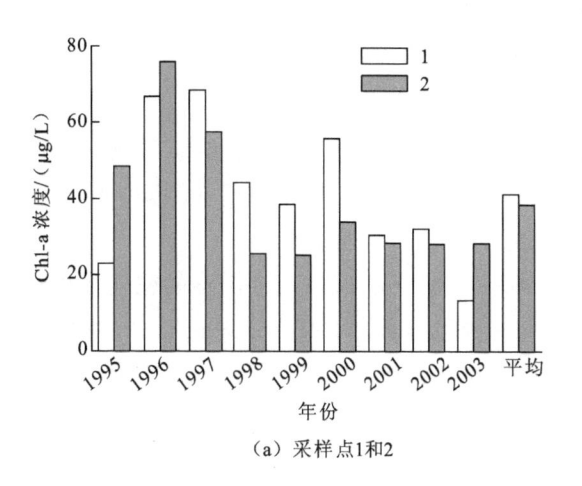

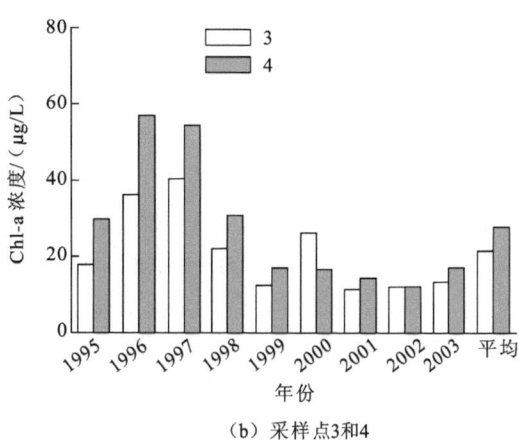

（a）采样点1和2

（b）采样点3和4

(c) 采样点5和6

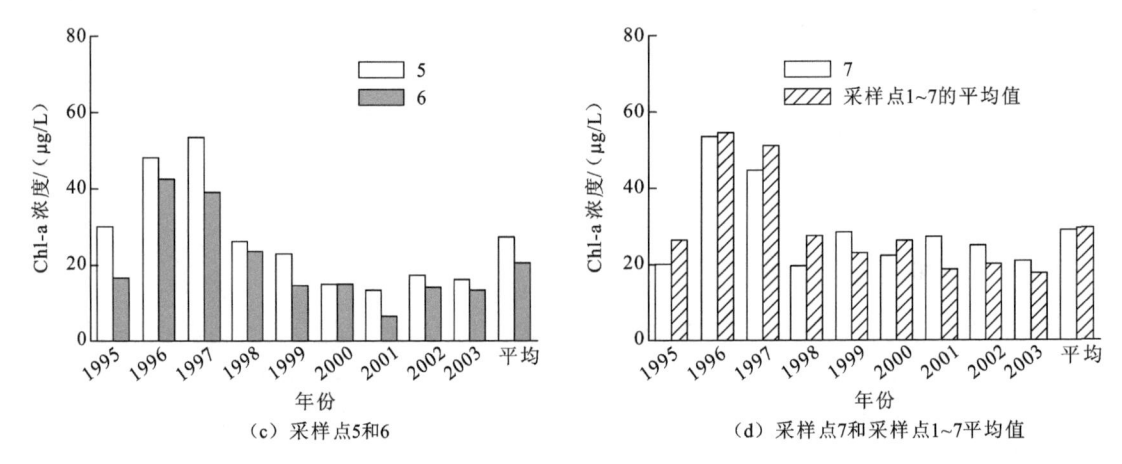

(d) 采样点7和采样点1~7平均值

图 3-6　1995～2003 年梅梁湾 7 个采样点各点 Chl-a 浓度年平均值和所有点平均 Chl-a 浓度的年际变化（Zhang et al.，2007）

1998～2006 年，中国科学院太湖湖泊生态系统研究站对太湖藻类进行了监测，从 1998～2006 年每年 5～10 月的平均值来看，Chl-a 浓度逐步上升，9 年间 Chl-a 浓度增加了 1 倍多（图 3-7），这与同时间段的梅梁湾 Chl-a 浓度变化差异较大。

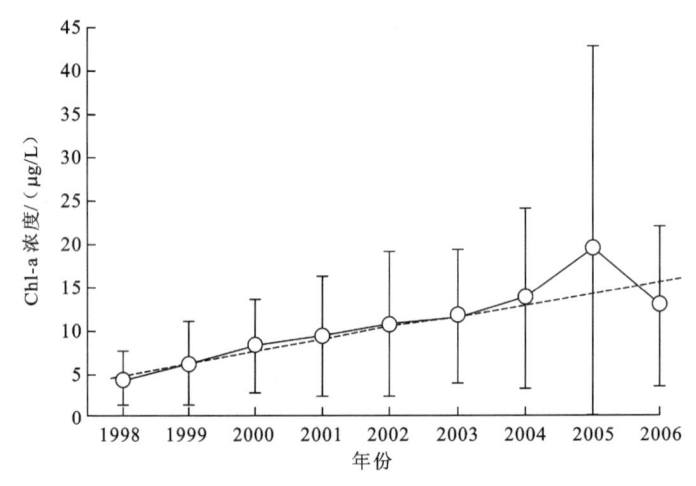

图 3-7　1998～2006 年太湖湖心区 Chl-a 浓度的变化（秦伯强，2007）

虚线表示趋势线

2004 年 7 月 16～23 日，Huang 等（2006）对太湖梅梁湾 Chl-a 进行了连续观测，Chl-a 浓度在梅梁湾与太湖主湖区连接的湾口地区及临近入湖的主要河口较低，而在梅梁湾湾内靠北湖体蓝藻水华严重，Chl-a 浓度较高，最高可达 328 μg/L（图 3-8）。

2004 年秋季（10 月 20～29 日），Zhang 等（2007）为研究太湖 Chl-a 浓度的空间分布格局，在太湖设置 67 个采样点。结果表明 Chl-a 浓度的变化范围为 1.21～53.6 μg/L，平均值为 14.4 μg/L，总体看北部湖区较高，最高值出现在梅梁湾，为 53.6 μg/L，而最低值出现在高等水生植物占优势的东南沿岸湖区。

(a)表层　　　　　　　　　　　　　　　(b)底层

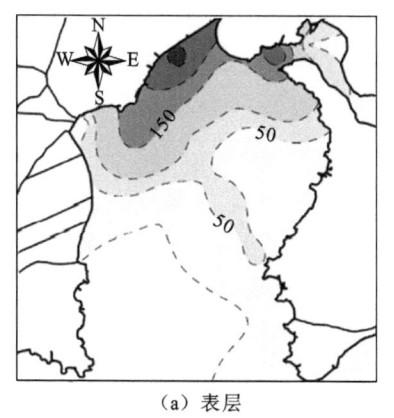

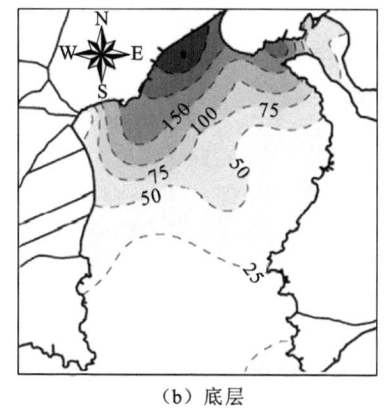

图 3-8　2004 年 7 月 16~23 日太湖梅梁湾表层和底层湖水中 Chl-a 浓度的分布（Huang et al.，2006）

根据中国科学院太湖湖泊生态系统研究站监测结果，2005~2018 年太湖 Chl-a 浓度年平均值变化范围为 16.9~54.2 μg/L，最低值和最高值分别出现在 2010 年和 2017 年。在 2008~2010 年 Chl-a 浓度呈现下降趋势，但 2010~2018 年则表现出显著增加趋势（图 3-9）。太湖 2003~2018 年蓝藻水华面积平均值为 171 km²，总体呈上升态势，2017 年水华暴发遥感监测到最大面积高达 1 403 km²。

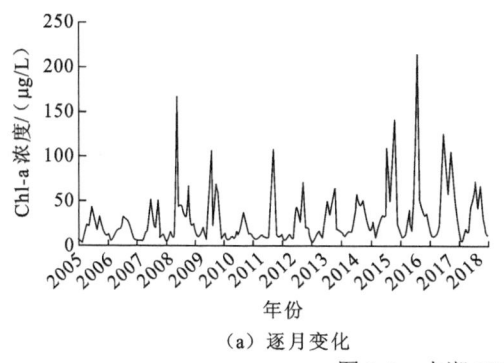

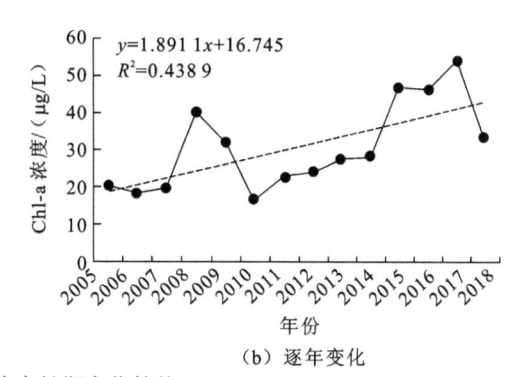

(a)逐月变化　　　　　　　　　　　　　(b)逐年变化

图 3-9　太湖 Chl-a 浓度长期变化趋势

2. 太湖浮游植物密度变化

2011~2018 年太湖浮游植物平均密度呈现"下降—上升—下降—上升"的波动趋势，变化幅度在 9.2×10^6~$1.201\ 3\times10^8$ cells/L，2013 年浮游植物平均密度最低，2018 年最高（图 3-10）。2017~2018 年浮游植物平均密度急剧上升，上升了 207.79%，太湖不同湖区浮游植物密度空间分布差异较大，其中梅梁湾浮游植物密度最大。作为太湖北部的一个湖湾，水体流动性较差，由于夏季盛行东南风，蓝藻水华被吹入湖湾后，容易大量聚集，造成浮游植物密度高于其他湖区。每年 8 月太湖浮游植物密度明显高于 3 月，表明夏季适宜的气象和水文条件加速了浮游植物，特别是水华蓝藻的生长繁殖，所以浮游植物密度大增。以 2015 年为例，8 月太湖浮游植物平均密度为 8.738×10^7 cells/L，而 3 月平均密度仅有 5.22×10^6 cells/L。2016 年太湖蓝藻平均密度是 2015 年的 2.1 倍，水华发生频率较 2015 年有所增加，2017 年太湖蓝藻平均密度较 2016 年上升了 42.1%。2020 年 4~5 月，大量蓝藻飘入太湖东部湖区，蓝藻密度超过了 4×10^7 cells/L，苏州水源地发生饮用水风险，表明高密度蓝藻的分布从西部湖区和湖心区向东部湖区蔓延。

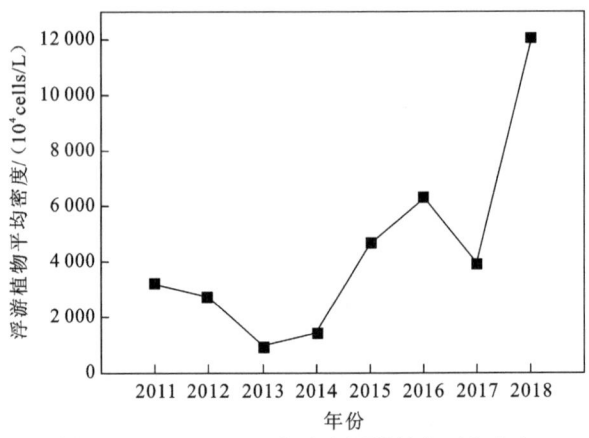

图 3-10　2011~2018 年太湖浮游植物平均密度

综上所述，2007~2020 年，蓝藻水华暴发的频率没有显著下降，反而有所增加，2021 年太湖蓝藻水华暴发强度有所减弱，2023 年暴发强度最低。

3. 太湖蓝藻水华发生面积、时间及频率的变化

20 世纪 50 年代末~70 年代中期仅太湖北部五里湖、焦山附近零星可见水华。20 世纪 80 年代初，每年夏季太湖北部五里湖和梅梁湾约有 2/5 湖区出现水华，20 世纪 80 年代末则发展到梅梁湾的 3/5 湖区出现水华，太湖的西岸局部水域也出现水华。

1994~1995 年，水华几乎覆盖竺山湾、西部沿岸和北部湖心区及梅梁湾全部湖区，有自北向全湖蔓延的趋势。

马荣华等（2008）根据卫星遥感影像资料研究发现，1987 年 6 月太湖蓝藻水华开始大面积暴发，一直持续到 2000 年，水华分布面积基本维持在 62 km²。自 2004 年以后，年平均蓝藻水华面积快速增加，水华面积超过太湖总水面积的 2/5，达 979 km²，2004~2006 年蓝藻水华最大聚集面积均出现在 9 月，而 2007 年蓝藻水华最大聚集面积的出现提前到 6 月底，9 月蓝藻水华面积还有 855 km²。

对 1980~2018 年太湖蓝藻水华分布状况进行分析发现，蓝藻水华分布面积逐渐增大。2000 年以前，太湖蓝藻水华主要出现在梅梁湾和竺山湾，以及竺山湾和梅梁湾相连的水域。2001~2003 年，除梅梁湾和竺山湾每年继续都有蓝藻水华发生外，南部沿岸区浙江附近水域，即夹浦新塘一带的沿岸水体中，也每年都有发生，且聚集面积逐年扩大，持续时间越来越长，有时会和西部沿岸区连成一片。2003~2020 年，蓝藻水华开始逐渐向湖心扩散，严重时几乎覆盖整个太湖近一半的区域（图 3-11）。

此外，太湖蓝藻水华最初在夏季出现，随着时间的推移，暴发时间逐渐前移，2004~2007 年，3~4 月逐渐成为蓝藻水华的初始暴发期，水华可持续到 12 月，这样蓝藻水华的持续时间可达 9~10 个月之久（图 3-12，图 3-13）。

第 3 章 太湖藻类群落结构与演替

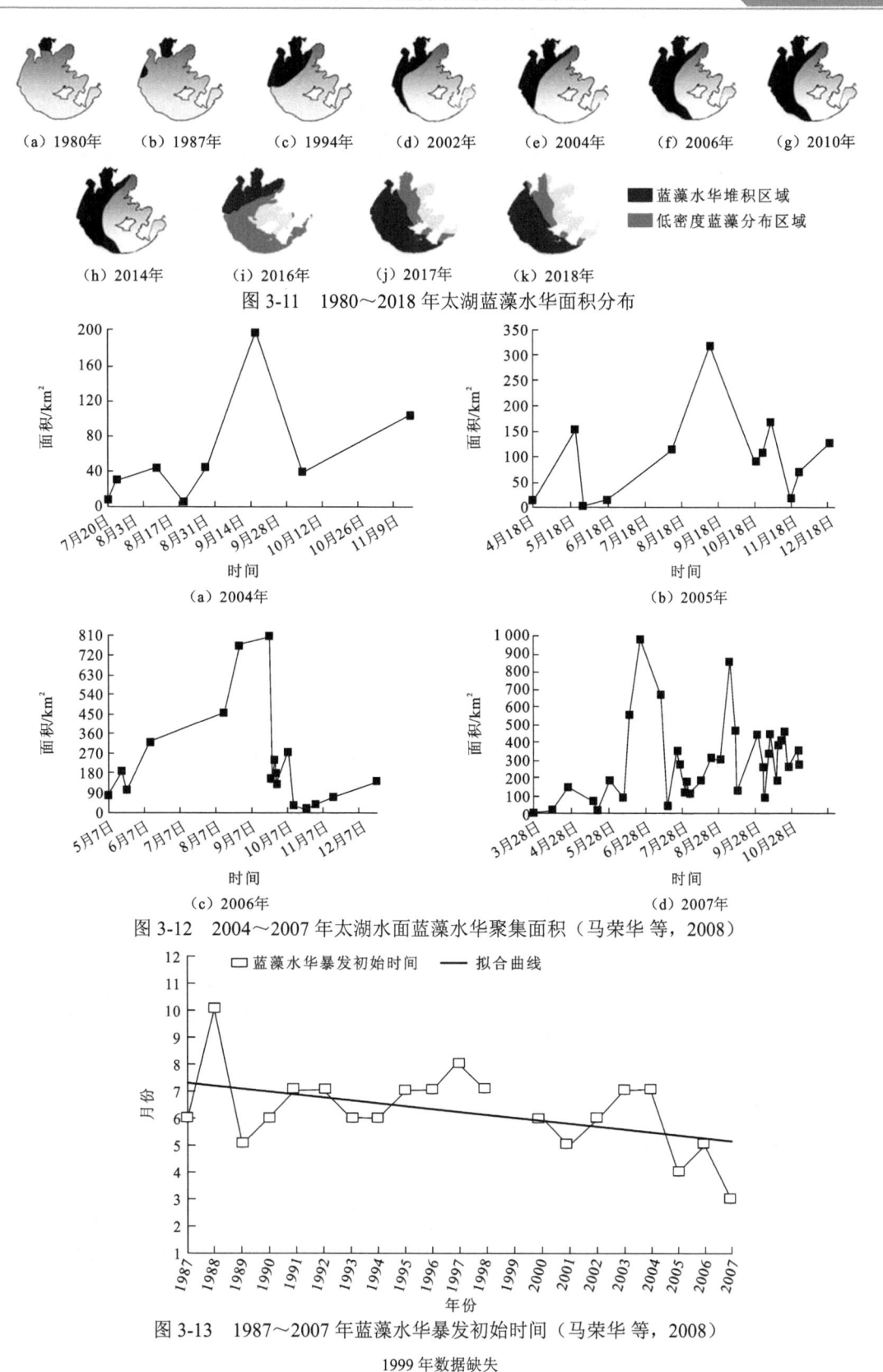

(a) 1980年　(b) 1987年　(c) 1994年　(d) 2002年　(e) 2004年　(f) 2006年　(g) 2010年

■ 蓝藻水华堆积区域
■ 低密度蓝藻分布区域

(h) 2014年　(i) 2016年　(j) 2017年　(k) 2018年

图 3-11　1980~2018 年太湖蓝藻水华面积分布

(a) 2004年　(b) 2005年　(c) 2006年　(d) 2007年

图 3-12　2004~2007 年太湖水面蓝藻水华聚集面积（马荣华 等，2008）

图 3-13　1987~2007 年蓝藻水华暴发初始时间（马荣华 等，2008）

1999 年数据缺失

1987~2007 年，梅梁湾是太湖蓝藻水华最初暴发最频繁的湖区，共发生过 14 次，其他湖区如竺山湾（包括竺山湾湾口）、南部沿岸区（浙江新塘附近）和西部沿岸区，分别发生过 6 次、3 次和 2 次；2000 年以前，梅梁湾或竺山湾几乎每年都是蓝藻水华暴发最早的区域。2000~2007 年，蓝藻水华初始暴发地点逐渐向南部沿岸区转移（表 3-3）（马荣华 等，2008）。

表 3-3　1987 年以来太湖每年蓝藻水华初始暴发地点

年份	地点	年份	地点
1987	梅梁湾	1997	竺山湾、梅梁湾
1988	竺山湾湾口	1998	梅梁湾
1989	梅梁湾	2000	梅梁湾、西部沿岸区
1990	梅梁湾	2001	南部沿岸区
1991	竺山湾、梅梁湾	2002	梅梁湾
1992	梅梁湾	2003	竺山湾湾口、梅梁湾
1993	梅梁湾	2004	竺山湾
1994	竺山湾、梅梁湾	2005	南部沿岸区
1995	梅梁湾	2006	西部沿岸区
1996	梅梁湾	2007	南部沿岸区

引自马荣华等（2008）。
1999 年数据缺失。

张运林等（2020）基于逐日中分辨率成像光谱仪（moderate-resolution imaging spectroradiometer，MODIS）遥感影像提取蓝藻水华面积和暴发频率，发现 2003~2020 年太湖年均蓝藻水华面积甚至呈波动上升趋势，年内日最大面积也呈增加趋势（图 3-14）。太湖年均蓝藻水华面积达 166.5 km^2，夏、秋季蓝藻水华最大面积仍能超过 1 000 km^2，接近半个太湖。从 2014 年开始，太湖年均蓝藻水华面积又开始上升，2017 年到达最大值，几乎覆盖太湖除水草区以外的所有区域。2018 年蓝藻水华面积开始减少，但是还维持高位。此外，蓝藻水华暴发频率与蓝藻水华面积呈现相同的趋势。

(a) 年均蓝藻水华面积和暴发频率

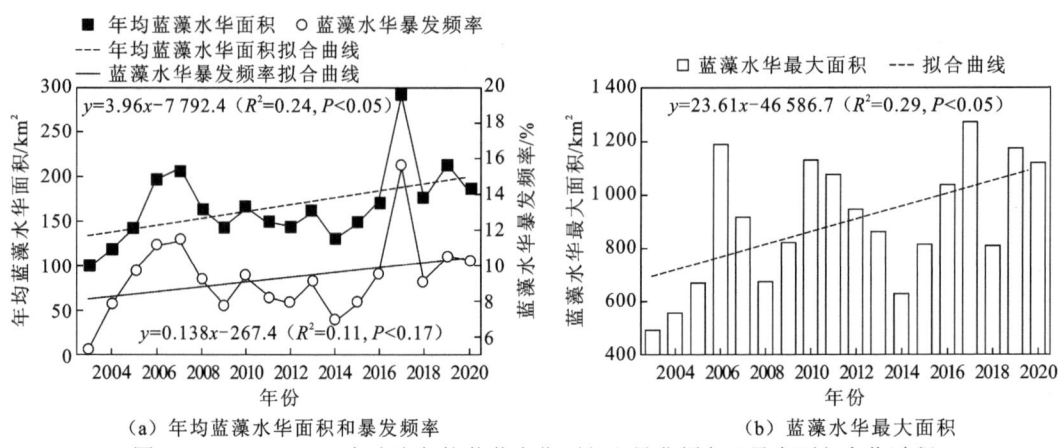

(b) 蓝藻水华最大面积

图 3-14　2003~2020 年太湖年均蓝藻水华面积和暴发频率及最大面积变化过程

第 3 章 太湖藻类群落结构与演替

太湖蓝藻水华主要发生在夏、秋季，春、冬季发生的概率相对较低，但是 2017 年表现出春季蓝藻水华面积显著增加趋势（图 3-15），表明太湖近 15 年来蓝藻水华面积上升态势主要贡献来自春、冬季蓝藻水华增加。此外，2017 年还表现出春、秋季水华面积显著增强的特征。2017 年太湖蓝藻水华异常暴发，4 个季节蓝藻水华面积都明显高于 2016 年，特别是春、秋季节的蓝藻水华面积异常高，增幅分别达 255%、136%，水华从夏、秋高强变成春、夏、秋 3 季高强。蓝藻水华暴发空间上则从湖湾扩展到湖心区，直至南部湖区。

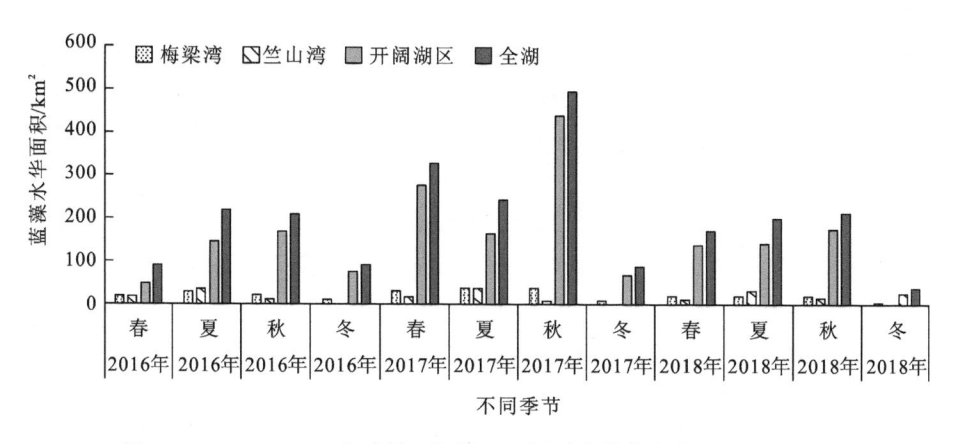

图 3-15 2016～2018 年太湖不同湖区不同季节蓝藻水华面积变化特征

2016～2018 年太湖四季水华面积变化特征为夏季最大和春季最小，具体为夏季>秋季>冬季>春季。全湖蓝藻水华春、夏、秋、冬面积平均值分别为 93 km²、218 km²、210 km² 和 95 km²。太湖 2016～2018 年蓝藻水华面积分异较大，且不同湖区变化特征不同（图 3-16）。

(a) 蓝藻水华年平均面积

(b) 蓝藻水华年平均面积与水面面积比

(c) 蓝藻水华最大面积

(d) 蓝藻水华最大面积与水面面积比

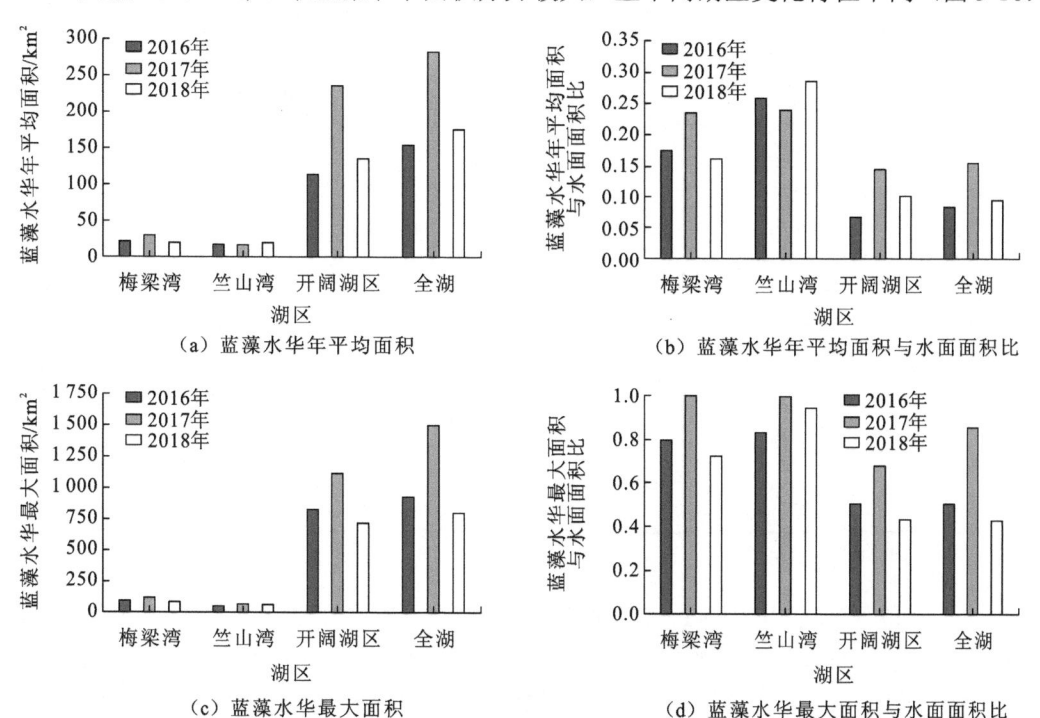

图 3-16 太湖 2016～2018 年不同湖区蓝藻水华年平均面积、最大面积及其与水面面积比

太湖不同湖区蓝藻水华暴发面积存在差异（图 3-16）。2016 年梅梁湾、竺山湾、开阔湖区和全湖的蓝藻水华年平均面积分别为 23 km²、18 km²、114 km² 和 155 km²；蓝藻水华最大面积分别为 103 km²、60 km²、831 km² 和 939 km²。2017 年梅梁湾、竺山湾、开阔湖区和全湖的蓝藻水华年平均面积分别为 30 km²、17 km²、237 km² 和 284 km²；蓝藻水华最大面积分别为 129 km²、72 km²、1 119 km² 和 1 403 km²。从蓝藻水华年平均面积来看，梅梁湾 2017 年略高于 2016 年，开阔湖区显著高于 2016 年，竺山湾在此两年度均变化不大。因此，太湖 2017 年蓝藻水华面积增加主要来自开阔湖区的贡献，贡献率达 95%。从蓝藻水华最大面积看，2017 年亦要显著高于 2016 年，主要贡献也来自开阔湖区。相对 2017 年，2018 年的蓝藻水华暴发程度较轻。2018 年梅梁湾、竺山湾、开阔湖区及全湖的蓝藻水华年平均面积分别为 21 km²、20 km²、135 km² 和 176 km²；蓝藻水华最大面积分别为 94 km²、69 km²、724 km² 和 803 km²。

2019 年 4~10 月，卫星遥感监测共观测到蓝藻水华暴发 129 次。与 2018 年 4~10 月相比，蓝藻水华发生次数稍有增加，蓝藻水华年平均面积和蓝藻水华最大面积分别增加 39.3% 和 93.9%。

依据生态环境部发布的《水华遥感与地面监测评价技术规范（试行）》（HJ 1098—2020）中水华程度分级标准，以太湖总面积（2 400 km²）为换算基准，根据蓝藻水华暴发面积（A），将太湖蓝藻水华暴发规模分为 4 个等级：当 $A<240$ km² 时，为无明显水华；当 240 km²≤$A<720$ km² 时，为轻度水华；当 720 km²≤$A<1 440$ km² 时，为中度水华；当 $A≥1 440$ km² 时，为重度水华。对 2012~2020 年历年 4~10 月太湖蓝藻水华发生情况进行了统计，结果如表 3-4 所示。

表 3-4　2012~2020 年太湖蓝藻水华发生次数

年份	合计次数	不同规模发生次数			
		无明显水华	轻度水华	中度水华	重度水华
2012	82	75	7	0	0
2013	96	94	2	0	0
2014	80	74	6	0	0
2015	90	78	12	0	0
2016	95	86	9	0	0
2017	112	81	27	4	0
2018	119	103	16	0	0
2019	128	101	24	3	0
2020	125	102	20	3	0

引自张虎军等（2022）。

通过图 3-17 可以看出，2012~2020 年，无明显水华和轻度水华为太湖蓝藻水华发生主要级别，发生中度及以上水华的年份主要为 2017 年、2019 年、2020 年，分别出现了 4 次、3 次、3 次。其中，2017 年轻度和中度水华的占比相对较高，对应 2017 年的蓝藻水华暴发规模较大。

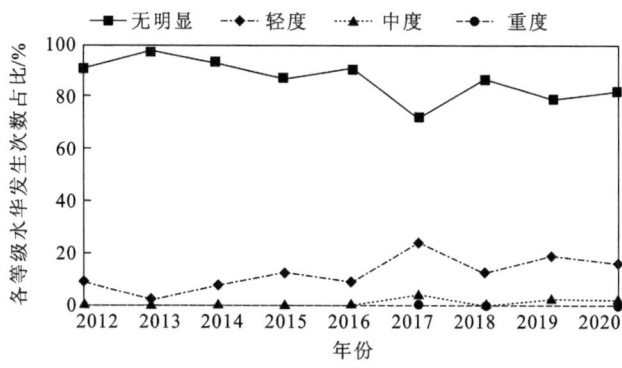

图 3-17 太湖各等级水华发生次数占比（张虎军 等，2022）

盛漂等（2024）对禁捕初期太湖浮游植物的群落结构进行分析，2020年太湖浮游植物的年平均密度为（0.58±0.86）×10^8 cells/L。不同季节间浮游植物密度存在显著差异，夏季浮游植物为（1.14±1.04）×10^8 cells/L，春季次之，为（0.52±0.67）×10^8 cells/L，秋季最低，为（0.32±0.55）×10^8 cells/L，而冬季平均密度为（0.38±0.86）×10^8 cells/L，高于秋季。各季度浮游植物密度中蓝藻门占比最高，春、夏、秋和冬季蓝藻门密度占浮游植物总密度比值分别为98.3%、95.4%、89.3%和96.3%［图3-18（a）］。

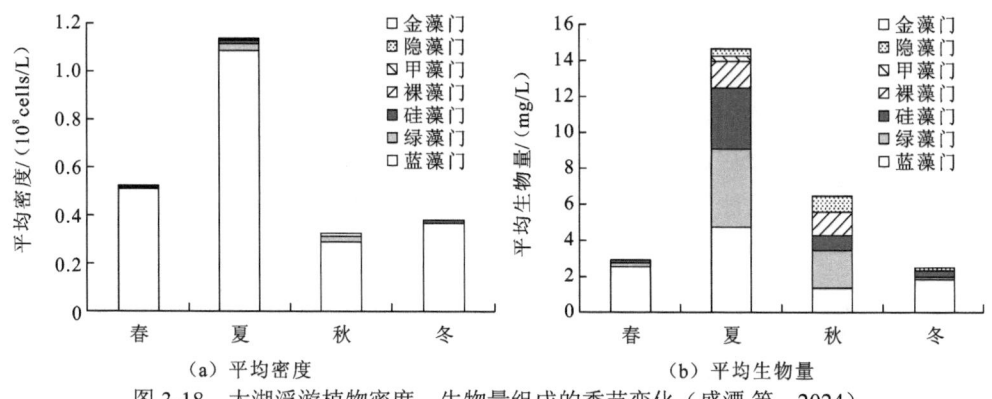

（a）平均密度　　（b）平均生物量
图 3-18　太湖浮游植物密度、生物量组成的季节变化（盛漂 等，2024）

2020年太湖浮游植物的年平均生物量为（6.53±7.89）mg/L。不同季节间浮游植物的生物量呈现显著差异，春、夏、秋和冬季生物量分别为（2.92±3.54）mg/L、（14.67±9.64）mg/L、（6.48±5.98）mg/L和（2.49±4.35）mg/L。春、冬季蓝藻门生物量贡献率分别为87.7%、73.1%。秋季以绿藻门为主，占比为31.5%，蓝藻门次之，为21.4%［图3-18（b）］。

2012～2020年太湖宜兴西部沿岸区水域蓝藻水华暴发频率最高，东部区域蓝藻水华暴发频率最低，空间分布特征为：从西北向东南逐步递减（图3-19）。这与太湖往年水质监测氮磷等营养盐浓度西北高、东南低的空间分布特征一致，因此，营养盐浓度可能是导致太湖蓝藻水华暴发频率西北高、东南低的原因之一。2012～2017年，太湖蓝藻水华暴发频率整体逐年升高，蓝藻水华高频暴发区由西部沿岸区往东逐步扩展，至2017年蓝藻水华暴发面积达到顶峰。2017～2020年，高频暴发面积开始呈下降趋势。

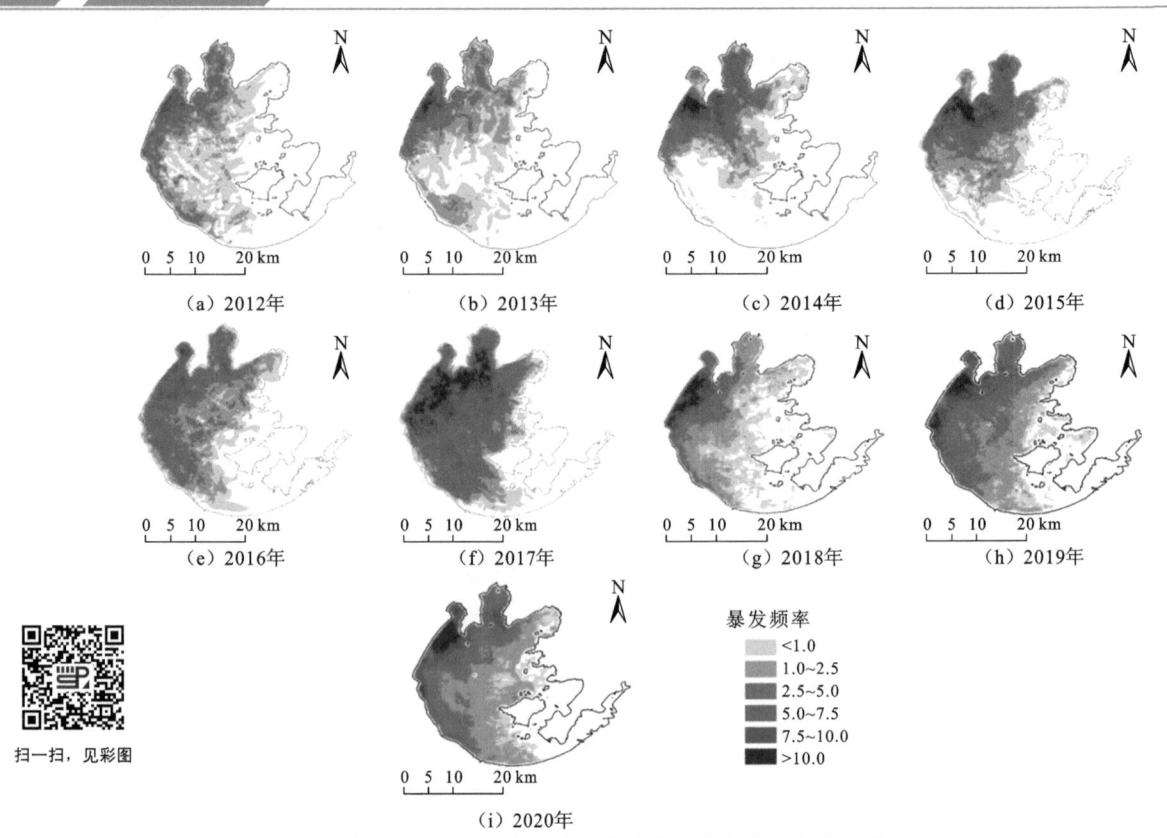

图 3-19　2012～2020 年太湖蓝藻水华暴发频率（张虎军 等，2022）

2020～2023 年太湖藻情不断改善，2023 年太湖藻情达 16 年来最好水平，连续 16 年实现安全度夏。2023 年 3～10 月，太湖蓝藻水华发现 53 次，同比减少 51 次，平均聚集面积、最大面积、湖体蓝藻密度同比分别减少 45.7%、50.8%、30.3%。2020～2023 年太湖蓝藻水华面积不断减少，除了受到周期性气候影响外，最重要的是入湖氮磷负荷削减和太湖禁捕后下行效应改变了浮游植物群落组成，蓝藻水华暴发强度下降。

3.1.3　浮游植物优势种演替过程

优势度反映了物种在种群中的地位与作用。优势度（Y）计算公式如下：

$$Y = \frac{n_i}{N} \times f_i \tag{3-1}$$

式中：n_i 为第 i 种物种数目；f_i 为第 i 种物种在各站点或月份出现的频率；N 为样本中所有种类的总数目。取优势度 $Y \geq 0.02$ 的物种为优势种。

太湖浮游植物优势类群在 1960 年和 1981 年分别为绿藻门和硅藻门，1988～1995 年，优势类群转变为蓝藻门（表 3-5）。在 1996 和 1997 年，优势类群为蓝藻门和绿藻门。1998 年以后，蓝藻门依然是优势类群。2000 年太湖蓝藻门呈全湖性分布，优势种为尘埃微囊藻（*M. pulverea*）、水华微囊藻和铜绿微囊藻。

表 3-5　太湖浮游植物优势类群和总生物量的长期变化

年份	浮游植物总生物量/(mg/L)	浮游植物优势类群
1960	1.175	绿藻门
1981	2.995	硅藻门
1988	6.450	蓝藻门
1991	2.050	蓝藻门
1992	3.250	蓝藻门
1993	3.838	蓝藻门
1994	3.389	蓝藻门
1995	4.110	蓝藻门
1996	5.904	蓝藻门 绿藻门
1997	6.830	蓝藻门 绿藻门
1998	9.742	蓝藻门
1999	3.244	蓝藻门
2000	3.625	蓝藻门
2001	7.386	蓝藻门
2002	3.794	蓝藻门

从全年均值来看，微囊藻为全年优势种属，其中水华微囊藻、鱼害微囊藻（*Microcystis ichthyoblabe*)、铜绿微囊藻、惠氏微囊藻和片状微囊藻（*Microcystis panniformis*）优势度分别为 35.6%、21.0%、13.8%、10.8%和 8.8%。从季节变化趋势来看，在温度较高的夏、秋季，太湖水华蓝藻主要以惠氏微囊藻和铜绿微囊藻等耐高温特征类群为优势种，在温度较低的冬、春季太湖水华蓝藻优势种主要为水华微囊藻（1 月优势度最高可达 77.4%）和鱼害微囊藻。

从太湖全年藻类演替来看，微囊藻始终是第一优势种属。在 2013 年的 3~4 月，水华长孢藻所占蓝藻水华的比例明显上升，均值为 28.2%。从水华长孢藻的数量变化来看，春季仍是该种的大量繁殖季节。在东部（胥口湾）和南部（小梅口），3~4 月水华长孢藻分别占到藻数量的 48.8%和 89.6%，74.1%和 36.1%。可见水华长孢藻在太湖的分布不但具有季节性，也具有一定的区域性。

2011~2018 年，太湖各水域浮游植物优势种属为丝状藻类和微囊藻，微囊藻更占优势。其中，上半年优势种属主要为丝状藻类和微囊藻（表 3-6），下半年为微囊藻（表 3-7）。2015年上半年太湖各水域优势种以丝状藻类为主，下半年各水域优势种以微囊藻为主。2016 年太湖优势藻类为蓝藻，其中上半年以丝状藻类为主，下半年以微囊藻为主。2017 年太湖优势藻类为蓝藻，其中上半年以长孢藻和微囊藻为主，下半年以微囊藻为主。2018 年太湖优势藻类为蓝藻，而五里湖全年优势类群均为丝状藻类，有别于太湖其他水域。2011~2018 年下半年，除五里湖水域外，其他水域浮游植物优势种均为微囊藻，而且在各水域中所占浮游植物总密度比例相当高，为绝对优势种。由此可见，夏季太湖除五里湖水域外，其余水域微囊藻数量占绝对优势，表明夏季太湖微囊藻的大量繁殖导致其他藻类无法与其竞争，水域的个体分布均匀度大幅下降，最终改变整个水域的藻类群落结构组成。

表 3-6　2011～2017 年上半年太湖各水域浮游植物优势种及其优势度

水域名称	优势种（优势度/%）							
	2011年4月	2012年4月	2013年4月	2014年4月	2015年3月	2016年4月	2017年3月	2018年5~6月
湖心区	脆杆藻 (32.2)	直链藻 (31.4)	长孢藻 (46.2)	微囊藻 (55.9)	水华长胞藻 (55.4)	水华鱼腥藻 (55.7)	水华长胞藻 (55.8)	微囊藻 (90.1)
宜兴沿岸	长孢藻（16.0）、直链藻（16.0）	啮蚀隐藻 (17.3)	长孢藻 (56.8)	微囊藻 (81.8)	水华长胞藻 (94.6)	水华长孢藻 (72.6)	微囊藻 (57.7)	微囊藻 (99.1)
南部沿岸	微囊藻 (46.0)	啮蚀隐藻 (24.2)	长孢藻 (51.7)	微囊藻 (55.7)	水华长孢藻 (53.2)	游丝藻 (54.2)	微囊藻 (53.3)	微囊藻 (57.1)
沙渚南	—	—	—	—	—	水华长孢藻 (53.4)	微囊藻（29.8）、小环藻（27.3）	—
贡湖湾无锡水域	小环藻（25.0）、脆杆藻（23.5）	直链藻 (54.7)	啮蚀隐藻 (38.2)	微囊藻 (65.5)	游丝藻 (27.7)	直链藻 (55.3)	水华长孢藻 (68.5)	微囊藻 (76.3)
梅梁湾	长孢藻 (38.2)	长孢藻 (26.0)	啮蚀隐藻 (30.6)	微囊藻 (31.3)	游丝藻 (43.1)	水华长孢藻 (45.6)	微囊藻 (45.8)	微囊藻 (98.8)
五里湖	直链藻 (24.1)	小环藻 (26.9)	尖尾蓝隐藻 (64.3)	微囊藻 (50.0)	束丝藻 (51.1)	尖尾蓝隐藻 (15.0)	水华长孢藻 (55.8)	拟柱胞藻 (26.2)

脆杆藻：*Fragilaria* spp.；拟柱胞藻：*Cylindrospermopsis raciborskii*。

表 3-7　2011～2017 年下半年太湖各水域浮游植物优势种及其优势度

水域名称	优势种（优势度%）							
	2011年8月	2012年8月	2013年8月	2014年8月	2015年8月	2016年8月	2017年8月	2018年8月
湖心区	微囊藻 (44.6)	微囊藻 (60.1)	微囊藻 (54.5)	微囊藻 (32.6)	微囊藻 (81.7)	微囊藻 (81.5)	微囊藻 (85.8)	微囊藻 (59.2)
宜兴沿岸	小席藻 (32.1)	微囊藻 (29.5)	微囊藻 (78.0)	微囊藻 (84.5)	微囊藻 (88.3)	微囊藻 (68.2)	微囊藻 (67.8)	微囊藻 (88.5)
南部沿岸	微囊藻 (40.8)	颤藻 (43.4)	微囊藻 (49.7)	微囊藻 (67.0)	微囊藻 (23.0)	微囊藻 (26.8)	微囊藻 (90.9)	微囊藻 (24.6)
沙渚南	—	—	—	—	—	微囊藻 (85.1)	—	—
贡湖湾无锡水域	微囊藻 (55.1)	直链藻 (27.0)	微囊藻 (56.1)	微囊藻 (85.5)	微囊藻 (70.6)	浮丝藻 (32.4)	微囊藻 (83.5)	微囊藻 (69.95)

2020 年太湖不同季节、不同区域共鉴定出浮游植物优势种 6 种，分属蓝藻门、绿藻门和硅藻门，分别为 4 种、1 种和 1 种。全湖全年优势种均属蓝藻门，为微囊藻、长孢藻和假鱼腥藻。微囊藻优势度最大，在各采样季节、各湖区均为优势种。从季节上看，春、夏季的优势种均为蓝藻门种类。春季的优势种为微囊藻与螺旋长孢藻；夏季的优势种包括微囊藻、假鱼腥藻、长孢藻，与太湖全年的优势种一致；秋季的优势种为蓝藻门的微囊藻、长孢藻和绿藻门的衣藻；冬季的优势种为蓝藻门的微囊藻、长孢藻及硅藻门的小环藻。从空间上看，除竺山湾外，其他 7 个区域的优势种均为蓝藻门种类（表 3-8）。

表 3-8　2020 年太湖浮游植物优势种及优势度指数的时空分布特征

优势种		蓝藻门				绿藻门	硅藻门
		微囊藻	长孢藻	螺旋长孢藻	假鱼腥藻	衣藻	小环藻
季节	春	0.639	—	0.306	—	—	—
	夏	0.645	0.054	—	0.193	—	—
	秋	0.714	—	—	0.027	0.037	—
	冬	0.349	0.295	—	—	—	0.023
区域	竺山湾	0.700	—	—	0.049	—	0.021
	梅梁湾	0.466	—	—	0.025	—	—
	贡湖湾	0.528	0.194	—	0.083	—	—
	西部沿岸区	0.787	0.034	—	0.062	—	—
	南部沿岸区	0.640	0.101	0.031	0.022	—	—
	湖心区	0.628	0.041	0.048	0.051	—	—
	东部沿岸区	0.424	0.264	—	0.051	—	—
	东太湖	0.646	0.072	—	0.055	—	—
全湖全年		0.602	0.056	—	0.049	—	—

"—"表示非优势种。

3.1.4　浮游植物多样性

多样性指数是衡量物种多样性的指标，主要有 3 个空间尺度：α多样性、β多样性和γ多样性。每个空间尺度的环境测定数据不相同。浮游植物是生态系统的初级生产者，研究浮游植物多样性指数对于水体水质监测及评价有重要意义。目前常选取的评价浮游植物多样性的指数为香农-维纳（Shannon-Wiener）多样性指数（H'）：

$$H' = -\sum_{i=1}^{S} P_i \times \ln P_i \tag{3-2}$$

式中：P_i 为第 i 种物种占比，$P_i=n_i/N$，n_i 为样品中第 i 种物种的数目，N 为样品中所有种类的总数目；S 为样品中所有物种的种类数。

H'值在 0.0～1.0 为重度污染，1.0～2.0 为中度污染，2.0～3.0 为轻度污染，大于 3.0 为无污染。

2010～2018 年 H' 从 2010 年缓慢上升 4.3%至顶峰（2012 年，3.01），又跌至 1.84（2015 年），2016 年再次上升，随后下降至谷底（2018 年，1.44），总体而言，太湖湖体浮游植物 H' 呈现下降趋势。根据 H' 对 2010～2018 年太湖湖体浮游植物进行生物学评价，除 2012 年全年水质评价为清洁外，其余 8 年全年均值水质评价为中污染。

2017～2018 年，邱伟建等（2022）每月对太湖典型藻型湖区（梅梁湾）和草型湖区（东太湖）浮游植物多样性进行调查，东太湖浮游植物 H' 显著高于梅梁湾（$P<0.05$），两个湖区平均值分别为 1.22 和 0.67。两者的 H' 年变化趋势相似，均在春季最高，冬季最低（图 3-20）。Zhao 等（2021）对 2017 年和 2018 年太湖 24 个采样点的浮游植物群落结构进行季度调查发现，浮游植物多样性存在显著时空差异性，夏季最高，秋、冬季多样性较低；而太湖北部湖区浮游植物多样性高于东部湖区多样性（图 3-21，图 3-22）。

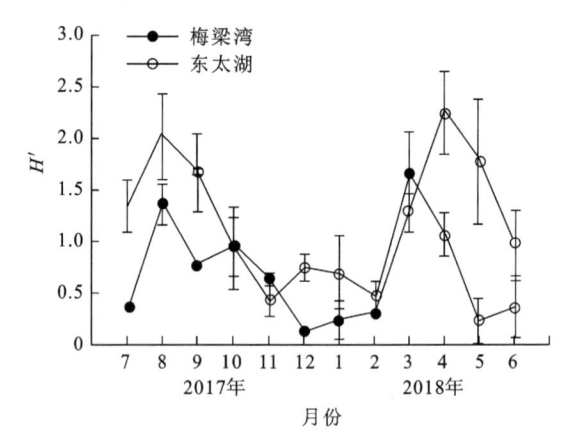

图 3-20　梅梁湾、东太湖浮游植物生物多样性变化（邱伟建 等，2022）

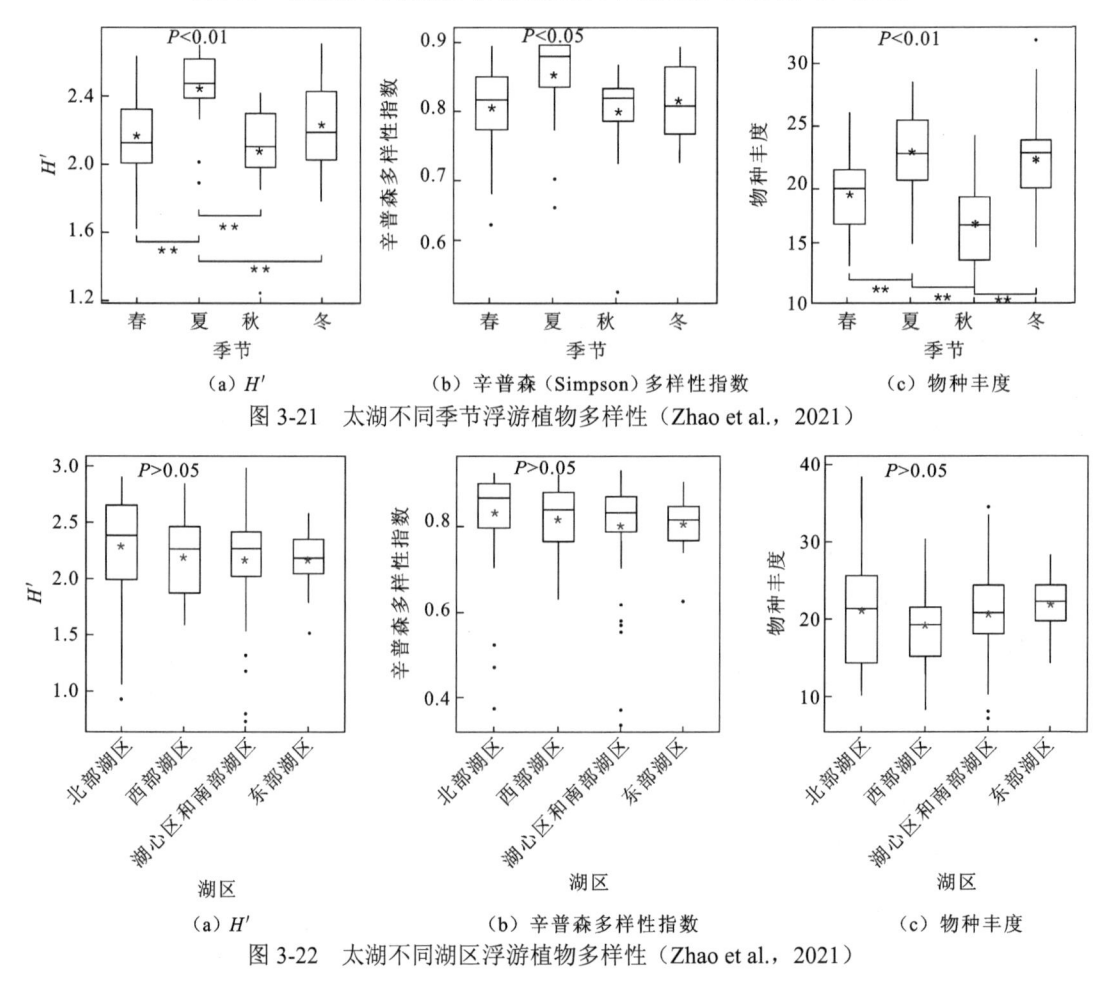

(a) H'　　(b) 辛普森（Simpson）多样性指数　　(c) 物种丰度

图 3-21　太湖不同季节浮游植物多样性（Zhao et al.，2021）

(a) H'　　(b) 辛普森多样性指数　　(c) 物种丰度

图 3-22　太湖不同湖区浮游植物多样性（Zhao et al.，2021）

第3章 太湖藻类群落结构与演替

2020年不同季节间 H'、物种马格列夫（Margalef）丰富度指数（D）差异显著，物种皮卢（Pielou）均匀度指数（J）无显著性差异。春季的各项多样性指数均为最低，除 J 外，均显著低于其他3个季度。夏季与秋季的物种 D 显著高于冬季、春季[图3-22（a）]。空间上，除 H'外，太湖不同区域间 J、D 无显著性差异。竺山湾、梅梁湾的 H' 显著高于西部沿岸区，其他湖区间差异不显著（图3-23）。

（a）太湖浮游植物多样性指数季节变化

（b）太湖浮游植物多样性指数空间变化

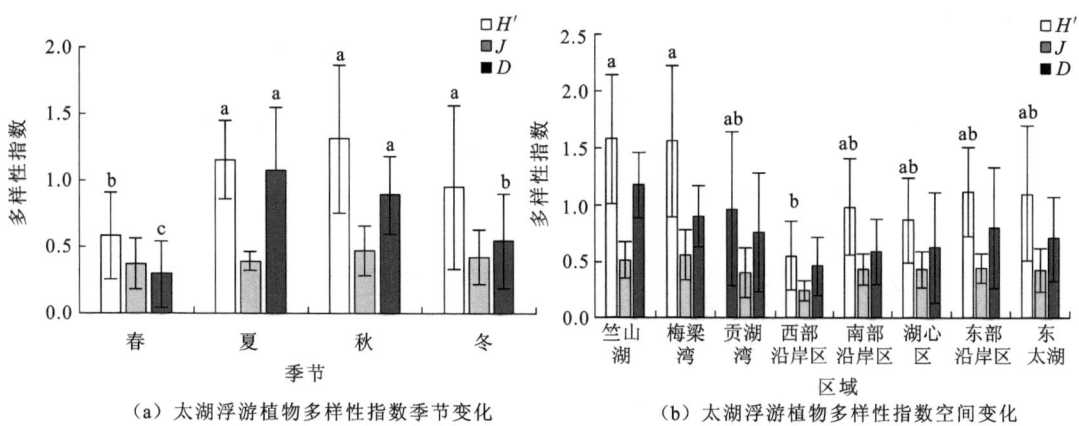

图3-23 太湖浮游植物多样性指数的季节与空间变化（盛漂 等，2024）

太湖各季节间 H' 的变化范围为 0.59~1.31，均值为1.00；物种 J 的变化范围为 0.37~0.48，均值为 0.42；物种 D 的变化范围为 0.30~1.08，各季节均值为 0.70。各季节、各湖区的水质状况均表现为中度污染或重度污染型。整体而言，太湖全湖全年的水质状况为中度至重度污染[图3-23（b）]。

综上，太湖浮游植物群落组成中，20世纪50年代太湖水体中蓝藻为常见种，但数量不多。20世纪60年代，蓝藻的分布几乎遍及全湖，蓝藻主要集中在太湖西北湖区，蓝藻中微囊藻和长孢藻的数量最多。20世纪70、80年代蓝藻水华发生阶段，蓝藻数量增加，蓝藻物种组成发生较大变化，巨颤藻（$Oscillatoria\ princes$）和小环藻为太湖藻类主要优势种。20世纪90年代以后，太湖蓝藻水华规模总体呈进一步扩大趋势，蓝藻门中微囊藻为主要优势种，其中梅梁湾是太湖蓝藻水华暴发最严重的湖区。2000年以后微囊藻水华开始呈全湖分布态势，且在一年四季中均占绝对优势地位（图3-24）。

图3-24 近70年太湖浮游植物优势种属演替及蓝藻水华暴发过程

太湖蓝藻水华暴发面积和频率变化趋势较同步，20世纪80年代以前，蓝藻水华仅出现在太湖五里湖和梅梁湾，且蓝藻水华面积较小，暴发频率较低。20世纪90年代初，蓝藻水华面积几乎覆盖整个太湖北部湖区。2001~2010年，随着太湖流域经济的快速发展，外源营养盐输入量加大，加之全球气候变暖，除梅梁湾和竺山湾每年蓝藻水华都有发生外，南部沿岸区水域也几乎每年都有发生，且聚集面积逐年扩大，持续时间越来越长，2007年蓝藻水华面积达到太湖总面积的3/5，甚至出现"湖泛"，严重影响到水源地水质。2010~2018年，太湖蓝藻水华发生重点区域为西部湖区，每年的发生频次达到最高，至2019年在蓝藻水华暴发面积和频率上才有所下降。随着太湖蓝藻水华暴发强度的增加，藻类多样性下降。太湖蓝藻水华的空间格局经历着一个从北部湖区的梅梁湾和竺山湾逐渐扩展到西部湖区和湖心区、最终向整个湖区蔓延的过程。在季节上呈只在夏季暴发到春、夏、秋、冬均暴发的趋势。蓝藻在时间和空间上均占优势，蓝藻丰度对太湖浮游植物多样性和群落组成有重要影响，蓝藻一旦形成优势地位，难以改变。

3.2 太湖着生藻类群落结构组成与演替

着生藻类，又称周丛藻类，是生活在水体基质上的附着生物，普遍存在于水环境中，指生长在水下各种基质表面上的所有藻类。着生藻类是清水态浅水湖泊中的主要初级生产者之一，能够影响沉积物与水界面的氧化还原环境和无机营养盐的交换，可以吸收水体中磷和抑制沉积物磷的释放，对湖泊生态系统营养盐循环具有重要作用。

从外观上看，着生藻类群落为附着于水下各种基质表面的絮状物或一层黏质、褐绿色的藻垫。依据基质类型可将底栖藻类分为附石藻类、附植藻类、附砂粒藻类、附泥藻类和附动藻类。

淡水生境中的着生藻类主要门类包括蓝藻门、绿藻门、硅藻门和红藻门（Rhodophyta）。其他门的藻类对藻类生物量的贡献很小。

3.2.1 太湖着生藻类时空分布差异

2004年4~12月，袁信芳等（2006）对太湖草型、藻型及过渡型湖区着生藻类的分布情况进行调查。太湖着生藻类中绿藻门、硅藻门、蓝藻门和黄藻门的占比分别为44.74%、34.21%、18.42%和2.63%，硅藻门为不同湖区着生藻类主要优势类群。春季着生藻类种类和数量最多，而冬季着生藻类种类和数量均最少。湖区着生藻类种类上为藻型湖区<过渡型湖区<草型湖区，而数量上为藻型湖区>过渡型湖区>草型湖区。

2009年5月~2010年6月，丁娜等（2015）对五里湖着生藻类群落进行全年连续监测，共检出着生藻类5门34属43种，其中硅藻门为全年优势门类，共12属24种，占生藻类总种数的55.81%，着生藻类年均密度为$1.95×10^4$ cells/cm^2。淤泥底质水域着生藻类年均密度最高为$3.90×10^4$ cells/cm^2，而沙石底质水域最低为$1.82×10^4$ cells/cm^2。因此，五里湖着生藻类的种类和密度呈现明显的季节差异，由多到少依次为夏季、秋季、春季和冬季。

2012年5月，周彦锋等（2017）使用载玻片作为人工基质对五里湖着生藻类建群过程进行研究，共鉴定出藻类5门35属5种，以硅藻门为优势种类，共12属26种，占总数的51.0%。第一优势种为瞳孔舟形藻（*Navicula pupula*），优势度0.439；着生藻类密度变化范围为4.96~

23 870.63 cells/mm², 平均值为(10 682.47±8 365.09) cells/mm²。生物量变化范围为 $9.30×10^{-6}$～$7.10×10^{-2}$ mg/mm²，平均值为 $[(3.16±2.50)×10^{-2}]$ mg/mm²。

王宇佳（2017）分别于 2015 年 6 月和 10 月、2016 年 4 月和 8 月对太湖附泥藻类的分布变化进行了野外调查，分析了太湖附泥藻类的时间和空间变化。4 月，所有采样点太湖典型湖区附泥藻类生物量均值为 1.31 μg/g。8 月，所有采样点均值为 1.46 μg/g，与 4 月全湖均值相当。在相同的采样区域，6 月附泥藻类生物量普遍偏低，显著低于 4 月和 8 月的生物量。10 月附泥藻类生物量高于 6 月，低于其他月份。比较 4 月和 8 月的附泥藻类生物量可以看出，附泥藻类生物量 4 月普遍高于 8 月。从各湖区均值来看，8 月附泥藻类生物量高于 4 月附泥藻类生物量（图 3-25）。

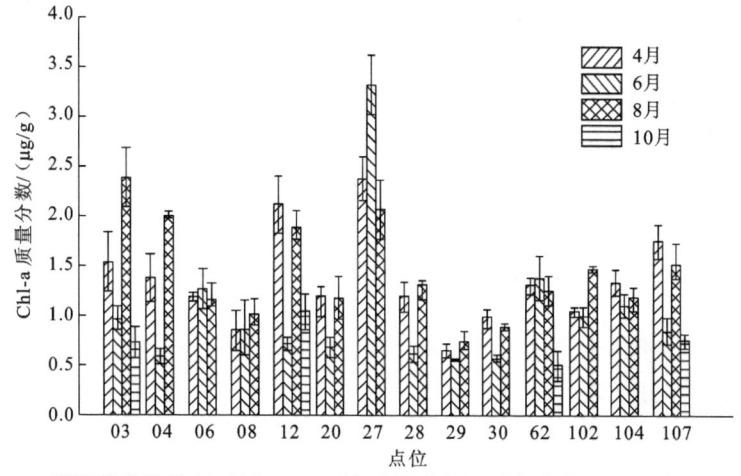

图 3-25 附泥藻类生物量（以 Chl-a 质量分数表征）时间变化（王宇佳，2017）

在水体生态系统中，叶绿素 b（Chlorophyll b，Chl-b）、玉米黄素和岩藻黄素分别是绿藻门、蓝藻门和硅藻门的指示色素，其组成变化可以用来表征藻类的丰度和群落组成。由图 3-26 可以看出，4 月，大部分采样点附泥藻类中蓝藻门质量分数最高，硅藻门与绿藻门相对较少。具体而言，梅梁湾和贡湖湾附泥藻类组成中蓝藻门质量分数最高，硅藻门和绿藻门质量分数次之；太湖西北湖区和东太湖附泥藻类中蓝藻门质量分数>硅藻门质量分数>绿藻门质量分数。由图 3-26 还可看出，8 月，大部分采样点附泥藻类中硅藻门质量分数远大于绿藻门与蓝藻门质量分数。10 月，藻类质量分数较高的点位为贡湖湾 13 号点和东太湖 107 号点位，较低的点位为 03 号点位和 62 号点位。蓝藻门质量分数最高为梅梁湾 03 号点位，该点位硅藻门和绿藻门质量分数接近；硅藻门质量分数最高的点位为 13 号点位、62 号点位和 107 号点位。

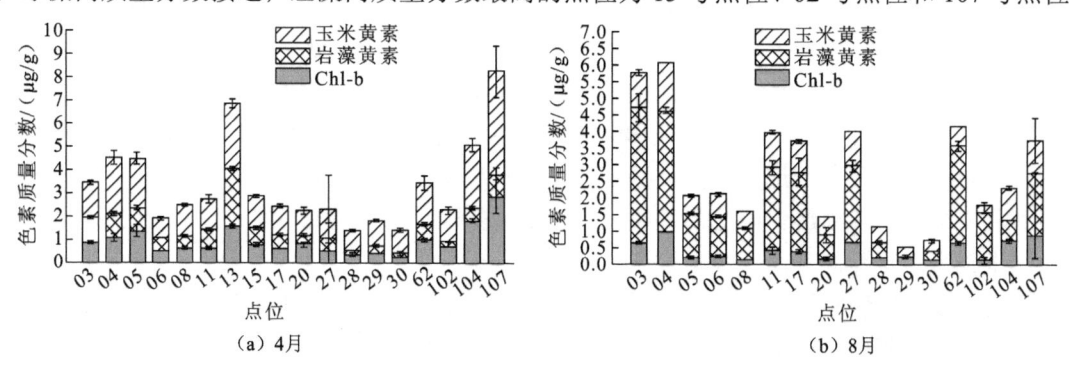

(a) 4 月

(b) 8 月

(c) 10月

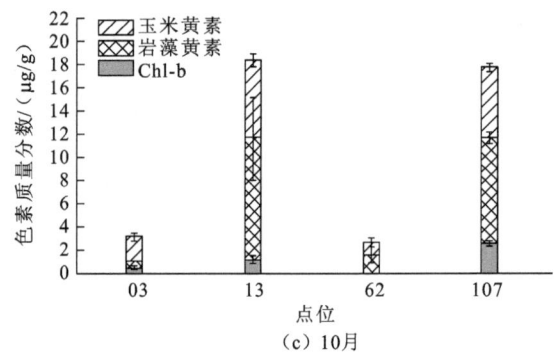

图 3-26　太湖附泥藻类不同点位不同色素质量分数变化（王宇佳，2017）

梅梁湾：03 号点位、04 号点位、05 号点位、06 号点位、08 号点位；贡湖湾：13 号点位、11 号点位、15 号点位、17 号点位；
西北湖区：27 号点位、28 号点位、29 号点位、30 号点位；东太湖：102 号点位、104 号点位、107 号点位

综上，4 月，大部分采样点的附泥藻类中蓝藻门质量分数大于硅藻门与绿藻门质量分数。8 月和 10 月，大部分采样点硅藻门质量分数高于绿藻门与蓝藻门质量分数。因此，温度对太湖着生藻类群落结构影响较大。

3.2.2　太湖着生藻类群落组成与功能

为了认识富营养化水体中着生藻类定殖过程群落演替，通过室内试验模拟不同 NH_3-N 浓度对沉水植物及惰性基质上着生藻类定殖影响发现，NH_3-N 浓度影响着生藻类群落组成，其中硅藻门的舟形藻属（*Navicula*）和脆杆藻属为低浓度 NH_3-N 耐受优势属，硅藻门的小环藻属、舟形藻属和绿藻门的毛枝藻属（*Stigeoclonium*）为较高浓度 NH_3-N 下的优势属。NH_3-N 浓度也影响着生藻类生物量，着生藻类生物量在低浓度 NH_3-N（≤2.5 mg/L）条件下与 NH_3-N 浓度呈正相关。在相同 NH_3-N 浓度下，基质类型对大部分藻类的定殖无显著影响，但影响藻类的附着速度，粗糙表面着生藻类附着定殖速度高于光滑表面。此外，绿藻门的毛枝藻属在载玻片上为绝对优势属，而在菹草上很难形成优势。惰性基质载玻片单位面积上着生藻类生物量大于沉水植物菹草，可能是菹草对着生藻类产生了化感作用所致。太湖康山湾着生藻类的群落结构在不同沉水植物上差异不明显，但在季节上存在差异，5 月以硅藻门中的舟形藻属、异极藻属（*Gomphonema*）和绿藻门的纤维藻属（*Ankistrodesmus*）为优势属，8 月蓝藻门的色球藻属（*Chroococcus*）及硅藻门的颗粒直链藻、桥弯藻属（*Cymbella*）、舟形藻属、脆杆藻属占优势。

张强和刘正文（2010）在太湖贡湖湾北岸围隔处布设尼龙网进行着生藻类的富集，着生藻类可以减少沉积物中平均 1.16 mg 磷释放到水体中，着生藻类同时吸收了平均 0.81 mg 磷，表明人工基质上着生藻类不仅可以吸收磷酸盐，还可能通过其他方式来抑制沉积物磷酸盐释放。Dodds（2010）报道在浅水湖泊的沉积物表面着生藻类光合作用产生的有氧微环境，抑制沉积物释放磷。Carlton 和 Wetzel（1988）也发现着生藻类在周期性光照条件下进行光合作用时，能在沉积物表层制造有氧区，抑制沉积物释放磷。Moore 等（1998）研究表明缺氧情况下有利于沉积物磷释放。以上研究表明，底栖着生藻类可以通过吸收磷和抑制沉积物磷释放减缓上覆水中营养盐升高。

与直接吸收氮磷相比，着生藻类通过光合作用改变沉积物表面的氧环境来影响沉积物与水体间氮磷交换效率。相反，Hansson（1988）通过放射性磷同位素示踪方法研究认为沉积物

释放出的磷 70%被着生藻类吸收，着生藻类的光合作用改变的沉积物表面好氧环境抑制另外 30%磷释放，表明在减少沉积物向上覆水磷释放方面，着生藻类吸收磷效果更显著。着生藻类对太湖沉积物与上覆水磷交换的影响可能受控于着生藻类生物量、水透明度、沉积物理化性质等多种因素，环境条件的差异使得附着藻类在某些湖区中吸收磷起到主要作用，从而抑制了沉积物向上覆水的磷释放，而在另外湖区形成好氧环境抑制磷释放发挥主要作用。

近年来，太湖着生藻类的演替主要受到太湖水华蓝藻的影响。水华蓝藻在生长过程中与着生藻类竞争阳光和营养盐，同时水华蓝藻由于遮光效应，影响着生藻类的生长。水华蓝藻也会通过争夺 CO_2，抑制着生藻类的生长。衰亡的水华蓝藻释放大量营养盐，对着生藻类的生长和演替也产生重要影响。

3.3 太湖蓝藻水华暴发与氮磷交互作用

氮磷是蓝藻暴发性增殖所需重要的生源要素。水体中氮磷营养盐浓度直接影响蓝藻水华暴发强度和周期，同时蓝藻水华的暴发也影响水体氮磷形态和浓度。蓝藻水华暴发分为暴发初期、中期和后期，蓝藻水华暴发初期蓝藻吸收水体和沉积物中氮磷。湖泊氮磷营养水平越高，蓝藻水华暴发的强度和面积越大，同时，蓝藻水华暴发造成湖水的氮磷比下降。

不同时期太湖湖体的富营养化状态评价结果如表 3-9 所示。在整个观测时期内，太湖水体的综合营养状态指数（comprehensive trophic level index，TLI）在蓝藻水华暴发初、后期呈现轻度和中度富营养化状态，而在蓝藻水华暴发期间为重度富营养化状态。水体富营养化状态影响蓝藻水华暴发强度，同时蓝藻水华暴发会导致水湖泊生态系统的恶化，加速湖泊水体富营养化。

表 3-9 水体富营养化状态评价

时期	时间（年-月-日）	TLI	营养状态等级
蓝藻水华暴发前	2017-06-17	59.1	轻度富营养
	2017-06-30	59.4	轻度富营养
	2017-07-22	64.9	中度富营养
蓝藻水华暴发期	2017-08-10	73.6	重度富营养
	2017-08-28	72.7	重度富营养
蓝藻水华暴发后	2017-09-12	64.2	中度富营养
	2017-10-09	58.7	轻度富营养
	2017-10-24	57.8	轻度富营养

在蓝藻水华暴发期间，由于水体中有机质的富集及蓝藻水华暴发，水体 DO 浓度下降，湖泊水体隶属于 V 类水质，且从蓝藻水华暴发初期到蓝藻水华暴发中期，污染强度不断加剧。

3.3.1 太湖氮磷营养盐输入加剧蓝藻水华暴发

氮磷营养盐输入为太湖近年来蓝藻水华暴发提供充足的营养物基础。太湖水体中 TN 和 TP 浓度与蓝藻的生物量具有强烈的相关性（图 3-27）。水体中氮磷营养盐不仅影响到蓝藻水华发生与否、发生的规模与持续时间，而且对蓝藻的团聚形态产生影响。因此，控制氮磷营养盐输入是控制太湖蓝藻水华暴发规模的关键所在。

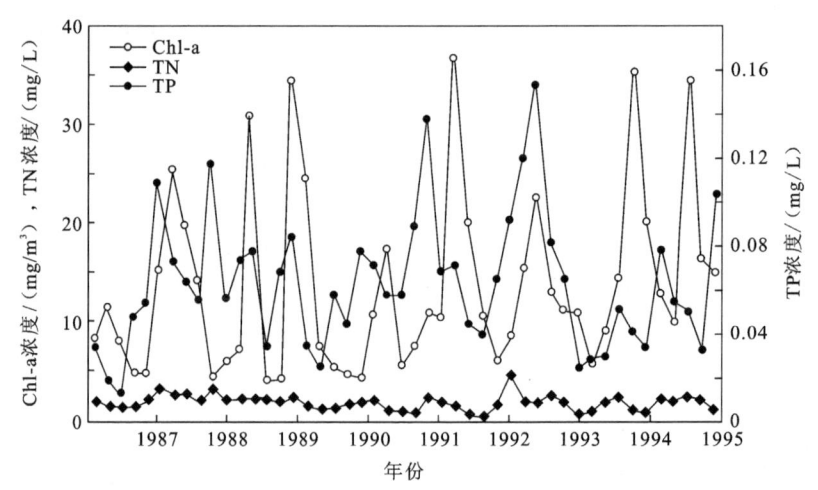

图 3-27 太湖 TN、TP 和 Chl-a 浓度历年变化过程（Wilhelm et al., 2011）

面对湖泊水体不同磷酸盐浓度，蓝藻高效运行磷酸盐转运系统和磷酸盐特殊转运系统，并合成 polyP。不同蓝藻合成聚磷颗粒的大小、数量和合成期均有所差异。polyP 可为细胞生存提供阳离子、磷酸盐和能量，满足蓝藻生命活动过程中生理生化活动所需，具有抵御高温、高 pH、紫外线和营养盐缺乏等环境胁迫的生理功能，提升其在不利环境中生存能力。同时，在蓝藻水华持续暴发、湖泊藻型生境稳态和磷生物地球化学循环过程中聚磷发挥重要的生态功能。因此，氮磷输入湖泊，蓝藻吸收磷合成聚磷，抗环境胁迫，有利于蓝藻水华暴发。

3.3.2 太湖蓝藻水华暴发促进湖体 TP 浓度升高

太湖藻型生态系统自我强化机制是水体营养盐的四重循环。蓝藻细胞之间存在营养盐循环，蓝藻通过形成 polyP 颗粒实现磷酸盐的超累积，以供群体持续增长。藻类生长初期从水体中快速吸收磷贮存在体内，在后来的生长过程中主要利用藻体内的磷来满足其生长代谢的需要，同时，藻内可溶性磷随着生长的进行而持续下降，一方面是因为对磷的利用；另一方面，可溶性磷可能以其他磷的形式被存储。蓝藻细胞内 TP 主要分为溶解性磷酸盐和不溶性磷两部分，藻吸收的外源性磷都是以溶解性磷酸盐的形式进入藻体内，大部分以可溶性磷存储于细胞质内，部分在细胞内转化为 polyP、磷脂及其他细胞组成成分。蓝藻在生长稳定期末合成 polyP，作为储存能量的主要形式，使细胞内磷质量分数有较大升高，在衰亡期微囊藻中 polyP 被分解利用。衰亡的蓝藻释放出磷酸盐，又被其他蓝藻所吸收，实现蓝藻-蓝藻之间磷循环，有利蓝藻持续增殖。蓝藻细胞内部和细胞之间这种磷代谢模式使得水体中滞留大量磷，在太湖水体中磷停留时间远远大于水体交换周期，有利于蓝藻水华暴发。

此外，在浅水湖泊中，蓝藻水华大暴发时还会通过 3 个过程大大增加沉积物中磷向水体中释放。①藻类快速增长，大量吸收水体中磷，打破了磷在泥-水界面浓度的平衡，导致水体溶解性磷酸盐浓度下降，增加沉积物间隙水与上覆水之间的磷酸盐浓度差，加快沉积物间隙水磷释放速度和强度；②藻类大量生长，吸收利用水体溶解性 CO_2，导致水体碳酸盐平衡变化，水体 pH 明显增高（9.0~10.0），促进沉积物中吸附态磷的释放；③水体藻类生物量大增，有机质浓度增高，分解有机质的微生物活性也增加，同时藻类本身的呼吸作用也增加，加剧水体 DO 消耗，促使沉积物中铁等矿物发生还原反应，释放出大量的活性磷。

太湖平均水深只有 1.89 m，湖面开阔，水体波浪扰动强烈而充分，不但沉积物中营养盐能够在水动力扰动作用下频繁进入水体，而且藻类的生长存在于整个水体。以月为时间尺度，2016~2017 年太湖蓝藻"泵吸"作用产生的沉积物磷释放量分别是 2016 年 1 月外源负荷的 2.41%、2016 年 7 月外源负荷的 10.66%、2017 年 3 月外源负荷的 31.18%、2017 年 5 月外源负荷的 55.59%、2017 年 6 月外源负荷的 40.48%、2017 年 7 月外源负荷的 16.97%和 2017 年 12 月外源负荷的 61.86%。可见，在蓝藻水华暴发期沉积物内源释放的磷对水体磷贡献是十分显著的。

因此，太湖许多湖区 TP 浓度高是蓝藻水华的"果"，不是"因"。据中国科学院太湖湖泊生态系统研究站的多年观测数据，太湖北部湖区水体 PP 浓度与水体浮游植物 Chl-a 浓度之间呈极显著正相关（图 3-28）。浅水湖泊藻类水华暴发过程中，磷在沉积物、水体和藻类生物体之间不断迁移和转化。沉积物和水华蓝藻中蓄积的磷是水华高存量维持和持续暴发的营养源。因此，2016~2019 年太湖水体平均 TP 浓度偏高是蓝藻水华大面积暴发的结果（图 3-29 和图 3-30）。

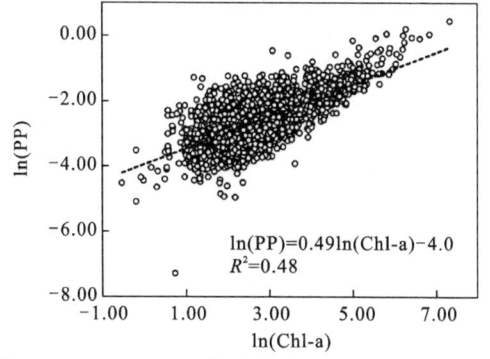

图 3-28　2005~2017 年太湖北部湖区水体 PP 浓度与浮游植物 Chl-a 浓度之间的关系（朱广伟 等，2018）

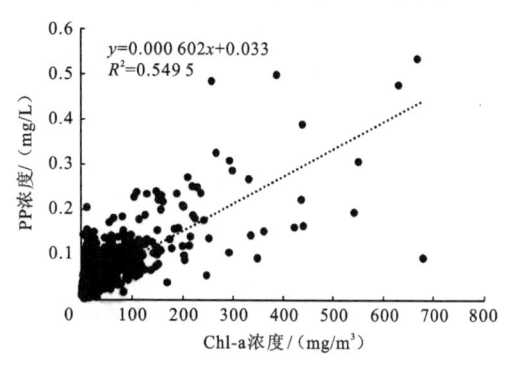

图 3-29　太湖各监测点 PP 浓度与 Chl-a 浓度的相关关系（朱广伟 等，2018）

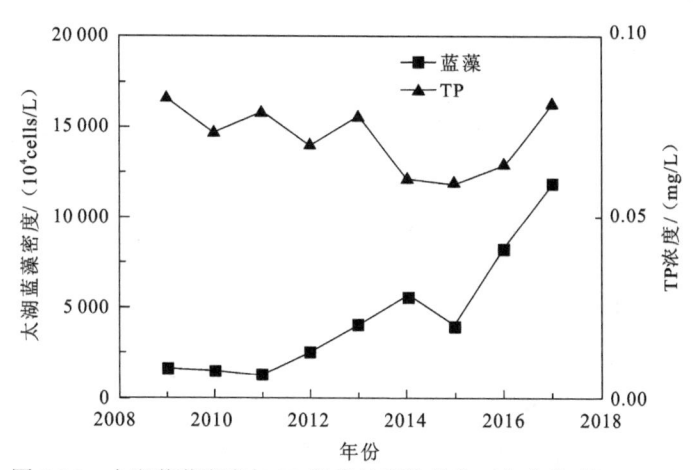

图 3-30　太湖蓝藻密度与 TP 浓度的变化趋势（朱广伟 等，2018）

藻类本身聚磷的同时也会释放出磷至上覆水。蓝藻死亡会释放出胶体态 PP，同时，有机质好氧分解导致水体形成极度缺氧的还原环境，促使铁锰氧化物发生还原反应，吸附在沉积物表面的磷解吸进入上覆水，充足的养分促进更多藻体生长，甚至促进蓝藻水华的进一步扩张。这一机制使水体 TP 浓度上升与蓝藻水华暴发形成恶性循环，进一步加剧水体富营养，导致水体中 TP 浓度不断攀升。

水华蓝藻释放磷包括蓝藻正常生长代谢释放磷,藻生长繁殖到一定阶段的堆积释放磷,以及水华蓝藻的衰亡释放磷。在 2019 年全年对太湖水华蓝藻磷吸收和释放潜力的时空差异进行研究(表 3-10),研究结果表明,水华蓝藻颗粒处于释放磷状态受两方面因素的影响,其一,组成水华蓝藻颗粒的藻细胞处于衰亡状态的个数大于处于生长期的个数,其二,水华蓝藻颗粒中附生细菌将有机磷转化为无机磷,同时组成胶被的多糖分解,导致水华蓝藻颗粒中被重复利用的磷低于释放到水体中磷,进而呈现水华蓝藻释放磷状态。另外,当组成水华蓝藻颗粒的藻细胞多数处于生长状态时,为了满足藻细胞生长所需,水华蓝藻呈现吸收磷状态。采用黑白瓶法对太湖水华蓝藻磷吸收和释放潜力的时空差异进行研究。结果表明,太湖水华蓝藻不同季节磷释放潜力具有显著差异,同时,同一季节不同湖区水华蓝藻磷释放潜力也存在显著差异。其中,太湖水华蓝藻的磷释放潜力由春季到夏季逐渐升高,在夏季达到最高值,为 385.83 μg/(L·d),且水华蓝藻磷吸收潜力也由春季到夏季逐渐升高。与夏季相比,秋季太湖水华蓝藻的磷吸收潜力和磷释放潜力均呈现降低趋势。冬季水华蓝藻磷吸收潜力达到一年中最低值,但磷释放潜力达到一年中最大值。同时,研究发现不同湖区的水华蓝藻磷释放潜力表现出季节差异性。在春季,太湖东北部地区水华蓝藻具有较高的磷释放潜力,最大 TP 释放潜力为 279.00 μg/(L·d),而在太湖西北部地区,水华蓝藻具有较高的磷吸收潜力。在夏季,水华蓝藻磷释放湖区为西北湖区。在秋季,水华蓝藻磷释放的区域逐渐向太湖南部湖区转移,导致冬季太湖南部地区水华蓝藻磷释放潜力较大(图 3-31,图 3-32)。

表 3-10 2019 年太湖水华蓝藻磷吸收和释放潜力 [单位:μg/(L·d)]

	春季	夏季	秋季	冬季
平均值	-3.65	34.27	59.84	-34.69

正值表示水华蓝藻磷吸收潜力;负值表示水华蓝藻磷释放潜力。

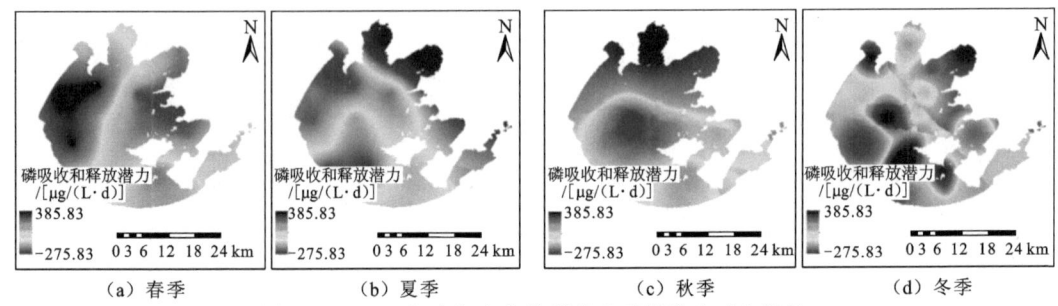

图 3-31 2019 年太湖水华蓝藻磷净释放潜力时空差异
正值:水华蓝藻磷吸收潜力;负值:水华蓝藻磷释放潜力

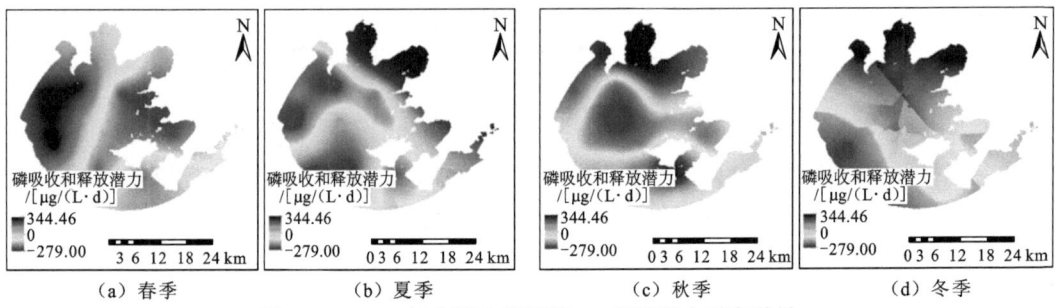

图 3-32 2019 年太湖水华蓝藻 TP 释放潜力时空差异
正值:水华蓝藻磷吸收潜力;负值:水华蓝藻磷释放潜力

春季和秋季水华蓝藻整体处于吸收磷状态，全湖藻中磷净释放量与全湖 TP 量的比值分别为 19.7%和 46.2%。夏季和冬季水华蓝藻整体处于释放磷状态，全湖藻中磷净释放量与全湖 TP 量的比值分别为 25.9%和 128.4%。2019 年全湖藻中磷净释放量为 99 t。尤其是水华蓝藻堆积区域藻中磷净释放量对湖体 TP 浓度影响较大。在春季，水华蓝藻堆积区域藻中磷净释放量与太湖东部和东南湖区 TP 量比值为 11.8%。在冬季，水华蓝藻堆积区域藻中磷净释放量与太湖西南湖区 TP 量的比值为 19.1%。在夏季，水华蓝藻堆积区域藻中磷净吸收量与西北湖区水体 TP 量的比值为 18.2%。在秋季，水华蓝藻堆积区域藻中磷净释放量与西南湖区湖水 TP 量的 41.9%（表 3-11）。

表 3-11　2019 年太湖水华蓝藻磷净释放量与 TP 量比值估算

项目	2018 年	2019 年			
	冬季	春季	夏季	秋季	冬季
水华蓝藻堆积区域	—	东部和东南湖区	西北湖区	西南湖区	西南湖区
全湖 TP 平均浓度/(mg/L)	0.150	0.250	0.210	0.390	0.172
水华蓝藻堆积区域 TP 浓度（mg/L）	—	0.082	0.446	0.369	0.307
全湖藻中 TP 浓度/(mg/L)	0.060	0.150	0.080	0.270	0.090
太湖水量/(10^8 m^3)	50.3	50.0	56.3	52.1	45.4
全湖藻中 TP 量/(10^2 t)	7.56	12.40	11.60	20.70	7.79
全湖藻中磷净释放量/(10^2 t)	—	2.44	-3.00	9.57	-10.00
全湖 TP 量/(10^2 t)	—	12.40	11.60	20.70	7.79
水华蓝藻堆积区域藻中 TP 浓度（mg/L）	0.062	0.052	0.133	0.288	0.230
（全湖藻中磷净释放量/全湖 TP 量）/%	—	19.7	-25.9	46.2	-128.4
（水华蓝藻堆积区域藻中磷净释放量/水华蓝藻堆积区域 TP 量）/%	—	-11.8	18.2	41.9	-19.1

正值表示水华蓝藻磷吸收；负值表示水华蓝藻磷释放。

水华蓝藻磷释放是湖泊磷生物地球化学循环的重要组成部分，是维持湖泊富营养化状态的重要自我调节过程。太湖水华蓝藻磷释放潜力存在显著的时空差异性，太湖水华蓝藻释放磷是水体 TP 浓度升高的重要原因，且水华蓝藻释放磷的时空差异性是太湖磷浓度分布的时空差异性的重要原因之一。太湖水华蓝藻的高磷释放潜力显著提高了夏季西北湖区和冬季西南湖区 TP 浓度。2016~2019 年，水华蓝藻释放磷为新生蓝藻提供了充足的营养，有助于形成"藻多磷多、磷多藻多"的自放大循环。

3.3.3　太湖蓝藻水华暴发促进湖体 TN 浓度降低

氮素是湖泊生态系统物质循环的重要组成部分，湖泊氮素循环在维持湖泊生态平衡中发挥重要的作用，因此，研究湖泊氮素微生物硝化和反硝化过程及其影响因素作用具有十分重要的现实意义。氮素通过大气沉降、地表径流和生物固氮等途径输入湖泊，据推算，太湖生物固氮量仅占外源 TN 输入量的 0.11%，而在同一季节，大气沉降 TN 量占河流入湖氮素负荷的 18.6%，因此，湖泊氮的主要来源为通过径流外源性输入的氮素。无机氮和有机氮是湖泊氮素存在主要形式，藻类、高等水生植物、底栖动物等生物吸收同化生物可利用无机氮，转化为生物有机氮，这些生物死亡后又向水体和沉积物中释放大量的有机氮和无机氮。水体和沉积物中氮循环过程主要包括硝化作用、反硝化作用和厌氧氨氧化作用等，其中硝化和反硝化过程是最重要的氮转化过程，将 NH_3 氧化成 NO_3^-，然后进行反硝化转化为 N_2，最终将结合态氮还原成 N_2O 或 N_2 回到大气中。在生态系统中氮循环过程对于控制初级生产力具有重要的作用，在蓝藻水华暴发严重的太湖，强烈的反硝化过程对于氮的迁移转化与收支平衡具有重要的意义。

由表 3-12 可看出，2009～2010 年，氮素经过反硝化作用约 $3×10^4$ t 被从太湖水体中脱除，远高于沉积物从水体中吸附的氮素量，因此，反硝化过程是太湖氮素去除的重要途径。

表 3-12 太湖对外源输入氮素的自净能力

氮源			氮汇		
输入方式	输入量/(10^4 t)	所占质量分数/%	输出方式	输出量/(10^4 t)	所占质量分数/%
河道输入	7.00	87.7	河道输出	4.01	50.3
大气沉降	0.98	12.3	人工输出	0.19	2.4
—	—	—	沉积物吸附	0.20	2.5
—	—	—	反硝化去除	3.02	37.8
—	—	—	水体增加	0.56	7.0
合计	7.98	100		7.98	100

太湖湖体反硝化能力也存在时空差异性，水体 TN 和 NO_3^- 浓度在太湖汛期前最高，汛期最低（图 3-33）。

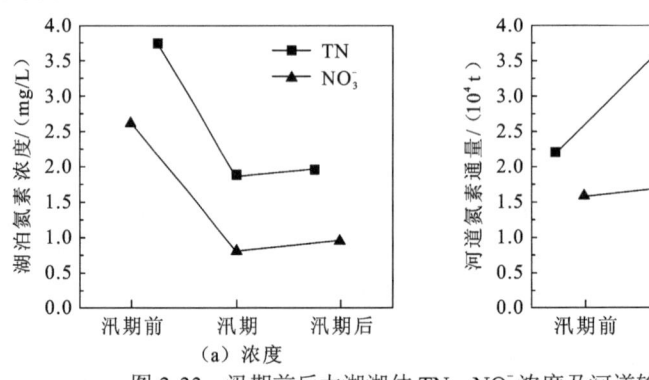

图 3-33 汛期前后太湖湖体 TN、NO_3^- 浓度及河道输入通量

夏季太湖 TN 浓度下降的最主要原因为雨水稀释和浮游植物同化吸收，夏季沉积物中反硝化作用加速氮浓度下降。汛期河道大量氮素输入，因此汛期降水并不能稀释太湖氮素浓度。浮游植物对氮素的同化吸收只是改变氮素形态，并不能很好地解释夏季水体中 TN 浓度下降，反硝化作用是夏季太湖 TN 和 NO_3^- 浓度降低最重要的自然原因。

蓝藻水华暴发后期水体形成适合反硝化的生态环境。在蓝藻水华堆积区域 DO 浓度最低可达 0.65 mg/L，这么低的 DO 浓度使得水体中发生反硝化成为可能，大大提高湖泊反硝化速率。在太湖梅梁湾等，水体中藻密度有时很高，高藻密度意味着夜间消耗更高的 DO 和生成更多的有机碳，如果湖体 NO_3^- 的外部来源受到限制，脱氮效率更多地依赖硝化作用产生的 NO_3^-。蓝藻水华暴发期导致白天硝化夜间反硝化耦合过程发生。大量的营养盐输入促进藻类大量增殖,而藻类的大量增殖又将进一步提高湖泊的脱氮能力甚至导致夏季太湖藻类生长受氮限制,这反映了湖泊生态系统的动态平衡控制过程。

2016 年由于太湖地区大范围高强度暴雨,大量氮磷营养盐输入太湖,蓝藻快速生长并在湖滨带堆积使得水体中 DO 浓度下降。加之太湖水体中氮素主要以 NO_3^- 形态存在,有利于反硝化细菌的生长。同时蓝藻水华颗粒衰亡使得水体中有机物浓度增加,为太湖水体反硝化细菌提供了大量碳源,反硝化细菌大量繁殖,NO_3^- 通过反硝化转化为 N_2,夏季较高的温度提高了反硝化的速率。测定结果表明,太湖水体反硝化脱氮能削减太湖输入 TN 量的 30%~40%。2018 年河道入湖 TN 量为 $2.78×10^4$ t,河道出湖 TN 量为 $1.112×10^4$ t,太湖 TN 削减率达 60%。因此,夏季太湖蓝藻水华大规模暴发,导致近年夏季太湖水体 TN 浓度不断下降,水体 TN 浓度下降是蓝藻水华大规模暴发的结果,这是生态系统中生物控制自身繁殖速率的负反馈调节机制。

蓝藻水华堆积直接影响沉积物反硝化脱氮,"铁轮"驱动上覆水 NH_3-N 浓度和 TN 浓度的上升。无论是藻源性有机物还是蓝藻沉积所生成的副产物(如挥发性脂肪酸)都会促进沉积物形成完全缺氧状态,从而使得 Fe(II)浓度升高,"铁轮"推动沉积物-水界面的硝化-反硝化进行,进一步推动上覆水中氮的转化。此外,蓝藻沉积会释放含有大量蛋白质的蓝藻碎片,促进了微生物有机氮矿化过程。当藻类生物量较低时,水中透明度较高,NH_3-N 易氧化成 NO_3^-,促进水体硝化过程。当藻类生物量过高时,大部分营养物质可能用于藻类增殖,同时 NH_3-N 可能会被输送到低藻的区域或者水面上透明性较强的区域,补充了蓝藻生长所需的氮源,同时 NH_3-N 发生硝化反应生成 NO_3^-,藻类高生物量促进反硝化作用,导致湖体 TN 浓度下降。

3.3.4 低氮和蓝藻水华暴发导致湖体 TP 浓度升高

太湖大量氮磷输入导致蓝藻水华大面积暴发,同时水华蓝藻的生理代谢进一步改变了太湖湖体营养盐的分布格局。2009~2017 年太湖蓝藻水华面积呈上升态势,总体可分为两个不同的时段:第一时段(2009~2014 年),太湖蓝藻水华暴发年平均值变化较小,该时段平均暴发面积约为 150 km²,最大暴发面积为 1 178 km²(2010 年)。湖体 TN 浓度从 2010 年的 2.68 mg/L 降至 2014 年的 1.96 mg/L,TP 浓度在 0.06~0.078 mg/L 波动。第二时段(2015~2017 年),从 2014 年蓝藻水华面积年平均值 124 km² 逐步上升,2015 年蓝藻平均密度为 $3.917×10^7$ cells/L,2016 年蓝藻平均密度为 $8.282×10^7$ cells/L,2017 年到达最大值,蓝藻水华面积年平均值 284 km²;4 年内太湖蓝藻面积增加了 160 km²;2017 年蓝藻水华最大暴发面积为 1 403 km²,蓝藻平均密度为 $1.176\ 6×10^8$ cells/L,相应的 TP 浓度为 0.081 mg/L,蓝藻水华几乎覆盖太湖除水草湖区以外的所有区域。蓝藻生物量和面积增长导致太湖水体 TP 浓度上升,TN 浓度下降。为了探究太湖 TN 浓度下降、TP 浓度上升对水华蓝藻生理生化影响,在实验室探索氮胁迫条件下蓝藻细胞内不同形态磷浓度的变化过程。

图 3-34 显示随着藻类生长环境中氮浓度的逐渐降低,藻类干重并无明显变化,但低氮和无氮处理组中水华蓝藻体内的 TP 浓度、可溶性正磷酸盐(Pi)浓度及 polyP 浓度均显著高于高氮处理组。表明在水体氮浓度较低的情况下,单位藻细胞内的磷浓度更高。这表明低浓度氮环境能促进水华蓝藻细胞从胞外超量吸收溶解性磷酸盐并在体内以 polyP 的形式存储。

以相同的试验条件对铜绿微囊藻进行培养,并测定铜绿微囊藻细胞内的各种磷浓度及铜绿微囊藻的藻密度,结果如图 3-35 所示。

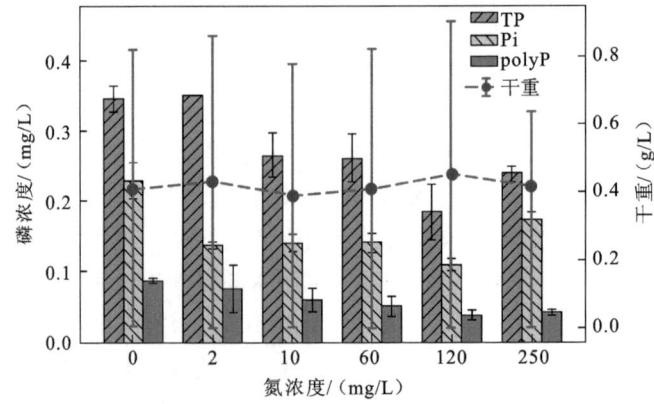

图 3-34 不同 NO_3^- 浓度下水华蓝藻胞内 TP、Pi、polyP 浓度及藻体干重的变化（陈成 等，2022）

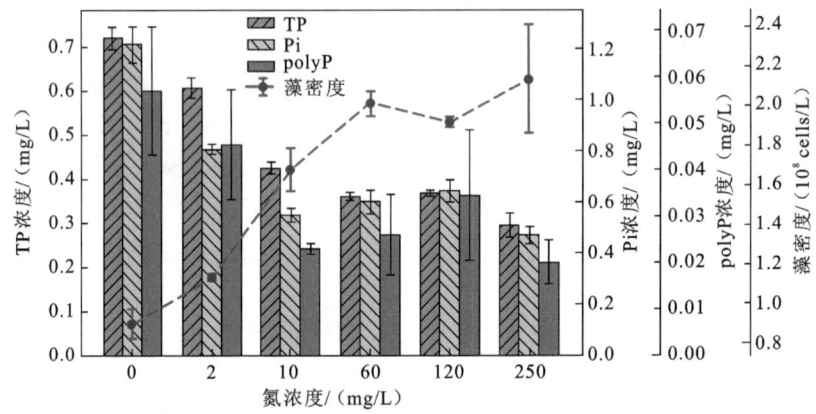

图 3-35 不同 NO_3^- 浓度下铜绿微囊藻胞内 TP、Pi、polyP 浓度及藻密度的变化（陈成 等，2022）

与水华蓝藻不同，在高氮环境下铜绿微囊藻具有更好的生长活性，即更高的藻密度。因此，为了比较单位藻细胞内不同形态磷浓度，将各组藻量按照 10^8 cells/L 生物量计算。与水华蓝藻相同，在低氮及无氮环境中培养的铜绿微囊藻会更多地从水体中吸收游离态磷酸盐，并以 polyP 的形式储存在细胞内。

图 3-36 显示低浓度 NO_3^- 胁迫条件下，铜绿微囊藻细胞的光合量子产量 [Y(II)]、PSII 原初光能转化效率（Fv/Fm）及表观光合电子传递速率（ETR）均下降，当 NO_3^- 浓度低于 10 mg/L 时，铜绿微囊藻的光合性能已经显著低于对照组。

不同 NO_3^- 浓度下铜绿微囊藻培养液内 pH 在 8.87~9.69（图 3-37），而在该 pH 条件下水体中已无溶解态 CO_2，藻类细胞可利用供给光合作用的碳源为碳酸氢根离子。因此，在铜绿微囊藻仍具有较强光合作用能力时，其体内可供还原的碳源已经不足，从而可能导致藻体的热损伤，这与藻类超量吸收磷并大量合成 polyP 之间存在一定的相关性。

在不同蓝藻水华水体中添加不同浓度 NH_3-N 和 TN，分析蓝藻水华对 NH_3-N 和 TN 浓度的影响。同时分析蓝藻水华释放有机物对反硝化作用的潜力，阐明湖泊水体 NH_3-N 和 TN 浓度不断下降的生物学机制。在对太湖不同湖区水体的氮转化能力的比较研究中发现，太湖藻型湖区（梅梁湾）和草型湖区（东太湖）水体中存在着强大的反硝化作用，NH_3-N 和 NO_3^- 浓

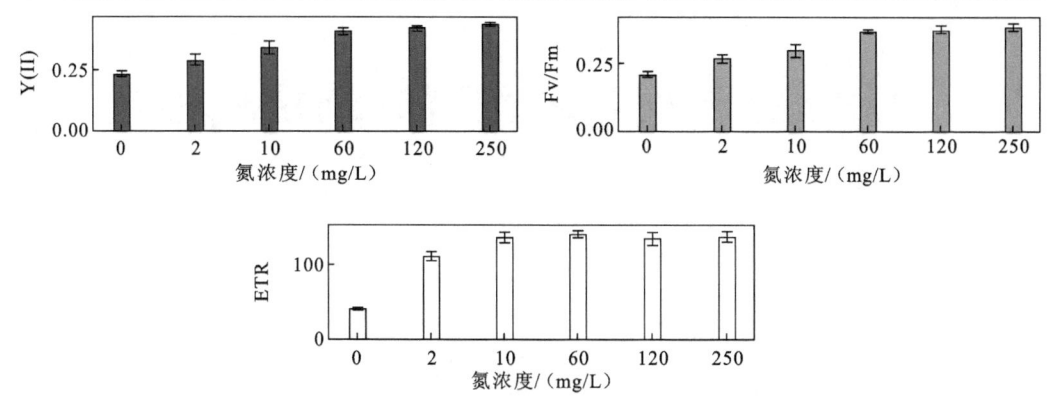

图 3-36　不同 NO_3^- 浓度下铜绿微囊藻光合活性的变化（陈成 等，2022）

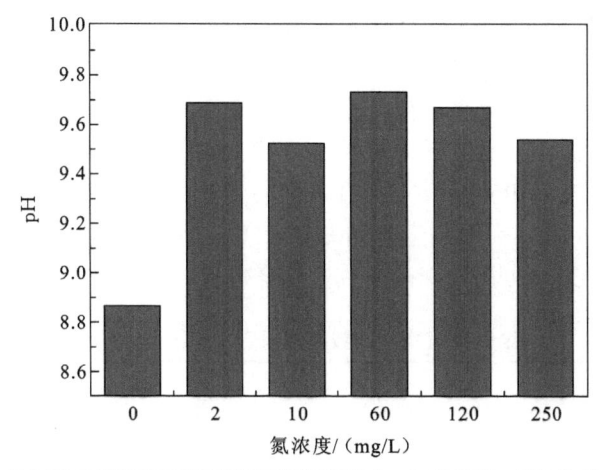

图 3-37　不同 NO_3^- 浓度下铜绿微囊藻培养液中 pH 的变化（陈成 等，2022）

度之间表现出显著（或极其显著）的负相关关系。在相同条件下，草型湖区硝化速率略低于藻型湖区。硝化速率随着 NH_3-N 初始浓度的升高而增加，在外源氮浓度为零时，硝化速率随着时间变化逐渐降低。藻型和草型湖区硝化作用强于反硝化作用，湖泊沉积物是进行反硝化作用的重要场所。沉积物中氮循环细菌数量比水体中高 1~3 个数量级，而藻型湖区和草型湖区的各种氮循环细菌数量无明显差别。短期微宇宙试验之后沉积物中 TN 浓度下降不明显（3.7%），水体中 TN 浓度下降明显（>26.7%）。短期内 DIN 转化的潜力反映了不同湖区氮素转化的速率，也反映了不同生态类型水体对湖泊氮素转化的影响。

蓝藻水华的持续发生需要大量的营养盐来补充支撑，蓝藻具有过量吸收磷形成 polyP 的能力，导致水华蓝藻吸收的磷又反过来影响湖水中磷浓度，呈现互为因果关系。蓝藻堆积腐解会向水体释放大量氮磷等可溶性营养盐，也会改变太湖水体正常氮磷循环进程。蓝藻死亡使得水体营养盐在短时间内快速上升，TP 浓度为初始值的 46 倍。藻源性湖泛发生过程中沉积物间隙水中磷会向上覆水释放，提高上覆水 TP 浓度。因此，堆积蓝藻的衰亡分解是造成太湖不同湖区特别是西部湖区 TP 浓度保持高值的另一个原因。2016~2020 年太湖水体平均 TP 偏高是蓝藻水华大面积暴发的结果。而 2021~2023 年，由于太湖蓝藻水华暴发强度逐年降低，暴发面积逐年减少，水体 TP 浓度也不断下降。

第4章 太湖高等水生植物群落结构与演替

4.1 太湖高等水生植物种类和生物量

4.1.1 太湖高等水生植物种类组成与演替

不同时期都开展过太湖高等水生植物的调查。1960年、1981年、1997年和2014年调查记录的维管束植物总数如表4-1所示，对照物种名录将这些物种按生态型划分为高等水生植物和湿生植物。可以看出，1960年高等水生植物占维管束植物总数的74.24%，1981年高等水生植物占73.77%，1997年高等水生植物占65.15%，2014年维管束植物总数仅为39种，约为1960年维管束植物总数的1/2，种类数量显著减少，多样性大幅降低。

表4-1 太湖维管束植物种类数随时间变化过程（1960～2014年）

年份	维管束植物	生态型划分	
		高等水生植物	湿生植物
1960	66	49	17
1981	61	45	16
1997	66	43	23
2014	39	36	3

引自秦伯强等（2004），中国科学院南京地理研究所（1965）。

1960～2014年太湖高等水生植物物种组成变化见表4-2，10种挺水植物、3种浮叶植物、1种漂浮植物和12种沉水植物的分布发生了变化，其中23种高等水生植物逐渐消失，涵盖了珍稀濒危物种，如水蕨（*Ceratopteris thalictroides*）、莼菜（*Brasenia schreberi*）；广布种，如矮慈姑（*Sagittaria pygmaea*）、野慈姑（*Sagittaria trifolia*）、小眼子菜（*Potamogeton pusillus*）、石龙尾（*Limnophila sessiliflora*）、茶菱（*Trapella sinensis*）及曾经分布非常广泛的物种，如中华萍蓬草（*Nuphar sinensis*）、水车前（*Ottelia alismoides*）、轮叶狐尾藻、水马齿（*Callitriche stagnalis*）等，故太湖高等水生植物物种多样性的丧失具有普遍性。1981年调查时消失了7个物种，包括3种挺水植物和4种沉水植物，其原因可能是大规模围湖造田和建闸导致水位变化；1997年调查时消失了4个物种，包括1种漂浮植物、2种挺水植物、1种沉水植物，2014年调查时消失了12个物种，包括5种挺水植物、3种浮叶植物和4种沉水植物，以上

23个物种的消失原因为水质恶化和人为干扰（围网养殖、围堰取土、水位调控等）。此外，还有3种高等水生植物为外来迁入物种，包括伊乐藻、水盾草（*Cabomba caroliniana*）和篦齿眼子菜（*Potamogeton pectinatus*）。其中伊乐藻于1986年人工引入，水盾草为外来入侵物种，而篦齿眼子菜可能为净化水质而引入。

表4-2　1960～2014年太湖高等水生植物物种组成变化

序号	种名	拉丁名	1960年	1981年	1997年	2014年	生态型
1	水蕨	*Ceratopteris thalictroides*	+	+	+	—	浮叶
2	乌苏里狐尾藻	*Myriophyllum ussuriense*	+	+	+	—	沉水
3	泉生眼子菜	*Potamogeton distinctus*	+	+	+	—	沉水
4	水车前	*Ottelia alismoides*	+	+	+	—	沉水
5	莼菜	*Brasenia schreberi*	+	+	+	—	浮叶
6	水葱	*Scirpus Validus*	+	+	+	—	挺水
7	茶菱	*Trapella sinensis*	+	+	+	—	浮叶
8	石龙尾	*Limnophila sessiliflora*	+	+	+	—	挺水
9	鸭舌草	*Monochoria vaginalis*	+	+	+	—	挺水
10	中华萍蓬草	*Nuphar sinensis*	○	+	+	—	挺水
11	花蔺	*Butomus umbellatus*	○	+	+	—	挺水
12	草茨藻	*Najas graminea*	○	+	+	—	沉水
13	大薸	*Pistia stratiotes*	+	+	—	—	漂浮
14	黑三棱	*Sparganium stoloniferum*	○	+	—	—	挺水
15	小眼子菜	*Potamogeton pusillus*	○	+	—	—	沉水
16	矮慈姑	*Sagittaria pygmaea*	○	+	—	—	挺水
17	小狸藻	*Utriculariar*	+	—	—	—	沉水
18	细叶狸藻	*Utricularia bifida*	+	—	—	—	沉水
19	轮叶狐尾藻	*Myriophyllum verticillatum*	+	—	—	—	沉水
20	野慈姑	*Sagittaria trifolia*	+	—	—	—	挺水
21	长瓣慈姑	*Sagittaria longiloba*	+	—	—	—	挺水
22	水马齿	*Callitriche stagnalis*	+	—	—	—	挺水
23	小叶眼子菜（水竹叶）	*Potamogeton cristatus*	+	—	—	—	沉水
24	伊乐藻	*Elodea canadensis*	—	—	+	+	沉水
25	水盾草	*Cabomba caroliniana*	—	—	—	+	沉水
26	篦齿眼子菜	*Potamogeton pectinatus*	—	—	—	+	沉水

引自赵凯等（2017）。

"+"表示有分布；"—"表示无分布；"○"表示推测有分布。

2014年，赵凯等（2017）对太湖高等水生植物进行了详细的野外调查，共记录水生维管束植物23科32属39种（表4-3），包括10种挺水植物，13种沉水植物，6种浮叶植物，7种漂浮植物和3种湿生植物。

表4-3　2014年太湖水生维管束植物名录

科	属	种名	学名	生态型
槐叶苹科	槐叶苹属	槐叶苹	Salvinia natans	漂浮
满江红科	满江红属	满江红	Azolla imbricata	漂浮
苹科	苹属	苹	Marsilea quadrifolia	挺水
蓼科	蓼属	酸模叶蓼	Polygonum lapathifolium	湿生
		红蓼	P. orientale	湿生
苋科	莲子草属	空心莲子菜	Alternanthera philoxeroides	挺水
睡莲科	莲属	莲	Nelumbo nucifera	浮叶
	芡属	芡实	Euryale ferox	浮叶
金鱼藻科	金鱼藻属	金鱼藻	Ceratophyllum demersum	沉水
葫芦科	盒子草属	盒子草	Actinostemma tenerum	湿生
菱科	菱属	细果野菱	Trapa maximowiczii	浮叶
柳叶菜科	丁香蓼属	水龙	Ludwigia adscendens	浮叶
小二仙草科	狐尾藻属	聚草	Myriophyllum spicatum	沉水
睡菜科	荇菜属	荇菜	Nymphoides peltatum	浮叶
		金银莲花	N. indica	浮叶
水盾草科	水盾属	水盾草	Cabomba caroliniana	沉水
狸藻科	狸藻属	黄花狸藻	Utricularia aurea	沉水
泽泻科	慈姑属	弯喙慈姑	Sagittaria latifollia	挺水
香蒲科	香蒲属	香蒲	Typha orientalis	挺水
眼子菜科	眼子菜属	菹草	Potamogeton crispus	沉水
		马来眼子菜	Potamogeton wrightii	沉水
		篦齿眼子菜	P. pectinatus	沉水
		微齿眼子菜	P. maackianus	沉水
茨藻科	茨藻属	大茨藻	Najas marina	沉水
		小茨藻	N. minor	沉水
水鳖科	水鳖属	水鳖	Hydrocharis dubia	漂浮
	黑藻属	轮叶黑藻	Hydrilla verticillata	沉水
	伊乐藻属	伊乐藻	Elodea nuttallii	沉水
	苦草属	苦草	Vallisneria natans	沉水
雨久花科	凤眼莲属	凤眼莲	Eichhornia crassipes	漂浮

第4章 太湖高等水生植物群落结构与演替

续表

科	属	种名	学名	生态型
禾本科	芦苇属	芦苇	*Phragmites australis*	挺水
	菰属	菰	*Zizania latifolia*	挺水
	稗属	长芒稗	*Echinochloa caudata*	挺水
		稗	*E. crusgalli*	挺水
	雀稗属	双穗雀稗	*Paspalum distichum*	挺水
天南星科	菖蒲属	菖蒲	*Acorus calamus*	挺水
浮萍科	浮萍属	浮萍	*Lemna minor*	漂浮
	芜萍属	芜萍	*Wolffia arrhiza*	漂浮
	紫萍属	紫萍	*Spirodela polyrhiza*	漂浮

引自赵凯等（2017）。

1960年太湖高等水生植物集中分布在东太湖水域，其他湖区仅有零星分布（中国科学院南京地理研究所，1965），因此，后续对太湖水生植被进行调查时，均对东太湖展开单独调查。东太湖历年高等水生植物种类组成如表4-4所示。

表4-4 东太湖高等水生植物种类组成

年份	蕨类植物 科	蕨类植物 属	蕨类植物 种	双子叶植物 科	双子叶植物 属	双子叶植物 种	单子叶植物 科	单子叶植物 属	单子叶植物 种
1960	3	4	4	14	17	24	10	26	38
1981	3	4	4	14	20	31	12	23	31
1996	4	4	4	17	22	31	13	30	39
2002	4	4	4	16	22	31	13	28	40

据2002年调查结果，东太湖高等水生植物共33科54属75种，其中有17种沉水植物，12种浮叶植物，37种挺水植物和9种漂浮植物（表4-5）。比1960年增加了6科7属9种，比1981年增加了4科7属9种，比1996年减少了1科2属，增加了1种。

表4-5 东太湖高等水生植物生态型组成

年份	沉水植物	浮叶植物	漂浮植物	挺水植物
1960	12	8	11	35
1996	16	11	9	38
2002	17	12	9	37

数据引自谷孝鸿等（2005）。

根据高等水生植物群落优势种组成不同，太湖高等水生植物分为18种群丛，分别为芦苇群丛、莲+菰群丛、苦草群丛、微齿眼子菜群丛、马来眼子菜群丛、微齿眼子菜+轮叶黑藻群丛、马来眼子菜+微齿眼子菜群丛、马来眼子菜+聚草+金鱼藻群丛、马来眼子菜+苦草群丛、聚草+马来眼子菜群丛、聚草+马来眼子菜+苦草群丛、茳草群丛和聚草群丛、荇菜+聚草群丛、荇菜+马来眼子菜群丛、荇菜+菱+聚草+金鱼藻群丛、荇菜+聚草+马来眼子菜群丛和菱+荇菜+马来眼子菜群丛。其中，挺水植物包括2种群丛类型，浮叶植物共有5种群丛类型，以沉水植物为优势种的群丛共有11种。

1960年以来太湖不同时期高等水生植物空间分布如图4-1所示。太湖高等水生植物主要分布在东太湖，其他湖区则较少。从东太湖高等水生植物的群落组成来看，1960年东太湖挺水植物的优势种为菰和芦苇，沉水植物的优势种为马来眼子菜和苦草，太湖水域仅在近岸区的芦苇群丛附近存在少量马来眼子菜和苦草；1981年东太湖挺水植物优势种依旧为芦苇和菰，马来眼子菜和苦草依旧是沉水植物优势种，与1960年相比，挺水植物菰的优势度上升，芦苇优势度下降，沉水植物马来眼子菜的优势度下降，苦草优势度上升，同年北部湖区的竺山湾和东部湖区的太湖水域也出现了大量苦草群丛，马来眼子菜的数量则锐减；到1987年和1988年，东太湖菰的分布面积和生物量均远超芦苇，沉水植物苦草和马来眼子菜则成为了共优种。除东太湖以外，北部湖区竺山湾、东部湖区太湖水域以苦草为主，马来眼子菜零散于各湖区；1997年东太湖芦苇、菰的面积均有上升，沉水植物优势种变为微齿眼子菜，浮叶植物荇菜和菱也开始成为建群种，但所占面积有限，北部湖区高等水生植物基本消失，东北部湖区、东部湖区及南部湖区主要优势种为马来眼子菜和微齿眼子菜；2002年东太湖菰和芦苇的数量锐减，浮叶植物和沉水植物的数量显著上升，荇菜、伊乐藻、马来眼子菜等成为了优势种（谷孝鸿等，2005）；2008年东太湖挺水植物优势种为芦苇，其次是茭草（*Zizania latifolia*）和莲，沉水植物以马来眼子菜、轮叶黑藻、苦草、金鱼藻、轮叶狐尾藻为主，浮叶植物优势种为荇菜和菱，太湖其他水域挺水植物和浮叶植物优势种与东太湖一致，南部沿岸湖区、东部沿岸湖区和贡湖湾东南水域分布了以马来眼子菜、轮叶黑藻、苦草、金鱼藻、轮叶狐尾藻为主的沉水植物。金鱼藻和轮叶黑藻在夏季出现的频率最高，冬季出现频率最高的沉水植物仅为轮叶黑藻；2014年东太湖挺水植物数量进一步下降，仅沿岸有少量芦苇分布，菰和莲仅出现在围网外围。太湖北部湖区无高等水生植物分布，东北部湖区、东部湖区及南部湖区马来眼子菜由东向西扩张，荇菜则成为仅次于马来眼子菜的高等水生植物优势种。微齿眼子菜依然是主要优势种之一，其分布区转移至东北部湖区的贡湖湾和东部湖区的胥口湾。此外，菱、聚草、金鱼藻和轮叶黑藻在东部湖区也成片出现。

4.1.2 太湖高等水生植物生物量

1960～2014年，太湖高等水生植物的总生物量呈现先上升后下降的趋势，1960年调查报道的太湖高等水生植物总生物量为$1.0×10^5$ t，1981年为$3.682×10^5$ t，是1960年的3倍多，到1987年时，高等水生植物的总生物量已增加到$4.446×10^5$ t，是1960年的4倍多，随后高等水生植物的总生物量开始下降。挺水植物生物量的变化趋势与总生物量一致，也为先升后降的态势，而沉水植物和浮叶植物的生物量则一直保持上升的态势（图4-2）。其中1960年挺水植物的生物量为$8×10^4$ t，占总高等水生植物生物量的80%，其他高等水生植物生物量

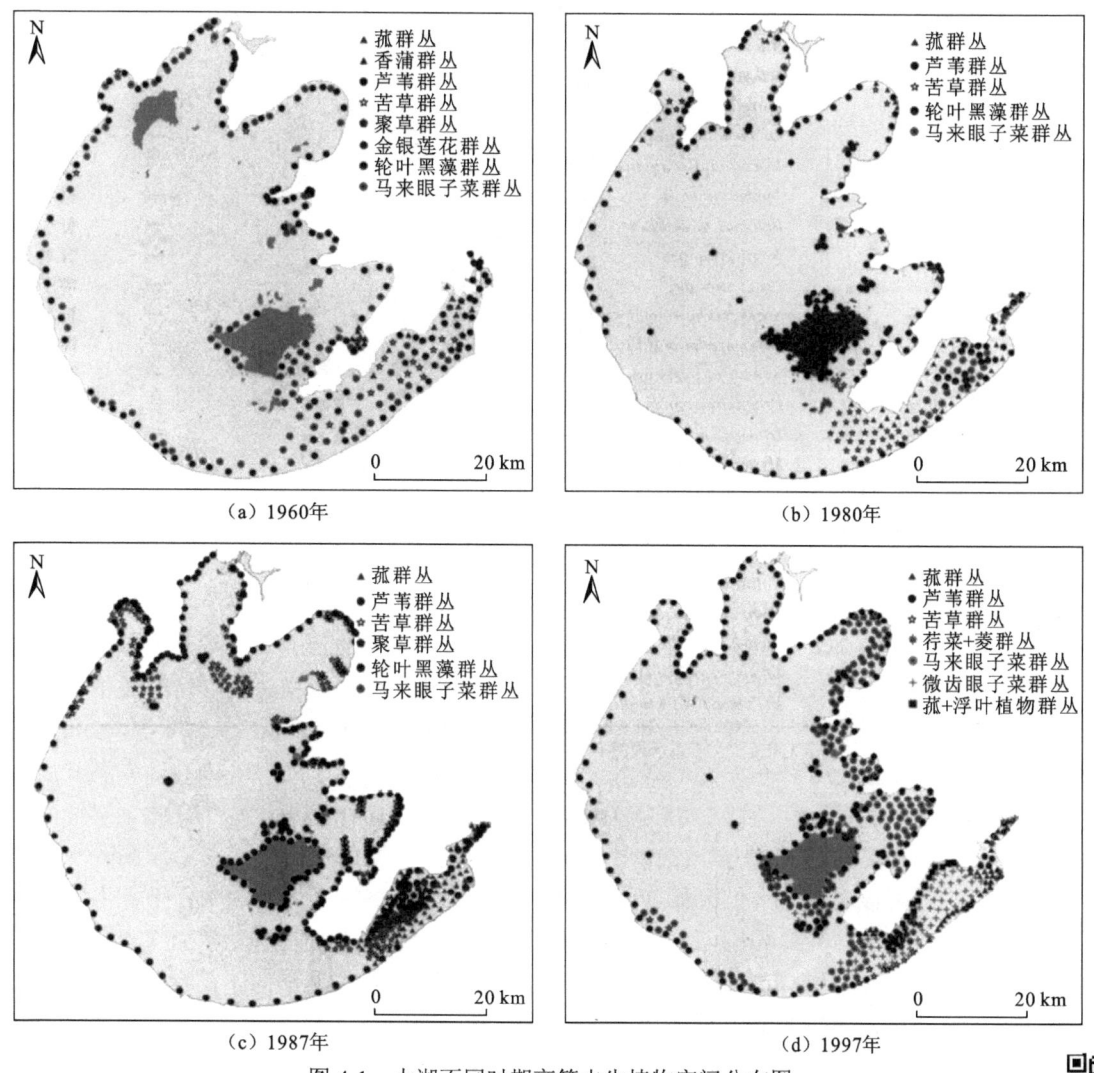

图 4-1 太湖不同时期高等水生植物空间分布图

1960 年高等水生植物图引自中国科学院南京地理研究所（1965）；其余年份引自水利部太湖流域管理局和中国科学院南京地理与湖泊研究所（2000）

为 2×10^4 t，仅占总生物量的 20%。1981 年挺水植物的生物量有 3.017×10^5 t，占总生物量的 81.94%，沉水植物和浮叶植物的生物量上升至 6.65×10^4 t，占总生物量的 18.06%。1987 年挺水植物的生物量为 3.48×10^5 t，沉水植物和浮叶植物的生物量为 9.66×10^4 t。到 1988 年，挺水植物的生物量开始下降，约为 3.302×10^5 t，而沉水植物和浮叶植物的生物量持续上升至 1.170×10^5 t，两者生物量的差距开始缩短。1997 年挺水植物骤减至 2.25×10^5 t，占总生物量的 62.50%，沉水植物和浮叶植物的生物量稳步上升至 1.35×10^5 t，占总生物量的 37.50%。2014 年挺水植物生物量进一步减少，仅有 2.91×10^4 t，沉水植物和浮叶植物的生物量达到了 2.618×10^5 t，实现了大幅度的反超。

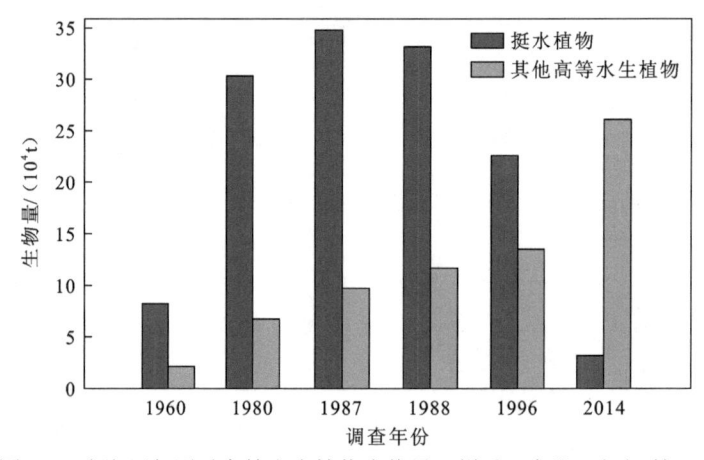

图 4-2 太湖历年夏季高等水生植物生物量（鲜重）变化（赵凯 等，2017）

由 1960 年调查结果可知，东太湖的高等水生植物呈现过量生长的态势，1960～1996 年高等水生植物生物量呈现持续上升的态势（张圣照 等，1999）。其中，1960 年东太湖高等水生植物总生物量仅为 $8×10^4$ t，1981 年上升至 $3.661×10^5$ t，1996 年达到顶峰，总生物量有 $6.639×10^5$ t，是 1960 年总生物量的 8 倍多，已经表现出严重的沼泽化。此后，为缓解东太湖沼泽化进程，开始大量收割茭，在人为影响下，东太湖高等水生植物总生物量有所下降，但规模依旧庞大，2002 年东太湖高等水生植物总生物量仍有 $4.935×10^5$ t（谷孝鸿 等，2005）。围湖造田和人工干预是导致东太湖高等水生植物过量生长的主要原因。1949 年，太湖开启了大规模的围湖造田运动，一直到 1985 年为止。东太湖是围湖造田规模最大的湖区，累计因围湖造田损失的面积高达 120.4 km^2（谷孝鸿 等，2005）。围湖造田直接导致了沿岸高等水生植物的消失，为缓解该现象，人们开始在湖区引种了大量茭。在较为适宜的条件下，人工引种的茭大量生长，与湖湾变窄和围网养殖一起导致东太湖水流变缓，透明度增加（李新国 等，2006），最终加速了东太湖高等水生植物演替过程，一步步将东太湖推向了沼泽化的境地。进入沼泽化状态的东太湖自净能力下降，甚至在高等水生植物集中腐烂季节，出现多次恶劣"茭黄水"现象，严重影响湖泊的生态功能（李文朝，1997）。与东太湖不同，随着时间的推移，太湖其他湖区的高等水生植物逐渐消失。20 世纪 80 年代开始太湖水质下降，太湖高等水生植物受到水体富营养化的影响。因此，1987 年高等水生植物情况是最接近自然状况的，此时太湖梅梁湾、竺山湾和贡湖湾分布大量苦草。而 1996 年，梅梁湾和竺山湾高等水生植物几乎消失，太湖蓝藻水华面积逐渐扩大，水体富营养化导致太湖高等水生植物消失（雷泽湘 等，2009；陈立侨 等，2003），由此也可以解释东太湖高等水生植物总生物量达到历年顶峰但太湖总生物量下降的现象。为了应对太湖除东太湖以外其他湖区水草消失的问题，各级政府做出了许多努力，高等水生植物的修复试验取得了一定的成效，但试验结束后多半无法长期维持，高营养盐浓度和蓝藻水华覆盖是高等水生植物消失且无法完全修复的最主要原因，太湖高等水生植物修复极大程度上依赖于外源营养盐输入的削减和蓝藻水华的控制（秦伯强 等，2014）。

2014～2015 年 6 次太湖高等水生植物生物量情况调查结果见表 4-6（赵凯，2017）。2014 年 8 月，太湖高等水生植物生物量有 290 859.00 t，荇菜+马来眼子菜群丛生物量最大，占总生物量的 43.84%，其次是荇菜+菱+聚草+金鱼藻群丛，占总生物量的 17.97%，密度最大的群丛为芦苇群丛。2014 年 10 月，太湖高等水生植物生物量有所减少，约为 234 166.35 t，荇菜+

马来眼子菜群丛仍占据最优地位，占总生物量的 25.88%，第二优势群丛则转变为荇菜+聚草+马来眼子菜群丛，占总生物量的 21.40%，莲+菰群丛成为密度最大群丛。2015 年 1 月，生物量骤降至 64 630.01 t，最优群丛转变为微齿眼子菜群丛，占总生物量的 28.57%，其次为菹草群丛，占 26.99%，微齿眼子菜群丛成为密度最大群丛。2015 年 5 月，太湖高等水生植物生物量有所上升，约为 177 370.35 t，荇菜+马来眼子菜群丛再次回到最优势群丛，占总生物量的 58.37%，其次为菹草群丛，占总生物量的 13.05%，莲+菰群丛再次成为密度最大群丛。到 2015 年 8 月，生物量再次下降至 91 881.16 t，最优势群丛则被荇菜+菱+金鱼藻群丛取代，占总生物量的 45.30%，其次为微齿眼子菜群丛，占总生物量的 22.84%，密度最大群丛为芦苇群丛。2015 年 12 月，高等水生植物总生物量继续下降，仅为 6 104.78 t，优势群丛为荇菜+聚草群丛，占总生物量的 93.18%，且密度最大。与 2014 年 10 月调查相比，2015 年 12 月调查的总生物量仅占前者的 2.61%，生物量大幅下降。同时，太湖高等水生植物群丛也从 2014 年 8 月的 10 个下降到 3 个，高等水生植物多样性也下降。

表 4-6　2014～2015 年太湖高等水生植物群丛生物量组成

调查时间	群丛类型	鲜重/(g/m^2)	干重/(g/m^2)	总鲜重/t	总干重/t	占总鲜重/%
2014 年 8 月	芦苇群丛	4 227.65	578.42	18 546.29	2 537.45	6.38
	莲+菰群丛	1 922.91	170.70	10 549.83	936.52	3.63
	苦草群丛	986.44	73.50	10 037.64	747.90	3.45
	微齿眼子菜群丛	1 783.11	200.90	12 405.27	1 397.69	4.27
	马来眼子菜群丛	36.46	6.12	18 058.04	3 029.40	6.21
	马来眼子菜+微齿眼子菜群丛	871.67	94.82	15 921.89	1 732.01	5.47
	微齿眼子菜+轮叶黑藻群丛	503.56	50.17	6 721.05	669.69	2.31
	马来眼子菜+聚草+金鱼藻群丛	277.44	24.14	18 860.24	1 641.03	6.48
	荇菜+马来眼子菜群丛	877.86	86.75	127 499.57	12 599.77	43.84
	荇菜+菱+聚草+金鱼藻群丛	2 214.65	184.11	52 259.18	4 344.44	17.97
	合计			290 859.00	29 635.90	100.00
2014 年 10 月	芦苇群丛	1 834.70	221.33	7 444.66	898.10	3.18
	苦草群丛	795.57	72.30	4 251.93	386.41	1.82
	莲+菰群丛	5 338.99	561.56	20 984.91	2 207.20	8.96
	微齿眼子菜群丛	1 413.24	182.90	24 884.30	3 220.53	10.63
	马来眼子菜群丛	28.38	4.00	8 971.47	1 265.40	3.83
	马来眼子菜+苦草群丛	501.20	54.82	20 628.84	2 256.39	8.81
	马来眼子菜+微齿眼子菜群丛	692.67	70.82	7 556.64	772.62	3.23
	荇菜+聚草+马来眼子菜群丛	1 207.65	116.54	50 113.48	4 836.15	21.40
	荇菜+马来眼子菜群丛	806.26	85.73	60 594.87	6 443.08	25.88
	菱+荇菜+马来眼子菜群丛	1 537.64	178.67	9 851.06	1 144.66	4.21
	聚草+马来眼子菜群丛	261.12	19.95	12 012.74	917.81	5.13
	聚草+马来眼子菜+苦草群丛	412.51	38.75	6 871.45	645.52	2.93
	合计			234 166.35	24 993.87	100.00

续表

调查时间	群丛类型	鲜重/(g/m²)	干重/(g/m²)	总鲜重/t	总干重/t	占总鲜重/%
2015年1月	马来眼子菜群丛	38.67	3.13	7 874.10	638.07	12.18
	菹草群丛	581.19	31.11	17 443.65	933.77	26.99
	聚草+马来眼子菜群丛	519.67	58.67	15 186.53	1 714.45	23.50
	微齿眼子菜群丛	1 101.43	97.38	18 464.74	1 632.56	28.57
	聚草群丛	251.85	23.11	184.28	16.91	0.29
	马来眼子菜+微齿眼子菜群丛	779.67	87.87	5 476.71	617.23	8.47
	合计			64 630.01	5 552.99	100.00
2015年5月	芦苇群丛	719.77	69.30	2 243.25	215.98	1.26
	莲+菰群丛	2 855.38	268.66	9 776.52	919.86	5.51
	聚草群丛	36.16	2.97	1 279.46	105.04	0.72
	菹草群丛	286.36	25.89	23 154.73	2 093.56	13.05
	马来眼子菜群丛	29.02	2.26	7 123.41	553.84	4.02
	微齿眼子菜群丛	2 017.24	179.35	21 574.62	1 918.15	12.16
	荇菜+菱+聚草群丛	1 062.02	767.65	4 779.42	3 454.65	2.69
	聚草+马来眼子菜群丛	41.24	3.77	3 901.05	356.24	2.20
	荇菜+马来眼子菜群丛	1 158.32	79.32	103 537.89	7 090.06	58.37
	合计			177 370.35	16 707.38	100.00
2015年8月	芦苇群丛	2 102.67	178.42	6 247.45	530.12	6.80
	莲+菰群丛	1 732.87	285.69	3 801.39	626.72	4.14
	聚草群丛	39.05	3.06	1 735.54	136.19	1.89
	微齿眼子菜群丛	1 619.32	218.80	20 986.11	2 835.64	22.84
	马来眼子菜群丛	96.57	8.25	2 637.98	225.37	2.87
	苦草群丛	286.44	23.52	176.56	14.50	0.19
	聚草+马来眼子菜群丛	57.13	6.33	1 337.20	148.11	1.46
	菱+荇菜+马来眼子菜群丛	965.33	88.25	13 337.80	1 219.28	14.52
	荇菜+菱+金鱼藻群丛	1 318.59	124.09	41 621.13	3 916.96	45.30
	合计			91 881.16	9 652.89	100.00
2015年12月	荇菜+聚草群丛	318.52	50.19	5 688.25	896.31	93.18
	聚草群丛	21.83	1.20	67.39	3.70	1.10
	微齿眼子菜群丛	73.75	7.05	349.14	33.38	5.72
	合计			6 104.78	933.39	100.00

引自赵凯（2017）。

部分加和不为100%由修约导致。

2014~2015年太湖挺水植物、浮叶植物和沉水植物的生物量见表4-7。对比2014年和2015年不同调查时间的生物量发现，在2015年1月和2015年12月挺水植物无分布，总体呈先下降后上升再下降的态势。值得注意的是，与2014年8月相比，2015年8月挺水植物的生物量仅为前者的34.54%，并未随其生长旺盛期的到来而恢复到原先水平。除2015年1月外，浮叶植物均有分布，其变化过程与挺水植物的变化一致。在调查期间沉水植物均有分布，同时其生物量呈现先上升后下降的态势，其最大生物量并非出现在夏季，而是2014年10月，且在冬季也能保持较好的生长态势，2015年1月的生物量甚至超过了生长恢复较好的春季。对比3种生态型高等水生植物，可以发现挺水植物始终处于生物量最少的地位，除2015年1月沉水植物为优势生态型植物外，其余时间段的优势生态型植物均为浮叶植物。2021年9月，对太湖高等水生植物生物量调查发现3种生态型的高等水生植物生物量均有显著上升，其原因可能是养殖围网的拆除，为高等水生植物生长提供了足够的生态环境。

表4-7 不同时期不同生态类型高等水生植物的生物量

	调查时间	2014年8月	2014年10月	2015年1月	2015年5月	2015年8月	2015年12月	2021年9月
挺水植物	鲜重/t	29 096.12	13 823.47	0.00	12 019.77	10 048.84	0.00	26 751.00
	占总鲜重/%	10.00	6.30	0.00	6.78	10.94	0.00	11.62
浮叶植物	鲜重/t	179 758.75	120 559.41	0.00	108 317.31	54 958.93	5 688.25	89 323.00
	占总鲜重/%	61.80	54.91	0.00	61.07	59.82	93.18	38.81
沉水植物	鲜重/t	82 004.13	85 177.37	64 630.01	57 033.26	26 873.38	416.53	114 064.00
	占总鲜重/%	28.19	38.79	100.00	32.15	29.25	6.82	49.56

2014~2015年数据引自赵凯（2017）。

4.2 太湖高等水生植物分布面积

4.2.1 太湖高等水生植物分布面积时间变化过程

与生物量一样，高等水生植物分布面积也是衡量太湖高等水生植物覆盖程度的重要指标。1981~2010年太湖高等水生植物分布面积遥感分析的结果见图4-3。挺水植物、浮叶植物和沉水植物的分布面积随时间发生了明显的变化，3种生态型高等水生植物的分布面积变化转折点如表4-8所示。1981年太湖高等水生植物的总分布面积为187.6 km^2，到2005年高等水生植物总分布面积高达485.0 km^2，超过了1981年总分布面积的2倍。2010年太湖高等水生植物总分布面积下降至341.3 km^2。挺水植物分布面积的变化趋势恰好与总分布面积相反，1981年挺水植物分布面积为47.7 km2，占当年高等水生植物总分布面积的25.4%，到2005年挺水植物分布面积骤降至10.6 km2，约为1981年分布面积的1/4，是2005年高等水生植物总分布面积的2.2%。到2010年挺水植物分布面积逐渐恢复，但依旧没有超过1981年分布面积，约占2010年高等水生植物总分布面积的9.3%。浮叶植物分布面积的变化呈持续上升的态势，1981 年仅有 12.9 km², 占当年高等水生植物总分布面积的 6.9%，而 2010 年上升到 146.2 km²，占当年高等水生植物总分布面积的 42.8%，几乎成为了太湖高等水生植物的主要生物类群。沉水植物分布面积始终保持在较高的水平，1981 年占高等水生植物总分布面积的 67.7%，2005 年占高等水生植物总分布面积的 75.6%，2010 年占总分布面积的 47.8%，沉水植物分布面积从 1981 年的 127.0 km² 上升至 2005 年的 366.5 km²，2010 年沉水植物的分布面积虽然小于 2005 年，但仍高于 1981 年沉水植物分布面积，因此，从总体来看，沉水植物分布面积呈增加趋势。2021 年 9 月，课题组再次调查了太湖高等水生植物总分布面积，为 454.1 km²，与 2010 年相比，挺水植物和浮叶植物分布面积减少，沉水植物分布面积增加，高等水生植物总分布面积要大于 2010 年，其原因主要是太湖内养殖围网的拆除为高等水生植物提供了足够的生长空间。

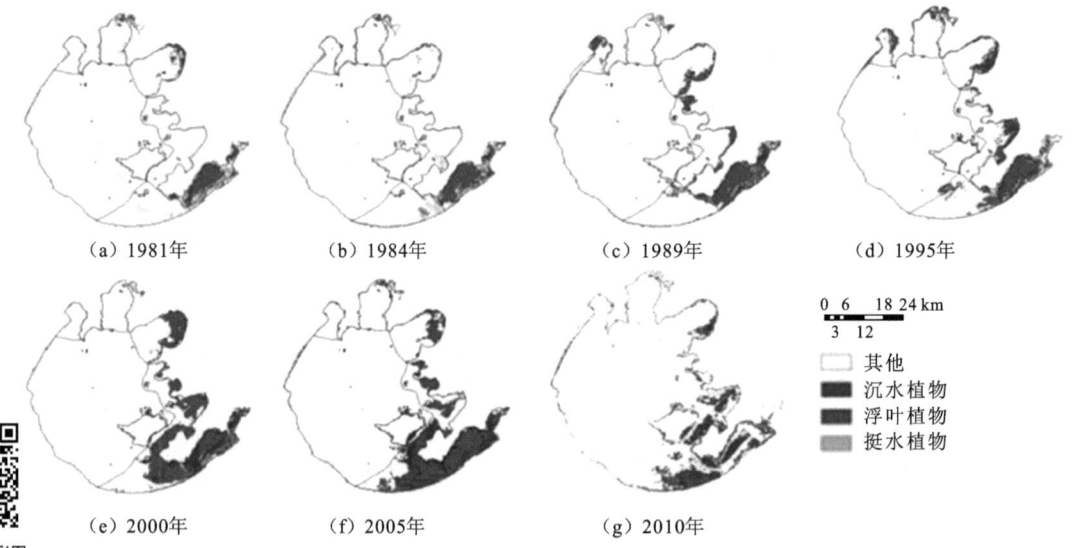

图 4-3　1981～2010 年太湖挺水植物、浮叶植物和沉水植物分布图（Zhao et al., 2013）

表 4-8　1981～2021 年太湖高等水生植物分布面积

高等水生植物类型	不同时期的面积/km²			
	1981 年	2005 年	2010 年	2021 年
挺水植物	47.7	10.6	31.8	15.3
浮叶植物	12.9	107.9	146.2	82.5
沉水植物	127.0	366.5	163.3	356.3
合计	187.6	485.0	341.3	454.1

1981 年、2005 年和 2010 年数据引自 Zhao 等（2013）。

调查发现，人类活动与太湖高等水生植物分布面积变化存在直接关系，主要与围网养殖的渔业生产活动有关，其活动强度用围网养殖面积来量化。图 4-4 为 1982～2010 年太湖围网养殖面积的变化情况。从图中可以看出，太湖围网养殖活动始于 20 世纪 80 年代，其养殖面积持续升高，2000 年达到了面积峰值，约有 108.1 km²，极大地侵占了高等水生植物的生长空间，导致 2005 年后太湖高等水生植物分布面积急转直下。2009 年和 2010 年围网养殖面积减少至 2000 年的 1/4 左右，为高等水生植物生长提供充足的生境。因此，2010 年后，太湖高等水生植物分布面积呈现增加的态势。除此之外，湿地开垦、混凝土路堤修建等人类活动也对太湖高等水生植物分布面积产生一定影响。

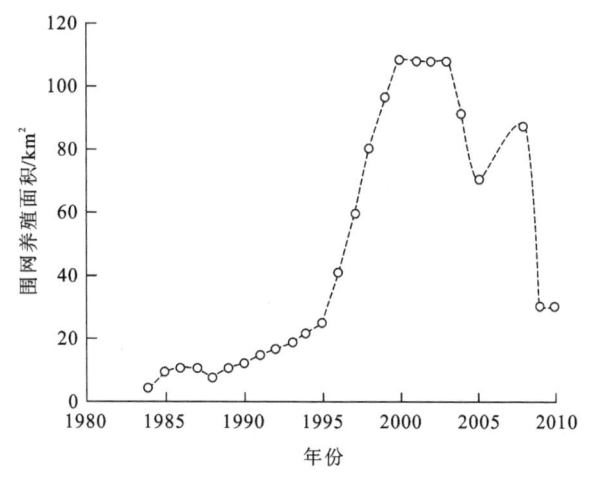

图 4-4　1980～2010 年太湖围网养殖面积变化情况（Zhao et al.，2013）

1960 年的调查结果显示，太湖的高等水生植物仅在东太湖有集中大片分布，其他湖区则仅有零星分布（中国科学院南京地理研究所，1965）。1960～1981 年东太湖高等水生植物总分布面积呈现下降的态势（表 4-9）。1996～2002 年东太湖高等水生植物总分布面积回升至 1981 年水平。到 2017 年，由于经历了 2000 年围网养殖面积的顶峰时期，东太湖高等水生植物总分布面积显著下降。为了改变东太湖高等水生植物逐渐消失的命运，逐步拆除影响东太湖高等水生植物生长的围网。2019 年东太湖高等水生植物总分布面积有所回升，约为 72.7 km²，2020 年则达 79.8 km²，2022 年东太湖高等水生植物总分布面积为 41.49 km²，较 2018 年高等水生植物总分布面积（62.43 km²）减少了 33.54%，减少的主要水域为原东茭嘴围网区。虽然东太湖高等水生植物总分布面积仍远小于 1960～2002 年的总分布面积，但近些年分布面积的回升表明人们为生态环境做出的努力是有效果的。

表 4-9　1960～2020 年东太湖高等水生植物分布面积变化　　　　（单位：km²）

年份	挺水植物	浮叶植物	沉水植物	合计
1960	92.0	0.0	160.0	252.0
1981	50.7	0.0	81.3	132.0
1996	45.5	6.7	73.8	126.0
2002	10.2	24.2	97.2	131.6
2017	8.3	29.9	32.1	70.3
2019	11.0	40.7	21.0	72.7
2020	11.2	48.5	20.1	79.8

1960 年、1981 年、1996 年和 2002 年高等水生植物分布面积引自谷孝鸿等（2005）；2017 年和 2019 年数据引自杨井志成等（2021）；2020 年数据引自王友文等（2021）。

将高等水生植物分为挺水植物、浮叶植物和沉水植物3个不同生态型进行分析，发现东太湖挺水植物分布面积呈先减小后增大的态势。到2019年，由于拆除了养殖围网，分布面积才有所回升，但仍小于1996年及以前的分布面积。浮叶植物的分布面积呈现逐渐上升的趋势，在1960年和1981年，几乎没有发现浮叶植物的分布。直到1996年再次调查，才发现有小面积的浮叶植物分布在东太湖区。2002年，浮叶植物的分布面积已经超过了挺水植物的分布面积，在3种生态型中排名第二。2019年后，浮叶植物更是超过了沉水植物，成为东太湖高等水生植物中主要组分。在2017年以前沉水植物分布面积始终为第一，之后其分布面积反而低于浮叶植物，表明养殖围网的拆除促进了挺水植物和浮叶植物的恢复，而沉水植物没有得到有效恢复。

随着东太湖的开发利用，高等水生植物群落结构组成的演替也迅速加快。1960～2002年东太湖高等水生植物不同群丛分布面积的变化见表4-10。可以看出，1960年挺水植物的优势群丛为芦苇群丛，沉水植物为竹叶眼子菜（*Potamogeton malaianus*）+苦草+轮叶黑藻群丛。其中芦苇群丛的分布面积达77.0 km²，占高等水生植物总分布面积的30.56%。东太湖大量芦苇使湖岸区逐渐沼泽化。围湖造田使初现沼泽化湖岸区快速变成陆地，芦苇所在湿地变为农田、鱼塘，芦苇基本消失，湖区浮叶、沉水植物开始下一轮演替过程。1980年之后大范围围网养殖扰乱了高等水生植物的自然演替，竹桩和围网阻碍了湖流及风浪，加剧了湖泊悬浮物的沉降过程。菰是典型的多年生沼泽先锋植物，根茎发达，根深达0.48～0.65 m，生长快，生物量巨大，适合作为渔业生产的饵料和农业种植的肥料，因此，20世纪60年代中期，东太湖大量引种菰，人为改变了东太湖高等水生植物的结构组成。1960年菰群丛分布面积为15.0 km²，仅占高等水生植物总分布面积的5.95%，而1981年和1996年则占高等水生植物总分布面积的32.35%和25.48%。东太湖高等水生植物因可作为天然鱼类及人工围养和沿湖池塘养殖鱼类的饵料资源，被有规划地收割和利用，可以有效防止高等水生植物大量衰败对水质的不利影响，从而保障太湖生态系统良性循环。东太湖水流和风浪随着围网养殖规模的扩大和养殖结构的调整而变小，形成的静水环境导致高等水生植物利用量下降。除了被鱼类摄食外，每年仍有大量菰死亡，残体淤积在湖底，加上菰能消浪滞流，悬浮物、泥沙不断淤积在菰下部，导致湖床抬高，进而使菰群丛向湖心区延伸，沉水植物分布面积减小。与1960年相比，1981年沉水植物分布面积减少了49.19%，1996年减少了53.88%。沉水植物群丛的类型也发生了明显变化，1960年以竹叶眼子菜+苦草+轮叶黑藻群丛为主，其分布面积占高等水生植物总分布面积的63.49%。此后，随着围网养殖大面积试验和推广，竹叶眼子菜、轮叶黑藻和苦草等优势种高等水生植物被大量利用，微齿眼子菜和引种的伊乐藻侵占原有空间。1960年东太湖未发现微齿眼子菜，1996年时，微齿眼子菜已占据东太湖高等水生植物总分布面积的41.03%，导致湖床抬高过程加快，促进了沼泽化。

表4-10 1960～2002年东太湖不同高等水生植物群丛分布面积变化

群丛	不同时期的面积/km²			
	1960年	1981年	1996年	2002年
芦苇群丛	77.0	8.0	8.4	5.2
菰群丛	15.0	42.7	32.1	2.4
菰+莲群丛	0.0	0.0	5.0	2.6

续表

群丛	不同时期的面积/km²			
	1960 年	1981 年	1996 年	2002 年
荇菜+金银莲花+伊乐藻+微齿眼子菜群丛	0.0	0.0	6.7	24.2
伊乐藻+微齿眼子菜群丛	0.0	0.0	14.7	22.0
伊乐藻群丛	0.0	0.0	0.0	40.4
微齿眼子菜群丛	0.0	7.3	51.7	0.0
金鱼藻群丛	0.0	0.0	0.0	22.6
竹叶眼子菜+苦草+轮叶黑藻群丛	160.0	74.0	7.4	12.2
合计	252.0	132.0	126.0	131.6

引自谷孝鸿等（2005）。

4.2.2 太湖高等水生植物分布面积空间变化过程

太湖水生态环境存在较大的空间差异性，使得高等水生植物分布也呈现相应的空间特性。Zhao 等（2013）利用遥感影像分析了太湖湖体挺水植物、浮叶植物和沉水植物分布面积的变化过程，发现太湖高等水生植物主要集中在东太湖、东部沿岸湖区及东南湖区。1981 年高等水生植物主要分布在东太湖区域，其分布面积占整个湖泊高等水生植物总分布面积的 62.2%，东部沿岸湖区和东南湖区的高等水生植物总分布面积相当。2005 年，东太湖、东部沿岸湖区及东南湖区高等水生植物分布面积均有所上升，其中东部沿岸湖区和东南湖区分布面积上升趋势最大，约为 1981 年的 10 倍，几乎与同年东太湖区域高等水生植物分布面积相当。2010 年，受大面积围网养殖的影响，东太湖、东部沿岸湖区及东南湖区 3 个区域高等水生植物分布面积均下降，东太湖区下降趋势更加明显，其高等水生植物分布面积甚至小于其他两个区域，东部沿岸湖区和东南湖区高等水生植物分布面积相当。从挺水植物来看，1981~2000 年东太湖的分布面积始终处于较高的水平，2005 年骤降至最低点，之后又有部分回升，而太湖挺水植物分布面积的变化趋势也与东太湖区域一致，表明东太湖挺水植物是组成整个太湖挺水植物的主要部分。从浮叶植物来看，整个太湖浮叶植物分布面积呈持续增加的态势，主要是由于东太湖和太湖东南湖区浮叶植物分布面积增加。从沉水植物来看，太湖沉水植物分布面积总体呈现出先上升后下降的趋势，在 2005 年达到峰值，东太湖区域沉水植物在整个太湖内始终占据着重要地位。整个太湖高等水生植物总分布面积呈现的态势为先上升后下降，也是在 2005 年左右达到了分布面积最大值，而东太湖始终是高等水生植物生长的重点区域。

在 2014 年 8 月~2015 年 5 月间对太湖高等水生植物进行了 6 次调查，绘制了太湖高等水生植物空间分布图（图 4-5）（赵凯，2017）。由图 4-5 可知，夏季高等水生植物总分布面积约占总水域的 1/3，均位于太湖东部、南部湖区。马来眼子菜为优势种，其次为荇菜。马来眼子菜主要分布在最外围，群丛组成单一、稀疏，分布面积占太湖总水域的 20%。此外，马来眼子菜为优势种的共建群丛总分布面积达到了 727 km²，占太湖总水域的 29.97%，占总高等水生植物的 91.91%。荇菜则集中分布于马来眼子菜群丛内侧风浪相对较小的水域，主要分布于三山岛以南水域和东西山之间水域，胥口湾和东太湖也有大面积片状分布。与马来眼子菜不同，荇菜常与水下聚草、金鱼藻等植物共建群丛，或以斑块状单优群丛点缀于马来眼子菜群丛中。

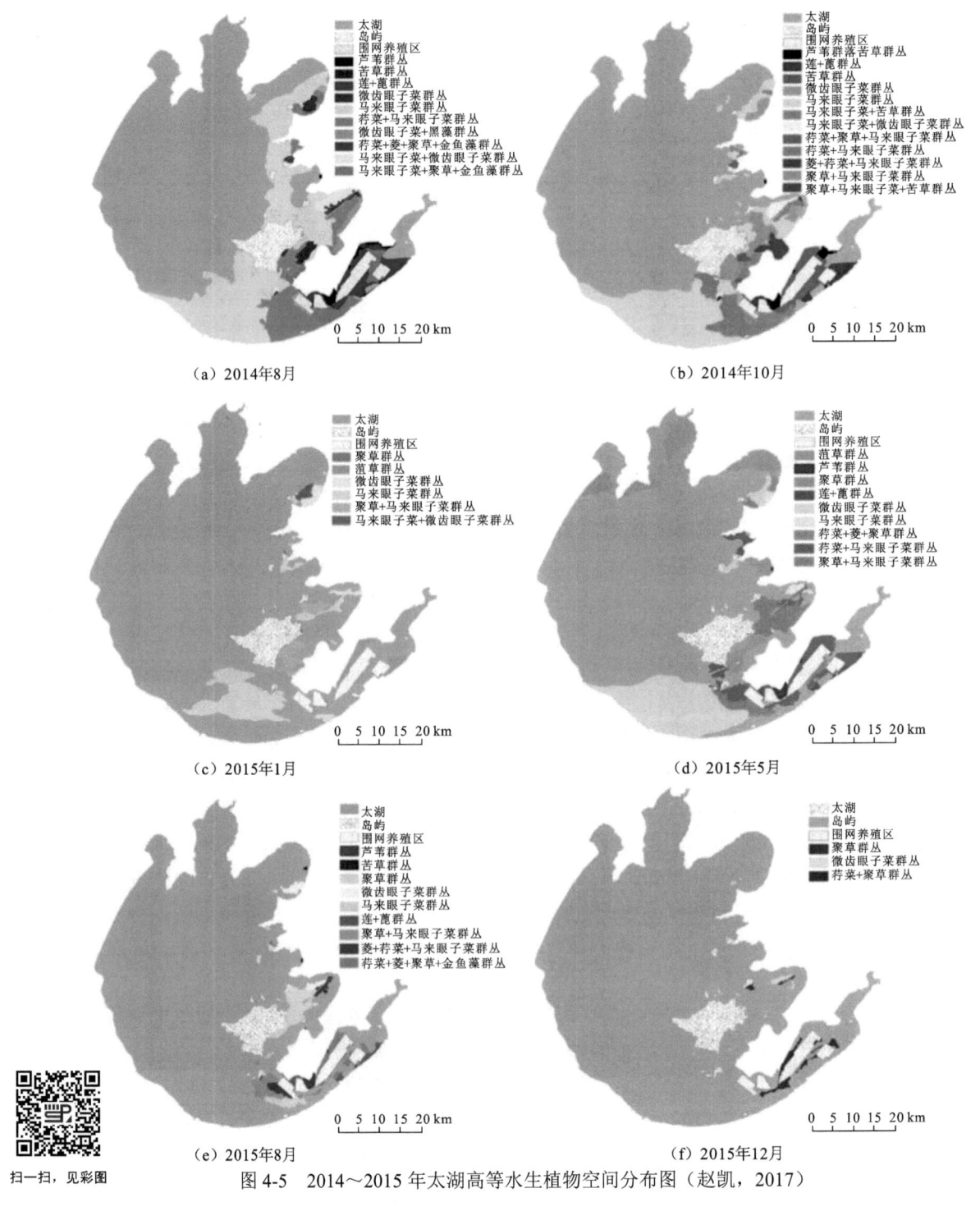

(a) 2014年8月

(b) 2014年10月

(c) 2015年1月

(d) 2015年5月

(e) 2015年8月

(f) 2015年12月

图 4-5 2014~2015 年太湖高等水生植物空间分布图（赵凯，2017）

夏季调查时，荇菜优势种的群丛总分布面积约占总水域的 6.96%，占高等水生植物总分布面积的 21.35%。沉水植物主要分布在东西山之间水域、贡湖湾金墅水厂附近水域和胥口湾北部水域，优势种为苦草和微齿眼子菜，分布区面积仅占高等水生植物总分布面积的 4.48%，生物量却占高等水生植物总生物量的 13.19%，表明这些沉水植物的生长旺盛。挺水植物主要分布于东太湖沿岸，仅有芦苇群丛和莲+菰群丛，分布面积仅占太湖高等水生植物总分布面积的 1.25%。其中，莲+菰群丛分布水位较芦苇群丛深。同时，为了抵抗风浪对养殖的干扰，围网外也分布了人工栽培的莲+菰群丛。

与夏季相比，秋季高等水生植物总分布面积显著下降，仅占总水域面积的 24.12%，生物量较夏季下降了 1/4 左右，其原因为马来眼子菜群丛分布区面积骤减，秋季马来眼子菜单优群丛分布面积较夏季分布面积减少了 36.18%，特别是分布于西山以北光福湖、镇湖和贡湖湾的马来眼子菜群丛，分布面积减少尤为显著。以荇菜为优势种的高等水生植物群丛分布位置和分布面积基本没有发生变化，仅群丛组成发生轻微改变。以苦草和微齿眼子菜为优势种的高等水生植物群丛分布面积有所增加，虽然东西山之间湖区的苦草分布面积减少了约一半，但在东太湖湾口出现了大量马来眼子菜+苦草群丛，胥口湾也出现了大面积微齿眼子菜单优群丛，贡湖湾金墅水厂附近的微齿眼子菜单优群丛分布面积更是扩张了约 1.5 倍，消除了苦草分布面积减小的影响。此外，秋季的太湖水域还出现了大量以穗状狐尾藻（*Myriophyllum spicatum*）为优势种的群丛，约占高等水生植物总分布面积的 17.81%，是夏季的 3.41 倍，主要集中于胥口湾风浪较大的水域和东太湖围网周围水域。挺水植物分布面积略微减少，较夏季分布面积减少了 19.10%。

冬季太湖高等水生植物总分布面积变小，约占总水域面积的 11.85%，是秋季高等水生植物总分布面积的一半，夏季的 1/3。湖区内马来眼子菜为优势种的群丛分布面积最大，约占太湖高等水生植物总分布面积的 83.74%，主要分布在西山岛以南水域，盖度低且零星分布，减少态势严重。微齿眼子菜为优势种群丛仍集中于贡湖湾和胥口湾，总分布面积和生物量较秋季略微减少，但生物量比重是冬季最大的，高达 43.56%，呈现增加的状态。胥口湾风浪较大的水域、东西山之间水域和元山村到桃花岛水域分布有少量穗状狐尾藻+马来眼子菜群丛。此外，冬季东太湖中，新出现的菹草成为唯一优势种，总面积达 30 km^2，总生物量为 1.74×10^4 t。

春季太湖高等水生植物的生长情况较冬季显著改善，高等水生植物总分布面积达到了总水域面积的 23.40%，与秋季基本持平。改变最大的是冬季才出现在东太湖的菹草，春季时东太湖中基本没有发现菹草的存在，仅在苏州湖以东水域有零散分布，反而被广泛认为是传统蓝藻水华暴发区的竺山湾、梅梁湾和贡湖湾北部水域中发现了成片菹草群丛，菹草总分布面积达春季高等水生植物总分布面积的 14.25%，生物量占比为 13.05%。马来眼子菜和荇菜重新恢复为太湖的优势种，其中以马来眼子菜为优势种的群丛占总水域面积的 17.71%，占高等水生植物总分布面积的 75.68%，分布于除西北湖区以外的各个高等水生植物分布区，以荇菜为优势种的群丛则占高等水生植物总分布面积的 16.55%，与秋季占比接近，分布于东部各个湖区。以聚草为优势种群丛的分布情况较冬季显著上升，甚至超过了秋季的分布水平，占太湖高等水生植物总分布面积的 22.91%，以单优群丛的形式分布于光福湖和东西山之间水域或与马来眼子菜共建群丛分布于胥口湾敞水区、长圻附近水域及东太湖航道内，均为零散分布，总生物量仅占 2.92%。春季的微齿眼子菜群丛是出现在太湖内唯一的底层分布沉水植物群丛，依旧分布于贡湖湾金墅水厂附近水域和胥口湾北部湖区，与冬季的微齿眼子菜群丛的生长情况相比,春季的分布面积较低,占冬季的 63.79%,而生物量显著上升,是冬季的 1.17 倍。除此之外,春季的挺水植物群丛开始快速生长,分布面积是秋季的 81.88%,生物量是秋季的 86.95%。

从太湖高等水生植物群落分布年际变化来看,2014 年夏季的太湖东部湖区所有水域基本都有高等水生植物分布,而 2015 年夏季仅胥口湾和东太湖有大面积高等水生植物集中分布,长圻以南和贡湖湾金墅水厂附近水域有稀疏高等水生植物连片分布。其中,挺水植物群丛组成基本没有变化,均可被划分为芦苇群丛和莲+菰群丛,但二者的衰退幅度不同。2015 年夏季,浮叶植物仍旧以荇菜和菱为最主要建群种,且水下常伴随着马来眼子菜、穗状狐尾藻等沉水植物,与 2014 年夏季浮叶植物遍布贡湖湾、胥口湾、东太湖、东西山之间及三山岛以南水域不同,2015 年夏季浮叶植物仅在胥口湾湖心和东太湖围网附近风浪较小区域残存。2015 年夏季的马来眼子菜群丛明显衰退,底层沉水植物仍以苦草和微齿眼子菜为主要建群种,与 2014 年夏季相比,苦草群丛分布范围缩小,仅在贡湖湾东北近望虞河口的静水区和小白湖水域有所分布,以微齿眼子菜为优势种的群丛分布区域没有发生改变,但分布面积显著萎缩。2014 年冬季的高等水生植物分布虽然较为零散,但在夏季有水草分布的湖区均有分布,而 2015 年冬季仅胥口湾和东太湖有少量分布,其他在夏季有水草分布的湖区高等水生植物已经完全消失。其中,东太湖的荇菜+穗状狐尾藻群丛和苲草群丛在 2014 年冬季还能广泛存在,但在 2015 年冬季已很难发现,仅有稀疏的荇菜+穗状狐尾藻群丛分布,胥口湾的微齿眼子菜群丛和穗状狐尾藻群丛也呈现相同的衰减态势,东西山之间水域和冲山水域的高等水生植物更是完全消失,高等水生植物的分布均出现了衰退。

为进一步细化太湖各个湖区高等水生植物群落空间分布情况,将太湖划分为梅梁湾、竺山湾、大浦水域、湖州水域、三山水域、东太湖、胥口湾、东西山间水域、光福湖、镇湖、贡湖湾和湖心水域这 12 个湖区,各种高等水生植物群丛在不同湖区的分布情况如表 4-11 所示。

表 4-11 太湖各湖区高等水生植物群丛分布情况

类型	群丛类型	梅梁湾	竺山湾	大浦水域	湖州水域	三山水域	东太湖	胥口湾	东西山间	光福湖	镇湖	贡湖湾	湖心	合计
挺水植物	芦苇群丛	+	+	+	+	+	+	+	+	+	+	+	+	12
	莲+菰群丛					+	+	+	+	+		+		6
沉水植物	苦草群丛						+	+	+			+		4
	微齿眼子菜群丛							+				+		2
	马来眼子菜群丛			+	+	+	+	+	+	+	+	+	+	9
	马来眼子菜+微齿眼子菜群丛							+				+		2
	微齿眼子菜+轮叶黑藻群丛							+						1
	马来眼子菜+穗状狐尾藻+金鱼藻群丛						+	+	+					4

第4章 太湖高等水生植物群落结构与演替

续表

类型	群丛类型	梅梁湾	竺山湾	大浦水域	湖州水域	三山水域	东太湖	胥口湾	东西山间	光福湖	镇湖	贡湖湾	湖心	合计
沉水植物	马来眼子菜+苦草群丛						+	+						2
	穗状狐尾藻+马来眼子菜群丛					+	+	+	+					4
	穗状狐尾藻+马来眼子菜+苦草群丛							+						1
	菹草群丛	+	+				+					+		4
	穗状狐尾藻群丛							+		+	+	+		4
浮叶植物	荇菜+穗状狐尾藻群丛						+							1
	荇菜+马来眼子菜群丛						+	+	+		+	+		5
	荇菜+菱+穗状狐尾藻+金鱼藻群丛					+	+	+			+	+		5
	荇菜+穗状狐尾藻+马来眼子菜群丛						+					+		2
	菱+荇菜+马来眼子菜群丛					+	+	+						3
合计		2	2	1	2	6	13	14	9	4	6	10	2	71

引自赵凯(2017)。

"+"表示该物种存在。

从不同湖区来看,胥口湾高等水生植物群丛类型最为复杂,2014~2015年共存在14种高等水生植物群丛,其次为东太湖,2014~2015年有13种高等水生植物群落分布,接着是贡湖湾和东西山间水域,分别记录了10种和9种高等水生植物群丛类型,可将这4个湖区定义为高等水生植物群丛组成较为复杂的湖区。三山水域和镇湖均分布了6种高等水生植物群丛,光福湖则分布了4种高等水生植物群丛,确定为高等水生植物群丛类型中等复杂水域。大浦水域除了沿岸有少量芦苇群丛分布外,无其他高等水生植物,是全太湖高等水生植物群丛最简单的湖区,此外的其他湖区均分布了2种高等水生植物群丛,包括梅梁湾、竺山湾、湖州水域及湖心水域。

从群丛类型来看,芦苇群丛是分布最为广泛的高等水生植物群丛,基本存在于所有湖区,其次为马来眼子菜群丛,主要分布在梅梁湾、竺山湾及大浦水域外的其他湖区。菰群丛在各湖区有分布,但分布面积极小。荇菜+马来眼子菜群丛和荇菜+菱+穗状狐尾藻+金鱼藻群丛分布的湖区数量一致,均为5个湖区。

此外,东太湖养殖围网的拆除再一次人为改变了该湖区高等水生植物的分布(图4-6),2018年东太湖围网拆除前,30 km² 围网区在遥感监测图中清晰可见。围网拆除后,浮叶植物分布呈现明显扩张的态势。2020年,东太湖中浮叶植物以荇菜和菱等为主,局部湖区喜旱莲子草（*Alternanthera philoxeroides*）、凤眼莲等分布面积较大。浮叶植物覆盖于水面，不仅减少光线进入水体，影响沉水植物的生长，同时还会影响水体的大气复氧过程，影响水生动物生长。东太湖近岸带挺水植物分布面积减少，在湖区原围网的水下堤坝处仍有菰、香蒲等挺水植物零星分布。此外挺水植物分布逐渐向湖区扩张，表明原围网区仍有水下暗坝，形成了易于挺水植物生长的浅水区，容易使湖泊向沼泽化方向演替。东太湖围网区沉水植物的分布面积趋于萎缩，杨井志成等（2021）发现围网拆除前，除微齿眼子菜优势度较低，分布面积占比仅为3%，菹草、伊乐藻、金鱼藻、苦草、马来眼子菜和狐尾藻等其他种群的优势度均较高。而围网拆除后，除了菹草、伊乐藻和狐尾藻的优势度较高，其他种群分布面积占比之和仅为15%，尤其是苦草群丛呈现明显减少的态势，沉水植物优势种从直立型转变为冠层型，其原因可能是围网拆除前，水流被围网阻隔，水动力扰动较弱。围网拆除后，原围网区水动力作用加强，对苦草、金鱼藻等种群的生长产生了不利影响，而菹草、伊乐藻和狐尾藻能较好地适应存在风浪扰动的水环境，逐渐成为优势种（朱金格 等，2019；Nichols and Shaw，1986）。

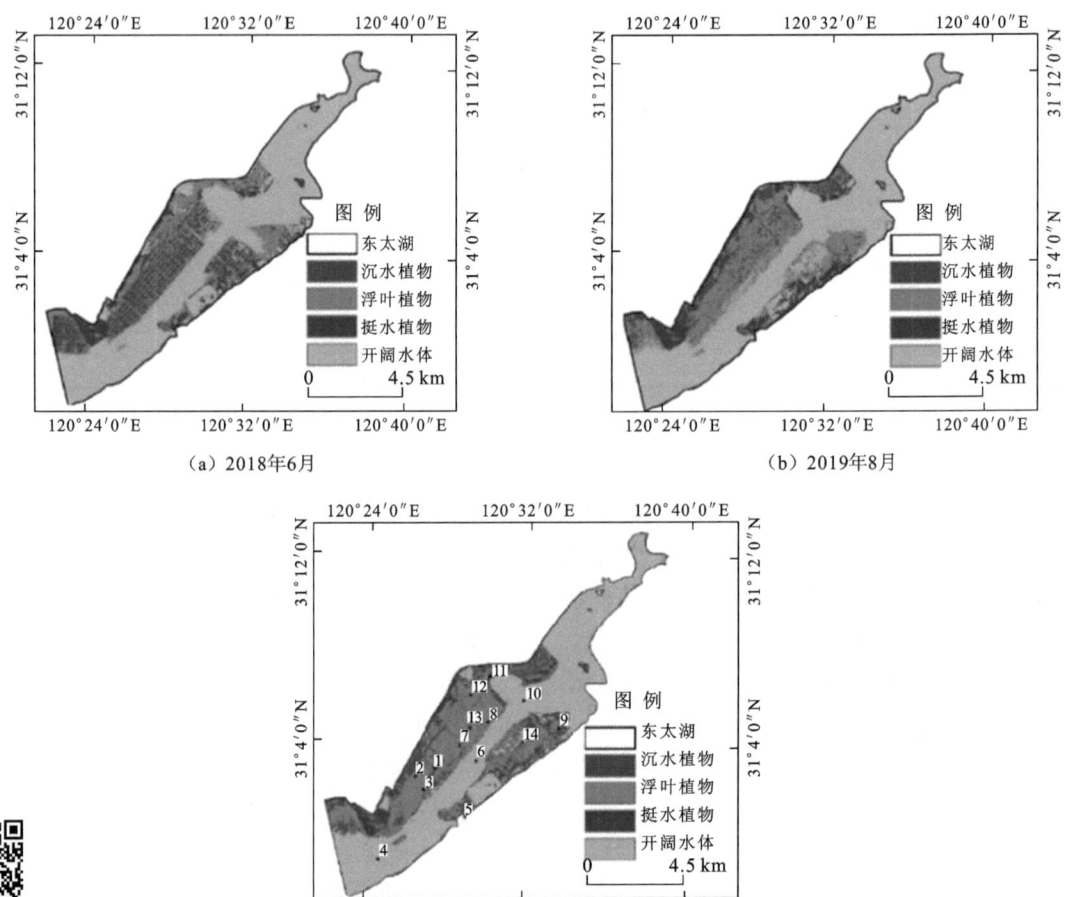

图 4-6　东太湖围网拆除前后高等水生植物分布的遥感监测图（王友文 等，2021）

东太湖围网拆除后，浮叶植物取代沉水植物成为东太湖的优势类群，其原因主要有以下两个。第一，沉水植物作为鱼类、河蟹等水生动物的饵料，在围网拆除前通常会通过人工手段进行补充。同时围网区内的浮叶植物还会被人工打捞调控,以期得到更加优质的水产品。围网拆除后,渔民不再人为种植沉水植物,也不会主动打捞浮叶植物,因此竞争能力更强的浮叶植物生长情况会更好(陆伟 等,2018;王应超和韦娟,2013);第二,围网拆除后,原围网区湖泊水动力过程变强,由于浮叶植物抗风浪能力要强于沉水植物(宋玉芝 等,2013),同时围网养殖区水浅,浮叶植物比沉水植物更容易形成优势,所以,围网拆除后浮叶植物逐渐演替为优势群落。

2022 年夏季环太湖考察发现贡湖湾、胥口湾、东西山间及东太湖沿岸均存在大面积高等水生植物,其中芦苇、菖蒲、茭等挺水植物,苦草、穗状狐尾藻等沉水植物,荇菜、菱等浮叶植物广泛分布,且以斑块镶嵌的形态存在于太湖水体中。贡湖湾分布有马来眼子菜、金鱼藻、喜旱莲子菜、芡实等高等水生植物,东西山间及东太湖沿岸分布的高等水生植物具有高的生物多样性,除上述高等水生植物外,还分布有轮叶黑藻、大茨藻、小茨藻及外来入侵种伊乐藻等。西部湖区高等水生植物分布面积较小,湖面蓝藻水华暴发严重,竺山湾中为净化水质而人工种植的大面积凤眼莲已经消失殆尽,其原因主要是凤眼莲喜静水生长,竺山湾的风浪较大,容易将种植的凤眼莲吹断,破损的凤眼莲在湖水中死亡。此外死亡的凤眼莲分解反而增加了水体营养盐浓度,所以,水质净化效果收效甚微(图 4-7)。

(a)贡湖湾1　　　　　　　　(b)贡湖湾2　　　　　　　　(c)竺山湾

图 4-7　太湖沿岸部分高等水生植物分布情况

结合全太湖和东太湖区高等水生植物面积比较分析,可以发现近 60 年来太湖高等水生植物面积的年际变化及空间变化规律。从时间上看,自 1960 年来,太湖高等水生植物分布面积呈现下降—上升—下降—上升的变化过程。1960~1981 年,在自然因素的影响下,太湖高等水生植物分布面积首先呈现了略微下降的态势。1981~2005 年,围网养殖逐渐兴起,但对高等水生植物分布面积的影响还未达到最大,在太湖高等水生植物对围网的可塑性影响下,面积反而有所回升。2005~2017 年,经历了围网养殖面积的顶峰期后,太湖高等水生植物的生长受到严重影响,分布面积骤减。2017~2020 年,随着人们环保意识加强,太湖围网逐渐被拆除,挺水植物和浮叶植物分布面积有所回升,促使太湖高等水生植物分布面积的增加,而沉水植物基本没有变化,甚至出现分布面积下降的趋势,表明围网拆除对沉水植物的恢复没有推动作用。从空间上看,东太湖区始终是挺水植物、浮叶植物和沉水植物的主要分布区。1981 年,东太湖高等水生植物分布面积占整个湖泊高等水生植物总分布面积的 62.2%。2005 年,随着整个太湖高等水生植物分布面积的增加,东太湖、东部沿岸湖区及东南湖区高等水生植物分布面积也有所增加,是当年太湖高等水生植物分布的主要区域。2010 年,受到大面积围网养殖的影响,太湖高等水生植物分布面积均下降,东太湖、东部沿岸湖区和东南湖区依旧是高等水生植物的主要分布区。2015 年太湖高等水生植物分布面积锐减,然后逐年有所恢复。2019 年,东太湖围网拆除,高等水生植物分布面积有所回升。然而,2020~2022 年,东太湖高等水生植物分布面积逐年下降,一方面可能与太湖流域性洪水导致水位升高有关;另一方面,以野菱占绝对优势的高等水生植物群落结构不利于水生植物系统稳定;此外,2021~2022 年,人工打捞导致高等水生植物分布面积减少。

4.2.3 影响高等水生植物分布的因素

高等水生植物的生长和分布受到多种因素的影响。从外界环境来看,水下光照强度、透明度、水动力、营养盐浓度、人为干扰等都会影响高等水生植物特别是沉水植物的生长和繁殖,这是因为大部分沉水植物的整个植株都位于水面之下(除开花期),沉水植物与大气环境几乎没有直接接触,沉水植物的生长很大程度上依赖于湖泊水体环境。基于此,以沉水植物为例,总结了影响高等水生植物生长和分布的环境因素,并简要分析太湖高等水生植物分布面积变化的原因。

水位波动是影响高等水生植物生长和分布的重要因素。高水位会抑制沉水植物的光合作用与获取 O_2 和 CO_2 的能力。溶解性 CO_2 是沉水植物光合作用的主要碳源,当水环境中溶解性 CO_2 浓度较低时,高水位减少从大气扩散至水体和底质的 CO_2,从而降低沉水植物光合速率。高水位还会减弱沉水植物的定殖能力,尽管沉水植物可以通过光合作用产生 O_2,或从根部向沉积物释放 O_2,但在长期弱光条件下,植物也会面临缺氧胁迫,为了减少氧损失,植物会降低根部的氧需求,导致植物根系变短、数量减少,进而降低根系营养吸收能力,影响植物生长,还会影响植物的锚定力,不利于植物定殖(Sand-Jensen and Moller,2014;Schutten et al.,2005)。因此,当水位增加时,湖体中不耐弱光性、不耐缺氧胁迫或根系锚定力小的物种会消失,最终改变群落组成及分布。同时水位增加形成的缺氧或厌氧环境会促进厌氧微生物生长,致使底泥中无机营养盐释放,浮游植物快速生长,水体透明度下降,不利于沉水植物生存。除此之外,低水位对沉水植物的影响同样也不容忽视。水位降低一方面导致浅水区沉水植物裸露,最终因缺水而亡。另一方面水体光照强度增加,迫使低光照耐受物种逐渐被取代,高等水生植物群落结构和多样性发生改变。2003 年和 2013 年,太湖受人工闸坝管控和调水引流影响,在极端干旱年并没有出现极端低水位(张运林 等,2020);2015 年江苏遭遇罕见暴雨,太湖水位持续上涨;2016 年特大洪水袭击,太湖处于长期高水位状态,沉水植物光合作用受到抑制,光合速率降低,定殖能力减弱,大量不耐弱光、缺氧胁迫和根系锚定力小的沉水植物死亡分解,湖泊水体中营养盐浓度上升,加剧浮游植物生长,太湖湖体中高等水生植物分布进一步减少。太湖高水位运行不利于太湖草型生态系统的稳定,导致湖体草型生态系统的衰退。

湖泊换水周期对高等水生植物生存环境的影响可以分为慢水交换速度的影响和高水交换速度的影响 2 种。其中,慢水交换过程通过改变外界和湖泊间或湖泊不同区域间物质交换作用于沉水植物。水交换速度减小降低了湖泊从来水补充溶解性 O_2 和 CO_2 的速度及 O_2 和 CO_2 在水气界面的扩散速度,严重限制沉水植物正常的光合作用和呼吸作用(Chatelain and Guizien,2010;Jirka et al.,2010)。其次,在较低的水交换速度背景下,随着水交换速度进一步降低,底质溶解性 O_2 浓度减少,植物缺氧胁迫增加,根系生长受到抑制,植物生物量积累放缓,定殖能力进一步下降(Yuan et al.,2018)。此外,较低的水交换速度增加沉水植物附着生物膜的生物量,对沉水植物生长产生不利影响,加速草型湖泊向藻型湖泊转变的进程(Madsen et al.,2001;Lovley,1993)。而较高的水交换速度加速沉积物再悬浮,降低了水体透明度,造成沉水植物定殖深度下降、生物多样性和分布面积减小等后果(Van and Peeters,2015)。因此,适宜的换水周期可以为沉水植物提供 O_2 和 CO_2,同时又不影响水体透明度和根系锚定力,可以保障沉水植物的丰富度和多样性。东太湖围网养殖时,湖体水动力状态受到极大影响,大量水流被围网阻隔,湖体水扰动能力下降,O_2 和 CO_2 浓度降低,危害了高等水生植物正常的光合作用和呼吸作用。围网拆除后,原围网区水动力作用加强,一些无法适应强水动力环境的高等水生植物如苦草、金鱼藻等逐渐消失,能够适应存在风浪扰动水环境的高等水生植物,如菹草、伊乐藻和穗状狐尾藻等得以生存,从而改变了高等水生植物的分布。

水下光照和营养盐浓度对高等水生植物也有影响。在透明度和水深的影响下,来自太阳的光能衰减,加上空气与水交界处的损失(10%左右),光照不足的现象在水体中最易发生。一旦光照低于光补偿点,沉水植物将无法生存。沉水植物又是典型的喜阴植物,光照过强会抑制植物的光合作用。营养盐为高等水生植物生长提供养分,当营养盐浓度过低时,高等水生植物会因缺乏必需的养分而停止生长甚至死亡。营养盐浓度过高时,又会对高等水生植物产生胁迫,增加藻类在湖体中生存的竞争力,抑制高等水生植物生长。不同高等水生植物适宜光照和营养盐浓度存在差异,故随着水下光照强度和营养盐浓度的改变,湖泊内高等水生植物群落的组成和分布也会发生改变。东太湖建造和拆除围网时,湖体遭受强烈扰动,大量沉积物再悬浮,使得水体透明度下降,高等水生植物的光补偿深度降低,使得原先生长较好的高等水生植物消失。同时沉积物再悬浮还会引起沉积物中营养盐释放,湖体中营养盐浓度上升,为藻类生长提供充足的养分,增加了水华暴发的风险。围网养殖期间,水扰动能力降低,外源营养盐在湖泊中滞留时间延长,湖体中营养盐浓度急速上升,再次影响了东太湖中高等水生植物的生长和分布。

此外,营养盐浓度还会通过影响沉水植物上附着生物膜而控制其生长。Chen 等(2007)研究发现水体营养负荷的提高可以促进沉水植物菹草叶面表面着生藻类的增殖。附着生物膜的存在会降低入射光到达叶面的光照强度,引发光衰减,影响沉水植物光合作用速率,限制其生长。附着生物膜的存在增大了水与沉水植物表面间物质的传输距离和阻力,阻碍了游离态 O_2、CO_2 和可溶性有机碳(dissolved organic carbon,DOC)等可溶性物质在水相和植物表面间交换,使这些物质成为沉水植物光合作用的关键限制因子。此外,附着生物膜可使沉水植物叶绿素质量分数发生改变,叶片枯死量增加,光合作用能力下降,从而抑制高等水生植物的生长。

水草打捞也是影响高等水生植物生物量和分布的重要因素。在水草打捞过程中,首先会直接影响高等水生植物的生物量和分布,例如围网养殖期间,为了增加围网区内沉水植物生物量,更好地为养殖的鱼类、河蟹等水生动物提供饵料,主动打捞围网区内浮叶植物,直接造成该期间内沉水植物分布面积增加,浮叶植物分布面积减小。2014 年以来,为了防止菹草腐烂对水源地水质产生的不利影响,开始在太湖东部湖区水草打捞,打捞范围的扩大导致水草收割过度,太湖东部湖区高等水生植物分布面积减少。其次水草打捞会扰动水体,通过沉积物再悬浮、水体透明度下降、水下光照强度下降等方式,改变了湖泊水体的自然环境,从而影响高等水生植物的生长和分布。连年的水草收割使来年水草繁殖缺乏种源,水草生物量少,导致更多的氮磷营养盐被蓝藻吸收,有利于蓝藻生长,其暴发面积增加。其中 2014 年水草打捞量最大，对来年水草繁殖影响最重。缺少水草对内源磷的固定作用，内源磷的释放必将增加，同时缺少了水草的竞争抑制作用，增加的营养盐必将促进藻类的大量生长，增加了发生蓝藻水华的风险。

4.3 高等水生植物与湖体氮磷浓度的关系

4.3.1 高等水生植物影响湖体氮磷浓度

高等水生植物从水中吸收氮磷等营养盐来满足自身生长和代谢等活动的需求，这个过程既能有效降低湖体中氮磷浓度，又能增加水体 DO 浓度，从而达到改善水质和恢复水体功能的目的，因此，在一般情况下，如果高等水生植物的生物量不是很大时，其生物量越大，湖泊净化氮磷能力越强，两者呈正相关。

基于 1985 年、1993 年和 1998 年的 TN 环境容量、TP 环境容量及当年太湖高等水生植物生物量，朱锦旗和徐恒力（2008）计算了太湖 TN 净化效率和 TP 净化效率（图 4-8），发现 1985 年、1993 年和 1998 年 TN 净化效率曲线呈马鞍形，而 TN 环境容量和高等水生植物生物量曲线呈现中间高两端低的反马鞍形，表明 1993 年的 TN 环境容量和高等水生植物生物量大，但单位生物量净化效率低。TP 净化效率曲线与 TN 一致，也呈马鞍形，同时与高等水生植物的生物量也存在一定关系。也就是说，湖体中高等水生植物生物量的变化对湖体氮磷净化效率有影响。

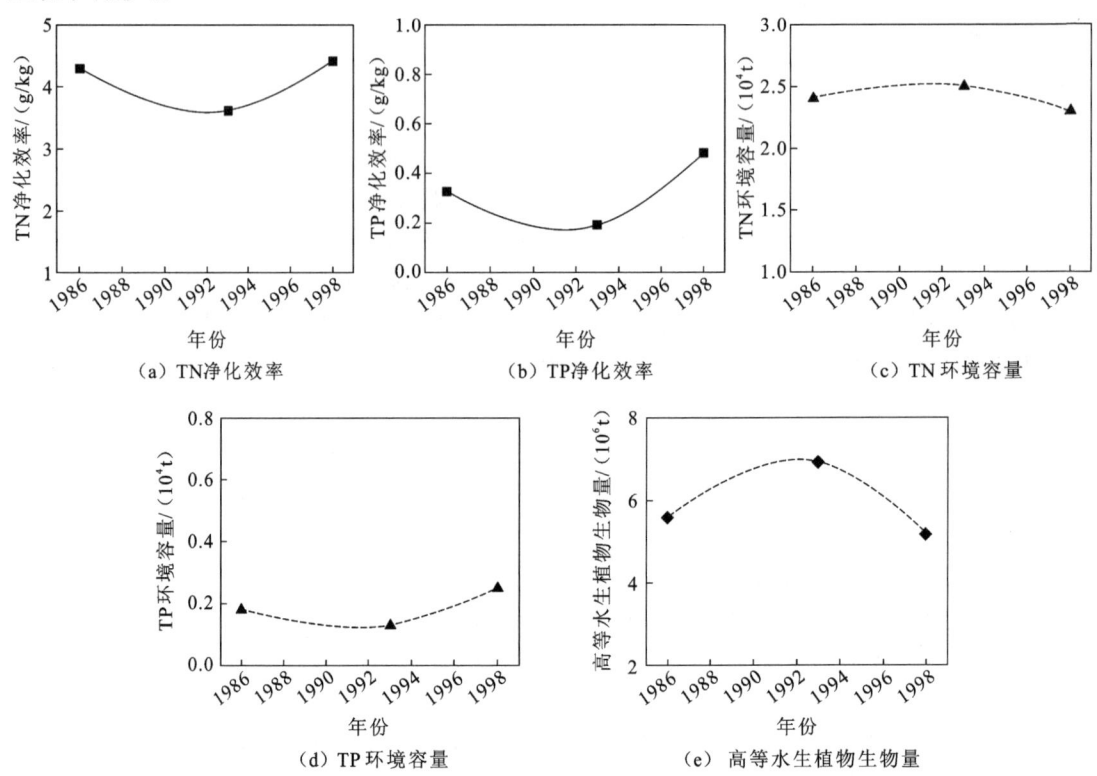

图 4-8 太湖不同生物量高等水生植物的净化效率和环境容量（朱锦旗和徐恒力，2008）

高等水生植物分布面积对湖体 TP 浓度也存在一定影响。以东太湖为例,对高等水生植物分布面积与湖体 TP 浓度的关系进行分析(图 4-9),发现 2013～2017 年东太湖 5 月高等水生植物分布面积和 TP 浓度呈明显的反向变化关系,高等水生植物分布面积增加,东太湖湖体的 TP 浓度减少,高等水生植物分布面积减小,东太湖湖体 TP 浓度增加。也就是说,高等水生植物分布面积变化也会影响太湖内营养盐浓度。

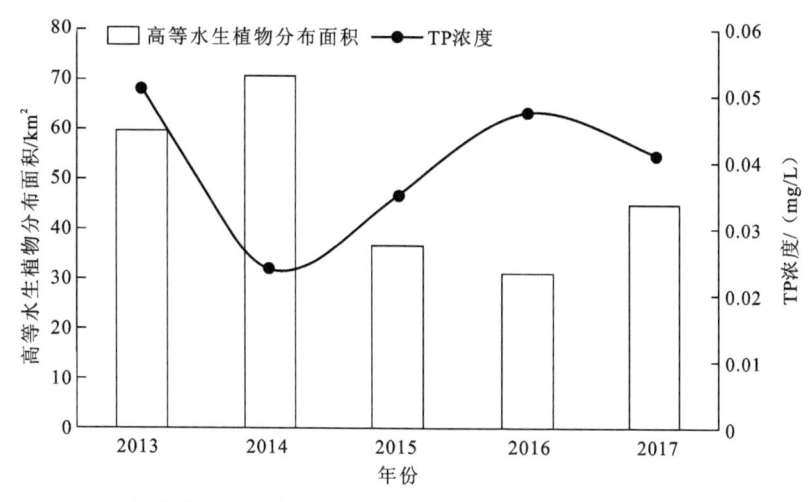

图 4-9 2013～2017 年东太湖 5 月高等水生植物分布面积和 TP 浓度变化情况(王华 等,2019)

为了减轻高等水生植物对水华蓝藻打捞的不利影响,减轻水华蓝藻在湖滨带堆积,自 2012 年起,江苏对太湖局部湖区开展水草打捞行动,打捞量呈先上升后下降的态势。2014 年水草打捞量最高,湿重达 2×10^5 t,带出 TP 量约 88 t。2016 年后,各地打捞量逐年下降,2017～2020 年年均打捞量在 6×10^4～7×10^4 t,带出 TP 量约 30 t(毛新伟 等,2023)。综上,太湖高等水生植物对湖体内氮磷浓度存在影响。高等水生植物生物量越多,分布面积越大,湖体内 TN 和 TP 浓度就会越低。

4.3.2　高等水生植物影响湖体氮磷浓度的机制

高等水生植物是太湖内重要的组成部分,其影响湖体内营养盐浓度的原因主要有以下四个方面。其一,高等水生植物植株高大、生长茂密、生物量大,在生长过程中可以吸收同化湖泊中的碳氮磷等营养元素,将湖泊中的营养物质固定在生物体内,并通过食物链或人工收割利用带出太湖湖体,降低水体营养盐浓度。2013～2014 年,东太湖高等水生植物分布面积增加,使得高等水生植物对湖体中 TP 的吸收增加,水中 TP 浓度下降。2014～2017 年,东太湖高等水生植物分布面积总体减少,水体中 TP 浓度上升。其二,沉水植物茎叶上附着大量生物,其内部发生光合作用和呼吸作用会造成茎叶表面富氧-微氧微环境,有利于反硝化作用发生,降低湖体 TN 浓度。随富营养化加剧,沉水植物表面附着生物膜生物量增加,反硝化作用愈加显著,降低水体氮磷浓度(任天一 等,2024)。其三,高等水生植物腐烂会释放氮磷营养物质到水体,导致水体氮磷浓度上升。其四,高等水生植物可以通过吸附、过滤、促沉来降低水体悬浮物浓度,提高水体透明度,同时,高等水生植物根系向沉积物释放 O_2,提高沉积物氧化还原电位,减少氮磷向上覆水的释放。此外,高等水生植物可以减小流速,降低风浪扰动,从而抑制沉积物的再悬浮，减少沉积物中磷向上覆水释放量。谢宇（2012）研究了一定水流流速下高等水生植物对上覆水中悬浮颗粒物（suspended particulate matter，SPM）浓度的影响，用沉积物-水界面处的切应力来反映水流流速的大小，单位为 N/m^2。高等水生植物对上覆水 SPM 浓度的影响如图 4-10 所示，发现无高等水生植物覆盖时，上覆水中 SPM 浓度随着切应力的增加而显著增大，随着时间推移也呈现上升的态势。沉积物种植沉水植物伊乐藻后，SPM 浓度随时间的增幅明显小于无高等水生植物的对照组。种植挺水植物芦苇后，水体流动受到了阻碍，上覆水中 SPM 浓度随时间变化的增幅不明显了。由此可知，不同种群密度的沉水植物伊乐藻和挺水植物芦苇能减轻外力扰动对沉积物悬浮的影响。

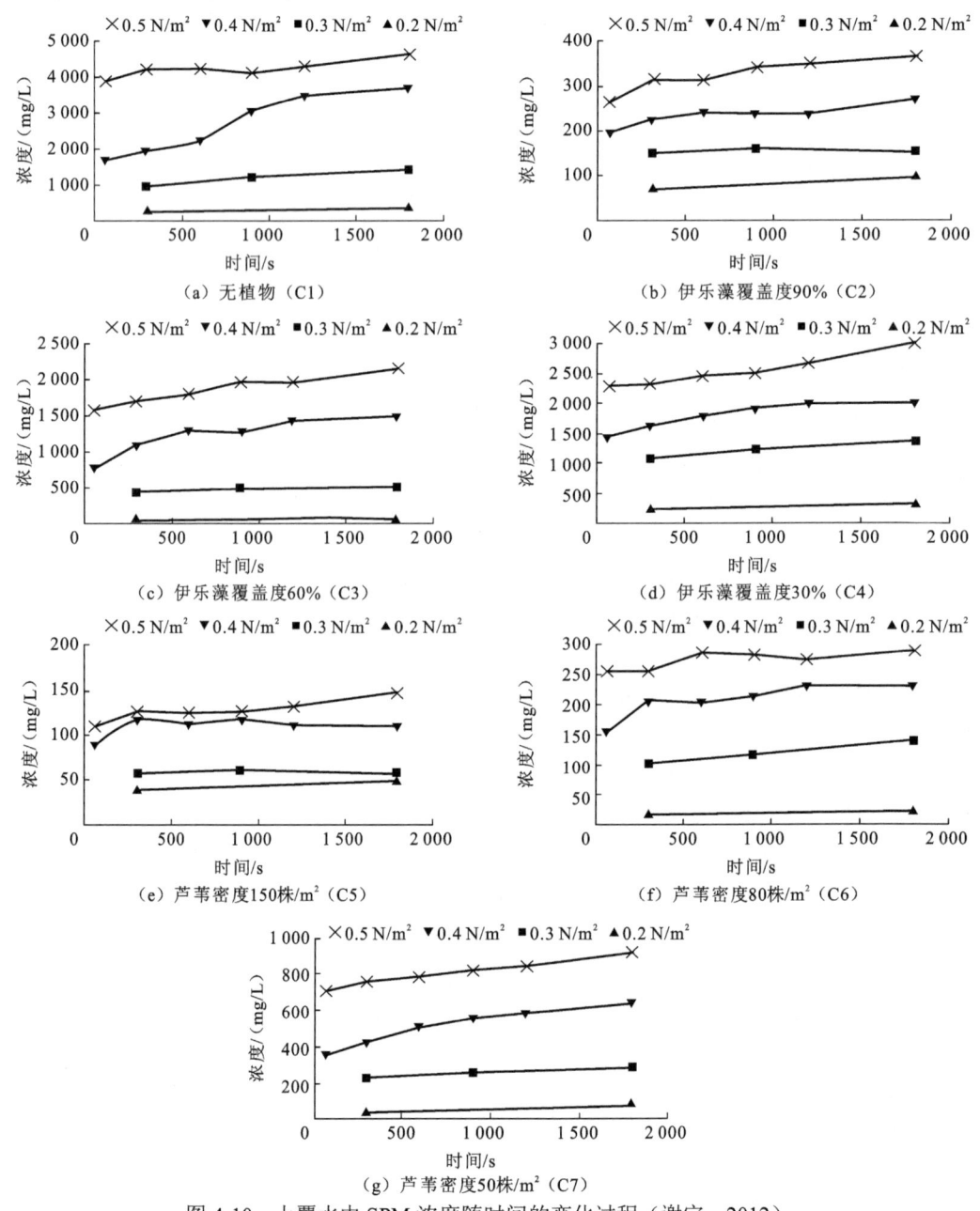

图 4-10　上覆水中 SPM 浓度随时间的变化过程（谢宇，2012）

分布有沉水植物伊乐藻和挺水植物芦苇的太湖湖体中 SPM 浓度变化过程见图 4-11，可以看出沉水植物伊乐藻覆盖度越大，抑制外力作用下沉积物再悬浮能力越强，同时挺水植物芦苇对外力扰动下沉积物再悬浮过程也有着非常强的抑制作用，其作用明显大于沉水植物伊乐藻，这与植物植株形态有着较大的关系。挺水植物的根、根茎生长在底泥中，有着较发达的通气组织，对沉积物具有很强的固定作用。茎和叶绝大部分挺立在水面上，且常常分布于浅水处，一定程度上削弱了湖面的风浪，并阻碍风浪扰动进一步向下传导。而沉水植物是由根须固着在水下基质上，它的叶片也生长在水面下，仅对沉积物具有较强的固定作用，因此，挺水植物较沉水植物具有更强的抑制沉积物再悬浮能力，降低湖水中氮磷浓度。

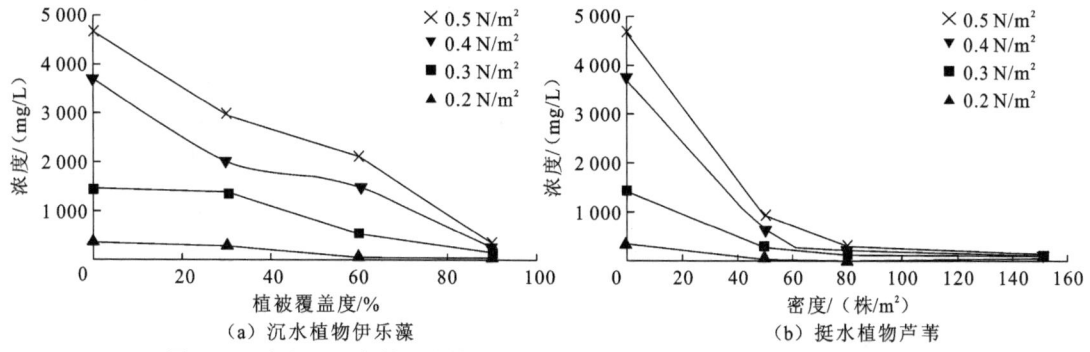

图 4-11　太湖不同高等水生植物对应上覆水中 SPM 的浓度（谢宇，2012）

高等水生植物群落对上覆水 SPM 浓度的垂向分布也有着很大的影响。图 4-12 是在切应力为 0.3 N/m² 的条件下上覆水 SPM 浓度的垂向分布图。与无高等水生植物覆盖的对照组相比，在风浪等外力扰动下，高等水生植物能够干扰能量向水体下传递，垂直方向上 SPM 浓度差别变小，几乎相当于均匀分布，从而减少沉积物氮磷释放。

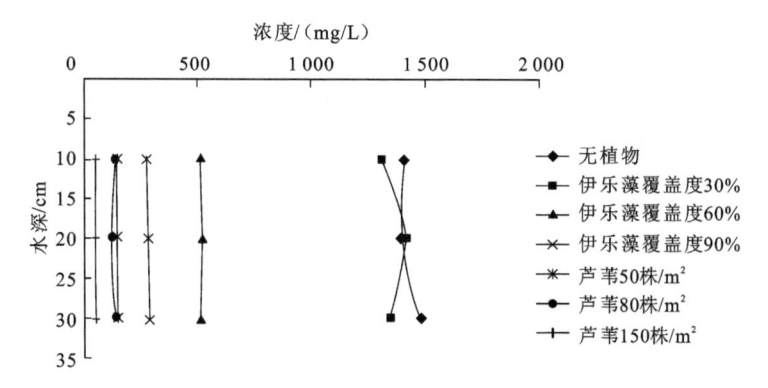

图 4-12　不同高等水生植物种群密度下 SPM 浓度的垂直分布特征（切应力：0.3 N/m²）（谢宇，2012）

不同高等水生植物种群密度会影响水体中 TP 和磷酸盐浓度（图 4-13）。在没有高等水生植物的水体中，随着风浪等外力的增大，上覆水中 TP 浓度也上升。在有高等水生植物的水体中，不同大小的外力对应的 TP 浓度差别没有无高等水生植物覆盖的对照组明显，高等水生植物的存在可以抑制沉积物中营养盐的释放，且挺水植物的抑制效果要强于沉水植物。

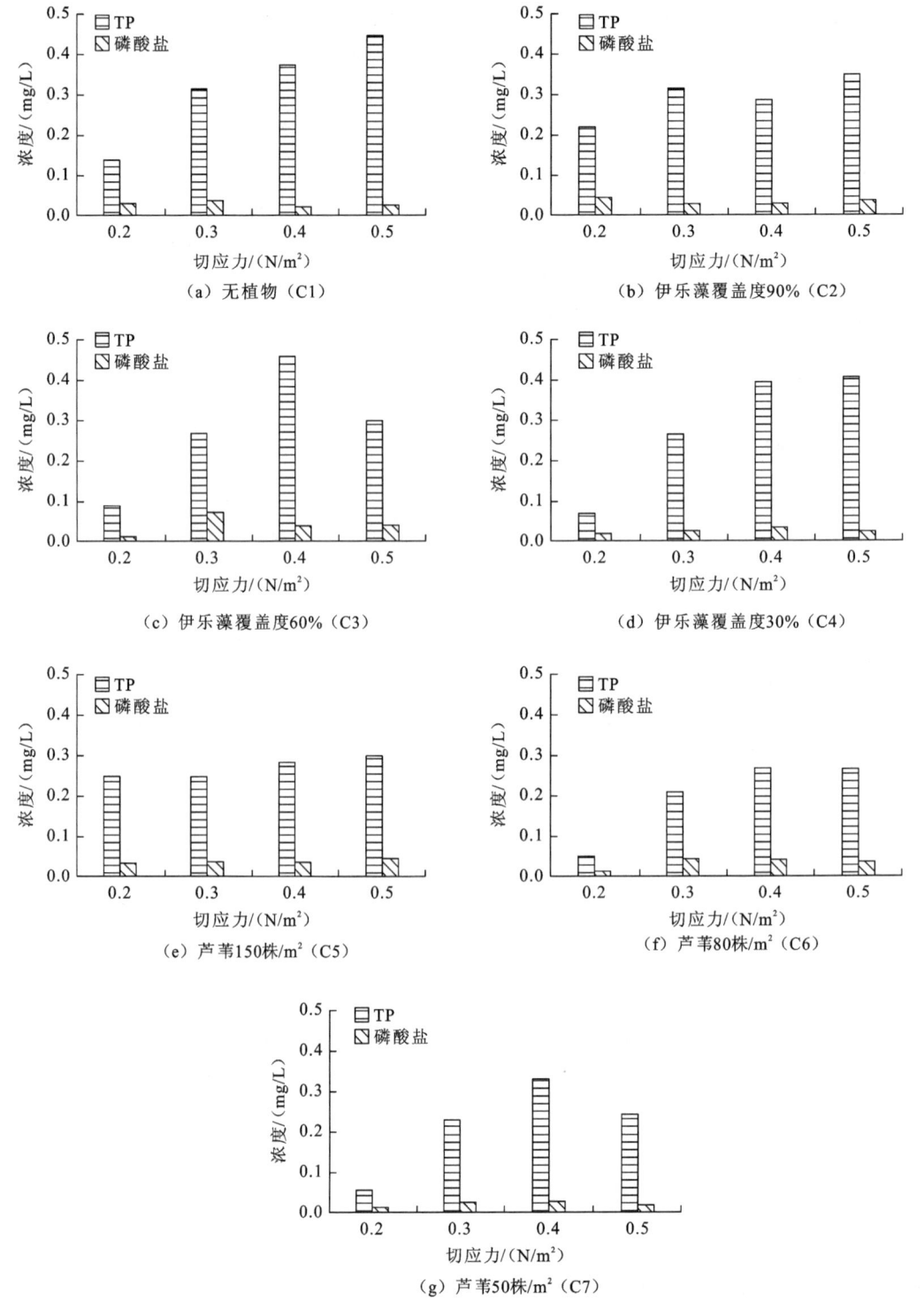

图 4-13　不同高等水生植物种群密度下水体中 TP 和磷酸盐浓度变化情况（谢宇，2012）

高等水生植物还可通过改变沉积物的生物地球化学特性影响沉积物营养盐释放。高等水生植物通过自身输导组织和根系，将氧释放到沉积物中（Crawford and Crawford，1996），改变沉积物的化学特性，在特定条件下促进沉积物 pH 降低、氧化还原电位升高（韩沙沙和温琰茂，2004），增加高等水生植物对矿质元素的吸收，减少沉积物中矿质元素的释放。此外，根系分泌物可以促进微生物生长，加速湖泊水体的生物地球化学循环。高等水生植物还可以促进矿质元素与水体污染物的降解、固化、沉淀、挥发、络合等一系列复杂过程，如磷同铁锰的化合物或者由于根部氧的释放形成对磷吸附的无定形氧化物，从而抑制沉积物中结合态磷的释放（谢宇，2012）。高等水生植物光合作用过程中，通过离子交换、吸附及自身分泌物对一些矿质元素发生螯合沉积作用也可以减少沉积物氮磷释放。

  总而言之，太湖高等水生植物的生长情况受到多种自然和人为因素的复杂影响。20 世纪 60 年代，大规模的围湖造田运动是影响太湖高等水生植物分布和多样性的重要原因，芦苇一类生长于湖滨带的高等水生植物大面积消失，高等水生植物多样性和总生物量降低，加剧了湖区生态环境的裂变。20 世纪 90 年代到 21 世纪初，为了缓解围湖造田导致的洪涝灾害易发问题，环太湖大堤建设一定程度上加剧了湖滨带的消失；2000 年左右，围网养殖面积达到峰值，农业养殖和种植活动使大量含氮磷的尾水进入太湖，湖泊水体呈严重富营养化状态，大量高等水生植物因不适应严重污染的生态环境而消亡；2016 年，太湖流域发生了半个世纪以来的第 4 场大洪水，急速攀升的水位进一步影响高等水生植物生长，与此同时，水草打捞等人为活动也影响了水生植物的分布面积。因此，太湖高等水生植物的群落组成和分布面积的变化受到自然和人为双重影响。

第5章 太湖浮游动物群落结构与演替

5.1 太湖浮游动物群落结构组成与演替

5.1.1 太湖各湖区浮游动物种类组成

浮游动物作为湖泊生态系统重要组成部分，在物质转化、能量流动和信息传递等过程中发挥着关键作用。湖泊的自然地理状况、水文环境和人类活动通常对浮游动物的种类组成、数量变化、优势种及污染指示种的变化有着较大的影响。由于不同种类的浮游动物对环境敏感性和适应性有所不同，往往会表现出不同的响应，所以浮游动物常作为水质优劣的重要指标，起到指示和评估湖泊生态系统状况的作用（杨佳 等，2020）。

太湖浮游动物包括原生动物、轮虫、枝角类和桡足类四大类。最早在 1951 年，白国栋（1962）对五里湖浮游动物进行了调查，镜检出浮游动物 193 种，当时五里湖是一个小型浅水湖湾，自湖岸至湖心，均有高等水生植物分布，生态环境较现在复杂，故浮游动物种类也多。与 20 世纪 90 年代对比，20 世纪 50 年代、60 年代浮游动物群落主要差异反映在原生动物上，20 世纪 50 年代的原生动物为 92 种，轮虫的种类数差不多，枝角类和桡足类的种类数略多一点。那时的五里湖已属于一个富营养化状态，但其余湖区特别是太湖沿岸还有很多高等水生植物。现在太湖西部绝大部分湖区高等水生植物锐减，湖体处于富营养化状态，所以浮游动物群落组成发生了重大的变化，种类数较前大为减少。

1987~1988 年从太湖的 39 个采集点鉴定出浮游动物 79 个种类，其中原生动物 22 种，轮虫 30 种，枝角类 19 种，桡足类 8 种（表5-1）（黄漪平，2001）。在此次调查中发现，浮游动物种类数占浮游生物种类数的 4/5，相较于一般的湖泊，比值偏高，表明太湖浮游动物的区系相对比较丰富。除此之外，太湖不同湖区中浮游动物组成略有不同。五里湖轮虫和枝角类为浮游动物主要组成部分，分别占 34% 和 27%，原生动物和桡足类数量相近，分别占 18% 和 21%。竺山湾枝角类占优势（约 57%），贡湖湾桡足类和枝角类分别占 44% 和 48%。西部湖区宜兴沿岸、太湖湖心区和小梅口都以桡足类为主，分别占 45%、47% 和 55%，而枝角类均是第二大组成种类，分别约 26%、41% 和 28%。不同的是，东太湖的优势种为桡足类，占总数量的 69%。

第5章 太湖浮游动物群落结构与演替

表5-1 1987~1988年太湖浮游动物种类

所属门类	种	拉丁名
原生动物	1. 长圆砂壳虫	*Difflugia oblonga*
	2. 砂壳虫	*Difflugia* spp.
	3. 帽形侠盗虫	*Strobilidium velox*
	4. 锥形似铃壳虫	*Tintinnopsis conicus*
	5. 王氏似铃壳虫	*T. wangi*
	6. 滚动焰毛虫	*Askenasia volvox*
	7. 河生筒壳虫	*Tintinnidium fluviatile*
	8. 大草履虫	*Paramecium caudatum*
	9. 草履虫	*Paramecium* sp.
	10. 袋形虫	*Bursella gargamellae*
	11. 锥形拟多核虫	*Paradileptus conicus*
	12. 单缩虫	*Carchesium polypinum*
	13. 迈氏钟形虫	*Vorticella mayerii*
	14. 榴弹虫	*Coleps* sp.
	15. 弹跳虫	*Halteria grandinella*
	16. 匣壳虫	*Centropyxis* sp.
	17. 栉毛虫	*Didinium* sp.
	18. 刺胞虫	*Acanthocystis* spp.
	19. 大变形虫	*Amoeba proteus*
	20. 急游虫	*Strombidium viride*
	21. 天鹅长吻虫	*Lacrymaria olor*
	22. 聚缩虫	*Zoothamnium arbuscua*
轮虫	1. 晶囊轮虫	*Asplanchna* spp.
	2. 沟痕泡轮虫	*Pompholyx sulcata*
	3. 扁平泡轮虫	*P. complanata*
	4. 螺旋龟甲轮虫	*Keratella cochlearis*
	5. 矩形龟甲轮虫	*K. quadrata*
	6. 针簇多肢轮虫	*Polyarthra trigla*
	7. 暗小异尾轮虫	*Trichocerca pusilla*
	8. 对棘同尾轮虫	*Diurella stylata*
	9. 巨冠轮虫	*Sinantherina* spp.
	10. 旋轮虫	*Philodina* sp.
	11. 猪吻轮虫	*Dicranophorus* sp.
	12. 角突臂尾轮虫	*Brachionus angularis*
	13. 萼花臂尾轮虫	*B. calyciflorus*
	14. 壶状臂尾轮虫	*B. urceus*
	15. 蒲达臂尾轮虫	*B. budapestiensis*
	16. 剪形臂尾轮虫	*B. forficula*
	17. 奇异巨腕轮虫	*Pedalia mira*
	18. 彩胃轮虫	*Chromogaster* sp.
	19. 叉角聚花轮虫	*Conochiloides dossuarius*

续表

所属门类	种	拉丁名
轮虫	20. 长三肢轮虫	*Filinia longiseta*
	21. 臂三肢轮虫	*F. brachiata*
	22. 跃进三肢轮虫	*F. Passn*
	23. 巨头轮虫	*Cephalodella* spp.
	24. 水轮虫	*Epiphanes* sp.
	25. 月形腔轮虫	*Lecane luna*
	26. 平甲轮虫	*Platyias* sp.
	27. 裂足轮虫	*Schizocerca diversicornis*
	28. 柱头轮虫	*Eosphora* sp.
	29. 龙大椎轮虫	*Notommata copeus*
	30. 镜轮虫	*Testudinella* sp.
枝角类	1. 棘爪低额溞	*Simocephalus exspinosus*
	2. 简弧象鼻溞	*Bosmina coregoni*
	3. 长额象鼻溞	*B. longirostris*
	4. 脆弱象鼻溞	*B. fatalis*
	5. 短尾秀体溞	*Diaphanosoma brachyurum*
	6. 长肢秀体溞	*D. leuchtenbergianum*
	7. 透明薄皮溞	*Leptodora kindti*
	8. 直额裸腹溞	*Moina rectirostris*
	9. 多刺裸腹溞	*M. macrocopa*
	10. 隆线溞	*Daphnia carinata*
	11. 大型溞	*D. magna*
	12. 僧帽溞	*D. cucullata*
	13. 长刺溞	*D. longispina*
	14. 蚤状溞	*D. pulex*
	15. 盘肠溞	*Chydorus* sp.
	16. 颈沟基合溞	*Bosminopsis deitersi*
	17. 平直溞	*Pleuroxus* spp.
	18. 角突网纹溞	*Ceriodaphnia cornuta*
	19. 矩形尖额溞	*Alona rectangula*
桡足类	1. 剑水蚤	*Cyclops* spp.
	2. 中剑水蚤	*Mesocyclops* sp.
	3. 许水蚤	*Schmackeria* sp.
	4. 荡镖水蚤	*Neutrodiaptomus* sp.
	5. 汤匙华哲水蚤	*Sinocalanus dorii*
	6. 温剑水蚤	*Thermocyclops* spp.
	7. 沟渠异足猛水蚤	*Canthocamptus staphylinus*
	8. 无节幼体	*Nauplius*

引自黄漪平（2001）。

第5章 太湖浮游动物群落结构与演替

1987~1988年原生动物中比较常见且密度较高的为河生筒壳虫、帽型侠盗虫、锥形似铃壳虫和草履虫。河生筒壳虫密度最高,仅仅五里湖观测点便可高达 2×10^4 ind./L。原生动物在所有观测点中鉴定到的密度十分高,占总鉴定浮游动物密度的75.9%,但由于其个体偏小,生物量都偏小(4.2%)。此外,夏季轮虫比较多,其中较普遍且密度较高的有萼花臂尾轮虫、针簇多肢轮虫和螺旋龟甲轮虫,其次是晶囊轮虫、沟痕泡轮虫、扁平泡轮虫和长三肢轮虫。奇异巨腕轮虫密度也比较高,但仅在夏季出现。夏季大量出现并形成高峰的还有枝角类,其优势种有棘爪低额溞和象鼻溞属,最高密度分别达到205 ind./L和220 ind./L。秀体溞属和裸腹溞属也比较常见,但密度不占优势。20世纪80年代初的优势种角突网纹溞在调查中却很少出现。与上述种类不同,在春、夏、秋季桡足类密度都相当,剑水蚤和无节幼体密度均接近100 ind./L,为主要种类,这二者变动对桡足类密度变化起到很大的影响。

20世纪90年代,太湖浮游动物的分布具有空间差异性。五里湖、东太湖和太湖其他水域3个湖区所分布的浮游动物种类组成不同,尤其是原生动物和轮虫差异较大,反映出各湖区的环境条件和营养状况的不同导致浮游动物组成种类存在差异。在五里湖浮游动物中,原生动物的优势种为领钟虫(*Vorticella acquilata*)、团睅腺虫(*Askenasia volvox*),单环栉毛虫(*Didinium balbianii*)的密度也很高。轮虫的优势种为针簇多枝轮虫、转轮虫(*Rotaria rotatoria*)、角突臂尾轮虫、萼花臂尾轮虫;枝角类优势种为长刺溞、简弧象鼻溞;桡足类的优势种是汤匙华哲水蚤(秦伯强 等,2004)。

1990~1995年全太湖镜检的浮游动物有73属101种(表5-2),轮虫的属种数最多,其次是原生动物,枝角类再次之,桡足类最少(秦伯强 等,2004)。此外,东太湖的浮游动物中轮虫的优势种和太湖西部湖区相似,以针簇多枝轮虫、螺形龟甲轮虫(*Keratella cochlearis*)和矩形龟甲轮虫为主。东太湖围网密集的地段出现角突臂尾轮虫或萼花臂尾轮虫;枝角类的优势种为简弧象鼻溞、角突网纹溞和长刺溞;桡足类的优势种为汤匙华哲水蚤和中华窄腹剑水蚤(*Limnoithona sinensis*)(秦伯强 等,2004)。

表5-2 太湖1990~1995年所检浮游动物属种数

年份	采样次数	原生动物 属	原生动物 种	轮虫 属	轮虫 种	枝角类 属	枝角类 种	桡足类 属	桡足类 种	合计 属	合计 种
1990	3	8	11	13	23	7	8	6	7	34	49
1991	6	13	20	26	39	14	19	11	13	64	91
1992	66	11	18	26	38	13	18	9	11	59	85
1993	5	12	20	27	40	12	17	9	11	60	88
1994	5	10	18	26	40	12	17	8	9	56	84
1995	4	13	20	25	39	12	17	8	9	58	85
累计	29	18	25	29	44	14	19	11	13	73	101

引自秦伯强等(2004)。
累计值为所有出现过的种属。

在除五里湖和东太湖以外的太湖其他湖区的浮游动物中,原生动物的优势种为似铃壳虫(*Tintinnopsis* sp.),球形沙壳虫(*Difflugia globulosa*),西北部的梅梁湾和竺山湾出现过大量的领钟虫(1995年2月)、浮游累枝虫(*Epistylis rotans*)和多态喇叭虫(*Stentor polymorphus*)(1995年8月);轮虫的优势种为针簇多枝轮虫、螺形龟甲轮虫、矩形龟甲轮虫,它们都是全年常见种，此外季节性出现的种类有蹄形腔轮虫（*Lecane ungulate*）、多突晶囊轮虫（*Asplanchnopus multiceps*）、奇异巨腕轮虫；而枝角类的优势种通常以角突网纹溞和长刺溞为主。此外，在西北湖区中发现较多的短尾秀体溞、多刺秀体溞（*Diaphanosoma sarsi*）和微型裸腹溞（*Moina micrura*）；各年常见的汤匙华哲水蚤和中华窄腹剑水蚤为桡足类的优势种，除此之外，指状许水蚤（*Schmackeria inopinus*）、近邻剑水蚤（*Cyclops vicinus*）和爪哇小剑水蚤（*Microcyclops javanus*）也常出现。

1998 年太湖梅梁湾鉴定浮游动物 35 种，其中原生动物 13 种，轮虫 15 种，枝角类 3 种，桡足类除无节幼体和桡足幼体 4 种（陈伟民和秦伯强，1998）。原生动物主要由肉足类和纤毛类组成，其中纤毛类占原生物种类数的 77%。钟虫（*Vorticella* sp.）是出现频次和数量最多的原生动物，其他原生动物数量较多的有侠盗虫（*Strobitidium* sp.）、累枝虫（*Epistylis* sp.）和急游虫。原生动物和轮虫的数量居多，占浮游动物总数的 90% 以上；枝角类和桡足类受温度影响，数量随水温的增加而增加（陈伟民和秦伯强，1998）。

21 世纪初期，太湖浮游动物种类数相比 20 世纪已大幅减少，调查平均发现的种类总数不足 40 种。相对于枝角类和桡足类，轮虫种类数相对丰富。然而，相较 20 世纪 50 年代，发现的轮虫种类已减少近一半。

2006 年，太湖贡湖湾共鉴定出 35 种大型浮游动物（钟春妮 等，2012）；其中，轮虫 21 种，桡足类 6 种，枝角类 8 种。2010 年春、夏、秋不同季节采集鉴定发现浮游动物共 171 种，包含原生动物 72 种、轮虫 47 种、枝角类 25 种和桡足类 27 种（水利部太湖流域管理局 等，2010）。2011 年的采集鉴定发现太湖浮游动物数量和种类上以原生动物最多，共发现 56 种；此外，发现轮虫有 30 种、枝角类 22 种和桡足类 25 种（水利部太湖流域管理局，2011a）。杜明勇等（2014）从太湖鉴定出浮游动物 27 种，其中枝角类和桡足类为主要组成部分，枝角类优势种为象鼻溞（*Bosmina* sp.）和网纹溞（*Ceriodaphnia* sp.），其他种类包括裸腹溞（*Moina* sp.）、秀体溞（*Diaphanosoma* sp.）和低额溞（*Simocephalus* sp.）等；汤匙华哲水蚤、许水蚤和中华窄腹剑水蚤为桡足类优势种，其他种类包括中剑水蚤、温剑水蚤和剑水蚤等。2013 年，李娣等（2014b）从太湖共鉴定浮游动物物种 63 种，其中轮虫类占多数，有 25 种，枝角类 14 种，桡足类 13 种，原生动物 11 种。

2014~2015 年，在对五里湖的调查中（图 5-1），总共鉴定出浮游动物 104 属 207 种，其中原生动物最多，占浮游动物总物种数的 42.51%，含 37 属 88 种；其次是轮虫，含 3 属 76 种，占 36.71%；枝角类和桡足类最少，分别占 14.02% 和 6.76%（代培 等，2019）。总体而言，五里湖湖滨带浮游动物以小型为主。

2016 年，温超男等（2020）在太湖 130 个采样点中共鉴定出 29 种浮游动物，轮虫种类数最高，占 55%，枝角类占 28%，而桡足类种类数最少，占总数的 17%。其中，浮游动物优势种类有中华窄腹剑水蚤、长额象鼻溞、多刺裸腹溞、萼花臂尾轮虫、针簇多肢轮虫。然而，与以往有关太湖浮游动物调查比较发现，轮虫种类正逐步减少（温超男 等，2020；杨桂军 等，2008；秦伯强 等，2004；白国栋，1962）。1951 年白国栋（1962）在太湖共发现轮虫 51 种，1995 年轮虫种类数下降到 39 种（秦伯强 等，2004），2003~2004 年杨桂军等（2008）在梅梁湾发现轮虫 20 种，到 2008 年在梅梁湾仅发现 15 种（王颖 等，2014；Yang et al.，2012，2009；杨桂军 等，2008），直至 2016 年，温超男等（2020）在太湖只检出轮虫 16 种。1951~2016 年从太湖鉴定的甲壳动物种类数量也逐年减少（王颖 等，2014；Yang et al.，2012，2009；

第 5 章 太湖浮游动物群落结构与演替

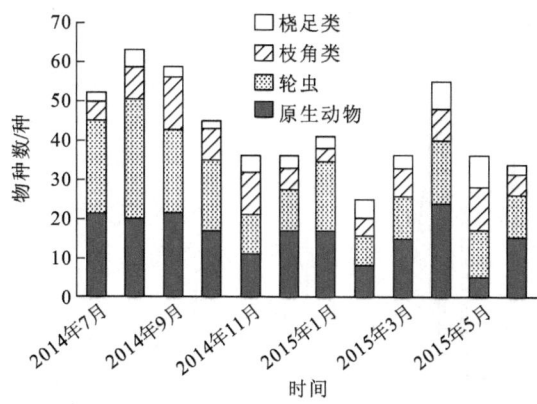

图 5-1 五里湖湖滨带浮游动物 2014~2015 年物种数变化（代培 等，2019）

鲍建平和陈辉，1983），由 1951 年鉴定的 30 种（蒋燮治，1955）减少至 2016 年发现的 13 种（温超男 等，2020），与轮虫数量变化规律相似。

2015~2018 年，太湖湖体浮游动物种类数最多为 2016 年，其他年份保持在 25 种左右，上半年种类数多于下半年（表 5-3）。2017 年太湖各湖区浮游动物种类数湖心区最多，为 15 种，五里湖最少 5 种。2015~2018 年轮虫类占比最多，最高年份为 2017 年，达 47.83%，最低为 2018 年（36.00%）；在 2015 年、2017 年、2018 年枝角类占比仅次于轮虫，2016 年仅次于轮虫的为原生动物；桡足类占比最小，在 12.00%~15.79%，变化幅度最大为 2016~2017 年，下降了 17.42%。

表 5-3 2015~2018 年太湖浮游动物各种类年度占比变化情况

年份	浮游动物种类数目/种			各物种年度占比/%			
	上半年	下半年	全年	原生动物	轮虫	枝角类	桡足类
2015	20	16	27	18.52	40.70	25.93	14.85
2016	24	29	38	23.68	39.48	21.05	15.79
2017	18	15	23	17.39	47.83	21.74	13.04
2018	20	18	25	24.00	36.00	28.00	12.00

2017 年 2 月~2018 年 11 月，周义道（2019）从太湖中鉴定出浮游动物为 34 属 67 种，浮游动物种类数占比如图 5-2 所示，太湖浮游动物种类以轮虫为主（78%），尽管甲壳类浮游动物（枝角类和桡足类）体型较大，但种类数明显低于轮虫。其中轮虫种类数较多的属包括臂尾轮虫属（*Brachionus*）、异尾轮属（*Trichocerca*）和三肢轮虫属（*Filinia*）。常见的浮游动物种类有萼花臂尾轮虫、裂痕龟纹轮虫（*Anuracopasis fissa*）、角突臂尾轮虫和无节幼体等。

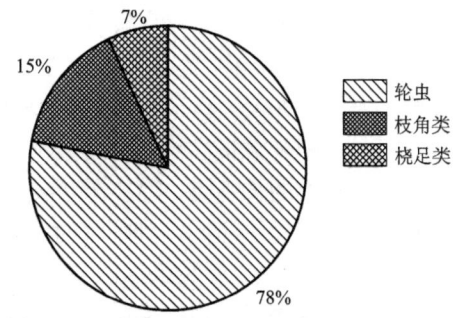

图 5-2 2017 年 2 月~2018 年 11 月太湖浮游动物种类组成及种类百分比（周义道，2019）

太湖湖体各检测点浮游动物的种类数差别较大，1#梅泵站发现最多种类数为 43 种；而在 24#庙港大桥，种类数仅有 16 种（图 5-3）。比较发现，湖中心各检测点浮游动物种类数少于靠近岸边的种类数。

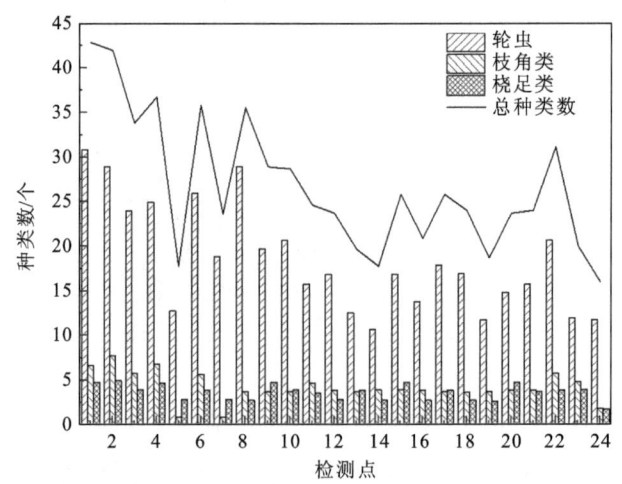

图 5-3 2017 年 2 月～2018 年 11 月太湖浮游动物种类数在 24 个检测点的空间变化

总之，太湖浮游动物群落组成以小型原生动物和轮虫种类为主，其次是枝角类，而桡足类占比最少。随着太湖富营养化程度逐年加剧，全球变暖和高等水生植物结构改变，太湖浮游动物种类数逐渐减少，大型浮游动物种类数减少尤为明显，2020 年前太湖浮游动物种类中，耐污种和小型化浮游动物更为普遍。

5.1.2 太湖浮游动物优势种的演替过程

1980 年太湖调查中发现，原生动物中较为常见的为帽形侠盗虫和锥形似铃壳虫，通常数量在春、秋出现两个高峰。轮虫类夏季较多，春、秋两季次之，冬季最少，其优势种为奇异巨腕轮虫、前节晶囊轮虫（*Asplanchna priodonta*）、萼花臂尾轮虫、针簇多肢轮虫。其中针簇多肢轮虫终年可见，而奇异巨腕轮虫的季节性最强，为夏季轮虫类生物量中的优势种，奇异巨腕轮虫的大量繁殖致使轮虫类数量出现夏季"单峰型"（鲍建平和陈辉，1983）。枝角类也是在夏季大量繁殖形成高峰，角突网纹溞为夏、秋两季主要优势种。柯氏象鼻溞（*Bosmina coregoni*）终年可见，直额裸腹溞为春、夏、秋常见优势种（鲍建平和陈辉，1983）。与其他浮游动物不同的是桡足类，在春、夏、秋三季数量相当，未表现出明显的季节优势，其中剑水蚤和无节幼体为优势种类，占总数的 75%以上。

据秦伯强等（2004）报道，1991～1992 年太湖梅梁湾枝角类数量高峰一般出现在 5 月，象鼻溞终年可见，但其数量高峰在秋季，其他枝角类的高峰出现在夏末到秋初。其周年种类的演替规律为：从春季的长刺溞、薄皮溞（*Leptodora* sp.）、秀体溞［主要是短尾秀体溞和长肢秀体溞、网纹溞（角突网纹溞）］，到晚秋的象鼻溞（主要是简弧象鼻溞）和盘肠溞，冬季因水温低等原因枝角类数量极少（Chen and Nawerck，1996）。哲水蚤成体主要是汤匙华哲水蚤，也是终年可见的，其数量高峰出现在春季。剑水蚤成体数量在夏季和秋季达到高峰期。2 月桡足类处于生长阶段，各时期个数均很少。浮游动物的数量高峰一般是在 8 月，但也有的年份在 4 月或 6 月，这与浮游动物的组成有关。太湖浮游动物的数量组成以原生动物和轮虫为主，枝角类和桡足类只占 1%～2%，一般 4～6 月是针簇多枝轮虫的繁殖高峰，8 月则是原生动物中似铃壳虫和砂壳虫的繁殖高峰，它们都是优势种。出现数量的多少对浮游动物总数量的高低有决定性影响。

陈伟民和秦伯强（1998）在梅梁湾发现早春季节轮虫比较多，其优势种有螺形龟甲轮虫、

第 5 章 太湖浮游动物群落结构与演替

矩形龟甲轮虫、角突臂尾轮虫、萼花臂尾轮虫、晶囊轮虫、针簇多肢轮虫、长三肢轮虫和独角聚花轮虫（*Conochilus unicornis*）。枝角类的优势种是长刺溞和象鼻溞。桡足类的优势种除无节幼体与桡足幼体外，为汤匙华哲水蚤、广布中剑水蚤（*Mesocyclops leuckarti*）。在 1998 年分析采样中轮虫平均密度约 343.3 ind./L，早春季节数量较多。枝角类和桡足类密度普遍低于轮虫。

21 世纪初期，贡湖湾大型浮游动物优势种为针簇多肢轮虫和萼花臂尾轮虫，其中，针簇多肢轮虫占大型浮游动物总数量的 21%；萼花臂尾轮虫占总数的 11%（钟春妮 等，2012）（图 5-4）。2007 年，针簇多肢轮虫最高密度可达 697 ind./L；相反，枝角类中年均密度最高的长额象鼻溞，其最高密度仅为 192 ind./L，年均密度为 32 ind./L（图 5-5）。钟春妮等（2012）研究结果表明，2006 年轮虫为贡湖湾中的优势类群，其在一年中的大部分月份中高于其他种类浮游动物，并且在年均数量上占明显优势。

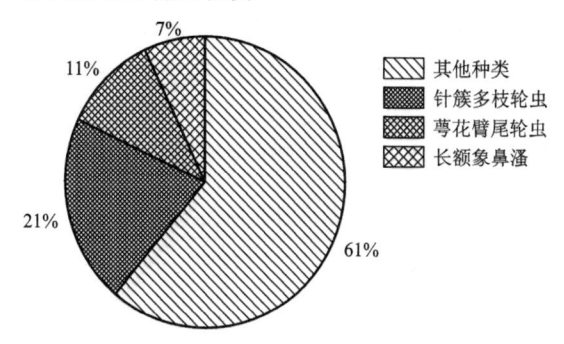

图 5-4　2006 年贡湖湾浮游动物优势种比例（钟春妮 等，2012）

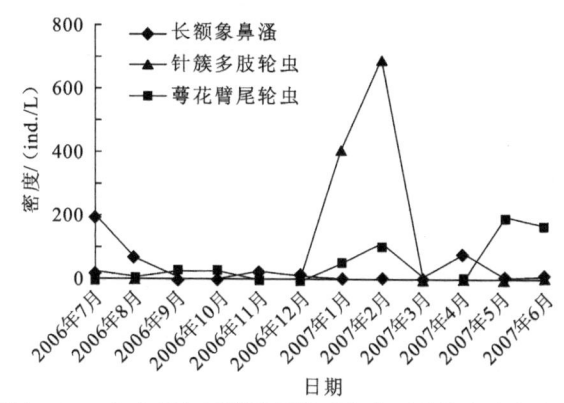

图 5-5　2006 年下半年～2007 年上半年贡湖湾浮游动物主要种的密度变化（钟春妮 等，2012）

与贡湖湾相似，2010 年发现太湖西部湖区浮游动物也是以轮虫为主。枝角类和桡足类多为常见广布种、耐污种，且种类数较少，密度整体偏低，使其极少成为优势种。尽管如此，在枯水期中，杜明勇等（2014）发现太湖湖体中优势种主要为枝角类和桡足类，其中优势种类分别包含象鼻溞、网纹溞、哲水蚤和剑水蚤。太湖水体中，枝角类的象鼻溞和网纹溞生物量分别占总生物量的 48.7% 和 5.1%；其次，桡足类的哲水蚤和剑水蚤生物量分别为 15.9% 和 22.5%。此外，在太湖不同生态类型的水体中，浮游动物种类数和密度变化范围较大，比如在藻型水体中浮游动物种类数及密度都较高；相反地，在草型水体或透明度高的水体中，浮游动物种类及密度都较低。在透明度低的浑浊水体中，浮游动物种类较为单一且多以耐污种为主。

2013～2015 年太湖浮游生物优势种基本保持一致。均以原生动物为主要优势种，轮虫次之，与原生动物共同为浮游动物丰度的主体。2013年李娣等（2014b）对太湖13个点位的采样发现，太湖春季浮游动物中轮虫类的长肢多肢轮虫（*Polyarthra dolichoptera*）为优势种，占26.6%；秋季浮游动物中原生动物的砂壳虫为优势种，占56.2%。2013年太湖浮游动物密度为408 ind./L，原生动物砂壳虫为主要优势种，占38.7%。代培等（2019）于2014年调查发现，五里湖湖滨带浮游动物优势种共计24种，夏季最多，优势种有11种，冬、春季仅3种。总体表现为夏、秋季优势种高于冬、春季，如表5-4所示，主要优势种有王氏似铃壳虫、针簇多肢轮虫和螺形龟甲轮虫。2014~2015年调查的浮游动物优势种中，出现4种喜清洁水体种类，分别为球形砂壳虫（*Difflugia globulosa*）、江苏似铃壳虫（*Tintinnopsis kiangsuensis*）、王氏似铃壳虫和梳状疣毛轮虫（*Synchaeta pectinata*），耐污型种类有3种，为针簇多肢轮虫、螺形龟甲轮虫和等刺异尾轮虫（*Trichocerca similis*）（代培等，2019）。2015年上半年太湖水域优势种均为原生动物（表5-4），下半年优势种为枝角类和桡足类。2014~2015年，据统计五里湖湖滨带浮游动物丰度年均为3 135.35 ind./L，其中原生动物和轮虫是构成五里湖湖滨带浮游动物丰度的主体，其相对丰度分别占42.51%和36.72%，远高于枝角类（14.01%）和桡足类（6.76%）（代培等，2019），并且与2003年相比，轮虫的丰度上升了3.5倍。

表5-4 太湖五里湖湖滨带浮游动物优势种及优势度月变化

优势种	不同调查月份的浮游动物优势度											
	2014年						2015年					
	7月	8月	9月	10月	11月	12月	1月	2月	3月	4月	5月	6月
橡子砂壳虫 *Difflugia glans*	0.054	—	—	—	—	—	—	—	—	—	—	—
球形砂壳虫	0.027	0.020	0.025	—	—	—	—	—	—	—	0.027	—
叉口砂壳虫 *Difflugia gramen*	0.047	—	—	—	—	—	—	—	—	—	—	—
长颈虫 *Dileptus* sp.	—	—	—	—	—	—	—	—	—	0.026	—	—
淡水麻铃虫 *Leprotintinnus fluviatile*	0.036	—	0.023	—	—	—	—	—	—	—	—	—
回缩瓶口虫 *Lagynophrya retractilis*	—	—	—	—	0.022	—	—	—	—	—	—	—
侠盗虫	—	—	—	—	—	—	—	—	0.098	—	—	0.048
恩茨筒壳虫 *Tintinnidium entzii*	—	—	—	—	0.045	0.076	—	—	—	—	—	—
砂壳纤毛虫 *Tintinnoinea*	—	—	—	—	—	—	—	0.389	—	—	—	0.056
江苏似铃壳虫	0.021	—	0.020	0.064	—	—	—	—	—	—	—	—
王氏似铃壳虫	0.098	0.107	0.632	0.036	0.152	0.026	0.000	0.085	0.123	—	—	0.029
钟虫	—	—	—	—	0.037	—	—	—	—	0.022	—	—
裂痕龟纹轮虫	0.030	0.057	—	—	—	—	—	—	—	—	—	—
壶状臂尾轮虫	—	—	—	—	—	0.060	—	—	—	—	—	—
腹足腹尾轮虫 *Gastropus hyplopus*	—	—	—	—	—	—	0.030	—	—	—	—	—
曲腿龟甲轮虫 *Keratella valga*	—	—	—	—	—	0.043	—	—	—	—	—	—
螺形龟甲轮虫	0.089	0.046	0.020	0.033	0.136	0.414	—	—	—	0.184	0.058	0.070
盘状鞍甲轮虫 *Lepadella patella*	—	—	—	—	—	—	—	—	—	0.024	—	—
针簇多肢轮虫	0.118	0.280	—	0.379	0.218	0.095	0.173	—	—	0.030	0.240	0.243

续表

优势种	不同调查月份的浮游动物优势度											
	2014年						2015年					
	7月	8月	9月	10月	11月	12月	1月	2月	3月	4月	5月	6月
梳状疣毛轮虫	—	—	—	—	—	—	0.068	0.235	0.197	0.030	—	—
冠饰异尾轮虫 *Trichocerca lophoessa*	—	0.083	—	—	—	—	—	—	—	—	—	0.038
暗小异尾轮虫 *Trichocerca pusilla*	—	—	—	0.020	—	—	—	—	—	—	—	—
等刺异尾轮虫	0.057	0.028	0.056	—	—	—	—	—	—	—	—	—
无节幼体	0.155	0.050	0.038	0.168	—	—	—	—	—	—	—	—
长额象鼻溞	—	—	—	—	—	—	—	—	—	—	0.041	—

引自代培等（2019）。

"—"表示在该月份非优势种。

温超男等（2020）通过对太湖不同湖区浮游动物密度分析得出，浮游动物数量存在空间差异性（图5-6）。在竺山湾、梅梁湾、胥口湾和南太湖枝角类占优势，占比分别为62%、50%、81%和60%，而轮虫在贡湖湾占优势，占比高达52%；东太湖枝角类和轮虫占比皆低于50%，分别为42%和34%，太湖西部湖区浮游动物组成中桡足类和枝角类为主要组成部分，分别占40%和48%。2016年太湖主要优势种为桡足类，2017年太湖主要优势种为枝角类，2018年太湖主要优势种为桡足类（表5-5）。

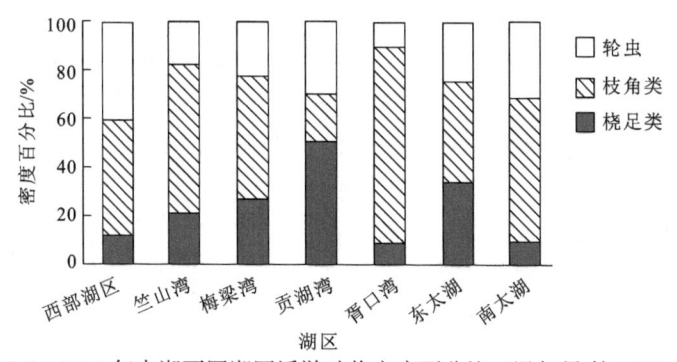

图5-6　2016年太湖不同湖区浮游动物密度百分比（温超男 等，2020）

表5-5　2015～2018年太湖各样点优势种及其优势度

水域名称	2015年		2016年		2017年		2018年	
	优势种	优势度/%	优势种	优势度/%	优势种	优势度/%	优势种	优势度/%
湖心区	未收集到数据	17.00	中华窄腹剑水蚤	46.50	砂壳虫属	29.00	跨立小剑水蚤	36.90
宜兴沿岸		32.00	萼花臂尾轮虫	23.70	曲腿龟甲轮虫	37.70	简弧象鼻溞	53.40
南部沿岸		22.60	无节幼体	18.40	长额象鼻溞	74.50	鳔形似铃壳虫	47.50
贡湖湾无锡水域		18.90	无节幼体	22.00	简弧象鼻溞	18.30	中华窄腹剑水蚤	37.45
梅梁湾		31.60	象鼻溞属	42.10	螺形龟甲轮虫	29.60	简弧象鼻溞	53.40
五里湖		27.30	萼花臂尾轮虫	33.60	砂壳虫属	50.00	萼花臂尾轮虫	33.30

跨立小剑水蚤：*Microcyclops varicans*；鳔形似铃壳虫：*Tintinnopsis potiformis*。

周义道（2019）研究表明 2017 年的全年最大优势种是多肢轮虫（*Polyarthra* sp.），其次是无节幼体和疣毛轮虫（*Synchaeta* sp.）（表 5-6）。2018 年的全年最大优势种还是多肢轮虫和无节幼体、其次是长额象鼻溞和剑水蚤（表 5-7）。

表 5-6 2017 年太湖浮游动物优势种及其优势度，$Y \geq 0.02$ 为优势种

优势种	优势度 Y
热带龟甲轮虫	0.021
多肢轮虫	0.099
疣毛轮虫	0.041
剑水蚤	0.028
无节幼体	0.058

引自周义道（2019）。
热带龟甲轮虫：*Keratella tropica*。

表 5-7 2018 年太湖浮游动物优势种及其优势度，$Y \geq 0.02$ 为优势种

优势种	优势度 Y
矩形龟甲轮虫	0.023
多肢轮虫	0.082
剑水蚤	0.042
无节幼体	0.072
长额象鼻溞	0.045

引自周义道（2019）。

影响浮游动物群落的主要水体理化因子通常包含水温、DO 浓度、Chl-a 浓度和透明度等。其中水温是影响浮游动物群落结构季节变化的关键因素（王晓菲 等，2019）。冬季水温较低，不利于浮游动物的生长与繁殖，故冬季浮游动物密度与生物量均较低，春季升温后，浮游动物密度与生物量出现了明显的增加趋势，浮游动物群落的丰富度指数和多样性指数也随之升高，在夏季达到高峰（王晓菲 等，2019）。因此，浮游动物优势种的演变与季节息息相关。

2017~2018 年太湖浮游动物种类数普遍从春季到夏季逐步上升，例如，枝角类密度在冬季最低，随着春季温度升高，其密度与生物量都出现上升的趋势，在适宜生长繁殖的温度下，枝角类个体体积与质量也呈现增长趋势（王晓菲 等，2019）。尽管如此，部分浮游动物物种密度在冬季高于其他季节。例如，疣毛轮虫密度在冬季最大，为冬季优势种；角突臂尾轮虫和萼花臂尾轮虫在冬季的密度也高于其他季节。2019 年东太湖浮游动物优势种随季节变化明显，全年优势种有矩形龟甲轮虫、广布中剑水蚤和无节幼体；只在春季成为优势种的有晶囊轮属；蚤状溞只在夏季为优势种；中华哲水蚤（*Calanus sinicus*）是秋季优势种（王晓菲 等，2019）。

在这里需要指出的是，太湖浮游动物包括原生动物、轮虫、枝角类和桡足类四大类，它们个体大小差异性极大，同时，太湖不同时期浮游动物采样鉴定的侧重点不同，有的重点分析轮虫、枝角类和桡足类，有的重点分析枝角类和桡足类，而原生动物采样鉴定与枝角类、桡足类还有所差异，因此，太湖不同时期和不同湖区鉴定出的浮游动物的优势种和优势度是相对的，难以在长时序上得到统一。但是，从浮游动物不同类型的生命特征和生活史出发，太湖浮游动物中原生动物种类和数量最多，轮虫次之，而枝角类和桡足类最少是一般规律，这种规律在不同季节和湖泊不同湖区会有所变化也是会时常发生，其原因为不同浮游动物生长具有季节性，同时受到生态系统中浮游植物和鱼类等生物捕食和被捕食的影响，当然也与太湖富营养水平有关，因此，太湖浮游动物的优势种在时空尺度上不断发生变化也就不难理解了。

5.2 太湖浮游动物密度和生物量变化

5.2.1 太湖各湖区浮游动物密度和生物量变化

20世纪60年代以来，太湖浮游动物的密度和种类数发生了巨大的改变。浮游动物密度在20世纪60年代～80年代末、90年代初之间有明显的下降（表5-8）。生物量的变化与种类数息息相关，大型浮游动物明显减少可能是生物量低的主要原因。有学者推测，1988年太湖浮游动物低生物量与1985年太湖实行半年封湖期和鱼类摄食量增大有关（封湖期间野杂鱼大增，野杂鱼和银鱼加剧对浮游动物的捕食）。

表 5-8 太湖夏季浮游动物种类和密度变化

种类	项目	1960年7月	1980年7月	1987年6月	1993年6月
浮游动物	种类数	57	74	54	43
	密度/(ind./L)	3 687	1 571	409	455

引自秦伯强等（2004）。

鲍建平和陈辉（1983）对太湖浮游动物开展了系统调查，研究表明20世纪80年代太湖大太湖浮游动物密度较20世纪60年代增加了将近1倍，东太湖增加了1.2倍。1959年东太湖浮游动物密度虽很丰富，但因体积微小的原生动物占96.5%，故其生物量并不大。若以生物量计算，则20世纪80年代东太湖增加了1～2.3倍，而太湖其他湖区较过去增加了2.2倍（表5-9）。从种类组成上看（表5-10），原生动物种数较过去有较大的增加。

表 5-9 1959～1981年太湖浮游动物数量比较（密度/生物量）[单位：(ind./L)/(mg/L)]

时间		1959年6～8月	1960年6～8月	1981年6～8月
大太湖	原生动物	—	3 337.0/0.12	6 000.0/0.21
	轮虫	—	221.0/0.44	972.0/2.12
	枝角类	—	40.0/1.44	77.6/4.16
	桡足类	—	99.5/0.83	308.1/2.58
	合计	—	3 697.5/2.83	7 357.7/9.07
东太湖	原生动物	22 210.0/0.78	1 864.0/0.07	4 429.0/0.16
	轮虫	728.4/1.46	606.0/1.21	942.0/2.20
	枝角类	8.1/0.29	0	30.6/1.12
	桡足类	61.9/0.54	69.0/0.60	303.1/2.65
	合计	23 008.4/3.07	2 539.0/1.88	5 704.7/6.13

引自鲍建平和陈辉（1983）。

表 5-10　1959～1981 年太湖浮游动物种类数比较

湖区	大太湖				东太湖			
年份	1960年6～8月	1981年6～8月	比1960年减少数	比1960年增加数	1959年6～8月	1981年6～8月	比1959年减少数	比1959年增加数
原生动物	16	29	3	16	16	21	2	7
轮虫	20	27	0	7	19	17	3	1
枝角类	11	5	7	1	23	4	19	0
桡足类	9	4	5	0	13	4	10	1
合计	56	65	15	24	71	46	34	9

引自鲍建平和陈辉（1983）。

在 1987～1988 年的调查当中，浮游动物平均密度为 2 054 ind./L，其中桡足密度最高，占总密度的 45.3%，其次是枝角类，占 38.4%，随后为占比 12.1% 的轮虫类，最后是原生动物，仅占 4.2%。从生物量来看，太湖浮游动物平均生物量约 2.14 mg/L。与各湖区相比，梅梁湾生物量最高，达到 4.61 mg/L，而后是五里湖 4.24 mg/L。小梅口生物量虽然排到了第三，但仅为约 2.78 mg/L，宜兴沿岸生物量约 2.12 mg/L，最低的是东太湖，不足 1 mg/L（约为 0.70 mg/L），其余各湖区均在 1～2 mg/L（表 5-11）。

表 5-11　1987～1988 年太湖浮游动物生物量平均水平分布　　（单位：mg/L）

湖区	面积/万亩	原生动物	轮虫	枝角类	桡足类
五里湖	0.6	0.78	1.45	1.13	0.88
梅梁湾	18.0	0.25	0.39	2.79	1.18
竺山湾	5.0	0.15	0.18	0.67	0.18
贡湖湾	15.0	0.07	0.03	0.63	0.57
宜兴沿岸	59.0	0.10	0.51	0.55	0.96
小梅口	44.0	0.16	0.29	0.79	1.54
东太湖	16.8	0.04	0.10	0.08	0.48
湖心区	161.6	0.06	0.19	0.80	0.90
全湖平均	—	0.09	0.26	0.82	0.97

引自黄漪平（2001）。

20 世纪 90 年代统计发现，在东太湖、五里湖和太湖其他湖区中，五里湖的浮游动物密度最大，东太湖最小，太湖其他湖区居中。太湖浮游动物的密度随季节变化有着明显的变化。一般情况下，浮游动物密度在 4～8 月间呈增长趋势到达高峰，而从 10 月开始逐渐下降至次年 2 月，到达密度低谷（表 5-12）。

表 5-12　1990～2000 年太湖各湖区浮游动物密度季节变化

湖区	年份	观测点数	2月	4月	6月	7月	8月	10月	12月
东太湖	1990	—	—	—	—	—	2 845	—	—
	1991	8	11	—	—	—	433	—	—
	1992	11	75	255	237	—	683	640	—
	1993	11	101	208	1 121	—	109	365	—
	1994	11	3	387	412	—	41	248	—
	1995	11	139	—	586	—	331	44	—
	1998	11	108	—	165	—	203	260	—
	1999	—	204	—	—	341	1 554	76	—
	2000	—	135	—	—	—	140	—	—
五里湖	1990	6	—	—	—	—	10 301	1 530	5 053
	1991	2	813	1 178	1 148	—	202	202	1 835
	1992	3	835	296	4 511	—	238	238	942
	1993	3	15 101	3 648	2 404	—	107	107	—
	1994	3	602	—	2 107	1 034	68	68	—
	1995	3	2 737	—	1 570	—	1 368	1 368	—
	1998	—	2 506	—	—	—	804	—	—
	1999	—	2 602	—	—	—	2 934	—	—
	2000	—	4 941	—	—	—	5 800	—	—
太湖其他湖区	1990	27	—	—	—	—	4 776	1 351	761
	1991	27	80	734	409	—	1 184	214	94
	1992	27	216	94	739	—	3 296	307	14
	1993	27	156	232	415	—	345	68	—
	1994	27	50	—	594	407	246	53	—
	1995	27	541	—	133	—	354	217	—
	1997	—	510	558	1 255	1 833	763	601	—
	1998	—	2 988	786	321	878	1 490	711	777
	1999	—	637	1 024	1 279	1 153	3 164	2 185	2 731
	2000	—	1 018	888	1 028	1 524	3 294	806	1 251

引自秦伯强等（2004）。

20 世纪末到 21 世纪初期，太湖梅梁湾浮游动物密度呈现显著下降趋势（图 5-7），2003 年浮游动物密度达到最高值 1774.33 ind./L 后出现大幅下降，并在 2014 年达到最低值 199.07 ind./L。杨佳等（2020）研究了梅梁湾 3 种浮游动物门类轮虫、枝角类和桡足类的密度变化过程。研究表明，轮虫密度自 1997 年快速增长至 2004 年的 1442.86 ind./L 后，迅速下降并在 2014 年出现最低值 51.15 ind./L，总体上呈显著下降趋势 [图 5-8（a）]。枝角类密度在 2000 年（451.15 ind./L）和 2008 年（704.51 ind./L）出现两个极大值 [图 5-8（b）]，整体呈波动变化。此外，桡足类密度总体上均呈缓慢波动下降趋势 [图 5-8（c）]，这可能与梅梁湾在 2005 年梅梁湖泵站排水运行有关，梅梁湖泵站的运行，不仅改变了梅梁湾的水动力状况，而且大大减少了梅梁湾北部藻类的数量，从而减少了浮游动物的饵料供给。

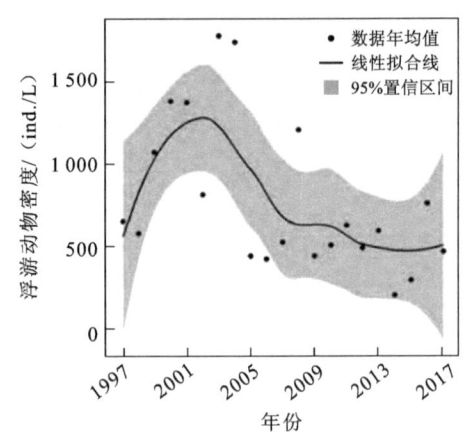

图 5-7　1997～2017 年太湖梅梁湾浮游动物密度的年际变化（杨佳 等，2020）

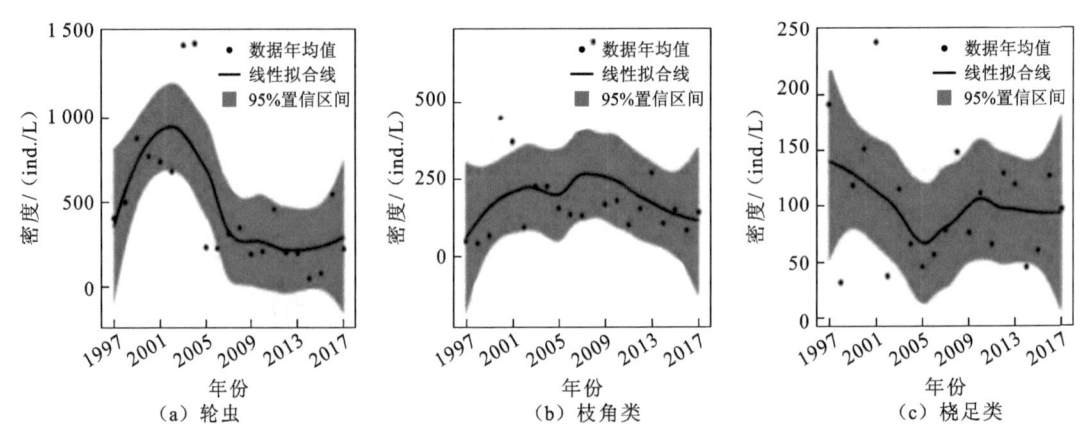

图 5-8　1997～2017 年太湖梅梁湾不同门类浮游动物密度的年际变化（杨佳 等，2020）

　　1997～2017 年，太湖梅梁湾浮游动物年均生物量也呈现显著下降趋势（图 5-9），在 2000 年生物量达到最高值 36.67 mg/L，随后自 2008 年起迅速下降，并在 2017 年达到最低值 1.12 mg/L，总体下降了近 97%（杨佳 等，2020）。自 1997 年起，梅梁湾轮虫生物量在 2004 年达到最高值后迅速下降至 2014 年达到最低值，随后呈现轻微上升趋势，至 2017 年水平接近 1997 年生物量水平。虽然整体呈下降趋势，但至 2017 年差异性不明显。相反，枝角类生物量随时间总体下降了 99.12%，至 2017 年达到最低值 0.29 mg/L。除此之外，梅梁湾桡足类生物量在 1997～2017 年呈现出波动型缓慢下降趋势，其生物量从 1997 年的最高值 12.77 mg/L 下降至 2017 年的 0.14 mg/L（杨佳 等，2020）。

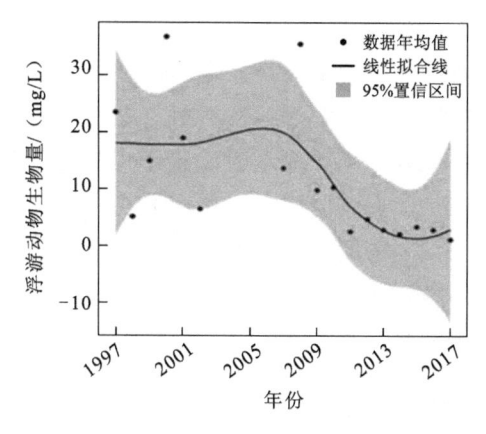

第 5 章　太湖浮游动物群落结构与演替

图 5-9　1997~2017 年太湖梅梁湾浮游动物生物量的年际变化（杨佳 等，2020）

在 2006 年，贡湖湾中大型浮游动物的年均密度为 467 ind./L；其中轮虫年均密度为 338 ind./L，占大型浮游动物年均密度的 72.4%，枝角类和桡足类分别占大型浮游动物年均密度的 9.5% 和 18.1%[图 5-10（a）]。2006 年贡湖湾大型浮游动物年均生物量为 1.726 mg/L。由于轮虫个体比较小，所以其生物量也相对较小。因此，尽管轮虫在密度上占绝对优势，其生物量未出现相似的绝对优势（0.688 mg/L），仅稍高于枝角类（0.472 mg/L）和桡足类生物量（0.566 mg/L）[图 5-10（b）]（钟春妮 等，2012）。

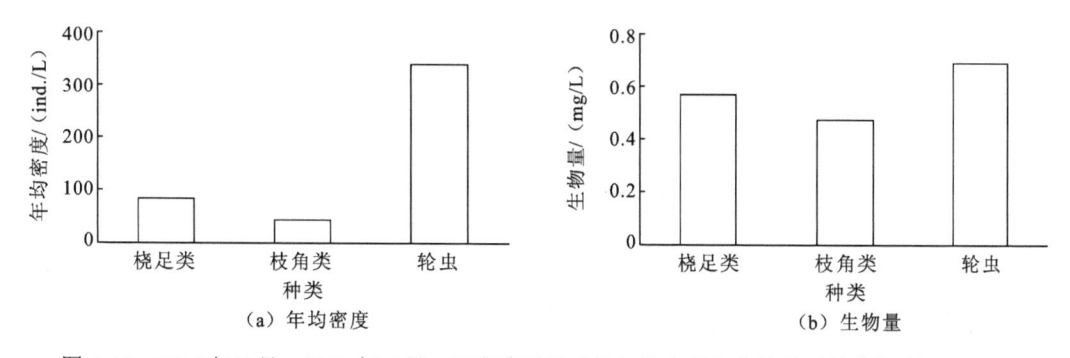

图 5-10　2006 年 7 月~2007 年 6 月，贡湖湾浮游动物年均密度和生物量（钟春妮 等，2012）

2008 年 5~10 月，枝角类密度和生物量在梅梁湾、竺山湾和西部沿岸区的较高，最高密度可达 451 ind./L，相比之下，东太湖和东部沿岸湖区的枝角类密度则偏低（水利部太湖流域管理局 等，2008）；轮虫密度则以北部湖区居高，其生物量在浮游动物中占比例较少；桡足类密度、生物量变化与湖区之间的相关联性不明显，但是受季节影响，桡足类密度在 6 月为 65 ind./L，而在 7 月增长至最高 392 ind./L；原生动物的生物量比例也表现出明显的季节差异性，尤其是 10 月，其生物量在贡湖湾、南部湖区和东太湖所占比例最高可达 87%。

2010 年，太湖西部湖区浮游动物平均密度为 1 503 ind./L，其中大多数湖区浮游动物密度不足 2 000 ind./L。太湖西部湖区浮游动物密度波动较大，其中轮虫密度冬季最大，占主要地位，为 100~6 170 ind./L，平均为 1 346 ind./L。桡足类和枝角类密度较小。枝角类密度整体变动不大，为 0~1 517 ind./L，平均为 54 ind./L。桡足类密度变动明显，为 0~875 ind./L，平均为 103 ind./L，太湖西部湖区中有 76% 的区域桡足类密度小于 100 ind./L。

2014～2015 年，太湖五里湖湖滨带浮游动物年均生物量为 2.38 mg/L，其中轮虫占 66.96%，是五里湖湖滨带浮游动物生物量优势类群，其次为桡足类占 21.26%，枝角类和原生动物占比较低，分别为 8.33%和 3.45%（代培 等，2019）。至 2016 年，太湖浮游动物平均密度缓慢上升 0.11%（图 5-11）。2016 年太湖浮游动物平均密度约为 100 ind./L，其中竺山湾浮游动物密度最高（237 ind./L），贡湖湾次之，胥口湾的密度最低约 31 ind./L（图 5-12）。竺山湾与太湖其他各湖区浮游动物密度均有显著性差异，而其他湖区之间浮游动物密度无明显差异。与此同时，2016 年太湖浮游动物年均生物量约为 4.45 mg/L，竺山湾的浮游动物生物量最大（17.70 mg/L），而胥口湾生物量最小（1.03 mg/L）（图 5-12）（温超男 等，2020）。

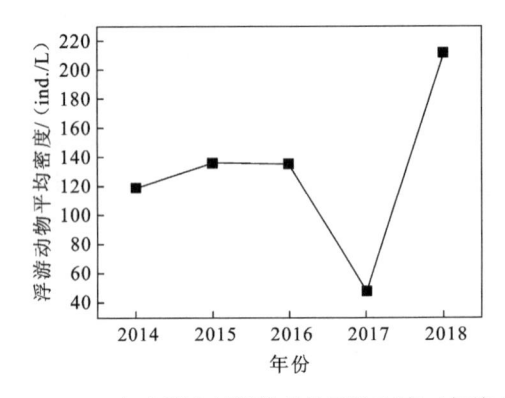

图 5-11 2014～2018 年太湖水域浮游动物平均密度（代培 等，2019）

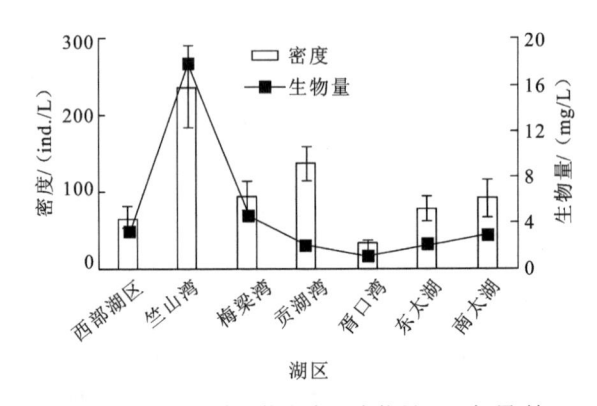

图 5-12 2016 年太湖浮游动物密度及生物量（温超男 等，2020）

2017 年太湖浮游动物密度下降至最低值 48 ind./L，2018 年平均密度明显上升，约为 2017 年的 4.42 倍。每年各水域浮游动物密度呈现较大差异，2018 年高低差距约有 60 倍（代培 等，2019）。周义道（2019）调研发现 2017 年太湖浮游动物平均密度为 518 ind./L，2018 年的浮游动物平均密度较 2017 年出现轻微增长，为 526 ind./L。由图 5-13 所示，轮虫在太湖浮游动物中占据主要优势，其密度组成占总体的 84%；其次是桡足类（8%）和枝角类（8%）（周义道，2019）。因此，太湖浮游动物密度主要由小型浮游动物占主导地位，而桡足类和枝角类的大型甲壳类浮游动物密度显著低于轮虫类。

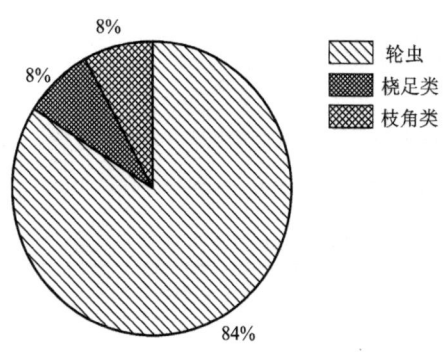

第 5 章 太湖浮游动物群落结构与演替

图 5-13 2017 年 2 月~2018 年 11 月太湖浮游动物密度组成及占比（周义道，2019）

2020 年太湖浮游动物平均密度为 591 ind./L，2021 年平均密度约 571 ind./L。与往年相比，2020 年和 2021 年浮游动物平均密度有明显升高的迹象，其中原生动物占主要组成部分，轮虫次之，桡足类平均密度最低（2020 年约 5 ind./L，2021 年约 6 ind./L）。2020 年秋季~2021 年夏季，太湖各湖区浮游动物密度表现出明显的季节差异。冬季密度最低，春季和夏季逐渐升高，秋季时密度最高（表 5-13）。

表 5-13 2020~2021 年太湖各湖区浮游动物密度变化 （单位：ind./L）

时间	湖区	北部	东部	南部	西部	湖心区
2020 年秋季	原生动物	3 006	2 799	2 760	3 370	1 569
	轮虫	277	236	266	427	641
	桡足类	1	2	1	13	11
	枝角类	22	2	0	262	39
2020 年冬季	原生动物	1 600	1 083	917	2 667	1 208
	轮虫	335	0	0	58	25
	桡足类	8	2	7	3	5
	枝角类	1	1	1	1	0
2021 年春季	原生动物	2 700	2 500	2 167	1 000	1 583
	轮虫	115	150	83	217	133
	桡足类	3	6	11	9	10
	枝角类	8	20	35	86	46
2021 年夏季	原生动物	1 700	2 400	2 250	2 200	1 560
	轮虫	220	240	180	380	540
	桡足类	3	3	2	12	8
	枝角类	15	3	0	199	28

5.2.2 太湖各湖区浮游动物生物量季节变化

太湖浮游动物生物量的变化与季节息息相关。调查发现，太湖夏季生物量达到高峰期（2.71 mg/L），秋季开始逐渐减少（2.15 mg/L），到了春季达到最低（1.56 mg/L）（表 5-14）。

表 5-14　1987~1988 年太湖浮游动物生物量季节分布　　　　（单位：mg/L）

季节		原生动物	轮虫	枝角类	桡足类	总量
1987 年	夏季	0.12	0.52	1.44	0.63	2.71
	秋季	0.04	0.09	0.84	1.18	2.15
1988 年	春季	0.09	0.17	0.23	1.07	1.56

引自黄漪平（2001）。

从太湖不同湖区来看，贡湖湾浮游动物生物量秋季最高，春、夏季无明显差异；西部湖区宜兴附近湖体虽然春、夏季也十分接近，但秋季最低；其他湖区浮游动物生物量的高峰期都出现在夏季，其中梅梁湾和五里湖分别达到了 7.79 mg/L 和 7.38 mg/L（表 5-15）。低额溞和象鼻溞的大量繁殖是造成夏季生物量高峰期出现的主要原因。

表 5-15　1987~1988 年太湖各湖区浮游动物生物量季节分布　　　　（单位：mg/L）

湖区	春季	夏季	秋季
五里湖	3.00	7.38	2.23
梅梁湾	2.01	7.79	4.11
竺山湾	0.82	1.52	—
贡湖湾	1.89	1.76	2.70
西部湖区宜兴附近	2.44	2.31	1.59
小梅口	2.12	4.02	2.20
东太湖	0.69	0.93	0.47
大太湖	1.35	2.23	2.22

引自黄漪平（2001）。

杨佳等（2020）基于太湖梅梁湾 1997~2017 年逐月连续监测数据发现，太湖浮游动物生物量上半年与下半年之间差异较大，上半年先上升到 3 月后缓慢下降，8 月生物量开始显著增长，并在 9 月达到峰值（图 5-14）。这是由于初夏和初秋浮游植物大量生长，浮游植物生物量呈现双峰现象，以浮游植物为食的浮游动物也相应迅速增长。浮游动物生物量最小值出现在 1 月（图 5-14）。

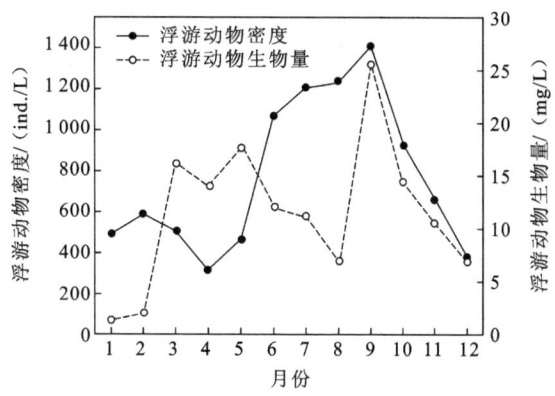

图 5-14 太湖梅梁湾浮游动物密度和生物量的季节变化（杨佳 等，2020）

2017～2018 年太湖浮游动物密度空间分布规律是湖沿岸的浮游动物密度高于湖心区，太湖的北部密度最高；同时浮游动物密度空间分布与季节变化也息息相关，春季浮游动物的密度相对较低，浮游动物密度最高出现在夏季，并且在梅梁湾、大浦口一带和西南部湖州一带浮游动物密度相对较高；冬季浮游动物密度高的集中于太湖的北部梅梁湾和竺山湾一带。2017 年太湖浮游动物密度大小为夏季>冬季>秋季>春季，而 2018 年四季太湖浮游动物密度大小为夏季>秋季>冬季>春季。桡足类和枝角类密度的四季变化皆为夏、秋季高，冬、春季低。由于轮虫密度在浮游动物中占绝对优势，所以，轮虫密度的四季变化过程与浮游动物密度四季变化趋势基本一致。

5.2.3 太湖各湖区浮游动物密度与湖体营养状况关系

浮游动物在湖泊生态系统中承担消费者的角色，它们中大多数种类是以细菌、藻类和有机碎屑为食，还有些在营养级中居于更高层次的浮游动物是以别的浮游动物为饵料。饵料的富足与否是影响浮游动物群落组成的因素之一，而浮游动物的饵料又是由营养盐转化而来的，因此，浮游动物密度的高低可在一定程度上反映湖泊营养状况，这是用浮游动物密度来估测湖泊营养状况的理论依据。国内外有学者按浮游动物密度来评价湖泊营养状况，湖泊水体中浮游动物密度<1 000 ind./L 为贫营养型，1 000～3 000 ind./L 为中营养型，>3 000 ind./L 为富营养型。秦伯强等（2004）把中营养型一分为二，即将 1 000～2 000 ind./L 列为中营养型前期，而 2 000～3 000 ind./L 列为中营养型后期。1990～1995 年太湖不同湖区各测点的浮游动物密度按上述指标分级所得的频数见表 5-16。

表 5-16 1990～1995 年太湖各湖区浮游动物密度分级的频率分布

	项目	1990 年	1991 年	1992 年	1993 年	1994 年	1995 年	合计	占总测点次数/%
	总测点次数	24	64	64	54	55	44	305	100.0
	<1 000 ind./L	9	59	58	52	50	43	271	88.9
东太湖	1 000～2 000 ind./L	9	3	4	0	5	0	21	6.9
	2 000～3 000 ind./L	1	1	1	2	0	1	6	2.0
	>3 000 ind./L	5	1	1	0	0	0	7	2.3

续表

	项目	1990年	1991年	1992年	1993年	1994年	1995年	合计	占总测点次数/%
五里湖	总测点次数	18	18	18	16	14	12	96	100.0
	<1 000 ind./L	5	9	9	6	10	3	42	43.8
	1 000~2 000 ind./L	1	7	4	2	3	5	22	22.9
	2 000~3 000 ind./L	2	2	2	2	1	2	11	11.5
	>3 000 ind./L	10	0	3	6	0	2	21	21.9
太湖其他湖区	总测点次数	81	161	160	135	134	108	779	100.0
	<1 000 ind./L	31	142	125	121	125	95	639	82.0
	1 000~2 000 ind./L	27	8	21	12	7	8	83	10.7
	2 000~3 000 ind./L	11	4	5	0	0	1	21	2.7
	>3 000 ind./L	12	7	9	2	2	4	36	4.6

引自秦伯强等（2004）。

部分加和不为100%由修约所致。

太湖五里湖各测点的浮游动物密度每年都有1次或2次达到中营养型后期或富营养型的标准，且中营养后期型和富营养型的频数占总测点次数的百分数，在3个湖区中也是最高的，分别为11.5%和21.9%。由此可见五里湖已是富营养化水体。五里湖密度最大的原生动物是领钟虫（1993年2月达9 100 ind./L）。五里湖中轮虫大量出现的种为角突臂尾轮虫和萼花臂尾轮虫（1993年4月和1995年2月均达700 ind./L）。萼花背尾轮虫和角突臂尾轮虫有着相似的生态习性，属于β-中污带种类（黄玉瑶，2001），这两种轮虫的出现标志着水体受到了有机物的污染。

从总体上看，1990～1995年，除东太湖和五里湖以外的太湖湖区的水质较好，所测得的浮游动物密度达中营养型后期和富营养型的频数，分别占总测点次数的2.7%和4.6%，可见局部湖区富营养化也不亚于五里湖。太湖富营养化严重的是梅梁湾，该湖区各测点的浮游动物密度每年均有1次或2次达中营养型后期或富营养型标准。1995年8月水样中出现多态喇叭虫，多达800 ind./L。在太湖西部湖区沿岸和其他湖湾诸测点，1991年测点曾达中营养型后期或富营养型标准，1992年测点也曾达富营养型标准，这些测点显然是受入湖河道水体的影响，湖水的水质变化不定。太湖湖心区除偶然年份浮游动物的密度达中营养型前期指标外，一直处于贫营养型标准之内。

1990～1995年东太湖水质一直较好，少数年份和少数测点浮游动物密度达到中营养型后期或富营养型标准，其频数分别占总测点次数的2.0%和2.3%。这是由于湖区水草茂盛，又位于太湖的东部，是泄洪的通道，水中营养物质为水草所吸收或随水外排。1990～1995年该湖区围网养殖大量发展，由于高密度放养和大量投喂外源性饵料，围网养殖区的水质受到一定程度的污染（杨清心等，1995）。所以位于围网养殖湖区的检测点，有的年份浮游动物的密度达到中营养型标准，有的测点于1991年和1992年曾分别达到富营养型标准。因此，太湖浮游动物密度能反映水体富营养化程度。

5.3 太湖浮游动物多样性及驱动因素

5.3.1 太湖浮游动物多样性

枝角类和桡足类作为湖泊富营养化水体指示种类,它们的生物量在整个浮游动物群落中占据主导地位。从2010年春、夏、秋3次采样监测数据可看出,浮游动物在各个湖区的H'较为接近(表5-17),H'越高则表明物种多样性越丰富,群落结构较为稳定,其中东太湖H'最高,五里湖最低(水利部太湖流域管理局 等,2010)。2011年,太湖春、夏、秋、冬4次监测结果分析得出的各湖区生物多样性指数相比2010年呈现下降的趋势(表5-18)(水利部太湖流域管理局 等,2011)。

表 5-17 2010年太湖各湖区浮游动物 H'

湖区	五里湖	梅梁湾	竺山湾	贡湖湾	东太湖	湖心区	西部沿岸区	南部沿岸区	东部沿岸区
浮游动物	3.36	3.57	3.44	3.46	3.86	3.49	3.82	3.50	3.43

引自水利部太湖流域管理局等(2010)。

表 5-18 2011年太湖各湖区浮游动物 H'

湖区	五里湖	梅梁湾	竺山湾	贡湖湾	东太湖	湖心区	西部沿岸区	南部沿岸区	东部沿岸区
浮游动物	2.46	2.92	2.60	3.15	2.65	2.86	3.04	2.94	2.72

引自水利部太湖流域管理局等(2011)。

2012年与前两年相比,太湖各个湖区浮游生物的H'有所减小(表5-19),浮游动物群落结构稳定性有所下降(水利部太湖流域管理局 等,2012)。同年,杜明勇等(2014)对太湖枯水期浮游动物结构进行调查发现,太湖中浮游动物密度为87.6 ind./L,枝角类和桡足类密度分别为36.2 ind./L和51.4 ind./L。枝角类中象鼻溞和网纹溞密度分别为25.1 ind./L和7.9 ind./L,占总密度的28.7%和9.1%;桡足类中哲水蚤和剑水蚤密度分别为9.6 ind./L和28.8 ind./L,占总密度的10.9%和32.9%。

表 5-19 2012年太湖各湖区浮游动物 H'

湖区	五里湖	梅梁湾	竺山湾	贡湖湾	东太湖	湖心区	西部沿岸区	南部沿岸区	东部沿岸区
浮游动物	2.31	2.64	2.90	2.66	2.69	2.55	2.50	2.29	2.63

引自水利部太湖流域管理局等(2012)。

2013年全年太湖浮游动物H'均值为2.06,相比上一年增长了将近40%,物种处于较丰富状态。2013年调查显示(李娣 等,2014b),太湖浮游动物密度与多样性秋季均高于春季,且东太湖浮游动物密度和多样性均低于梅梁湾、西北湖区和竺山湾等其他区域(表5-20)。

表 5-20　2013 年春秋季太湖各区域浮游生物多样性比较

湖区	监测点位	春季 物种数	H'	多样性级别	秋季 物种数	H'	多样性级别
东太湖	金墅湾	2	0.72	贫乏	12	2.77	较丰富
	渔洋山	3	1.52	一般	3	1.52	一般
	漫山	7	0.89	贫乏	10	3.56	丰富
贡湖湾	沙渚南	6	1.23	一般	6	2.76	较丰富
	锡东水厂	—	—	—	8	1.47	一般
梅梁湾	小湾里	9	1.98	一般	8	1.53	一般
西北湖区	十四号灯标	6	1.98	一般	9	2.57	较丰富
	大浦口	10	2.33	较丰富	8	2.80	较丰富
	新塘港	9	1.88	一般	9	2.36	较丰富
竺山湾	竺山湾南	18	2.70	较丰富	14	1.30	一般
	竺山湾中	15	2.81	较丰富	14	1.82	一般
	百渎港	1	2.44	较丰富	16	2.84	较丰富
	雅浦港	4	—	—	8	1.77	一般
全湖		9	1.86	一般	10.6	2.27	较丰富

引自李娣等（2014b）。

2014~2015 年太湖五里湖湖滨带中，浮游动物 H' 最大值在 7 月（$H'=2.83$），2 月值最小（$H'=1.74$）；浮游动物 D 最大值在 8 月（$D=7.67$），最小值在 2 月（$D=3.77$）；浮游动物 J 最大值在 6 月（$J=0.37$），9 月值最小（$J=0.09$）（图 5-15）。利用浮游动物多样性指数对可评价水域生态环境的优劣，调查结果显示，H' 值年均 2.34，J 值年均 0.25，即水质污染程度为中度污染。调查显示 9 月的水质状况最差，6 月和 7 月为中污染，水质较全年其他月份好。此外，浮游动物多样性具有明显的季节变化特征，在夏、秋季较高（7~9 月），而在春、冬季整体较低，这与温度及浮游藻类数量有着密切关系（代培 等，2019）。

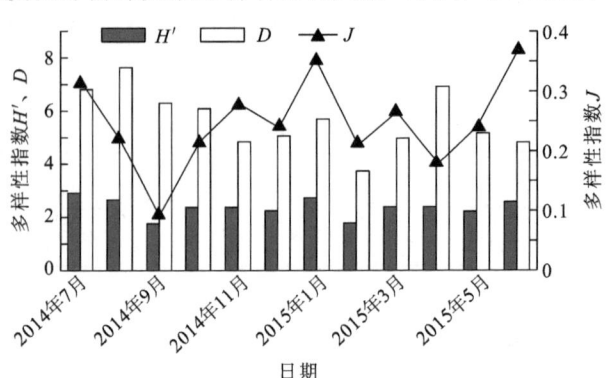

图 5-15　2014~2015 年五里湖湖滨带浮游动物群落多样性及月变化（代培 等，2019）

2016 年太湖各湖区浮游动物 H' 的变化范围为 0.35~2.19，均值约为 1.41（表 5-21）。其中 H' 最高值在贡湖湾，达 1.78，最低值是西部湖区，为 1.20。D 分析结果表明各湖区变化范围为 0.46～3.29，均值约为 1.67，贡湖湾的 D 最大，D 最小的湖区为南太湖。此时太湖各湖区水质污染程度均为重污染。

表 5-21　2016 年太湖浮游动物 D 及 H'

不同湖区	D	D 变化范围	H'	H' 变化范围
西部湖区	1.52	0.46～2.65	1.20	0.35～2.01
竺山湾	1.67	1.21～2.33	1.48	1.07～1.95
梅梁湾	1.86	1.11～2.70	1.53	0.95～2.04
贡湖湾	2.16	1.25～3.29	1.78	1.13～2.19
胥口湾	1.43	0.48～2.33	1.22	0.38～1.91
东太湖	1.71	0.72～2.46	1.41	0.56～1.92
南太湖	1.31	0.84～1.61	1.28	0.76～1.69

引自温超男等（2020）。

2017～2018 年，周义道（2019）研究发现浮游动物 H' 和 D 在各个湖区的分布差异均较大，并且呈现出一致的季节变化规律。由图 5-16 可以看出，各指数的变化规律均是在夏季达到最高，其次是秋季和春季，冬季最低。

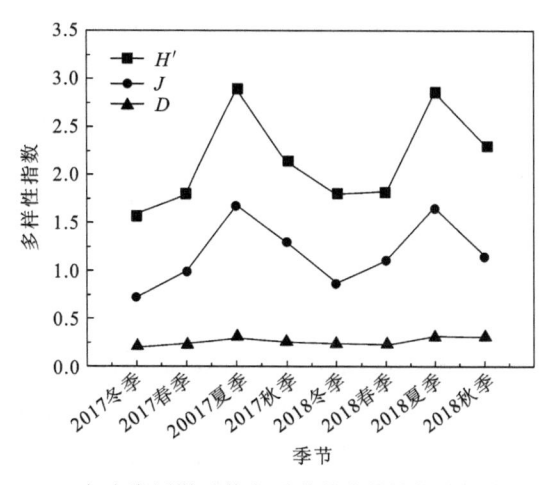

图 5-16　2017～2018 年太湖浮游动物各季节的多样性指数趋势（周义道，2019）

总之，在 2010～2018 年，太湖浮游动物多样性指数逐渐降低。由于浮游生物多样性与太湖富营养化程度呈负相关，所以，太湖水质变差和鱼类结构变化是导致浮游动物生物多样性减少的重要原因之一。

5.3.2　太湖浮游动物群落演替的驱动因素

自 20 世纪 60 年代开始，太湖浮游动物的种类组成和数量均发生了很大的变化。总的趋势是大型清水型浮游动物种类和数量均在减少，特别是浮游甲壳类的数量锐减。太湖浮游动物群落的演变受非生物因子和生物因子的影响。非生物因子有水温、透明度、悬浮质、波浪等；生物因子有藻类、细菌、鱼类和高等水生植物等。

浮游动物的生长繁殖易受环境条件变化的影响。每年的8月，太湖一般进入秋汛，如1994年8月末正是该年第17号台风过境，大量的降水和大幅度降温使湖体水文状况骤变，影响了似铃壳虫等原生动物的生长繁殖，使该年8月太湖各湖区浮游动物数量未出现高峰，而高峰则在以针簇多肢轮虫为优势种的6月。同样，太湖浮游动物数量的年间变化很大。太湖通江的河口已建闸，丰水年湖水大量外排，枯水年则要引江济太。每年的水文气象状况不同，浮游动物数量也必然随之而变化，一般是丰水年数量较低，平水年或枯水年数量趋高。

太阳辐射是影响浮游动物生长繁殖的重要生态因子。太湖地处亚热带，属季风气候，一年之中寒暑更迭，四季分明。由春至夏太阳辐射日增，水温上升，浮游动物大量生长繁殖。由秋至冬太阳辐射日减，水温下降，大多数浮游动物休眠，只有少数喜寒性或一些广温性种继续存在于水体中。浮游动物数量变化也有反常情况发生，如1993年2月五里湖领钟虫大量出现，1995年2月太湖西北部的诸测点所在的水域也出现了大量领钟虫，致使该湖区浮游动物数量高于该年别的月份。

浮游植物和高等水生植物对浮游动物种类的演替和数量变化也有极大的影响，随着梅梁湾蓝藻水华的不断发生和蓝藻大量聚积，梅梁湾水域内原生动物的寡毛目、缘毛目数量和生物量都增加，甚至达原生动物生物量的70%，富营养化水域为纤毛虫的生长和繁殖提供了足够的食物来源，因此，纤毛虫的数量和生物量与富营养化有显著的相关性（蔡后建，1998）。由于1999年太湖水质状况的改变，在梅梁湾的北端，春季局部地区出现了菹草，所以，在2002年春季的水样中，见到了多年未见的蚤状溞。

影响浮游动物周年数量变动的驱动因子是水温、透明度、SPM和波浪，这4个因子相互作用，在大型浅水湖泊更有其特殊意义（陈伟民和秦伯强，1998）。风平浪静时，透明度大，而SPM浓度趋于减小；当波浪由小变大时，透明度由大变小，而SPM浓度也由小变大。SPM不但影响透明度而且还影响水体的营养状况，进而对浮游藻类和细菌都产生作用。波浪产生的水动力对浮游动物群落组成起关键的作用。陈伟民等（2000）模拟水动力实验证实了这些关系，在静止状态时，不但浮游动物的种类多，而且枝角类和桡足类占比增大，尤其是枝角类的种类多，有长刺溞、短尾秀体溞（*Diaphanosoma brachyurum*）、角突网纹溞、简弧象鼻溞；小水流状态时可见角突网纹溞。大水流时仅见粉红粗毛溞（*Macrothrix rosea*）和猛水蚤。静止状态下枝角类的平均数量占总数量的87.9%。由于枝角类以浮游单细胞藻类、有机碎屑、原生动物和细菌为食物，所以枝角类数量多是造成藻类数量和生物量低的原因之一，因此，枝角类的种类多少和数量高低具有反映水体质量的潜力，表现出很大的生态学意义。

从静止状态进入流水状态时，原生动物、轮虫占总数量的百分比随着水流流速增大而增加，桡足类的占比随之减少，枝角类的占比呈现显著降低。浮游动物的密度随水流流速改变而改变。原生动物和轮虫数量在小水流速时最高，其中轮虫主要是臂尾轮虫和龟甲轮虫，它们是无选择性的微型滤食者，通常水体中SPM浓度高，则它们的食物较多。SPM也常作为一些原生动物生长的基质。由于摄食条件恶化，枝角类数量下降，为桡足类数量的1/3（陈伟民和秦伯强，1998）。由此可见，水动力对太湖浮游动物群落的演替也起着十分重要的作用。在大型浅水湖泊中，水动力过程不仅能运移浮游动物至其他水域，还能扰动沉积物，恶化摄食条件及堵塞大型浮游动物（枝角类、桡足类）摄食的滤器，致其死亡。与此同时，水体SPM增加导致的营养物质增加能引发藻类迅速生长，从而促进原生动物和轮虫这些生命周期短的小型浮游动物大量繁衍。浮游植物的增长跟浮游动物数量也有关系,但在时间上浮游动物的增长常有滞后的现象。

鱼类捕食也是影响浮游动物群落结构演替的驱动因素之一,其通常影响着小型浮游甲壳动物和轮虫在浮游动物群落中的优势度(钟春妮 等,2012)。有研究表明,湖鲚是太湖的优势鱼类(刘恩生 等,2005a);而湖鲚主要以大型浮游动物为食物(刘恩生 等,2007)。高等水生植物作为大型浮游动物避难所可以减轻其被鱼类捕食的压力(钟春妮 等,2012),然而野外观测显示,2006 年原草型湖区沉水植物群落已基本消失(朱广伟,2008),这使得大型浮游动物被鱼类捕食的概率显著增加。因此,湖鲚对大型浮游动物的摄食是太湖小型浮游动物成为优势种的重要原因之一。

不同浮游动物类群间的抑制和竞争通常也是驱动浮游动物群落结构变化的关键因素。大型浮游甲壳动物对轮虫的抑制作用通常包含两种:一是通过食物竞争;二是机械损伤,例如有些桡足类会直接摄食轮虫(Couch et al.,2001)。有研究表明,尽管食物资源丰富,在大型溞类(体长≥1.2 mm)和桡足类存在的情况下,轮虫通常也不会成为优势类群(钟春妮 等,2012)。

随着水体富营养化和气候变暖,太湖梅梁湾浮游动物群落逐步以较小的浮游甲壳动物为主要组成部分,浮游动物的特征趋于小型、耐污型(杨佳 等,2020)。水温升高可能是导致大型浮游动物生物量下降的主要原因。温度能加强下行效应的调控或改变浮游动物之间的竞争关系,从而影响浮游动物的群落结构,气候变暖与浮游动物的生物量之间存在负相关关系。而近几十年来,太湖年均气温和水温以每 10 年 0.36℃和 0.37℃的速率显著增加,造成太湖轮虫丰度明显降低,这有利于小型浮游甲壳动物形成优势(McKee et al.,2002)。这些因素的综合作用,造成太湖浮游动物数量锐减和浮游植物倍增的局面,并且促进了太湖浮游动物从大型浮游动物演替为以小型、耐污种为主导的群落结构。

浮游动物群落演替不仅与浮游植物群落组成有关,而且与鱼类群落组成变化有关。自 2020 年太湖禁捕以来,太湖浮游植物生物量变小,鱼类生物量增加,但是由于鱼类食性发生变化,对浮游动物的捕食压力减轻,所以浮游动物群落组成变化不大。

第6章 太湖底栖动物群落结构与演替

6.1 太湖底栖动物种类组成和优势种

底栖动物是指全部或者大部分时间生活在水体底部的水生动物类群，是生态系统中重要组成部分。底栖动物区域性强，迁移能力弱，有不同的适应外界环境和抗污染能力，是监测污染状况、评价水质的理想指示生物。底栖动物的物种类型、群落结构、空间分布和优势种类等可以反映水体质量状况，能用于客观分析和评价湖泊营养状况。

6.1.1 太湖底栖动物种类组成与演替

太湖底栖动物所属的门类有多孔动物门（Porifera）、刺胞动物门（Cnidaria）、扁形动物门、线形动物门、拟软体动物门（Molluscoidea）、环节动物门和软体动物门等。太湖环节动物有多毛纲（Polychaeta）、寡毛纲（Oligochaeta）和蛭纲（Hirudinea）内的一些属种；软体动物有腹足纲和瓣鳃纲（Lamellibranchia）内的一些属种；节肢动物有昆虫纲（Insecta）和甲壳纲（Crustacea）内的一些属种。

20世纪60~80年代，太湖底栖动物主要为软体动物、环节动物。20世纪60年代太湖湖体水质好，底栖动物种类多。60年代后期以后，围网养殖导致太湖高等水生植物退化和蓝藻水华暴发，藻类大量繁殖为底栖动物提供了充足的食物来源，20世纪80年代太湖底栖动物的数量较20世纪60年代初有所增加。

20世纪90年代，五里湖的底栖动物的数量较多，优势种为小型水生寡毛类和摇蚊幼虫等，生物量很低。而东部湖区底栖动物以大个体的螺类、瓣鳃纲等软体动物为主，个体数量较少，生物量较高。

2004年5月马陶武等（2008）对太湖西部湖区沿岸带、贡湖湾、竺山湾、梅梁湾、东部湖区沿岸带、东部湖区、南部湖区沿岸带和湖心区8个湖区进行大型无脊椎底栖动物采样，共鉴定出底栖动物24种，其中软体动物14种，节肢动物5种，环节动物5种。2004年太湖底栖动物物种组成如表6-1所示。

表 6-1 2004年太湖底栖动物物种组成

门	纲	种
软体动物	瓣鳃纲	蛏蚌 *Solenaia* sp. 湖球蚬 *Sphaerium lacustre* 河蚬 扭蚌 *Arconaia lanceolata* 淡水壳菜 *Limnoperna fortunei*

第6章 太湖底栖动物群落结构与演替

续表

门	纲	种
软体动物	腹足纲	方形环棱螺 *Bellamya quadrata* 铜锈环棱螺 梨形环棱螺 *Bellamya purificata* 螺蛳 黑龙江短沟蜷 *Semisulcospira amurensis* 方格短沟蜷 *Semisulcospira cancellata* 纹沼螺 *Parafossarulus striatulus* 长角涵螺 *Alocinma longicornis* 耳萝卜螺 *Radix auricularia*
节肢动物	昆虫纲	摇蚊幼虫 长足摇蚊 长跗摇蚊幼虫 *Tanytarsus* sp.
	甲壳纲	秀丽白虾 *Exopalaemon modestus* 中华锯齿米虾 *Neocaridina denticulate sinensis*
环节动物	寡毛纲	管水蚓 *Aulodrilus* sp. 霍甫水丝蚓 带丝蚓 *Lumbriculus* sp.
	多毛纲	齿吻沙蚕
	蛭纲	扁蛭 *Glossiphonia* sp.

引自马陶武等（2008）。

2005年4月、7月和10月，温周瑞等（2011）调查了太湖贡湖湾湖区虾类种类组成，共采集到5种虾类，隶属于2科3属，分别是秀丽白虾、中华锯齿米虾、日本沼虾（*Macrobrachium nipponense*）、细螯沼虾（*Macrobrachium superbum*）、细足米虾（*Caridina nilotica gracilipes*）。

2006年11月～2007年10月，蔡永久等（2009）对太湖中软体动物开展了为期1年的调查，共采集到12种软体动物，隶属于9科12属12种。其中瓣鳃纲有河蚬、中国淡水蛏（*Novaculina chinensis*）和湖球蚬；蚌科有背角无齿蚌（*Anodonta woodiana*）和背瘤丽蚌（*Lamprotula leai*）；腹足纲7种，分别为铜锈环棱螺、方格短沟蜷、长角涵螺、纹沼螺、椭圆萝卜螺（*Radix swinhoei*）、光滑狭口螺、旋螺（*Gyraulus* sp.）。

2007年2月～2008年11月，蔡永久等（2010）对太湖竺山湾、梅梁湾、贡湖湾、西部湖区和东部湖区等湖区的30个点位进行了大型底栖动物调查。此次调查总共鉴定出底栖动物3门7纲19科40种，物种组成主要有铜锈环棱螺、苏氏尾鳃蚓（*Branchiura sowerbyi*）和霍甫水丝蚓等。

2009年12月和2010年4月，张翔等（2014）分别对太湖湖滨带进行了两次底栖动物调查采样，共采集了大型底栖动物3门7纲69种。其中摇蚊幼虫24种，软体动物21种，水生昆虫9种，寡毛纲6种，多毛纲、蛭纲、甲壳纲共9种。表6-2为2007～2010年太湖大型底栖动物种类组成，相比于2004年，这4年间摇蚊幼虫种类数迅速增加。

表 6-2 2007～2010 年太湖大型底栖动物种类组成

物种	物种
具角无齿蚌 Anodonta angula	太湖大螯蜚 Grandidierella taihuensis
河蚬	秀丽白虾
刻纹蚬 Corbicula largillierti	摇蚊 Chironomus sp.
闪蚬 Corbicula nitens	细长摇蚊 Tendipes attenuatus
矛蚌 Lanceolaria sp.	羽摇蚊 Chironomus plumosus
背瘤丽蚌	喜盐摇蚊 Chironomus salinarius
淡水壳菜	背摇蚊 Chironomus dorsalis
中国淡水蛏 Novaculina chinensis	菱跗摇蚊 Clinotanypus sp.
湖球蚬	指突隐摇蚊 Cryptochironomus digitatus
圆顶珠蚌 Unio douglasiae	弯铗摇蚊 Cryptotendipes sp.
长角涵螺	强壮二叉摇蚊 Dicrotendipes nervosus
梨形环棱螺	三段二叉摇蚊 Dicrotendipes tritomus
铜锈环棱螺	恩菲摇蚊 Einfeldia sp.
凸旋螺 Gyraulus convexiusculus	雕翅摇蚊 Glyptotendipes sp.
大脐圆扁螺 Hippeutis umbilicalis	内偏拟摇蚊 Procladins choreus
纹沼螺	耐垢多足摇蚊 Polypedilum sordens
大沼螺 Parafossarulus eximius	梯形多足摇蚊 Polypedilum scalaenum
椭圆萝卜螺	红色裸须摇蚊 Propsilocerus akamusi
卵萝卜螺 Radix ovata	前突摇蚊 Procladius sp.
方格短沟蜷	长跗摇蚊
光滑狭口螺	长足摇蚊
苏氏尾鳃蚓	刺铗长足摇蚊 Tanypus punctipennis
尾盘虫 Dero sp.	中国长足摇蚊 Tanypus chinensis
霍甫水丝蚓	绒铗长足摇蚊 Paratanytarsus grimmii
巨毛水丝蚓 Limnodrilus grandisetosus	叶甲科幼虫 Chrysomelidae sp.
克拉泊水丝蚓 Limnodrilus claparedeianus	毛翅目 Trichoptera
颤蚓 Tubifex sp.	尾蟌 Paracercion sp.
齿吻沙蚕	大蜓 Anax imperator
舌蛭 Glossiphonia sp.	箭蜓 Gomphus sp.
泽蛭 Helobdella sp.	大异蜻 Macromia magnifica
石蛭 Erpobdella sp.	莫蟌 Matrona basilaris
杯状水虱 Cyathura sp.	斑蟌 Pseudagrion sp.
钩虾	丽翅蜻 Rhyothemis sp.
七鳃管盘虫 Aulophorus heptabranchionus	指鳃尾盘虫 Dero digitata

第6章 太湖底栖动物群落结构与演替

续表

物种	物种
参差仙女虫 Nais variabilis	中华河蚬
嫩丝蚓 Teneridrilus sp.	半折摇蚊 Chironomus semireductus
褐斑菱跗摇蚊 Clinotanypus sugiyamai	三带环足摇蚊 Cricotopus trifasciatus
指突隐摇蚊 Cryptochironomus digitatus	侧叶雕翅摇蚊 Glyptotendipes lobiferus
花翅前突摇蚊 Procladius choreus	螅 Caenagrion sp.
端足目 Amphipoda	扁舌蛭 Glossiphonia complanata
多毛纲	寡鳃齿吻沙蚕 Nephtys oligobranchia

2010年春季、夏季和秋季分别在太湖湖区采集到底栖动物44种、39种和39种，隶属于软体动物（腹足纲和瓣鳃纲）、环节动物（寡毛纲、多毛纲和蛭纲）、节肢动物（昆虫纲和甲壳纲）（水利部太湖流域管理局 等，2010）。

2011年采集到太湖底栖动物共72种，其中软体动物25种，环节动物14种，摇蚊17种，其他16种。耐污指示种环节动物、摇蚊和中度耐污指示种软体动物3者数量占底栖动物数量的86%（水利部太湖流域管理局 等，2011）。

2010年4月～2012年10月，在太湖的五里湖、贡湖湾、梅梁湾、竺山湾等9大湖区进行了11次底栖动物大调查。2010年3个季节调查中，采集的底栖动物有3门7纲14目54种，其中环节动物12种，软体动物17种，节肢动物25种。2011年采集的底栖动物有3门7纲15目53种，其中环节动物13种，软体动物15种，节肢动物25种（图6-1）。2012年采集的底栖动物有3门7纲14目52种，其中环节动物10种，软体动物20种，节肢动物22种（蔡琨，2013）。

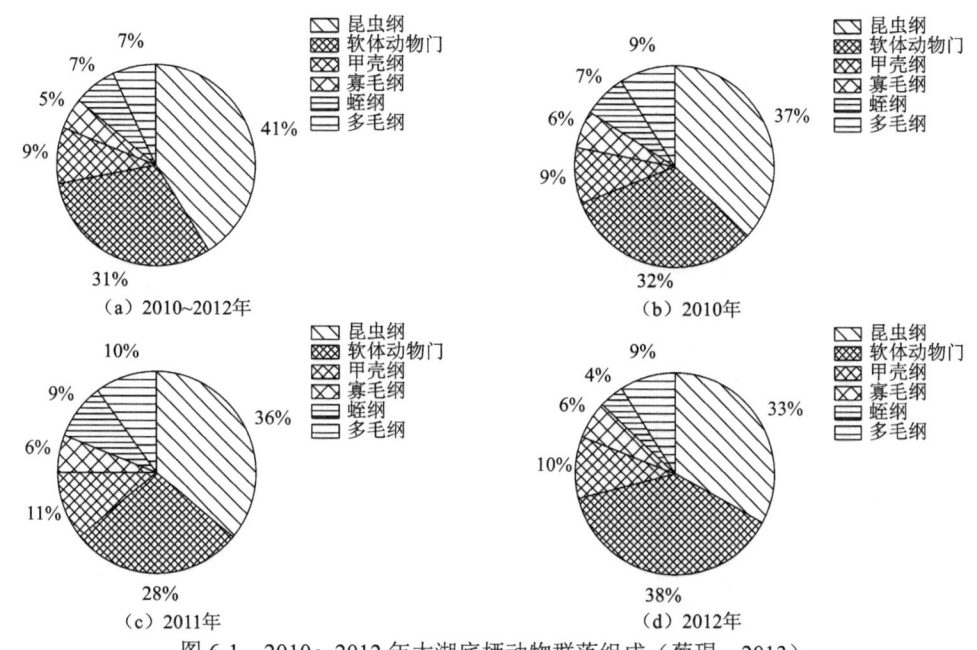

图6-1 2010～2012年太湖底栖动物群落组成（蔡琨，2013）

昆虫纲、甲壳纲属于节肢动物门；寡毛纲、蛭纲、多毛纲属于环节动物门

2012 年，太湖各湖区采集到底栖动物 52 种，其中环节动物 10 种，软体动物 19 种，节肢动物 23 种。南部沿岸区和东部沿岸区的物种数高于其他湖区，西部沿岸区和竺山湾区物种数最低（水利部太湖流域管理局 等，2012）。

2013 年，太湖湖体大型底栖动物调查研究中共采集到底栖动物 45 种，其中软体动物 16 种，环节动物 9 种，节肢动物 20 种。太湖常见种为寡毛纲的水丝蚓，多毛纲的齿吻沙蚕，瓣鳃纲的河蚬和甲壳纲的杯尾水虱、太湖大螯蜚（水利部太湖流域管理局 等，2013）。2013 年 1~3 月、7~8 月和 10~11 月，在太湖的 29 个采样点位采集到的大型无脊椎底栖动物主要有梨形环棱螺、铜锈环棱螺、秀丽白虾、河蚬、钩虾等（陈桥 等，2017）。

2014 年夏季、冬季对太湖全湖 116 个采样点位进行大型底栖动物调查。采集底栖动物 55 种，隶属 3 门 7 纲 18 目 27 科 52 属。其中软体动物腹足纲 9 种，瓣鳃纲 10 种，摇蚊科幼虫 15 种，甲壳纲 6 种，多毛纲 4 种，寡毛纲 4 种，其他类 7 种（许浩 等，2015）。太湖底栖动物物种组成见表 6-3。

表 6-3 2014 年太湖底栖动物物种组成

物种	物种
霍甫水丝蚓	德永雕翅摇蚊 *Glyptotendipes tokunagai*
巨毛水丝蚓	塔氏小摇蚊 *Microchironomus tabarui*
苏氏尾鳃蚓	软铗小摇蚊 *Microchironomus tener*
头鳃蚓 *Branchiodrilus* sp.	拟突摇蚊 *Paracladius* sp.
寡鳃齿吻沙蚕	小云多足摇蚊 *Polypedilum nubeculosum*
日本沙蚕 *Nereis japonica*	梯形多足摇蚊
背蚓虫 *Notomastus latericeus*	红色裸须摇蚊
缨鳃虫 *Branchiura sowerbyi*	前突摇蚊 *Procladius* sp.
泽蛭	中国长足摇蚊
宽身舌蛭 *Glossiphonia lata*	细蟌 *Agriocnemis* sp.
太湖大螯蜚	新叶春蜓 *Sinictinogomphus* sp.
螺蠃蜚 *Corophium* sp.	开臂蜻 *Zyxomma* sp.
秀丽白虾	细蜉 *Caenis* sp.
日本沼虾	石蛾 *Dolophilodes* sp.
中华锯齿米虾 *Neocaridina denticulata sinensis*	背角无齿蚌
拟背尾水虱 *Paranthura* sp.	扭蚌
羽摇蚊	三角帆蚌 *Hyriopsis cumingii*
菱跗摇蚊	背瘤丽蚌
林间环足摇蚊 *Cricotopus sylvestris*	短褶矛蚌 *Lanceolaria grayana*
隐摇蚊 *Cryptochironomus* sp.	圆顶珠蚌
真开氏摇蚊 *Eukiefferiella* sp.	中国淡水蛏
浅白雕翅摇蚊 *Glyptotendipes pallen*	河蚬

续表

物种	物种
湖球蚬	铜锈环棱螺
淡水壳菜	方格短沟蜷
光滑狭口螺	纹沼螺
大沼螺	长角涵螺
尖口圆扁螺 *Hippeutis cantori*	椭圆萝卜螺
大脐圆扁螺	

修改自许浩等（2015）。

2015年8月、11月和2016年2月、5月，对太湖西部沿岸、竺山湾、梅梁湾、贡湖湾等湖泛易发区进行不同季节底栖动物调查，共采集到大型底栖动物58种，隶属于4门7纲15目25科，其中软体动物17种，占总物种数的29.31%；环节动物28种，占总物种数的48.28%；节肢动物12种，占总物种数的20.69%（胡东方，2017）。2015~2016年太湖湖泛易发区大型底栖动物物种数随季节的变化而发生改变。其中秋季的底栖物种数最多，有43种，冬季底栖动物物种数最少，仅37种，夏季和春季所调查出的底栖动物物种数分别为40种和39种（图6-2），由此可见，底栖动物物种数与季节有关。

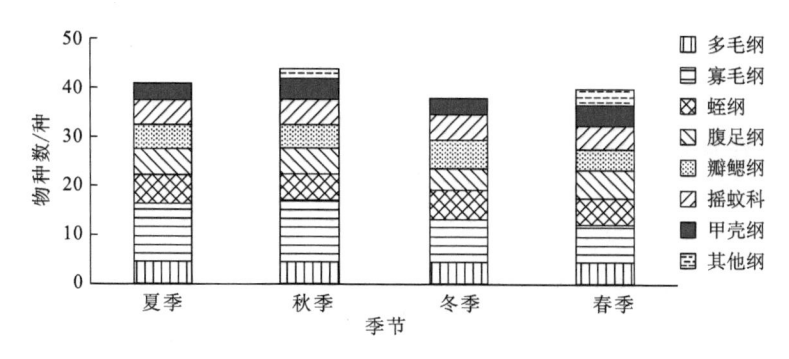

图6-2　2015~2016年太湖湖泛易发区大型底栖动物物种数的季节变化（胡东方，2017）

2017年，太湖底栖动物调查中采集到底栖动物52种，优势种为水丝蚓、长足摇蚊和裸须摇蚊（水利部太湖流域管理局 等，2017）。

2018年，太湖底栖动物调查中采集到底栖动物45种，优势种为河蚬和红色裸须摇蚊（水利部太湖流域管理局 等，2018）。

1980~2019年太湖梅梁湾共有底栖动物3门7纲44属（种），其中环节动物11种，节肢动物20种，软体动物12种（温舒珂 等，2023）。

2020年秋、冬季对太湖底栖动物进行调查，在2020年秋季采集到底栖动物21种，主要有霍甫水丝蚓、河蚬、光滑狭口螺、克拉泊水丝蚓、巨毛水丝蚓、苏氏尾鳃蚓、正颤蚓（*Tubifex tubifex*）等。冬季太湖底栖动物中克拉泊水丝蚓、巨毛水丝蚓、苏氏尾鳃蚓、正颤蚓等物种消失，增加了圆锯齿吻沙蚕（*Dentinephtys glabra*）、溪沙蚕（*Namalycastis abiuma*）、九斑多足摇蚊（*Polypedilum pedestre*）等物种。2020年秋、冬季太湖底栖动物物种组成略有变化。

2021年春、夏季采集到太湖底栖动物分别为13种、15种。2021年春季太湖中底栖动物主要有霍甫水丝蚓、河蚬、三角洲双须虫（*Eteone delta*）、巨毛水丝蚓等。2021年夏季太湖中底栖动物主要有霍甫水丝蚓、河蚬、苏氏尾鳃蚓、巨毛水丝蚓等。相比于春季，夏季太湖底栖动物组成也随季节发生变化，寡鳃齿吻沙蚕、淡水壳菜、德永雕翅摇蚊、九斑多足摇蚊等物种消失，增加了苏氏尾鳃蚓、圆锯齿吻沙蚕、方格短沟蜷、光滑狭口螺、太湖大螯蜚、软铗小摇蚊等物种。

2021年Ji等（2023）对太湖底栖动物进行调查，经鉴定共有底栖动物28种，其中寡毛纲8种，摇蚊科幼虫5种，软体动物8种，多毛纲2种，其他类5种。

2023年2月、5月和8月对太湖水域进行底栖动物采集，共采集到底栖动物38种，隶属于3门15目18科，其中节肢动物16种，软体动物15种，环节动物7种，具体见表6-4（陶艳茹 等，2024）。同以前相比，种类数量有所下降。

表6-4 2023年2～8月太湖底栖动物物种组成

物种	物种
苏氏尾鳃蚓	花翅前突摇蚊
霍甫水丝蚓	软铗小摇蚊
日本沙蚕	浅白雕翅摇蚊
寡鳃齿吻沙蚕	叶甲科一种 *Chrysomeloidea*
背蚓虫	铜锈环棱螺
扁蛭	大沼螺
细螯沼虾	纹沼螺
中华绒螯蟹 *Eriocheir sinensis*	长角涵螺
大螯蜚 *Grandidierella* sp.	多棱角螺 *Angulyagra polyzonata*
拟背尾水虱	光滑狭口螺
中国长足摇蚊	赤豆螺 *Bithynia fuchsiana*
红色裸须摇蚊	大脐圆扁螺
菱跗摇蚊	白旋螺 *Gyraulus albus*
黄色羽摇蚊 *Chironomus flaviplumus*	河蚬
哈摇蚊 *Harnischia* sp.	中国淡水蛏
摇蚊	淡水壳菜
隐摇蚊	背角无齿蚌
梯形多足摇蚊	剑状矛蚌 *Lanceolaria gladiola*
塔氏小摇蚊 *Microchironomus tabarui*	圆背角无齿蚌 *Anodonta woodiana pacifica*

引自陶艳茹等（2024）。

从20世纪60年代到2023年，太湖底栖动物种类组成在不断发生变化。软体动物数量在逐渐减少，多毛纲和寡毛纲物种比例不断增加。底栖动物物种组成的变化主要受太湖水环境、人为捕捞和鱼类组成及生物量等因素的影响。氮磷大量进入太湖、蓝藻水华暴发和高等水生植物减少都会导致大型底栖动物群落结构发生改变，敏感种类消失，而颤蚓科（Tubificidae）

因耐污能力较强而大量繁殖。围网养殖一定程度上缩减了螺蚬的繁育场所，同时螺类的大量捕捞也使其数量下降，2020~2023 年，蓝藻水华规模减小和鱼类生物量增加，导致底栖动物种类和数量下降。

6.1.2 太湖底栖动物优势种及优势度

优势种是指在一定生态系统中占据优势地位，成为该生态系统中数量最多、群落最稳定的生物种群，其对生境影响最大。

20 世纪 50 年代，太湖底栖动物优势种主要是河蚬和螺蛳。五里湖水质较好，大型底栖动物较多，优势种为日本沼虾、大型软体动物。20 世纪 60 年代工业废水等排入湖体，水质状况变差，五里湖中大型软体动物基本消失，耐污种开始成为优势种。

20 世纪 80 年代，河蚬、螺蛳和光滑狭口螺成为太湖底栖动物的优势种，在部分湖区还发现较多的耐污种苏氏尾鳃蚓（范成新，1996）。

1987~1988 年太湖大型底栖无脊椎动物的优势种类为河蚬、水丝蚓和光滑狭口螺等 8 种，具体优势种及生物量见表 6-5。

表 6-5 1987~1988 年太湖底栖动物优势种及其生物量

指标	河蚬	水丝蚓	光滑狭口螺	摇蚊幼虫	颤蚓	沙蚕	环棱螺	螺蛳
密度/(ind./m^2)	117.99	6.46	14.72	8.47	5.33	9.65	3.07	4.54
生物量/(g/m^2)	59.94	0.27	0.37	0.19	0.69	0.18	4.73	1.98
出现率/%	62.50	29.41	26.47	23.53	19.12	18.38	13.24	12.50

引自黄漪平（2001）。

20 世纪 90 年代，蓝藻水华分布地区主要集中在太湖北部湖区，如梅梁湾、竺山湾。梅梁湾是太湖蓝藻水华暴发最频繁湖区，其底栖动物中软体动物减少，耐污种数量增加。此时太湖湖心区及东部湖区蓝藻水华还未频繁暴发，水质状态良好。但由于水质恶化，西部湖区沿岸和梅梁湾出现了较多的齿吻沙蚕；五里湖和梅梁湾的优势种转为耐污种寡毛类和摇蚊幼虫等，主要种类有羽摇蚊幼虫和克拉泊水丝蚓；湖心区底栖动物优势种以河蚬、光滑狭口螺为主；东部湖区底栖动物的优势种以大个体的螺类、瓣鳃纲等软体动物为主。

2006 年 11 月~2007 年 10 月，太湖软体动物的优势种为河蚬、铜锈环棱螺，河蚬的出现率为 90.0%，主要分布在西南湖区和贡湖湾，铜锈环棱螺的出现率为 56.7%，主要分布在东部湖区（蔡永久 等，2009）。

2007~2008 年，太湖底栖动物优势类群为颤蚓类、瓣鳃纲及腹足类，太湖大型底栖动物的优势种有霍甫水丝蚓、铜锈环棱螺、河蚬、中华河蚓、中国长足摇蚊和钩虾。颤蚓类的优势种为霍甫水丝蚓和中华河蚓，主要分布在梅梁湾、竺山湾及河口区域等富营养化的湖区。软体动物的优势种为河蚬和铜锈环棱螺，主要分布在贡湖湾、西部湖区及东部湖区。摇蚊幼虫的优势种为中国长足摇蚊，主要分布在梅梁湾、竺山湾及东部湖区。钩虾主要分布在梅梁湾、贡湖湾及西部湖区。梅梁湾、竺山湾及河口的优势种为霍甫水丝蚓、中华河蚓、苏氏尾鳃蚓、中国长足摇蚊、钩虾、指鳃尾盘虫和半折摇蚊。湖心区、贡湖湾及西部湖区的优势种主要是河蚬、钩虾、多毛类、霍甫水丝蚓和苏氏尾鳃蚓。东部湖区的优势种为河蚬、霍甫水丝蚓、苏氏尾鳃蚓及腹足纲螺类的部分种类（蔡永久 等，2010）。

2009～2010 年，太湖湖滨带底栖动物主要为寡毛类、摇蚊幼虫和软体动物。不同湖区的优势类群不同，寡毛纲颤蚓科等耐污种是竺山湾、梅梁湾及西部湖区沿岸的优势种，软体动物是其余湖区优势种（张翔 等，2014）。

2010～2011 年太湖底栖动物优势种为河蚬、水丝蚓和齿吻沙蚕。

2012 年太湖中底栖动物的优势种增加了甲壳纲的杯尾水虱。

2013 年太湖湖心、北部、西部及南部湖区优势种多以瓣鳃纲和软甲纲（Malacostraca）物种为主，少量湖区有寡毛纲和多毛纲物种，包括河蚬、太湖大鳌蜚、钩虾、杯尾水虱、霍甫水丝蚓、细鳌沼虾和拉氏蚬。东部湖区优势种为梨形环棱螺、铜锈环棱螺、秀丽白虾、河蚬、钩虾及寡毛纲、摇蚊幼虫和多毛纲一些种类（陈桥 等，2017）。

2014 年太湖底栖动物的优势类群是瓣鳃纲、甲壳纲及腹足纲，主要为河蚬、铜锈环棱螺、霍甫水丝蚓、太湖大鳌蜚、寡鳃齿吻沙蚕和拟背尾水虱。软体动物的优势种是河蚬和铜锈环棱螺，主要分布在贡湖湾、西部湖区和东部湖区。颤蚓类的优势种是霍甫水丝蚓，主要分布在竺山湾及大浦河河口区（许浩 等，2015）。

2015 年太湖底栖动物的主要优势种为河蚬。五里湖的优势种为摇蚊幼虫，小湾里、沙渚、锡东水厂取水口、五里湖心、大浦口、新塘港、漫山和十四号灯标的优势种均为河蚬，其中河蚬和铜锈环棱螺同为锡东水厂取水口的优势种。

2016 年全年太湖底栖动物优势种主要为河蚬和霍甫水丝蚓。梅梁湾、贡湖湾无锡水域、南部湖区和湖心区优势种为河蚬，而西部湖区宜兴沿岸和五里湖优势种分别为霍甫水丝蚓和摇蚊幼虫。

2015～2016 年太湖湖泛易发区的底栖动物的优势种共有 8 种，分别为正颤蚓、霍甫水丝蚓、铜锈环棱螺、梨形环棱螺、河蚬、巨毛水丝蚓、红色裸须摇蚊和刺铗长足摇蚊（胡东方，2017）。其中巨毛水丝蚓和红色裸须摇蚊仅在冬季成为优势种，梨形环棱螺仅在夏季成为优势种，其余优势种均在全年出现。

2017 年全年太湖底栖动物优势种主要为河蚬和摇蚊幼虫。小湾里和五里湖优势种为摇蚊幼虫，其余水域优势种均为河蚬。

在 2007～2013 年和 2017 年，五里湖内底栖动物优势种均为霍甫水丝蚓和摇蚊幼虫，在 2014～2016 年，五里湖底栖动物优势种为大型腹足类软体动物和扁舌蛭（表 6-6）（薛庆举 等，2020）。

表 6-6　2007～2017 年五里湖底栖动物优势种变化

年份	优势种（优势度）
2007	霍甫水丝蚓（0.39）、中国长足摇蚊（0.14）、红色裸须摇蚊（0.11）、多巴小摇蚊（0.03）、花翅前突摇蚊（0.02）
2008	霍甫水丝蚓（0.36）、中国长足摇蚊（0.23）、红色裸须摇蚊（0.06）、花翅前突摇蚊（0.06）
2009	霍甫水丝蚓（0.28）、中国长足摇蚊（0.16）、多巴小摇蚊（0.12）、花翅前突摇蚊（0.09）、红色裸须摇蚊（0.06）
2010	霍甫水丝蚓（0.23）、中国长足摇蚊（0.13）、红色裸须摇蚊（0.11）、多巴小摇蚊（0.06）、花翅前突摇蚊（0.05）
2011	中国长足摇蚊（0.41）、霍甫水丝蚓（0.20）、多巴小摇蚊（0.09）、花翅前突摇蚊（0.07）、红色裸须摇蚊（0.05）
2012	霍甫水丝蚓（0.25）、红色裸须摇蚊（0.23）、中国长足摇蚊（0.16）、花翅前突摇蚊（0.04）、多巴小摇蚊（0.03）

续表

年份	优势种（优势度）
2013	霍甫水丝蚓（0.64）、中国长足摇蚊（0.24）、红色裸须摇蚊（0.03）
2014	中国长足摇蚊（0.38）、红色裸须摇蚊（0.06）、长角涵螺（0.05）、铜锈环棱螺（0.02）、花翅前突摇蚊（0.02）
2015	霍甫水丝蚓（0.20）、花翅前突摇蚊（0.15）、中国长足摇蚊（0.06）、扁舌蛭（0.04）、铜锈环棱螺（0.03）
2016	霍甫水丝蚓（0.18）、扁舌蛭（0.07）、花翅前突摇蚊（0.07）、红色裸须摇蚊（0.05）、中国长足摇蚊（0.04）、铜锈环棱螺（0.02）
2017	中国长足摇蚊（0.08）、霍甫水丝蚓（0.06）、多巴小摇蚊（0.05）、花翅前突摇蚊（0.05）、红色裸须摇蚊（0.03）、摇蚊（0.03）

引自薛庆举等（2020）。

2018 年全年太湖底栖动物优势种主要为河蚬和铜锈环棱螺。

2007~2019 年太湖梅梁湾底栖动物优势种为水丝蚓、摇蚊幼虫、河蚬、太湖大鳌蜚（温舒珂 等，2023）。

2020 年秋季，太湖底栖动物的优势种主要为霍甫水丝蚓、三角洲双须虫、太湖大鳌蜚。霍甫水丝蚓主要分布于西部湖区。三角洲双须虫除了东部湖区，其余湖区均有出现，且其密度较高。太湖大鳌蜚主要分布在太湖南部湖区。2020 年冬季，太湖底栖动物的优势种发生变化，霍甫水丝蚓、三角洲双须虫的优势度下降，河蚬的优势度增加，成为优势种。太湖大鳌蜚依旧是太湖底栖动物的优势种。

2021 年春季，霍甫水丝蚓、铜锈环棱螺、河蚬的优势度较高，成为太湖底栖动物的优势种。霍甫水丝蚓主要分布在太湖湖心区，铜锈环棱螺各湖区均有分布，河蚬除东部湖区外均有分布。2021 年夏季，霍甫水丝蚓、铜锈环棱螺、河蚬仍为太湖优势种，同时，克拉泊水丝蚓的优势度增加，成为优势种。

2023 年 2~8 月，太湖底栖动物的优势种为寡鳃齿吻沙蚕、大鳌蜚属 1 种、拟背尾水虱、铜锈环棱螺和河蚬，优势度>0.02（陶艳茹 等，2024）。

因此，从 20 世纪 80 年代开始，太湖蓝藻水华主要发生在梅梁湾、竺山湾湖区，并由西北湖区向湖心区、西部湖区、南部湖区扩散。蓝藻水华暴发导致太湖底栖动物的优势种发生变化。太湖底栖动物的优势种由螺类、瓣鳃纲软体动物向软体动物、耐污种寡毛类和摇蚊幼虫种类转变。河蚬、铜锈环棱螺优势度下降，摇蚊幼虫和霍甫水丝蚓的优势度增加，成为优势种。到 2023 年，由于蓝藻水华暴发规模减小，太湖禁捕鱼类生物量增加，河蚬成为优势种，数量占总底栖动物的 57%。

6.2 太湖底栖动物密度和时空分布

6.2.1 太湖底栖动物密度和生物量

在 20 世纪 60~80 年代对太湖底栖动物的密度及生物量进行调查，1960 年 7 月太湖水域底栖动物平均密度为 71.50 ind./m^2，生物量为 44.10 g/m^2。其中软体动物的平均密度为 48.00 ind./m^2，生物量为 43.21 g/m^2；环节动物和昆虫的平均密度为 23.50 ind./m^2，生物量为 0.89 g/m^2（表 6-7）。

表 6-7 20 世纪 60~80 年代太湖底栖动物密度及生物量

调查年份	软体动物 密度/(ind./m²)	软体动物 生物量/(g/m²)	环节动物和昆虫 密度/(ind./m²)	环节动物和昆虫 生物量/(g/m²)	合计 密度/(ind./m²)	合计 生物量/(g/m²)	采样点数和次数
1960 年	48.00	43.21	23.50	0.89	71.50	44.10	170 个点，7 月采样 1 次
1980~1981 年	110.62	44.50	27.12	0.30	137.74	44.80	110 个点，每季 1 次共 4 次
1987~1988 年	153.75	77.12	32.25	1.47	186.00	78.59	39 个点，3 月、8 月、10 月、次年 4 月各 1 次

引自秦伯强等（2004）。

1980~1981 年太湖水域底栖动物平均密度较 20 世纪 60 年代大幅度增长，生物量未有较大变化，平均密度增长至 137.74 ind./m²，生物量为 44.80 g/m²。其中软体动物平均密度增长至 110.62 ind./m²，生物量为 44.50 g/m²；环节动物和昆虫的平均密度小幅度增长，为 27.12 ind./m²，但生物量降低至 0.30 g/m²。

1987~1988 年太湖水域底栖动物平均密度较前几年继续增长，生物量也呈增加趋势。全域底栖动物平均密度达 186.00 ind./m²，生物量增加至 78.59 g/m²。其中，软体动物平均密度增至 153.75 ind./m²，生物量增至 77.12 g/m²。环节动物和昆虫平均密度增至 32.25 ind./m²，生物量增至 1.47 g/m²。

1987~1988 年，对太湖各采样点进行 4 次采样，按照湖区进行分析。各湖区大型底栖无脊椎动物的平均密度和生物量见表 6-8。调查结果显示，软体动物密度最高值出现在梅梁湾，高达 569.00 ind./m²，密度最低值出现在五里湖，仅为 42.29 ind./m²。环节动物和昆虫密度最高值出现在五里湖，为 695.01 ind./m²，最低值出现在贡湖湾，仅为 12.00 ind./m²。

表 6-8 1987~1988 年太湖各湖区大型底栖无脊椎动物的密度及生物量

项目	密度/(ind./m²) 软体动物	密度/(ind./m²) 环节动物和昆虫	密度/(ind./m²) 总数	生物量/(g/m²) 软体动物	生物量/(g/m²) 环节动物和昆虫	生物量/(g/m²) 总数
五里湖	42.29	695.01	737.30	36.90	26.62	63.52
梅梁湾	569.00	30.60	599.60	164.32	1.80	166.12
竺山湾	562.00	52.00	614.00	165.21	3.37	168.49
贡湖湾	97.50	12.00	109.50	60.74	0.54	61.28
东部湖区	234.93	141.57	376.50	104.74	3.08	107.82
大太湖	116.07	25.93	142.00	68.79	1.31	70.10
平均	153.75	33.26	187.00	77.12	1.47	78.59

引自黄漪平（2001）。

1960~1991 年，太湖底栖动物种类数和密度均有较大变化（表 6-9）。1960 年 7 月太湖底栖动物密度为 164.4 ind./m²，到 1980 年 7 月下降为 137.7 ind./m²，20 世纪 80 年代末增长至 301.0 ind./m²。

第6章 太湖底栖动物群落结构与演替

表 6-9　1960～1991 年太湖夏季底栖动物变化

指标	1960 年 7 月	1980 年 7 月	1987 年 7 月	1991 年 6 月
种类数	40	48	59	43
密度/(ind./m^2)	164.4	137.7	301.0	294.0
生物量/(g/m^2)	73.5	44.8	98.6	50.4

引自范成新（1996）。

20 世纪 90 年代太湖水域底栖动物密度出现大幅度增加。1990～1995 年太湖各湖区底栖动物密度和生物量调查结果如表 6-10 所示。1990 年夏季，五里湖底栖动物密度很高，平均密度达到 2 033 ind./m^2，同时期的东部湖区和西部湖区底栖动物密度较低，分别为 220 ind./m^2 和 286 ind./m^2。

表 6-10　1990～1995 年太湖各湖区底栖动物密度和生物量

湖区		1990 年				1991 年					1992 年		1995 年
		8 月	10 月	12 月	2 月	4 月	6 月	8 月	10 月	12 月	4 月	10 月	10 月
五里湖	密度/(ind./m^2)	2 033	1 033	2 400	1 675	97	204	711	230	1 445	1 478	620	2 047
	生物量/(g/m^2)	11.3	26.1	28.8	26.2	19.6	13.2	17.5	7.1	23.1	25.0	3.2	31.6
西部湖区	密度/(ind./m^2)	286	296	253	109	131	294	689	369	244	116	351	252
	生物量/(g/m^2)	72.0	69.3	105.2	26.9	33.8	50.4	98.5	60.4	62.84	27.8	57.7	29.5
东部湖区	密度/(ind./m^2)	220	418	378	340	194	152	183	232	273	185	277	400
	生物量/(g/m^2)	150.5	162.7	224.6	99.4	150.6	92.8	132.5	100.4	110.4	140.9	149.8	47.3

引自秦伯强等（2004）。

1991 年太湖底栖动物密度发生变化，8 月五里湖底栖动物密度较前一年明显下降，为 711 ind./m^2，而西部湖区的底栖动物密度上升，为 689 ind./m^2。同时，五里湖和西部湖区的底栖动物密度要远高于东部湖区。

1992 年 4 月，五里湖底栖动物密度高达 1 478 ind./m^2，而西部湖区底栖动物密度跟前一年同月份比较，未发生明显变化。

1995 年太湖底栖动物密度明显上升，远高于前一年。其中五里湖底栖动物密度达 2 047 ind./m^2，东部湖区底栖动物密度 400 ind./m^2，西部湖区底栖动物密度 252 ind./m^2。

2005 年 1～12 月对霍甫水丝蚓进行为期一年的调查。结果显示，霍甫水丝蚓的年平均密度为 3 273.75 ind./m^2，生物量为 4.697 g/m^2。霍甫水丝蚓年平均密度的最高值出现在竺山湾，密度高达 13 800 ind./m^2，同时梅梁湾和大浦口区域的密度值也相对较高（李艳 等，2012），具体密度和生物量的空间分布见图 6-3。调查结果还显示，霍甫水丝蚓密度和生物量在不同季节会有所不同，其中霍甫水丝蚓最大密度和生物量出现在冬季，其密度最高值和生物量最高值出现在竺山湾，分别高达 17 080 ind./m^2 和 68.2 g/m^2。

2006 年 11 月和 2007 年 10 月，太湖软体动物的年平均密度和生物量分别为 266 ind./m^2 和 102.2 g/m^2，其中河蚬年平均密度和生物量分别为 174 ind./m^2 和 58.3 g/m^2，铜锈环棱螺的年平均密度和生物量分别为 58 ind./m^2 和 61.6 g/m^2（图 6-4）（蔡永久 等，2009）。

(a) 密度

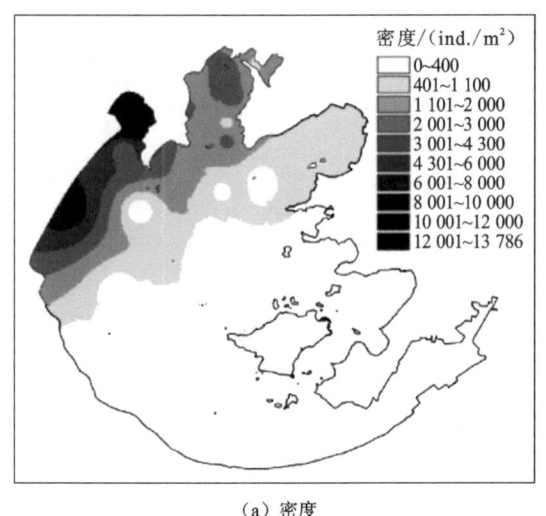

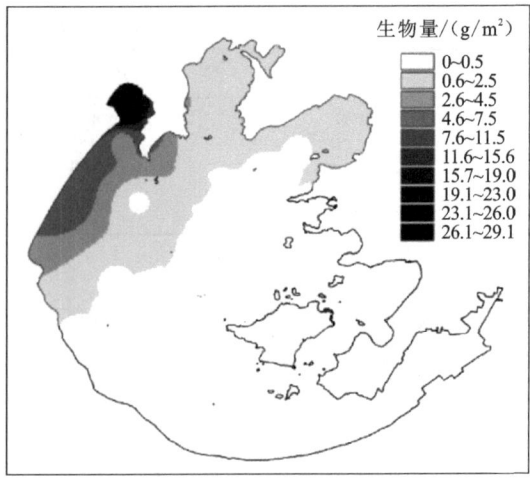

(b) 生物量

图 6-3 2015 年霍甫水丝蚓密度和生物量分布（李艳 等，2012）

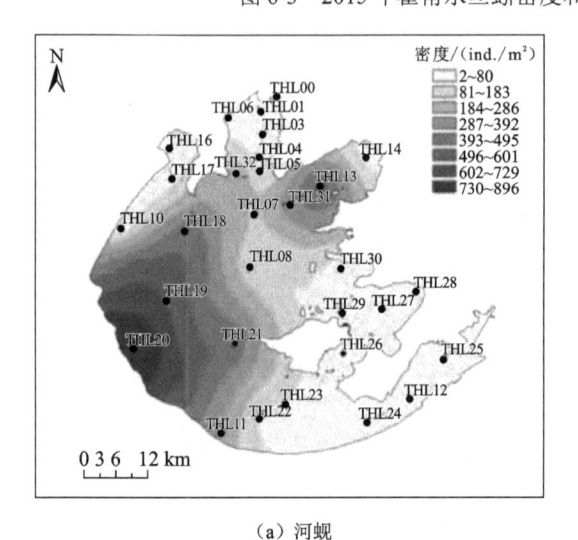

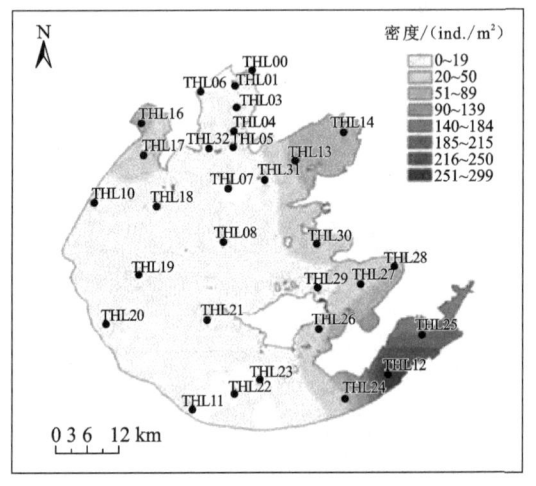

(a) 河蚬

(b) 铜锈环棱螺

图 6-4 2006~2007 年太湖河蚬、铜锈环棱螺空间分布（蔡永久 等，2009）

图中 THL01~THL30 为均匀分布于太湖的 30 个采样点

2007 年 2 月~2008 年 11 月，太湖水域底栖动物平均密度高值出现在梅梁湾、竺山湾及河口，密度为 2 785~35 340 ind./m²，最高平均密度为 35 340 ind./m²，其他水域平均密度相对较低，密度为 200~2 135 ind./m²（蔡永久 等，2010）。该阶段太湖大型底栖动物平均密度和生物量空间分布及各类底栖动物所占比例如图 6-5 所示。

2009~2010 年调查太湖不同湖区湖滨带底栖动物分布，不同湖滨带底栖动物的平均密度有明显差异。梅梁湾、竺山湾和西部湖区沿岸底栖动物密度高，数量多，平均密度在 2 000 ind./m² 以上。而南部湖区沿岸和贡湖湾湖区底栖动物密度低，基本低于 2 000 ind./m²。东部湖区和东部湖区沿岸底栖动物密度很低，密度为 16~516 ind./m²（张翔 等，2014）。

2010~2012 年调查显示太湖底栖动物密度呈现季节性变化。2010 春季~2012 年秋季太湖底栖动物的平均密度为 619 ind./m²，其中 2010 年夏季太湖底栖动物密度高达 1 295 ind./m²，密度最小值在 2012 年秋季，仅为 208 ind./m²（蔡琨，2013）。

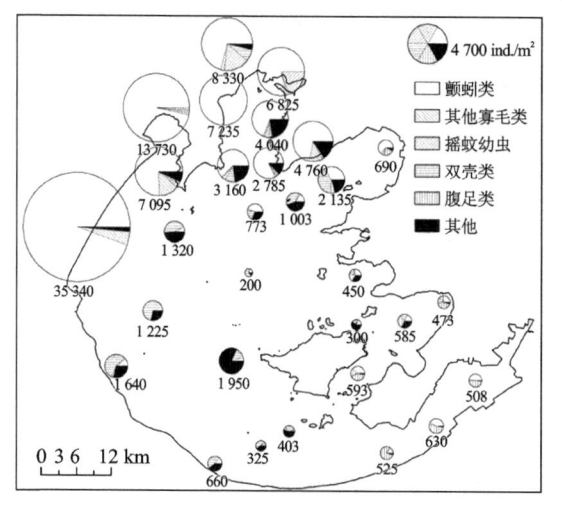

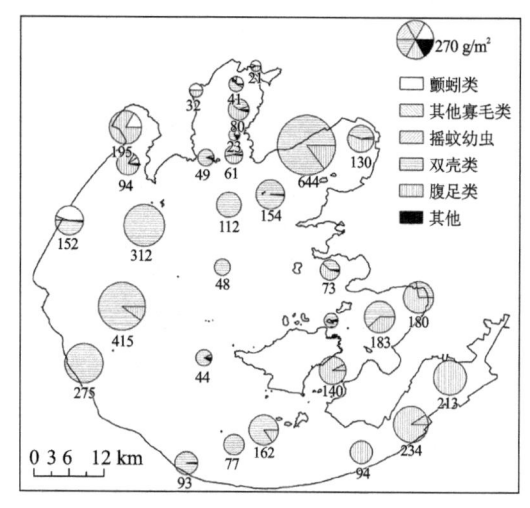

图 6-5　2007~2008 年太湖大型底栖动物平均密度和生物量空间分布
及各类底栖动物所占比例（蔡永久 等，2010）

2013 年对太湖钩虾种群进行调查，太湖的西北湖区的钩虾种群密度最高。2013 年 4 月的调查结果显示，在竺山湾南的钩虾种群密度最高，高达 1 124 ind./m²，浦庄的钩虾种群密度最低，仅有 0.9 ind./m²。2013 年 11 月，在太湖北部的沙塘港、百渎港、大浦口和竺山湾南均发现钩虾种群，其中在大浦口的密度最大，为 604 ind./m²（张海燕 等，2018）。

2014 年太湖底栖动物的平均密度和生物量分别为 405.5 ind./m² 和 146.6 g/m²。在太湖北部的竺山湾、河口、梅梁湾及南部湖区沿岸带底栖动物密度较高，密度最大值出现在大浦河口，为 5 886.7 ind./m²，而在湖心区平均密度相对较低。全湖底栖动物中平均密度和生物量最高的是河蚬，分别达到 100.0 ind./m² 和 105.5 g/m²。河蚬在东部湖区和贡湖湾分布较少，在其余湖区分布较为广泛。铜锈环棱螺的全湖平均密度和生物量分别为 13.0 ind./m² 和 21.8 g/m²，在贡湖湾和东部湖区密度较高，为 83.0 ind./m²，而湖心区和西部湖区有较少铜锈环棱螺分布，密度小于 10.0 ind./m²（许浩 等，2015）。

2015 年全年太湖水域底栖动物平均密度为 187 ind./m²，各湖区底栖动物密度为 80~472 ind./m²。全年梅梁湾底栖动物平均密度最高，为 472 ind./m²，南部湖区沿岸区平均密度最低，仅为 80 ind./m²。

2016 年全年太湖水域底栖动物平均密度为 234 ind./m²，各水域底栖动物密度为 32~624 ind./m²。全年底栖动物平均密度最高值出现在湖心区，为 404 ind./m²。全年底栖动物平均密度最低的是五里湖心水域和西部湖区宜兴沿岸区，均为 104 ind./m²。

2015~2016 年太湖湖泛易发区大型底栖动物的密度和生物量变化如图 6-6 所示。全年底栖动物的平均密度为 4 015.17 ind./m²，不同季节底栖动物密度有一定差异。夏、秋、冬和春季底栖动物平均密度分别为 5 826.33 ind./m²、5 141.23 ind./m²、3 206.72 ind./m² 和 1 958.83 ind./m²（胡东方，2017）。

2017 年全年太湖水域底栖动物平均密度为 198 ind./m²，各水域底栖动物密度为 32~496 ind./m²。全年底栖动物平均密度最高值出现在梅梁湾，为 496 ind./m²。全年底栖动物平均密度最低值出现在南部沿岸区，为 32 ind./m²。

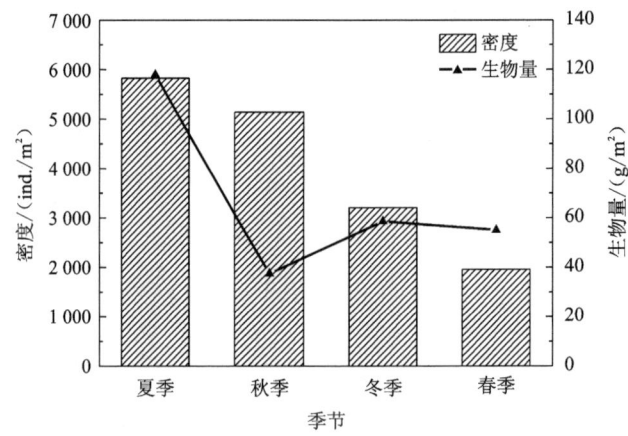

图 6-6　2015～2016 年太湖湖泛易发区大型底栖动物的平均密度
与平均生物量的季节变化（胡东方，2017）

2016 年 10 月～2017 年 10 月太湖各湖区蚌类平均密度为（0.164±0.386）ind./m²，平均生物量为（4.169±9.337）g/m²。东部沿岸区平均密度和平均生物量最高，分别为（0.577±0.758）ind./m² 和（14.975±16.743）g/m²，湖心区平均密度和平均生物量均最低，仅为（0.029±0.071）ind./m² 和（0.727±1.622）g/m²（薛涛涛 等，2019）。

2011～2017 年太湖水域底栖动物平均密度呈上下波动变化，如图 6-7 所示。2011 年底栖动物平均密度最高，为 308 ind./m²，2014 年底栖动物平均密度最低，为 168 ind./m²。

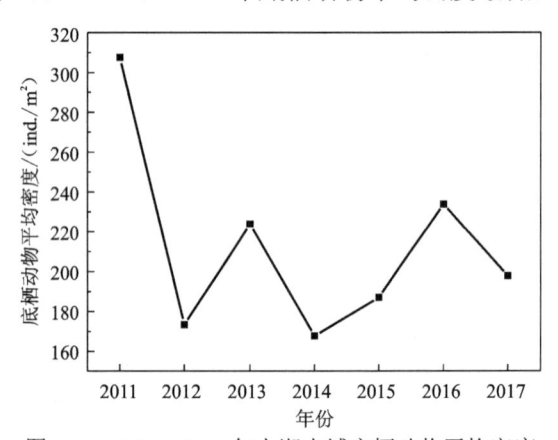

图 6-7　2011～2017 年太湖水域底栖动物平均密度

1987～2017 年太湖五里湖底栖动物密度变化情况可分为四个阶段。第一阶段为 1987～1995 年，在 1987～1992 年，太湖的五里湖底栖动物密度较低，平均仅为 789 ind./m²，1995 年达到密度最高值 3 860 ind./m²；第二阶段为 1996～2009 年，在 2006 年时，底栖动物密度降至 1 008 ind./m²，随后于 2007 年升高至最高值 2 295 ind./m²，2009 年时密度再次降低至最低值 1 059 ind./m²。第三阶段为 2010～2013 年，该期间底栖动物密度均较高，平均为 3 151 ind./m²，并于 2013 年时达到最大值 3 920 ind./m²。第四阶段为 2014～2017 年，该期间五里湖底栖动物密度一直较低，平均仅为 844 ind./m²，在 2017 年时密度达到最小值，为 460 ind./m²（薛庆举 等，2020）。

2018 年，太湖全年底栖动物平均密度为 200 ind./m²，下半年平均密度较上半年上升了

第6章 太湖底栖动物群落结构与演替

47%。各水域底栖动物密度为 0～2 128 ind./m²，全年底栖动物平均密度最高值出现在大浦口，为 1 088 ind./m²。

1980～2019 年太湖梅梁湾底栖动物密度变化明显（温舒珂等，2023）。20 世纪 80 年代至 90 年代底栖动物密度缓慢上升，1980 年平均密度仅为 63.1 ind./m²，1994 年平均密度已经增加至 1 163.1 ind./m²。2007 年平均密度高达 7 142.8 ind./m²。2007～2017 年太湖梅梁湾底栖动物密度先下降后上升，2012～2014 年底栖动物平均密度为 952.9 ind./m²，2018 年平均密度为 884.9 ind./m²，2019 年又升高至 3 499.9 ind./m²。

2020 年秋季太湖底栖动物调查过程中，发现太湖南部和西部湖区底栖动物平均密度较高，分别为 146.9 ind./m² 和 67.8 ind./m²。霍甫水丝蚓在太湖西部湖区密度较高，三角洲双须虫在除东部湖区外的各湖区密度均较高。2020 年秋季太湖大型底栖动物各物种的密度及其主要分布湖区如表 6-11 所示。2020 年冬季太湖大型底栖动物密度如表 6-12 所示，全湖太湖大螯蜚的密度最高，河蚬在东部湖区和南部湖区密度较高。

表 6-11　2020 年秋季太湖不同湖区大型底栖动物密度

物种	密度/（ind./m²）					
	北部湖区	东部湖区	南部湖区	西部湖区	湖心区	全湖
霍甫水丝蚓	0	0	0	15.9	1.3	3.4
克拉泊水丝蚓	0	0	0	0	1	0.2
巨毛水丝蚓	0	0	0	1.4	0	0.3
苏氏尾鳃蚓	0	0	0	3.6	0	0.7
正颤蚓	0	0	0	0	1.3	0.3
中华河蚓	0	0	0	0	0.9	0.2
寡鳃齿吻沙蚕	0	0	0	0	3.3	0.7
三角洲双须虫	37.3	0	32.9	32.2	13.2	23.1
河蚬	0	0	0	1.9	0	0.4
淡水壳菜	9.5	26.5	4.2	10.8	2.0	10.6
铜锈环棱螺	0	0	0	0.9	0	0.2
方格短沟蜷	0.6	0	11.0	0	0	2.3
光滑狭口螺	0	0	0	1.1	0	0.2
中华原钩虾 *Eogammarus possjeticus*	0	13.7	0	0	0	2.7
太湖大螯蜚	5.3	0	73.5	0	2.7	16.3
日本旋卷蜾蠃蜚 *Corophium volutator*	0	1.7	11.6	0	1.3	2.9
突头杯尾水虱 *Diaphanosoma celebensis*	0	0	0	0	1.7	0.3
花翅摇蚊 *Chironomus kiinensis*	0.6	0	0	0	0	0.1
背摇蚊	0	0	0	0	0.4	0.1
中国长足摇蚊	0.5	0	0	0	0	0.1
德永雕翅摇蚊	0	0	0	0	0.8	0.2

表 6-12 2020 年冬季太湖不同湖区大型底栖动物密度

物种	密度/(ind./m²)						
	北部湖区	东部湖区	南部湖区	西部湖区	湖心区	全湖
霍甫水丝蚓	1.9	1.0	3.1	0	1	0.9
中华河蚓	0	0	0	0	0	1.3
圆锯齿吻沙蚕	0	0	6.3	0	1.0	0.2
寡鳃齿吻沙蚕	0	0	0	0	0	0.8
溪沙蚕	0	0	2.1	2.1	1.6	0
三角洲双须虫	0.6	0	0	0	3.3	0.8
河蚬	7.5	14.6	13.5	0	7.3	4.6
铜锈环棱螺	5	0	0	3.1	6.8	1.5
长角涵螺	0	0	0	1.0	0	0.3
光滑狭口螺	0	0	0	0	0	0.5
方格短沟蜷	0	0	0	1.0	0	0.6
中华原钩虾	0.6	0	12.5	0	0	1.9
太湖大螯蜚	0	0	13.5	0	0	14.2
日本旋卷蜾蠃蜚	4.3	0	87.5	0	3.6	1.3
突头杯尾水虱	0	2.1	9.4	0	1.0	0.5
花翅摇蚊	0	0	0	0	1.6	1.0
背摇蚊	0.6	0	0	0	0	0.4
中国长足摇蚊	0	0	0	0	0.5	0
凹铁隐摇蚊 Cryptochironomus defectus	0.6	0	0	0	0	0.4
步行多足摇蚊	0	0	0	0	1.0	0

2021 年春季、夏季太湖底栖动物的密度及不同湖区分布见表 6-13 和表 6-14。春季太湖全湖河蚬密度最高，除了东部湖区，各湖区均有分布。春季太湖全湖铜锈环棱螺密度次之，在东部湖区密度最高。夏季太湖全湖河蚬密度最高，并主要分布在西部湖区。

表 6-13 2021 年春季太湖不同湖区大型底栖动物密度

物种	密度/(ind./m²)						
	北部湖区	东部湖区	南部湖区	西部湖区	湖心区	全湖
霍甫水丝蚓	1.3	0	0	0	14.1	5.0
克拉泊水丝蚓	3.8	0	0	0	0.5	1.2
巨毛水丝蚓	0	0	0	0	1.6	0.5
正颤蚓	0	0	0	1.0	1.0	0.5
中华河蚓	0	0	0	0	0.5	0.2
寡鳃齿吻沙蚕	1.3	0	0	0	0	0.3

第6章 太湖底栖动物群落结构与演替

续表

物种	密度/(ind./m²)					
	北部湖区	东部湖区	南部湖区	西部湖区	湖心区	全湖
溪沙蚕	0	0	0	0	0.5	0.2
河蚬	29.4	0	32.3	27.1	16.7	23.6
淡水壳菜	0	0	0	2.1	0	0.3
铜锈环棱螺	11.3	21.9	3.1	8.3	2.1	6.9
突头杯尾水虱	0	0	1.0	0	0	0.2
德永雕翅摇蚊	0	6.3	0	0	0	0.3
九斑多足摇蚊	0	0	0	2.1	0	0.3

表6-14 2021年夏季太湖不同湖区大型底栖动物密度

物种	密度/(ind./m²)					
	北部湖区	东部湖区	南部湖区	西部湖区	湖心区	全湖
霍甫水丝蚓	0	0	0	16.7	3.1	4.9
克拉泊水丝蚓	0	0	0	14.6	1.0	3.9
巨毛水丝蚓	0	0	0	0	1.0	0.3
苏氏尾鳃蚓	0	0	0	1.0	0	0.3
正颤蚓	0	0	0	3.1	0	0.8
中华河蚓	1.3	0	0	0	1.0	0.3
圆锯齿吻沙蚕	0	0	0	0	1.0	0.3
溪沙蚕	0	0	0	0	3.1	0.8
河蚬	9.4	3.1	7.8	21.9	1.0	9.1
铜锈环棱螺	0	10.9	6.3	10.4	2.1	6.0
方格短沟蜷	0	0	0	1.0	0	0.3
光滑狭口螺	0	0	3.1	0	0	0.5
太湖大鳌蜚	1.6	0	3.1	0	0	0.8
突头杯尾水虱	0	1.6	0	0	1.0	0.5
软铗小摇蚊	0	0	0	0	1.0	0.3

从20世纪60年代至2020年，太湖底栖动物的密度变化呈先上升后转变为波动上升趋势。不同湖区的底栖动物密度有所不同，底栖动物平均密度高值基本出现在太湖北部的梅梁湾、竺山湾水域。这是由于太湖蓝藻水华暴发主要发生在梅梁湾、竺山湾等北部湖区，为底栖动物提供了大量的食物，蓝藻水华主要发生在夏、秋季，而冬、春季较少，所以在夏、秋季，底栖动物密度及生物量一般达到最大值。因此，底栖动物的平均密度及平均生物量随季节发生变化。2020～2023年，由于蓝藻水华暴发规模减小，加上鱼类生物量增加，底栖动物密度和生物量有所下降。

6.2.2 太湖底栖动物的时空分布差异

温周瑞等（2011）于 2005 年 4 月、7 月和 10 月，对太湖贡湖湾虾类种类组成和时空分布特征进行研究，结果表明虾类群落的时空分布有所差异。不同生境类型水体中虾类平均密度和平均生物量不同，虾类群落平均密度分布由大到小依次是微齿眼子菜区、混合水草区、马来眼子菜区、沿岸带区和无水草区，虾类群落平均生物量分布由大到小依次是微齿眼子菜区、马来眼子菜区、混合水草区、沿岸带区和无水草区。不同种类虾的主要分布区域也存在差异，日本沼虾主要分布在沿岸带，少部分分布在马来眼子菜区，秀丽白虾主要分布在微齿眼子菜区、马来眼子菜区和混合水草区，锯齿新米虾中华亚种主要分布在微齿眼子菜区，细足米虾在整个贡湖湾分布都相对较少（温周瑞 等，2011）。

2006 年 11 月～2007 年 10 月对太湖软体动物存量及空间分布格局进行调查，研究发现从太湖西南湖区至贡湖湾、梅梁湾、竺山湾，再到东部湖区，河蚬密度逐渐降低，并呈现从大湖面向湖湾深处递减的趋势。铜锈环棱螺主要分布在东部湖区、贡湖湾和竺山湾，东部湖区沿岸带也有少量分布，在湖心区和西南湖区基本无分布（蔡永久 等，2009）。

2007～2008 年，太湖大型底栖动物平均密度和平均生物量的空间差异较大，平均密度的最高值出现在太湖北部的梅梁湾、竺山湾及河口；平均生物量的最高值出现在贡湖湾、西部湖区和东部湖区的部分采样点。寡毛纲颤蚓类主要分布在梅梁湾、竺山湾及河口，软体动物主要分布在贡湖湾、西部湖区及东部湖区，摇蚊幼虫主要分布在梅梁湾、竺山湾及东部湖区，钩虾属一种主要分布在梅梁湾、贡湖湾及西湖区，具体时空分布见图 6-5（蔡永久 等，2010）。

2009～2010 年，太湖湖滨带底栖动物分布存在显著的空间差异。太湖湖滨带各区底栖动物的平均密度差异显著，竺山湾、梅梁湾和西部沿岸底栖动物密度大，南部沿岸和贡湖湾密度较低，东部湖区密度最低（图 6-8）。寡毛纲颤蚓科主要分布在梅梁湾、竺山湾及西部沿岸，软体动物分布在其余湖区（张翔 等，2014）。

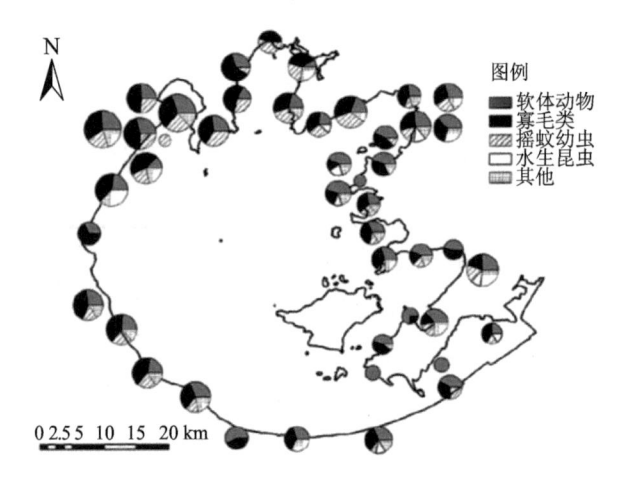

图 6-8 太湖湖滨带大型底栖动物种类及密度分布（张翔 等，2014）

2013年太湖钩虾种群的时空分布存在较大的差异，钩虾种群的密度最高值出现在太湖的西北部沿岸，且钩虾种群密度随季节变化明显，钩虾种群密度冬季最高，夏季最低（张海燕 等，2018）。

2014年，太湖大型底栖动物分布空间差异较大。软体动物在全湖均有出现，主要分布在西部湖区、贡湖湾及东部湖区。寡毛纲分布较为普遍，竺山湾及大浦河河口处密度较高。摇蚊幼虫主要分布在梅梁湾、竺山湾、贡湖湾和东部湖区的沿岸带，太湖大鳌蜚和拟背尾水虱主要分布在梅梁湾、贡湖湾及西部湖区（许浩 等，2015）。

2016~2017年，太湖各湖区蚌类物种多样性存在差异，其中东部沿岸区与其他湖区差异显著。背角无齿蚌和圆顶珠蚌在全湖均有分布；扭蚌分布于梅梁湾、竺山湾、贡湖湾、西部沿岸区、南部沿岸区、东部沿岸区和湖心区；而射线裂脊蚌（Schistodesmus lampreyanus）和椭圆背角无齿蚌仅见于东部沿岸区的少数样点（薛涛涛 等，2019）。

2020年秋季，太湖底栖动物调查结果显示河蚬主要分布在西部湖区，太湖大鳌蜚主要分布在太湖北部湖区、湖心区和南部湖区，其中南部湖区的密度最高。霍甫水丝蚓主要分布在西部湖区和湖心区，且其在西部湖区的密度远高于湖心区。2020年冬季，底栖动物的分布发生变化，河蚬在西部湖区的数量减少，而在其他湖区的分布增加，分布主要集中在太湖东部和南部湖区。太湖大鳌蜚仅分布在太湖南部湖区。日本旋卷蜾蠃蜚的密度增加，主要分布在太湖南部湖区。

2021年春季，河蚬在除太湖东部湖区以外的湖区都有分布，且各湖区的密度均较高，其中太湖南部湖区的密度最大。霍甫水丝蚓仅分布在太湖北部湖区、湖心区，密度最高值出现在湖心区。铜锈环棱螺在太湖各湖区都有分布，其中太湖北部、西部湖区的密度较高。2021年夏季，河蚬在全湖区都有分布，密度最高值出现在西部湖区。铜锈环棱螺在太湖北部湖区未出现，其余湖区都有分布，在东部湖区、西部湖区的密度较高。霍甫水丝蚓分布在太湖西部湖区和湖心区，其在西部湖区的密度要远高于湖心区。

因此，太湖底栖动物物种组成和密度分布具有时空差异性，不同湖区底栖动物的物种组成及密度差异显著。软体动物主要分布在贡湖湾、西部湖区及东部湖区，寡毛纲颤蚓类分布较为普遍，主要出现在梅梁湾、竺山湾及河口。同时，季节变化也会引起底栖动物物种组成及密度的变动。太湖底栖动物物种数量最高值基本出现在冬季，从春季到夏季、秋季，底栖动物物种组成在不断减少。

6.3 太湖底栖动物多样性

太湖底栖动物不同群落结构与湖区环境因子有关，太湖生境的多样性决定了底栖动物群落结构的多样性。对不同的环境因子的响应有差异，底栖动物优势类群会发生改变，从而改变群落结构的组成。

底栖动物群落结构特征表征参数主要有 H'、J、D。H'、J 是水质污染程度的评价标准，具体水质评价标准如表6-15和表6-16所示。H'、J 越高，表明底栖动物的生物多样性越丰富，物种的个体分布越均匀，底栖动物群落结构越稳定，水质状况也越好。

表 6-15　H' 分级评价标准

H'	多样性评价级别	水质
$H'>3$	丰富	清洁
$2<H'\leq 3$	较丰富	轻度污染
$1<H'\leq 2$	一般	中度污染
$0<H'\leq 1$	贫乏	重度污染
$H'=0$	较贫乏	重度污染

引自李娣等（2017）。

表 6-16　J 分级评价标准

J	多样性评价级别	水质
$J>0.8$	均匀	清洁
$0.5<J\leq 0.8$	较均匀	轻度污染
$0.3<J\leq 0.5$	一般	中度污染
$J\leq 0.3$	差	重度污染

引自李娣等（2017）。

20 世纪 50 年代，五里湖内底栖动物物种十分丰富，水生昆虫有数百种，底栖动物物种多样性极高。但从 20 世纪 60 年代开始，五里湖底栖动物物种数量减少，物种多样性下降。

20 世纪 80 年代末以来，因高等水生植物生物量的减少，底栖动物丧失栖息场所，太湖底栖动物物种数量明显下降，生物多样性下降。

2007~2008 年调查太湖底栖动物多样性，结果表明东部湖区物种多样性、丰富度和均匀度最高；贡湖湾、湖心区和西部湖区物种多样性处于中等水平；梅梁湾、竺山湾及河口物种多样性最低（蔡永久 等，2010）。

2009~2010 年，太湖各湖区湖滨带大型底栖动物 H' 和 J 如图 6-9 所示，梅梁湾、竺山湾、西部湖区沿岸区域生物多样性指数及物种均匀度均较低。东太湖的生物多样性略低于贡湖湾，东部湖区沿岸生物多样性指数和均匀度最高（张翔 等，2014）。

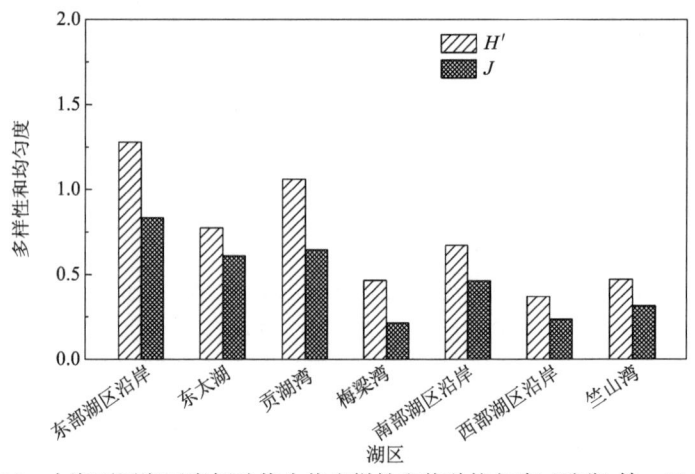

图 6-9　太湖不同湖区底栖动物生物多样性和物种均匀度（张翔 等，2014）

第6章 太湖底栖动物群落结构与演替

2010~2013年春、夏、秋、冬四季度分别进行太湖各湖区底栖动物采样鉴定,计算 H'。2010~2013年太湖底栖动物的 H' 总体呈逐年增加趋势,具体见表6-17。

表6-17 2010~2013年太湖各湖区底栖动物 H'

年份	五里湖	梅梁湾	竺山湾	贡湖湾	东太湖	湖心区	西部湖区沿岸	南部湖区沿岸	东部湖区沿岸	太湖
2010	1.48	1.41	1.29	1.29	1.52	1.06	1.48	1.54	1.39	1.39
2011	2.00	1.69	1.67	1.89	1.87	1.45	1.69	1.39	1.75	1.58
2012	2.17	1.84	1.98	1.59	1.76	1.81	1.75	1.82	2.41	1.90
2013	2.12	1.93	1.81	2.00	2.05	1.81	1.95	2.15	1.87	1.91

2010~2012年太湖大型底栖动物各季节 H'、J 和辛普森多样性指数变化过程见图6-10。调查结果显示,在2010~2012所调查的11个季节中太湖大型底栖动物 H' 均值为1.65,J 均值为0.66,辛普森多样性指数均值为0.56。除2011年夏季和2012年秋季外,其余季节底栖动物的 H'、J 较稳定,辛普森多样性指数呈上升趋势,底栖动物群落稳定性增强(蔡琨,2013)。

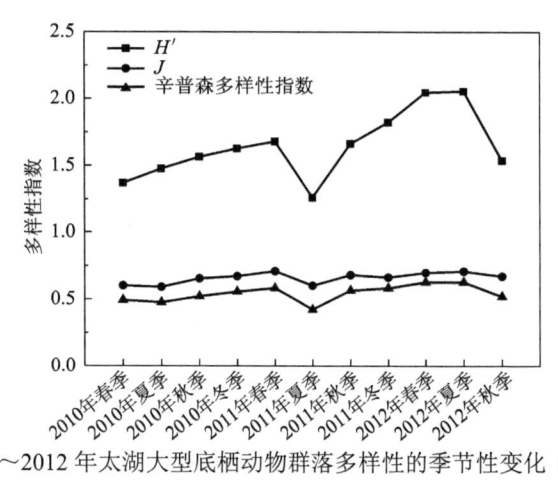

图6-10 2010~2012年太湖大型底栖动物群落多样性的季节性变化(蔡琨,2013)

2014年调查显示太湖敞水区、高等水生植物区和富营养区等不同生态类型湖区下底栖动物 H'、J 不同。敞水区指太湖湖心区,富营养区指太湖北部的竺山湾、梅梁湾,高等水生植物区指贡湖湾、胥口湾和东部湖区。这3个区的底栖动物群落结构相似性较低,差异性显著,具体见图6-11。高等水生植物区的 H'、J 均最高,底栖动物群落结构稳定。当湖区由高等水生植物区向敞水区、富营养区过渡时,水域的营养水平增加,底栖动物 H' 和 J 降低,底栖动物生物多样性下降(许浩 等,2015)。

2010~2015年底栖动物 H' 总体呈现上升趋势,表明太湖底栖动物群落结构更加稳定,太湖水生态状况有所改善(图6-12)。

2015~2016年对太湖西部湖区沿岸、竺山湾、梅梁湾和贡湖湾等湖泛易发水域进行大型底栖动物多样性调查,结果显示太湖湖泛易发区大型底栖动物的 H'、D、J 均值的变化范围分别为2.25~2.61、1.62~1.99、0.62~0.74(图6-13)。

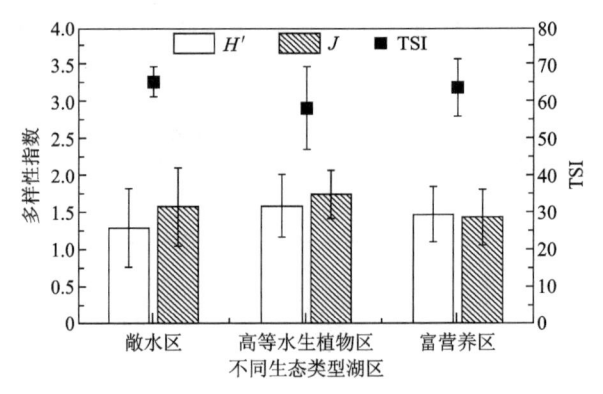

图 6-11　2014 年太湖不同生态类型湖区大型底栖动物 H'、J、TSI（许浩 等，2015）

TSI：湖体营养状态指数（trophic state index）

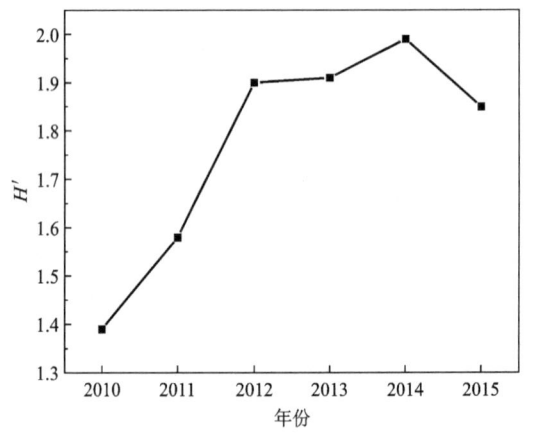

图 6-12　2010～2015 年太湖底栖动物 H' 变化图

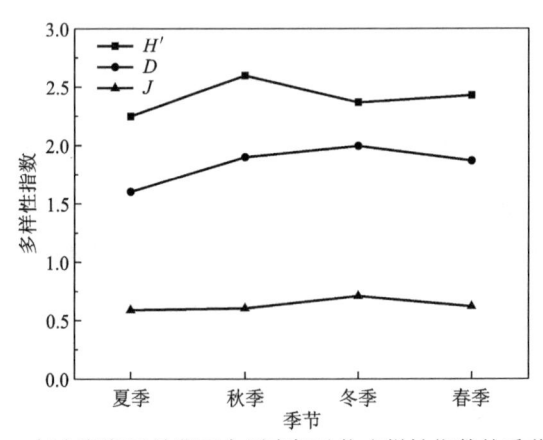

图 6-13　2015～2016 年太湖湖泛易发区大型底栖动物多样性指数的季节变化（胡东方，2017）

2007～2017 年，五里湖底栖动物物种数及 H' 变化如图 6-14 所示。该期间底栖动物 H' 呈波动上升趋势，于 2016 年达到最大值 1.4，多样性指数的上升表明五里湖底栖动物丰富度增加，群落结构变稳定。从整体上看，2007～2017 年五里湖底栖动物生物多样性指数在大部分年份处于 1～2，在少部分年份处于较差水平（薛庆举 等，2020）。

第6章 太湖底栖动物群落结构与演替

根据 H' 评价标准对 2018 年底栖动物群落结构进行分析，2018 年太湖底栖动物基本处于中度污染和重度污染之间。2018 年太湖水域底栖动物 H' 最高值出现在梅梁湾湖心，在大浦口、西山西等水域的底栖动物 H' 较低。2018 年上半年与下半年底栖动物 H' 也有一定差异。上半年最高值在沙渚南区域，而下半年的最高值在梅梁湾湖心（图 6-15）。

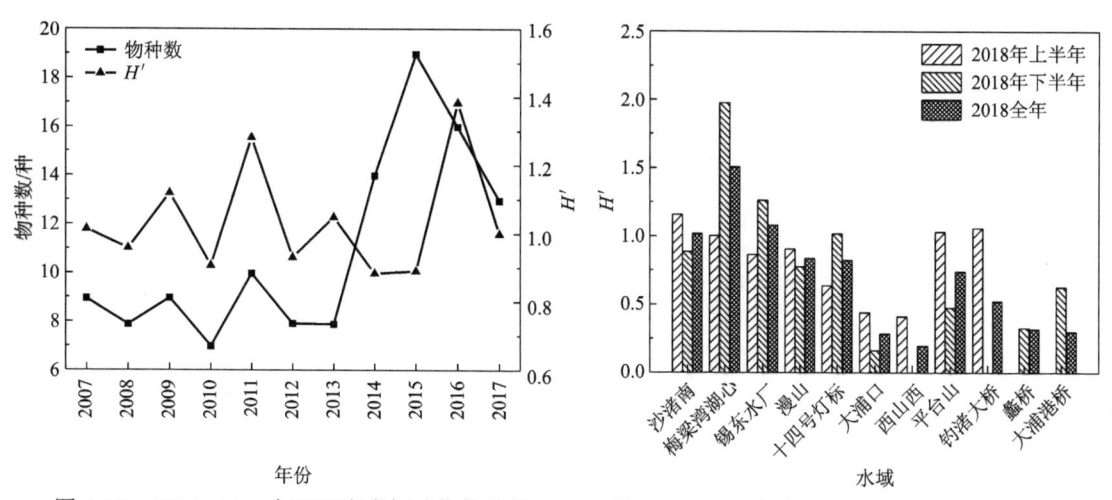

图 6.14　2007~2017 年五里湖底栖动物物种数及 H'（薛庆举 等，2020）

图 6.15　2018 年太湖不同水域底栖动物 H'

总之，从 20 世纪 50 年代至 2020 年，太湖底栖动物的物种数在不断减少，单一物种的生物量及密度在不断增加。其变化趋势具体如图 6-16 所示，太湖底栖动物中软体动物种类逐渐减少，而耐污的多毛纲和寡毛纲种类与数量增加。太湖底栖动物优势种由河蚬、铜锈环棱螺、日本沼虾等转变为霍甫水丝蚓、寡鳃齿吻沙蚕和摇蚊幼虫等。底栖动物物种变化的原因包括：大量氮磷进入湖体，水体环境发生改变，湖体中易敏感类的物种难以适应新的环境而消失，耐污种便逐渐成为优势种。同时，由于捕捞、吸螺船的投入使用，河蚬等软体动物的数量大量减少。而底栖动物生物量和密度的大量增长主要有两方面原因，一是蓝藻水华频发暴发，为底栖动物提供了大量食物；二是渔业捕捞，以底栖动物为食的鱼类数量减少，使底栖动物能够大量繁殖。2020 年太湖禁捕以来，以底栖动物为食的鱼类数量增加，同时浮游植物生物量下降，2023 年太湖底栖动物种类数和数量下降。

图 6-16　太湖湖体底栖动物群落演替过程

第7章 太湖鱼类群落结构与演替

7.1 太湖鱼类群落结构组成与演替过程

7.1.1 太湖鱼类种类组成与演替

鱼类是整个湖泊生态系统中重要的一环，也是重要的水产品。在湖泊富营养化和渔业捕捞的共同影响下，鱼类组成会产生不同适应性改变，而鱼类群落结构的改变则是对人为因素及水体自然环境条件改变的直接响应，其变化不但造成渔业生产能力的下降，而且还会使湖泊生态系统失去自身调节的功能，所以维护湖泊中鱼类群落结构的合理性一直是人们追求的目标（毛志刚等，2011）。

太湖的鱼类物种繁多，且习性多样，据历史资料记载太湖原有鱼类107种，隶属于14目25科。现太湖的主要经济鱼类资源有20余种，包括刀鲚、银鱼、鲤、鲫、鲢、团头鲂（*Megalobrama amblycephala*）、草鱼、青鱼、鳙、鳗鲡、花鲳（*Schedophilus maculatus*）、鲇（*Silurus asotus*）、鳜、乌鳢、河川沙塘鳢（*Odontobutis potamophila*）和似刺鳊鮈（*Paracanthobrama guichenoti*）。其中，陈氏新银鱼（*Neosalanx tangkahkeii*）和大银鱼（*Protosalanx hyalocranius*）作为太湖银鱼的原产地，仍为全国银鱼的移植和产业化提供种苗。如今太湖的鱼类种类数量已经远远低于以前，鱼类群落处于非平衡状态。太湖鱼类群落结构与太湖自然环境变化和人类活动紧密相连，几十年来，太湖鱼类组成发生巨大变化。

1950～1960年，太湖以大中型鱼类为主，不仅有鲫、鲤、乌鳢、鳜、黄颡鱼等定居性鱼类，而且有青鱼、草鱼、鲢、鳙、鳡（*Luciobrama macrocephalus*）、鳤（*Elopichthys bambusa*）、赤眼鳟、鳡（*Ochetobius elongatus*）、鳊等河湖洄游性鱼类，以及刀鲚、大银鱼、鳗鲡、中华鲟（*Acipenser sinensis*）、鲥（*Tenualosa reevesii*）、鲮（*Cirrhinus molitorella*）、鲻（*Mugil cephalus*）等洄游性鱼类（伍献文，1962）。1957年开始人工放流鲢、鳙。

1960～1970年，太湖鱼类群落结构发生变化，鱼类共计101种，这个阶段由于太湖大力开展水利工程建设，修闸筑坝，江（河）湖间鱼类洄游受阻，太湖刀鲚与湖鲚共存，江湖洄游性鱼类减少（叶佳林，2006）。中国水产科学研究院长江水产研究所、江苏省淡水水产研究所（前身为"江苏省水产科学研究所"）根据1963～1964年在太湖和滨湖各乡镇市场上采集的标本，形成了太湖13目、23科、64属、89种的鱼类名录（由于其中7种同种异名，实际为82种），并首次报道了太湖产中华鲟、达氏鲟（*Acipenser dabryanus*）、野鲮（*Labeo*）、点纹银鮈（*Squalidus wolterstorffi*）和红狼牙虾虎鱼（*Odontamblyopus rubicundus*）。《太湖综合调查初步报告》（中国科学院南京地理研究所，1965）记录太湖鱼类17科、51属、63种，其中鲤科 38 种，新记录了太湖鱼类大鳞密鲴[细鳞鲴（*Xenocypris microlepis*）]、克氏鳜[大眼鳜（*Siniperca knerii*）]。1968 年开始太湖人工放流鳊。

1970~1980 年，太湖鱼类种类逐渐减少，实际记录的太湖鱼类物种有 91 种，鱼类结构变为以湖鲚和银鱼等敞水性鱼类和小型鲤科鱼类为主，这是由于该阶段湖滩、草滩被围垦，许多鱼类丧失产卵场和索饵场，洄游性鱼类骤减。谷庆义和仇潜如（1978）根据 1963~1965 年对太湖鱼类组成调查和 1973~1975 年中国水产科学研究院长江水产研究所调查的增补资料，统计太湖鱼类计有 101 种，隶属于 13 目、24 科 70 属。其中鲤科鱼类达 58 种，其次鳅科鱼类 7 种，鳅科 5 种，银鱼科 4 种，鲈科 8 种，鳀科、塘鳢鱼科、鲻科、鲀科各 2 种，其余 14 科各 1 种。经研究分析，实际记录的太湖鱼类为 91 种，并且新记录了太湖鱼类团头鲂和香鲻（*Callionymus olidus*）。

1980~1990 年，太湖渔业资源调查采得鱼类 72 种，调查发现该时期的鱼类结构呈现早熟低龄和小型化的状态，主要以湖鲚、银鱼及小型鲤科鱼类为优势种。其中，新记录了 3 种太湖鱼类，分别为吻鮈（*Rhinogobio typus*）、圆吻鲴（*Distoechodon tumirostris*）和乌苏里拟鲿（*Pseudobagrus ussuriensis*）。

1993~1995 年，邓思明等（1997）在太湖敞水区共投网 169 次，共捕获鱼类和虾类等 40 种。主要包括湖鲚、大银鱼、太湖新银鱼（*Neosalanx taihuensis*）、寡齿新银鱼（*Neosalanx oligodontis*）、九州鱵（*Hemirhamphus kurumeus*）及似鲚（*Toxabramis swinhonis*）等。从生态角度分析，整个鱼类群落属于定居性，优势种类在繁殖时多产浮性或半浮性卵。

2002~2003 年，朱松泉（2004）在东太湖及其周边圩区池塘、沟渠进行定时定点采集，在开捕季节上船采集敞水性鱼类，经鉴定太湖鱼类有 48 种，仍以鲤科鱼类居多。

2003~2004 年，刘恩生等（2005b）在梅梁湾调查共采集到鱼类 23 种，包含在 2002~2003 年调查的 48 种内，根据这一对比，约有 5 种鱼类在太湖已难采到。

2004~2005 年，科研人员对太湖梅梁湾沿岸带进行采样 20 次，得到鱼类种类 25 种，主要为湖鲚、鲫、红鳍原鲌、麦穗鱼（*Pseudorasbora parva*）、鳘（*Hemiculter leucisculus*）和兴凯鱊（*Acheilognathus chankaensis*）等。梅梁湾沿岸带的鱼类生物量结果显示（图 7-1），鲫的生物量相对最高，占比达到 26%，其次是兴凯鱊，占比达到 16%，总之，该阶段太湖中鲤科鱼类占绝对优势（叶佳林，2006）。

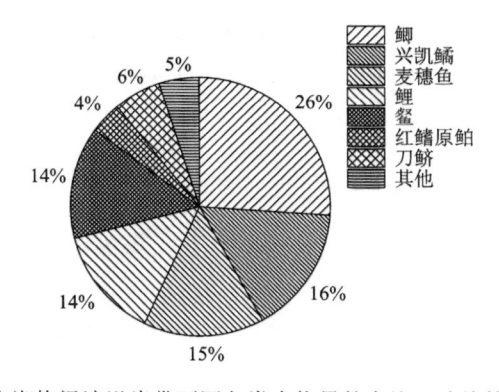

图 7-1 太湖梅梁湾沿岸带不同鱼类生物量的占比（叶佳林，2006）

2007~2008 年，张红燕等（2010）对梅梁湾的鱼类结构进行调查，在设置的 10 个监测点中采集到 38 种鱼类（表 7-1）。结果显示，鱼类结构主要以鲤形目为主，其占比达到 74%。此外，鉴定到的青梢红鲌（*Culter dabryi*）和湖鲚等小型肉食性鱼类为太湖鱼类的优势种。

表 7-1 2007 年 5 月~2008 年 4 月梅梁湾鱼类组成

目名	科数	属数	种数
鲈形目	3	5	5
鲤形目	2	22	28
鲇形目	2	2	2
鳉形目	1	1	1
鲑目	1	1	1
鲱形目	1	1	1

引自张红燕等（2010）。

到 2008 年，调查太湖鱼类种类不足 60 种。2009 年太湖区域共采集到鱼类 50 种，主要经济鱼类均属于鲤科鱼类，这种结构单一化是由当时水产市场的需求决定的。2012 年共调查发现鱼类 60 种，此时太湖鱼类表现出明显小型化特征，湖鲚成为太湖的绝对优势种群；至 2018 年，太湖鱼类种类维持在 50 种上下，湖鲚占绝对优势，而鲤跌出优势种群队列（水利部太湖流域管理局 等，2018，2017，2016，2015，2014，2013，2012，2011，2010，2009，2008）。

2019 年东太湖采集到鱼类 39 种，其中鲤科鱼类种类数约占 2/3，以鲢、鳙为主体，且均为太湖常见鱼类物种，鱼类种类数远低于 20 世纪 90 年代的 60 多种，鲤科种类占比与太湖鱼类相当。

2019 年 11 月~2020 年 10 月对太湖竺山湾渔获物按月度进行调查，共捕获鱼类 49 种，鲤科鱼类共 35 种，在所有渔获物中优势较为明显。竺山湾鱼类优势种有湖鲚、鳙、鲤、鲢、麦穗鱼、秀丽白虾及贝氏䱗（*Hemiculter bleekeri*）。如图 7-2~图 7-4，优势小型鱼生长速度快，生长周期短，均属于快速生长种。竺山湾鱼类整体呈现小型化、快繁殖的特征（叶学瑶，2021）。

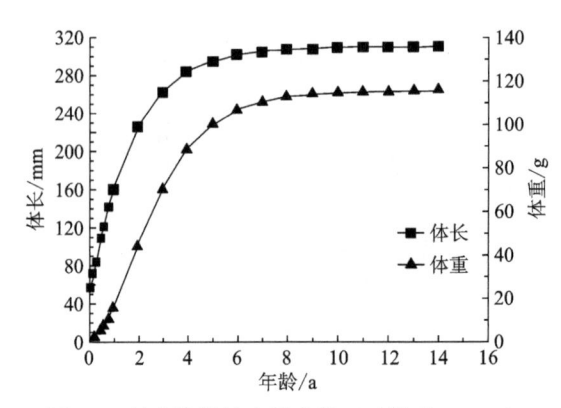

图 7-2 竺山湾湖鲚生长曲线（叶学瑶，2021）

第 7 章 太湖鱼类群落结构与演替

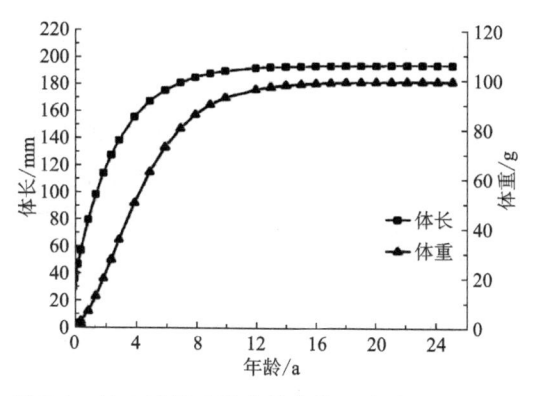

图 7-3 竺山湾贝氏䱗生长曲线（叶学瑶，2021）

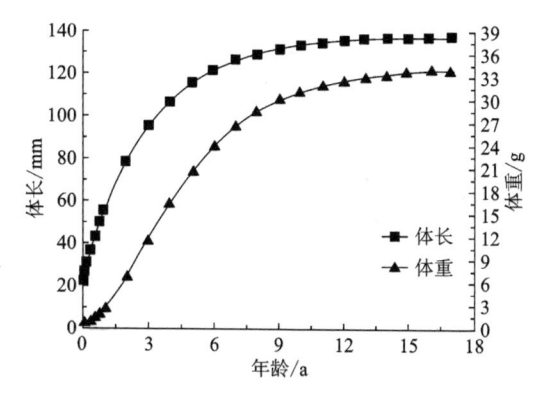

图 7-4 竺山湾麦穗鱼生长曲线（叶学瑶，2021）

2020 年太湖禁捕的第一年，采用环境脱氧核糖核酸（environmental deoxyribonucleic acid, eDNA）技术对 12 月太湖鱼类多样性进行了调查，在太湖 16 个点位共检出鱼类 8 目 20 科 47 属 54 种，其中鲫、蒙古鲌和湖鲚丰度相对较高。结合传统的形态分类方法，得出的鱼类多样性指数均为太湖东部和太湖南部相对较高，而太湖北部和西部湖区相对较低，但是太湖鱼类的生态类型（洄游性、栖息水层和食性）特征高度一致（刘燕山 等，2023）。

2021 年对太湖梅梁湾渔获物进行调查，全年共捕获鱼类 35 种，其中鲤形目有 25 种，占总渔获物的比例超过 2/3。此外，鲢和湖鲚为优势种，鱼类群落多样性总体较低。表明实施太湖禁捕后，鱼类群落在短期内还没有恢复到良好的结构，需要逐步恢复（赵冬福，2023）。

综上，在这几十年间，太湖鱼类物种组成发生明显变化，且变化的趋势主要表现为：①原常见鱼类的种类数量明显下降，尤其是中大型鱼类明显减少，种群整体向低龄化发展，湖鲚等小型鱼类逐渐成为优势种群；②大多数洄游性鱼类已基本绝迹，定居性鱼类成为区域内的主要鱼类；另外，通过人工放流的形式，鲢和鳙的数量才得以维持。

2020 年以前，太湖鱼类种类和演替过程在向鱼类小型化、快繁殖的方向发展，而繁殖能力较弱、生命周期长的鱼类数量在逐年减少，如翘嘴鲌和鳡，这种鱼类种类数量的下降与生态的可持续发展相悖，原先，太湖素有"日出斗金"和"天然活鱼库"的美称，银鱼、白虾和湖鲚更是被誉为"太湖三宝"，鳗、鲌、鳜等名贵水产品蜚声国内外消费市场，但是 1980~2020 年，太湖水质下降，加上捕捞强度的增加，太湖鱼类种类数也由原先的一百余种下降到数十种。2020~2023 年太湖水质不断改善，加上禁捕，太湖鱼类资源有所恢复。

7.1.2 太湖鱼类优势种演替过程

在水生态食物网中，鱼类处于较高营养级，鱼类多样性越丰富的湖泊，其生态系统的稳定性越强，生物因素和非生物因素影响着鱼类群落的结构组成。根据鱼类食物的偏好，鱼类的食性常常被分为4种，即草食性、肉食性、杂食性和碎食性。由于鱼类食性不同，当太湖的水环境变差时，太湖鱼类群落的结构也随之发生改变。太湖中的湖鲚、鳘、鲫等属于典型的杂食性鱼类，而草鱼、团头鲂等属于草食性鱼类，青鱼、黄颡鱼等属于肉食性鱼类。20世纪60年代开始，太湖沿岸大量兴建闸坝，围湖造田和污水排放，以及过度捕捞等等行为导致沿岸产卵的定居性鱼类及洄游性鱼类骤减（刘恩生，2005b）。

相对重要性指数（index of relative importance，IRI）是表示群落生态优势度的重要指标。IRI 的计算公式如下

$$IRI = P \cdot F \tag{7-1}$$

式中：P 为物种的相对丰度；F 为物种出现的频率。

一般认为 IRI 大于 1 000 为优势种，大于 2 000 为显著优势种。如表 7-2，太湖梅梁湾鱼类的优势种从高到低依次是青梢红鲌、湖鲚、鲢和鲫。其中前两者的 IRI 大于 2 000（何俊 等，2009）。

表 7-2　梅梁湾鱼类群落主要种类 IRI 特征值

品种	数量分数/%	重量分数/%	频度/%	IRI
青梢红鲌	28.8	3.9	100.0	3 270.00
湖鲚	22.7	2.3	91.6	2 290.00
鲢	2.2	16.9	83.3	1 591.03
鲫	3.4	13.4	83.3	1 399.44

引自何俊等（2009）。

2014~2016 年的持续调查显示，太湖采集到鱼类优势种主要为湖鲚，以及其他一些小型的鱼类，并且鱼类个体质量低于 30 g 的小型鱼类占绝对优势，总体表现为"优势种单一化"及鱼类小型化趋势显著。

2018~2020 年太湖鱼类优势种为湖鲚，其次为鳘、鲫、兴凯鱊和大银鱼。太湖鱼类群落呈现出表层小型鱼类占主导、肉食性鱼类比重下降的特点，从 IRI 值来看（表 7-3），太湖鱼类群落中，相对重要的物种主要生活在水域的中上层，且耐污性较强，其食性也较多样，包括浮游生物食性、杂食性、小鱼虾食性和植食性等（张翔 等，2021）。

表 7-3　2018~2020 年太湖主要鱼类 IRI 及生态学特征

鱼类	IRI	生活垂直水层	耐污状况	原产属性	食性
湖鲚	5 527	中上层	中等耐污	土著种	浮游生物食性
鲤	2 235	底层	耐污	土著种	杂食性
鲫	1 982	底层	耐污	土著种	杂食性
大银鱼	292	中上层	中等耐污	土著种	小鱼虾食性

续表

鱼类	IRI	生活垂直水层	耐污状况	原产属性	食性
花䱻	361	中下层	耐污	土著种	底栖生物食性
鳌	312	中上层	耐污	土著种	杂食性
兴凯鱊	233	中上层	耐污	土著种	植食性
红鳍原鲌	220	中上层	耐污	土著种	小鱼虾食性
大鳍鱊 Acheilognathus macropterus	168	中上层	耐污	土著种	植食性
麦穗鱼	157	中上层	极耐污	土著种	浮游生物食性
鲢	180	上层	耐污	土著种	植食性
鳙	109	中上层	耐污	土著种	浮游生物食性

引自张翔等（2021）。

2020 年，太湖开始实施"十年禁捕"，对禁捕当年 4 个季度鱼类群落进行调查，收集到鱼类共 42 种，隶属于 6 目 7 科 33 属。其中鲤形目鱼类最多，为 32 种，占总鱼类种数的 3/4。从 IRI 值大于 100 的鱼类来看，调查发现 2020 年太湖鱼类的绝对优势种为湖鲚，其产量占总鱼产量的 85%，占绝对的主导地位。此外，根据空间分布调查结果发现，东部湖区的鱼类种类最丰富，这是因为东部湖区高等水生植物分布广泛，以及浮游生物和底栖动物资源丰富，有利于鱼类的栖息、摄食与繁衍（盛漂等，2023）。

太湖历年的渔获物调查显示，浮游生物食性的鱼类约占总鱼产量的 80%。其中，太湖湖鲚的生物量、产量和出现频率在不同湖区中都普遍较高，且种群规模扩增较快。其幼鱼大多在水域表层活动，成鱼则活动在水域的中下层，并且食性广泛，对于不同类型食物的摄食率高达 70%。因此，湖鲚在不同水体中的适应能力极强。

湖鲚为绝对优势种反映出太湖鱼类"小型化"和"低龄化"的发展方向，这不仅因为湖鲚食性广泛、成熟期早、繁殖力强等特点适应了太湖水浅、敞型、富营养条件，而且与鱼类保护密不可分。湖鲚早在 1955 年即继银鱼之后被列为重点繁殖保护的鱼类，在产卵盛期实施禁渔期制度，从不间断，并逐步延长禁渔时间。随着 20 世纪 80 年代太湖实施半年封湖休渔措施后，其保护期长达 7 个月之久，为湖鲚种群的繁衍提供了有利条件，使之成为太湖捕捞产量最高的鱼类。到了 2000 年，湖鲚已经完全取代鲤科鱼类，位居太湖鱼类群落优势种之首。湖鲚生长迅速，大大压缩了其他鱼类生长空间，导致太湖生态系统发生变化，水体富营养加剧。

7.2 太湖渔业生产方式对鱼类结构影响

7.2.1 太湖捕捞对鱼类结构影响

鱼类在太湖整个鱼产量中所占比例大概为 85%~95%，是最重要的水产资源。2006 年，太湖渔业鱼产量达到 32 187 t，较 1952 年增加了 6.9 倍。其中作为优势种的湖鲚产量最大，较 1952 年上升了 44.4%，大中型鱼类占比却急剧下降（何俊 等，2009）。湖鲚、鲢、鲤、银鱼、青虾和河蚬等是太湖主要的经济型渔业资源。太湖渔业主要包括两大类，一类是自然渔业，主要依赖于捕捞；另一类是围网养殖，主要在东太湖进行围网养殖河蟹。20 世纪 90 年代末期至 2019 年，由于太湖渔业捕捞规模持续扩大，鱼类种群结构逐渐趋于单一化，小型鱼类湖鲚逐渐成为太湖鱼类的优势种（何俊 等，2012）。

1952～2006 年渔获物组成中（图 7-5），湖鲚逐渐占据主导地位，从 1952 年占比 15.8%增至 2006 年占比 60.2%；银鱼呈下降趋势，从 1952 年占比 13.0%下降至 2006 年占比 1.2%；同时鲢、鳙、鲌、鲤、鲫、青鱼、草鱼和其他鱼类下降趋势也非常明显，分别下降了 53%，85%，51%，7%和 45%，由此，可以明显看出 2006 年鱼类种群结构趋向单一化。

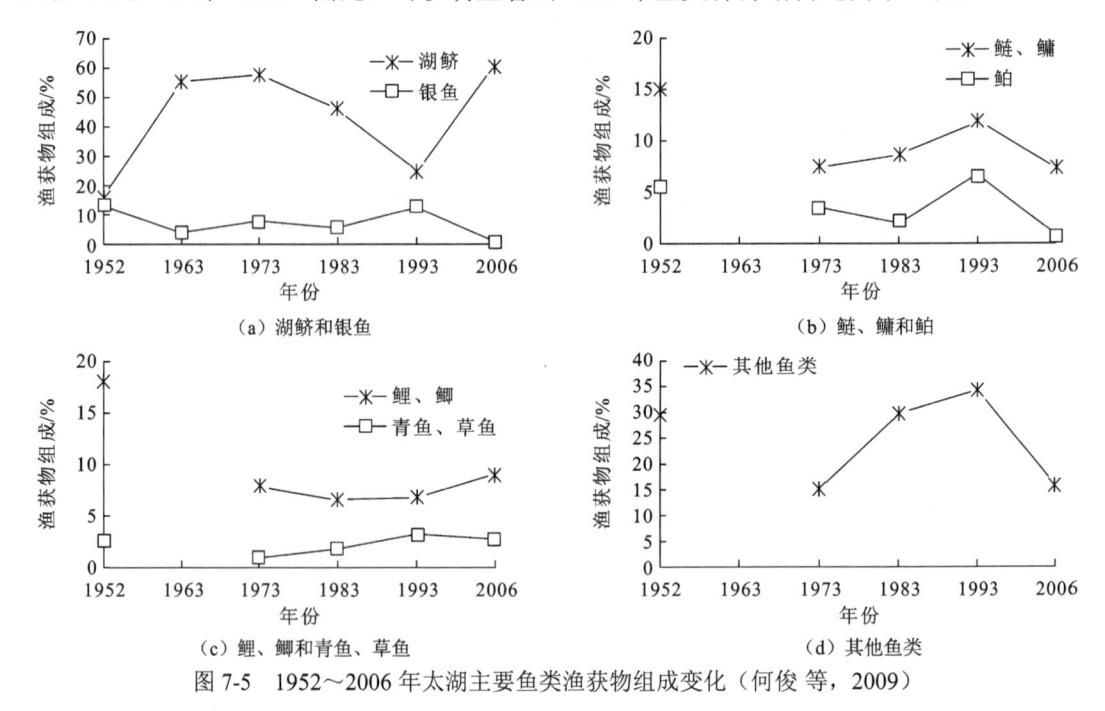

图 7-5 1952～2006 年太湖主要鱼类渔获物组成变化（何俊 等，2009）

太湖历史上鱼类的生态类群主要包括洄游性、半洄游性、定居性这 3 大类，而目前仅定居性鱼类成为主要类群，其原因是在 20 世纪 50 年代太湖通江河道建成水闸后，太湖与长江之间的连通性减弱，洄游性鱼类几乎绝迹；半洄游性鱼类的种群数量逐年下降，只有通过人工放流才能保持很少的数量。

1980～2000 年，太湖鱼类种类多样性指数整体降低，且呈现周期性变化，其变化周期与长江洪涝时间相吻合。池塘和围网养殖导致大量鱼类逃逸至湖内，加之汛期需要打开闸门，长江鱼类亦可入湖，导致太湖水体中鱼类构成的均匀度指数呈高峰值。太湖的均匀度指数在大洪水后重新恢复，在旱季时降到了最低值，表明江湖屏障对鱼类物种构成有很大的影响。

同时，太湖高强度的捕捞对鱼类组成的影响也较大。在高强度的捕捞下，成熟较晚、生活周期较长且繁育力较差的鱼类诸如蒙古红鲌等的数量逐年下降。成熟较早、生命周期较短且繁育力较高的鱼类诸如湖鲚等的数量在不断增多（刘恩生 等，2005a）。

人工捕捞是太湖自然渔业的主要方法，其在高效减少太湖中目标鱼类的同时，也会对其他非目标生物造成间接消极作用，进而对太湖鱼类群落结构造成二次影响。在不合理的捕捞强度下，过度捕捞往往会导致鱼类种群数量减少，水产品质量下降，捕捞成本增加，例如，对太湖鱼类的过度捕捞导致鱼类种群出现个体小型化的态势。这一情况导致捕捞的主要鱼类营养级下降，转变为以无脊椎动物和浮游生物为食且生命周期短的中上层鱼类。过度捕捞产生了一个恶性的循环，导致了水产资源的巨大损失，使得水产资源的恢复十分困难。

过度捕捞对鱼类群落结构产生不利影响：一方面，过度捕捞后，"幸存者"能够得到更多的食物，从而使其在较小的年龄就能发育成熟，导致鱼类初次性成熟时间提前，个体小型化趋势明显；另一方面，捕捞也是对湖泊中鱼类种类结构组成的一种人为干预，较早成熟的鱼类可以更多地将基因遗传下去，而成熟较晚的鱼类也许在繁殖前就已被捕获，因此，较早成熟的体型较小的鱼类占据了群体的大部分。2020年前，受过度捕捞和环境变迁的影响，太湖出现了显著的水产资源萎缩现象（谷孝鸿 等，2018）。

1975~1983年是太湖鱼产量上升阶段，太湖年平均鱼产量超过10 000 t。这一时期是太湖围垦最多的一个时期，据统计1949年以来太湖先后被围垦的水面达16 017 hm^2。这些被围的水面原本是水浅、水草丰富的沿岸带和亚沿岸带，随着这些水面的减少，在水草中产卵繁殖的鱼类的产卵场所缩小，由它们补充群体和成鱼的数量在湖中逐年减少，其中有主食和兼食湖鲚的红鳍鲌（*Culter erythropterus*）、蒙古红鲌等。水草的减少，在水草中产卵孵化的幼鱼及成鱼的数量锐减，加之捕捞能力和强度的提高，导致这些鱼类的低龄化和个体小型化。

1984~1993年，是太湖鱼产量再次稳定增长的阶段，太湖年平均鱼产量在1.5×10^4 t。湖鲚的产量达到太湖总鱼产量的33.5%~54.7%。1984年经江苏省人民政府批准太湖实行半年封湖休渔的暂行规定，在这一阶段的环太湖相关水体中鱼类群落结构在人为干预下，发生了较为显著的变化。这一变化主要体现在：在太湖中放养的鱼苗数量增加，放流鱼苗鱼种质量和规格改善，放养品种也作了改进。青鱼、草鱼占20%，鲤、鲫、鲂占30%，鲢占33%，鳙占17%，放流鱼在湖中成活率、增长率和回捕率大大提高。

1994~2000年是太湖鱼产量的又一个发展阶段，太湖年平均鱼产量在2.0×10^5 t，除养殖鱼类产量外，太湖亩产量达7 kg。湖鲚的产量在太湖总鱼产量中占有较大的比重，根据食性分析，湖鲚生长到130 mm以上开始出现吞食银鱼现象。而湖鲚亲鱼个体大部分已达到130 mm以上，因此，湖鲚产量的多少是影响银鱼资源的原因之一。研究发现湖鲚与银鱼的产量存在曲线函数关系，即银鱼产量随着湖鲚产量的增长而下降。1985年和1986年银鱼的产量超过2 000 t，与湖鲚产量下降有关；进入20世纪90年代之后，太湖水环境质量的变化和捕捞强度的增加，银鱼产量逐年下降，由1995年的15 000 t左右下降到1997年的600 t，直到对银鱼实行全年禁捕之后，银鱼产量才恢复到千吨以上。

2002~2003年，朱松泉（2004）在东太湖及其周边圩区池塘、沟渠进行常规采集，并设置网簖，定时定点采集，在开捕季节上船采集敞水性鱼类，共采集鱼类标本千余尾，结果表示银鱼、刀鲚、间下鱵（*Hyporhamphus intermedius*）等小型敞水性鱼类的种类、产量和产值均保持相对稳定，其他经济鱼类也以鲤科鱼类为主，鲤、鲫、草鱼和鲌类在渔获物中占主要份额，表7-4分别表示苏州湖区和宜兴湖区一天的捕捞记录，可以反映出捕捞个体体重偏轻，捕捞强度过大。

表 7-4 苏州、宜兴湖区用网簖捕捞的鱼日产量

种类	苏州湖区（9月25日）			宜兴湖区（10月7日）		
	总质量/g	属数	平均体重/g	总质量/g	属数	平均体重/g
鲤	14 917	141	105.8	24 300	96	253.1
草鱼	4 650	5	930.0	—	—	—
大鳍鱊	3 170	605	5.2	646	83	7.8
红鳍鲌	3 168	104	30.5	109	4	27.3
鲫	2 466	102	24.2	16 915	341	49.6
鳌	920	27	34.1	162	11	14.7
鳙	675	1	675.0	—	—	—
团头鲂	550	1	550.0	—	—	—
黄颡鱼	485	12	40.4	830	19	43.7
翘嘴鲌	470	9	52.2	—	—	—
鳜	370	3	123.3	—	—	—
赤眼鳟	180	3	60.0	—	—	—
似鲚	125	9	13.9	—	—	—
似刺鳊鮈	105	2	52.5	—	—	—
鲇	—	—	—	470	1	470.0
似鳊 *Pseudobrama simoni*	—	—	—	162	7	23.1
刀鲚	—	—	—	95	4	23.8
花䱻	—	—	—	75	1	75.0

引自朱松泉（2004）。

毛志刚等（2011）分析了1993~2008年太湖主要鱼类产量（图7-6），发现湖鲚与鲌、银鱼之间存在显著的负相关关系。以翘嘴鲌和红鳍鲌为主的鲌是太湖主要的肉食性鱼类。湖鲚在翘嘴鲌的食谱中占比近 2/3，出现率极高，因此，湖鲚是翘嘴鲌的主要摄食鱼类。成年

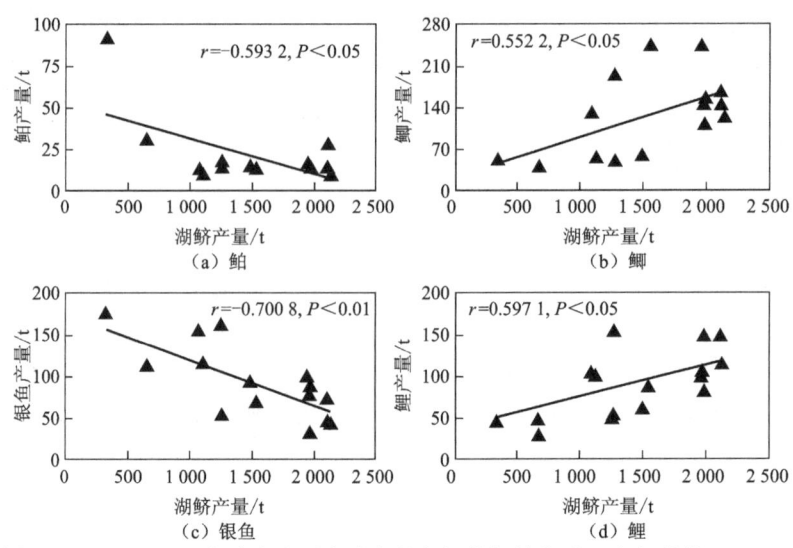

图 7-6 1993~2008年太湖主要鱼类产量之间的相关关系（毛志刚等，2011）

第 7 章 太湖鱼类群落结构与演替

后的鲌以湖鲚为食,另外鲌在幼体时期还会与湖鲚争食。然而,由于大量的捕捞且中、大型鱼类种群的恢复能力不强,太湖鲌数量不断萎缩,2003~2008 年鲌产量占比仅有 0.23%~0.79%。由于鲌数量的减少,太湖中湖鲚的数量不断上升。

陈氏新银鱼是太湖银鱼的主要品种。陈氏新银鱼的生存需求与湖鲚非常接近,都以浮游动物为食,因此两者之间存在着一定的种间竞争。人为滥捕导致银鱼数量的降低,从而使其对湖鲚的竞争也在不断减小,这使得湖鲚的数量快速地上升。从图 7-6 可以看出,鲤和鲫的产量与湖鲚的产量有极强的正相关性。浮游植物和藻类碎屑为鲫鱼主要摄食对象,富营养化的太湖中大量的蓝藻给鲤和鲫提供了充足的营养物(陈伟民 等,2005),同时,各种对水生生物保护政策的实施,也保证了这些物种数量的扩增,进而扩大了太湖中湖鲚种群规模。

据太湖渔业产量调查统计,2006~2015 年太湖总鱼产量在 35 085~56 123 t(陈卫东 等,2017),2006~2008 年,太湖年鱼产量从 35 085 t 减少到 31 595 t,2008 年受各种恶劣天气的影响,鱼产量急剧下降,降至最低点。其中,湖鲚等小型鱼类在 2006~2012 年的鱼产量基本稳定在 21 000 t 左右。自 2012 年起,鱼产量整体上大幅增长,上升了 31.8%。通过对太湖渔获物的调查发现,大多数当年进行增殖放流及自然繁育的鱼种,在当年就已经捕获,湖泊留存的鱼类数目很低,而部分土著鱼类通过其性成熟提前和个体不断变小来应对过度捕捞,过度捕捞造成了水产资源的减少,其种群与群落呈现明显小型化的趋势(朱明胜 等,2019)。

2015~2019 年太湖鱼产量日趋下降,但是太湖鱼类小型化的趋势并没有因此而改变,自 2020 年起,太湖流域开始了长达 10 年的禁渔期,这期间应当时刻关注太湖的鱼类种类组成,鱼类的种类组成能直接反映太湖生态系统状态。

太湖捕捞渔获物主要由湖鲚、银鱼、鲤、鲢和鲫等构成,其中湖鲚占据较大比重,鱼产量逐年递增(表 7-5),2015 年湖鲚总鱼产量 25 427 t,占全湖总鱼产量的 45.31%。相比较湖鲚和鲢,银鱼、鲤和鲫的产量较小,但却是太湖渔获物的重要构成部分,且均为太湖捕捞渔业主要经济型鱼类。

表 7-5 2010~2015 年太湖主要渔获物的鱼产量及比重

年份	湖鲚 产量/t	湖鲚 比重/%	银鱼 产量/t	银鱼 比重/%	鲢 产量/t	鲢 比重/%	鲤 产量/t	鲤 比重/%	鲫 产量/t	鲫 比重/%
2010	18 727	41.99	1 350	3.03	9 297	20.85	1 117	2.50	983	2.20
2011	18 637	37.04	2 014	4.00	9 511	18.90	1 094	2.17	1 564	3.11
2012	18 027	35.84	2 152	4.28	9 197	18.28	2 620	5.21	1 205	2.40
2013	23 847	46.98	1 185	2.33	9 614	18.94	2 850	5.61	1 165	2.30
2014	22 709	44.11	1 360	2.64	10 326	20.06	3 020	5.92	1 238	2.40
2015	25 427	45.31	1 178	2.10	15 972	28.46	3 034	5.41	1 266	2.26

引自张振振(2019)。

不同年份太湖自然渔业结构分析结果表明(表 7-6),从 1990 年开始,湖鲚产量比重从 1956 年的 30.4%增至 2006 年的 60.2%,增长幅度较大,而鲫、鲤和鲢、鳙等大中型鱼类所占渔获物的比重到 2006 年仅为 16.3%。2009 年后鱼类放流数量增加,大中型鱼类的比重增长,鲢、鳙比重从 2006 年的 7.4%提高至 2016 年的 36.9%,湖鲚的比重降至 37.8%(谷孝鸿 等,2019)。

表 7-6 太湖主要年份渔获物组成比重变化

指标		年份			
		1956 年	1996 年	2006 年	2016 年
总鱼产量/t		6 742	19 575	35 085	73 152
比重/%	湖鲚	30.4	60.8	60.2	37.8
	银鱼	8.8	2.6	1.3	1.5
	鲢、鳙	20.5	3.3	7.4	36.9
	鲫、鲤	15.2	4.9	8.9	6.6
	青鱼、草鱼	2.6	1.9	2.6	0.6
	鲌	7.6	0.8	0.8	0.6
	其他	14.9	25.7	18.8	16.0

引自谷孝鸿等（2019）。

综上，1980～2019 年对太湖鱼类的过度捕捞导致了鱼类等水产资源低值化。太湖最大的捕鱼工具是高踏网，随着生产的自动化水平越来越高，捕捞规模和效率也越来越大。尽管在政府的干预下，高踏网捕捞的时长大幅减少，但其短期捕捞强度巨大，大量的水产资源被作为饲料浪费，开捕不到一个月鱼产量就已达到总鱼产量 60%。这种过度捕捞致使太湖中小型鱼类如湖鲚逐渐成为优势种，太湖鱼类结构向单一化、小型化发展。之前过度捕捞所带来的生态系统损害并不是在短时间内就可以通过生态环境的自愈性来弥补的，因此，太湖鱼类种类的持续降低及鱼类小型化、低龄化很有可能是这种损害的"后遗症"。2020 年起太湖实施全年禁捕，2023 年鱼类资源得到有效恢复，太湖鱼类生物量达 20 万 t。

7.2.2 太湖围网养殖业对鱼类结构影响

事实上，环太湖捕捞渔业一直是大中型湖泊唯一的传统作业方式，这种方式优点在于单次鱼产量较高，可以短时间弥补人们对于食物的需求。但随着我国探索大水面水产资源开发利用新途径，面对大中型水域低产量、低利用率和低效益的"三低"状况，逐步创造了网拦、网箱和网围的"三网"养殖模式。利用湖泊天然饵料资源和大水面优越水质的条件，采取集约化的养殖方式，将内塘养殖高产精养技术移植到湖泊养殖中，大大提高了湖泊的利用率，使湖泊渔业的单产水平从数千克迅速提高到数百千克，太湖渔业由单一的捕捞型向捕养结合型转化，减轻了日益增强的捕捞压力，提高太湖水域的单位面积鱼产量，取得了更大的渔业经济效益。1952～2006 年，太湖年总鱼产量从 4 061 t 到 41 414 t，总体呈稳步上升态势（图 7-7）。其中养殖鱼产量增长了 2.5 倍，捕捞鱼产量增长了 8 倍。根据年增长速率可将总鱼产量变化分为两个阶段：①1952～1994 年逐渐增长阶段，每年平均增长 325.8 t；②1994～2006 年迅速增长阶段，每年平均增长 1 795.7 t（何俊 等，2009）。

自 1970 年起，随着我国对渔业资源开发利用方式的转变，拥有良好水质、丰富的高等水生植物和大型底栖动物的东太湖大力发展起了大水面养殖渔业，从而达到以利用太湖水生生物和水环境资源来提高湖泊渔业生产力的目的。

第 7 章 太湖鱼类群落结构与演替

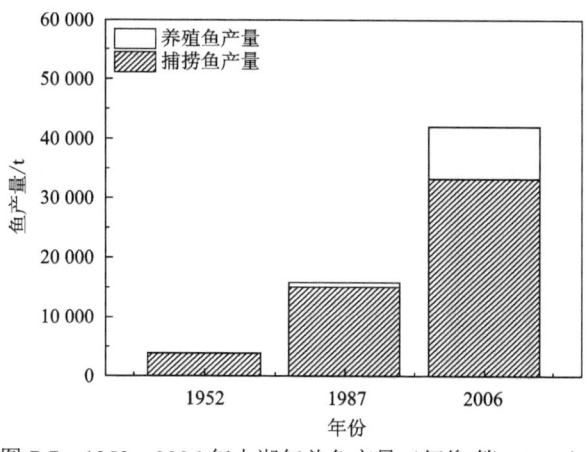

图 7-7 1952~2006 年太湖年总鱼产量（何俊 等，2009）

1982 年太湖开展了围网养殖试验，太湖的渔业形式和结构发生了重大改变。到 1984 年，太湖主要的围网养殖鱼类为草鱼和鳊，试验初期的范围不大，仅仅在太湖西北沿岸一带及东北沿岸的湖面。科研人员在东太湖油东港的围网养殖取得良好的成果，当年亩产达到 1 500 kg，探索出我国大水面水产资源开发利用的新途径，对扭转大中型水域低产量、低利用率和低效益的"三低"状况起了促进作用。但随之而来的长期扩大围网养殖面积和高投入、高产出的发展模式导致湖体水质恶化，对环境保护产生一定的负面影响。

经过 10 年的技术探索和缓慢发展，到了 1993 年，太湖围网养殖发展迅猛，其面积已经扩大到整个太湖沿岸。由于围网间距较大，净养殖面积不到 700 hm^2，总产量将近 3 000 t，总产值 0.24 亿元。养殖品种除了草鱼、鳊外，具有高附加值的河蟹已经占了将近 40% 的面积。到 1997 年，围网养殖的种类已经以河蟹为主，同时太湖围网养殖在不断提高种类品质的同时，有意减少湖泊外来物质的输入，强化了对湖泊环境的调控（朱明胜 等，2019）。

到 1999 年，太湖围网遍布东太湖全湖，净养殖面积 2 833 hm^2，总产量达到 3 317 t，产值近亿元（表 7-7）。其中围网养蟹的比例极高，其面积和产值占总面积和总产值的 80% 以上（吴庆龙，2001）。2003 年养殖面积达到 10 647.02 hm^2，占东太湖水域总面积的 79.3%，并有向整个太湖扩大的趋势。在不断的探索与发展中，太湖从"单一捕捞"的渔业管理制度向"以捕捞为主、捕捞养殖并举"转变，并逐步变迁为"以养殖为主、养殖捕捞并举"。

表 7-7 东太湖围网养殖发展过程统计表

年份	围网养鱼 面积/hm^2	产量/t	产值/(10^4 元)	围网养蟹 面积/hm^2	产量/t	产值/(10^4 元)	合计 面积/hm^2	产量/t	产值/(10^4 元)
1984	266	119	57	0	0	0	266	119	57
1985	1 130	795	372	0	0	0	1 130	795	372
1986	870	928	445	0	0	0	870	928	445
1987	730	704	345	0	0	0	730	704	345
1988	600	604	269	0	0	0	600	604	269
1989	670	923	436	0	0	0	670	923	436

续表

年份	围网养鱼 面积/hm²	围网养鱼 产量/t	围网养鱼 产值/(10⁴元)	围网养蟹 面积/hm²	围网养蟹 产量/t	围网养蟹 产值/(10⁴元)	合计 面积/hm²	合计 产量/t	合计 产值/(10⁴元)
1990	530	1 100	521	0	0	0	530	1 100	521
1991	600	1 306	692	66	7	42	666	1 313	734
1992	600	1 791	878	267	69	549	867	1 860	1 427
1993	400	2 891	1 858	267	32	589	667	2 923	2 447
1995	440	3 287	—	440	73	—	880	3 360	3 498
1997	533	3 292	2 304	2 667	805	9 660	3 200	4 097	11 964
1998	300	2 061	1 299	2 533	670	7 005	2 833	2 731	8 304
1999	300	2 631	1 653	2 533	686	6 818	2 833	3 317	8 471

引自吴庆龙（2001）。

2006~2016年太湖养殖总产量呈现先上升后急剧下降，再到保持相对稳定的状态（图7-8）。具体而言，该阶段2008年产量最高，达到8 745 t，2009年产量却骤降了61.8%，此后每年的产量总体波动较小。同时，研究发现太湖养殖的草食性鱼类产量较低，仅占养殖总产量的10%左右。主要原因有以下两点：①自20世纪90年代起，太湖围网养殖种类由草食性鱼类转向附加值高的河蟹，河蟹抢占了鱼类的养殖空间；②河蟹养殖过程中需要消耗大量的鱼类作为饲料，这一行为不仅使得鱼类资源大量减少，同时消耗不完的冰鲜饲料残留在湖体中也加快了水质恶化。随着养殖规模的不断扩大，到2007年，东太湖的养殖面积达到水体面积的85.30%。大水面高密度围网养殖在带动了渔业经济发展的同时也导致了一系列生态问题，比如太湖水域生态环境恶化、水生生物群落结构被破坏等。1960~2010年东太湖水质变化如表7-8所示，可以看到太湖水体中TN、TP及COD$_{Mn}$浓度不断上升，表明东太湖水体已处于富营养状态（何俊 等，2009）。因此，东太湖围网养殖不仅改变了东太湖鱼类组成，而且改变了水环境质量。2007年5月，太湖蓝藻水华大暴发，沿湖城市无锡发生饮用水危机，为根本改善湖泊生态环境，东太湖的围网面积逐步压缩，2019年4月，太湖的围网全部拆除。

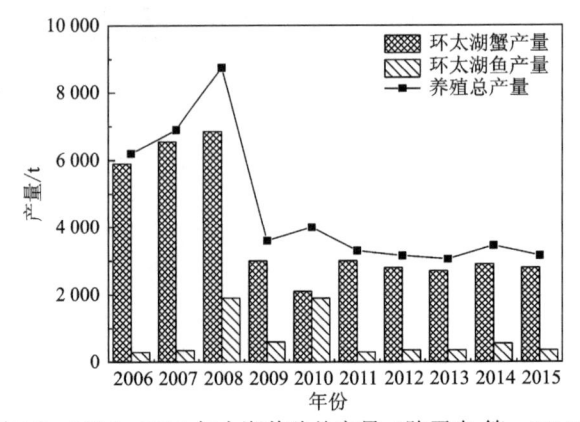

图7-8 2006~2015年太湖养殖总产量（陈卫东 等，2017）

第 7 章 太湖鱼类群落结构与演替

表 7-8 东太湖水体营养盐指标的变化

指标	1960~1966	1980	1987~1988	1991	1993	1997	1999	2000~2004
COD$_{Mn}$ 浓度/（mg/L）	6.00~16.00	2.87	2.88	5.50	5.57	5.51	4.56	6.40
TN 浓度/（mg/L）	—	0.65	1.72	1.01	1.04	1.39	1.63	1.08
TP 浓度/（mg/L）	—	0.030	0.063	0.043	0.075	0.035	0.040	0.040
NH$_4^+$-N 浓度/（mg/L）	<0.04	0.05	—	0.14	0.20	0.19	0.46	0.07

引自何俊等（2009）。

在太湖围网拆除后的第 1 年内，谷先坤等（2021）于 2019 年 4 月、7 月和 10 月对东太湖鱼类群落进行了监测，分别在东太湖的近太浦河口、主要养殖区及出湖口设置 4 个站点进行渔获物采集，从而确定东太湖鱼类的物种组成。此次调查采集到东太湖鱼类 39 种，其中鲤形目鱼类 27 种（69.23%），鲈形目 8 种（20.51%），鲇形目 3 种（7.69%），以及鲱形目 1 种（2.56%）。鲤科鱼类有 26 种，优势最为显著。其他各科种类数均不超过 3 种。调查发现（表 7-9），东太湖的鱼类优势种为湖鲚、鲫、麦穗鱼、红鳍鲌、鳌和大鳍鱊。

表 7-9 2019 年东太湖主要鱼类 IRI 值

种类	2019 年 4 月	2019 年 7 月	2019 年 10 月	合计
湖鲚	79.14	1 481.92	4 385.89	989.65
鳙	949.87	778.27	739.71	783.76
鲤	55.18	39.26	198.62	68.21
鲫	1 705.97	1 878.83	443.32	1 570.76
鳌	2 747.62	727.88	136.74	1 261.19
贝氏鳌	855.55	—	—	154.28
红鳍鲌	570.24	1 171.74	2 100.91	972.28
似鳊	483.58	13.99	162.72	208.25
银鲴 Xenocypris argentea	149.39	—	—	27.49
细鳞鲴	145.56	—	—	26.93
大鳍鱊	662.97	2 901.55	874.06	1 267.05
兴凯鱊	629.01	149.10	65.40	277.67
麦穗鱼	217.27	1 296.72	29.94	470.67
花䱻 Hemibarbus maculatus	226.12	37.01	34.18	106.74
黄颡鱼	574.94	475.24	—	339.65
长须黄颡鱼 Pelteobagrus eupogon	893.51	9.35	38.29	280.06

引自谷先坤等（2021）。

7.2.3 太湖人工放流增殖对鱼类结构影响

太湖的人工放流以"八字综合增殖"措施为核心，以此来增加太湖鱼类资源，很好地维持了太湖渔业的生产稳定。太湖最早的人工放流增殖试验始于 1957 年，主要是放流花鲢和白鲢，成效显著。1957～1975 年，共计投放了 $3.0×10^7$ 尾不同的鱼类、$1.6×10^8$ 尾夏花及 $2.3×10^8$ 只蟹苗，团头鲂也被大量投放，其中夏花主要以鲤和红鲤为主，同时辅以其他鱼种。1975 年再次加大了放流量，投放 $1.163×10^7$ 尾各类鱼类、$3.095×10^7$ 尾夏花和 $1.0948×10^8$ 只蟹苗。每年鱼类放流分为两个阶段，通常是在 2 月底、3 月初将冬片鱼直接投放到湖心，而夏花在 6 月中旬投放到靠近岸边的水域（朱成德和钟瑄世，1978）。

自 1950 年起，太湖各种酷捕性渔具的滥用导致该地区渔业资源的过度捕捞，同时沿岸开展了大规模的围湖造田及闸坝建设等工程，造成了太湖渔业资源的锐减。1950 年底，由于"四大家鱼"的成功繁育，鱼类的人工放养成为可能。20 世纪 50 年代，在太湖进行鲢、鳙人工增殖放流，获得了显著的增产效益。这一时期，太湖渔业的总鱼产量虽不大，但鱼类结构仍较为合理，太湖鲢、鳙、银鱼及湖鲚的产量较为稳定，占总鱼产量的 15%。自 1960 年起，湖鲚逐渐成为太湖鱼类中绝对优势种，其鱼产量从 20 世纪 50 年代的 15%左右，增长到 21 世纪初的 60%左右。然而，太湖中诸如鲢、鳙、鲌及草鱼等的大型鱼类鱼产量却在 50 年间下降了近 30%。

1985～1993 年的人工增殖放流情况见表 7-10，太湖渔业实行人工增殖放流后，年生产约 $1.6×10^4$ t，除去"三网"养殖的部分，太湖自然鱼类总产量高达 $1.4×10^4$ t，其中，人工增殖放流的鱼种可达 1/5，产值约为 40%。太湖每年人工投放约 $1.0×10^7$ 尾的鲢，充分利用了太湖的浮游生物。投入的草食性鱼类和河蟹，实现了太湖的高等水生植物、底栖动物、腐殖质、微生物等资源的高效利用，保障太湖的生态环境健康（顾良伟，1993）。

表 7-10 太湖人工放流增殖鱼类资源比较表

年份	全湖鱼种放流量/（10^4 尾）	其中试验站放流/（10^4 尾）	放流鱼全湖产量/t	其中试验站鱼产量/t	当年太湖鱼产量/t	放流鱼占全湖鱼产量/%
1985	818.63	818.00	3 499.5	152.8	15 300.5	22.9
1986	1 020.68	829.54	2 941.6	96.4	14 413.0	20.4
1987	944.71	619.58	3 235.2	81.3	14 650.5	22.1
1988	1 000.63	816.67	3 278.8	113.3	16 690.8	19.6
1989	1 355.27	847.36	2 700.6	83.1	17 068.2	15.8
1990	566.12	274.27	1 941.5	66.6	15 865.9	12.2
1991	1 089.34	511.75	2 819.1	80.1	15 885.1	17.7
1992	1 299.37	685.79	2 144.2	42.9	13 804.1	15.5
1993	1 590.20	1 200.20	—	—	—	—

引自顾良伟（1993）。

尽管鲢、鳙产量随着放养规模的扩大而提高，但其总产量的比重仍维持在 20 世纪 70～80 年代的水平，与 20 世纪 50 年代的 15.7%相差甚远。青鱼、草鱼的产量与鲢、鳙基本一致，而鲤、鲫和鳊的产量则随着放流量的增大而提高，且在总产量中所占的比例也在提高。2000年，鲤、鲫和鳊在鱼类总产量中所占比重达到 14.7%，已超过 20 世纪 70～80 年代，但在鱼类总产量中所占的比重仍低于 1952 年的 18.2%。

到 2008 年，在太湖共投入了 2.9 亿尾各类鱼种。以鲢、鳙为代表的大型鱼类的产量在 2009～2012 年有了较大幅度的提升，与 2001～2008 年相比，其产量增加了 1.36 倍，占总鱼产量的比重达到 26.7%，较之前上升了 15.4%。此外，2009~2012 年"四大家鱼"和翘嘴鲌等种苗的年平均放流量达到 679 t，相较于 2001~2008 年的 299 t 增加了 1.27 倍。从太湖放流鱼种的产量变化动态来看，大型鱼类放流的规模逐年增大，其产量和所占比重也逐渐增大。

鲢、鳙是主要的增殖放流鱼类。2008~2014 年，张彤晴等（2016）在每年 9 月 15 日、30 日进行渔获物抽样采集，渔获物监测站点见图 7-9，分析鲢、鳙增殖放流的效果。结果显示，共调查到 67 种鱼类，其中鲤形目为 43 种，大约占调查到的鱼类种类数的 2/3。

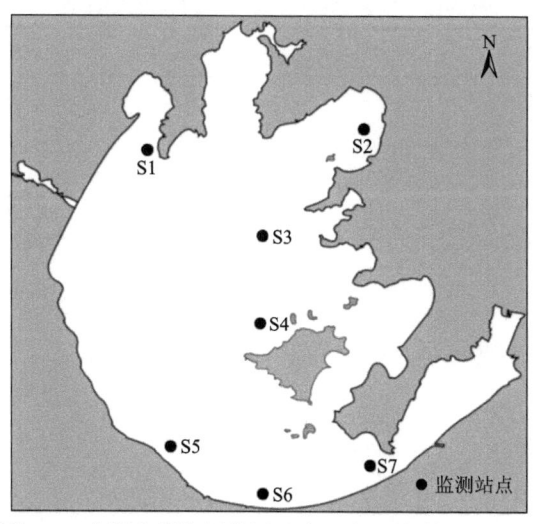

图 7-9　太湖鱼类资源监测站点（张彤晴 等，2016）

对鲢、鳙与 15 个鱼类群产量增殖率进行相关性分析（表 7-11），结果显示，鲢与湖鲚、鲢与鲫、鳙与青虾、鳙与湖鲚、鳙与鲫之间均呈显著负相关，此外，鲢、鳙增殖率增加而湖鲚增殖率下降。因此，太湖水体中生物群落结构不仅受到太湖土著鱼类与鲢、鳙间的生存竞争调控，并且鲢、鳙会通过食物竞争使湖鲚向大型可食用的经济水生动物转变。

表 7-11　2008~2014 年鲢、鳙与 15 个鱼类群产量增殖率之间相关性分析

类群	指标	湖鲚	银鱼	白虾	青鱼	草鱼	鳙	鲢
鳙	相关系数	−0.836	0.131	−0.338	0.303	−0.079	1.000	0.888
	P 值	0.019*	0.780	0.459	0.509	0.866	—	0.008*
鲢	相关系数	−0.771	0.114	−0.287	0.101	0.202	0.888	1.000
	P 值	0.042*	0.807	0.532	0.830	0.665	0.008*	—

类群	指标	鲤	鲫	鳊、鲂	鳗	鲌	野杂鱼	青虾	出口贝类
鳙	相关系数	0.350	−0.796	−0.044	−0.263	0.372	−0.398	−0.792	0.603
	P 值	0.441	0.032*	0.926	0.569	0.411	0.377	0.034*	0.152
鲢	相关系数	0.054	−0.807	−0.335	0.048	0.308	−0.501	−0.526	0.620
	P 值	0.908	0.028*	0.463	0.919	0.501	0.252	0.225	0.138

引自张彤晴等（2016）。

*表示相关性显著（$P<0.05$）。

基于 2008~2014 年鱼类的 IRI 值，分析得到 7 年内太湖鱼类的优势种（表 7-12）。IRI 值位于前三的鱼类依次是：湖鲚（51.58±14.13）、鲫（32.88±6.15）和鲤（9.16±7.62）。太湖"三小"鱼类（湖鲚、白虾和银鱼）的资源特征在前 10 位的种类中占有优势。鲢、鳙处于太湖相对优势种前端，是太湖鱼类群落结构的核心，而其他的优势种都属于定居性，因此，增殖放流成效显著，且定居性鱼类得到有效的繁殖保护。

表 7-12 太湖鱼类 2008~2014 年的 IRI 值

种类	IRI 值
湖鲚	51.58±14.13
鲫	32.88±6.15
鲤	9.16±7.62
红鳍鲌	8.65±4.89
鲢	8.49±5.15
鳙	8.26±5.14
大银鱼	5.46±5.56
间下鱵	5.39±2.06
贝氏䱗	3.68±2.86
似鳊	4.20±4.07

引自张彤晴等（2016）。

鲢、鳙的增殖放流效果明显，能稳定提高太湖鱼类产量，改善太湖鱼类结构。同时，鲢、鳙与太湖土著鱼类之间存在竞争，如利用种间食物竞争抑制湖鲚，有利于把体型小、质量差的湖鲚向体型大可利用的经济生物转变，揭示增殖放流对太湖生物群落结构的调控效应。在过度捕捞及环境恶化等条件下，太湖水产资源发展趋势出现小型化及低龄化，这种趋势是自然界的生物为确保种族延续而进行的必然调节，2008~2014 年太湖水产业的生产仍稳定在 5 万 t 左右，但其主要依赖于小型的低价值鱼类（占总鱼产量 42.71%~69.26%）和非洄游性鱼类（占总鱼产量 6.4%~22.4%），因此太湖渔业资源正因小型化而衰退。

增殖放流可以有效地恢复衰退的水产资源，增加渔业产量，但也会对天然鱼类的群落结构、遗传多样性等产生一定程度的危害。由于大量的放流，野生群体表现出负的密度依赖效应，从而影响其生长生育和生存。野生鱼类群体的遗传多样性下降是因为其与放流鱼类群体的竞争，使其数量减少，从而影响了群落的遗传多样性。然而，放流群体对自然环境的适应性降低，捕食能力也随之下降，其适合度大大低于野生鱼类。另外，太湖增殖放流以鲢、鳙为主，其大量滤食导致排泄物增多，加快太湖中物质循环，从而增加太湖中小型藻类的数量。因此，在太湖进行增殖放流，不但会引起太湖鱼类群落构成的变化，还会影响太湖水体的物质循环，从而对太湖蓝藻水华暴发产生促进或抑制的作用。

7.3 太湖鱼类群落结构变化的生态学过程

太湖鱼类种类数和生物量的降低是鱼类摄食、生长和繁殖过程的体现，近几十年来，太湖鱼类群落结构发生明显改变，由20世纪50年代合理的鱼类结构演变为简单化、小型化的群落结构，湖鲚等中小型鱼类已成为太湖绝对优势种。r（最大内在自然增长率）-K（环境承载能力）选择是生态进化中的2个方向，鱼类也存在2种不同生存策略，特征如下。第一，r 选择种群生长繁殖速度快，个体小且生命周期短。而 K 选择种群则生长繁殖速度慢，个体较大且生命周期长。第二，r 选择种群以提高利用物质或能量生产率，从而加快繁殖速度。而 K 选择种群以提高利用物质或能量的效率，从而增加个体物质的分配。第三，r 选择种群常低于环境容纳量，食性层较为简单，此外，其种群大小变化大，集群能力也较大，捕捞活动对其影响并不明显。而 K 选择种群常处于最大环境容量，食性层较高，种群大小相对稳定，同时，其种内竞争较为激烈，捕捞活动对 K 选择种群的影响尤为明显（表7-13）。湖鲚等中小型鱼类采取 r 选择生存策略。

表7-13　生物种群繁衍的 r 选择和 K 选择的特征比较

特征	r 选择	K 选择
种群密度	多变的，低于 K 值	在 K 值附近
种内竞争	不紧张	紧张
选择有利于	1. 快速发育； 2. 提早生育； 3. 体型小	1. 缓慢发育； 2. 高竞争力； 3. 延迟发育； 4. 体型较大
寿命	短	长

由于湖鲚、鲻这类鱼类的迅猛繁殖，再加上对其捕捞量的下降、鲤科鱼类的减少，太湖中其他鱼类种群的生态位被其占据。从湖泊生态角度看，过高的小型鱼类占比对于大型湖泊整体利用价值具有较大的负面影响，因此，对于该湖泊鱼类群落结构进行改造是十分有必要的。

造成太湖鱼类群落结构改变的主要原因有以下4个方面。一是兴修水利，长江自江阴以下，1957～1990年兴建水利建筑137座，太湖沿岸也建立了多处闸坝。建闸导致某些鱼类洄游通道阻塞，使降河或溯河洄游的鱼、蟹类不能到达产卵场进行繁殖，同时也使幼苗不能回归江、湖或海洋生长，由于当时建造考虑的欠缺，再加上闸坝鱼道技术的不成熟，就引起太湖中洄游性鱼类减少。二是围垦，20世纪60、70年代在太湖兴起了围湖造田的热潮，使水面大为减少，破坏了鱼类索饵、繁殖和栖息的良好环境。这一工程也引起高等水生植物资源减少，水生态环境恶化，这是太湖沿岸带产卵的一些鱼类数量减少的一个重要原因。三是滥捕，捕捞强度过大和不适当的捕捞方法等导致鱼类群落结构退化。在1990年前，蒙古鲌、蛇鮈、鲷等鱼类在太湖还有相当数量，而现在已很少见。四是水污染，20世纪80年代以来，太湖地区工业化、城市化进程加快，氮磷污染物经入湖河道输入太湖，水体富营养化加剧，从而大大减少了定居性鱼类的产卵场和育肥场，导致部分河流性鱼类及部分定居性鱼类难以生存。

太湖鱼体小型化及物种单一化的趋势与太湖水质的劣化有着明显关联，单独依靠生态系统的自净能力会导致原本鱼类群落中许多食性单一化的、大型的鱼类在太湖中不能获得足够的能量，最终走向衰亡。如果这一趋势难以扭转，那么应当针对正在消亡的太湖珍稀鱼类进行种群的保护和人工繁育，现阶段采用禁捕及水域生态环境修复是恢复太湖鱼类资源的有效措施。

鱼类是生态系统中较高级的消费者，通过下行效应与环境间存在着紧密的相互作用，比如鲢、鳙以藻为食，可通过它们控制水华蓝藻数量。同时合理的鱼类群落结构能够调节太湖生态系统的结构，促进生态系统的稳定。

基于 2016~2020 年太湖 10 个鱼类采样站点和 33 个水环境站点监测数据，分析结果表明，2020 年在太湖调查共发现鱼类 56 种，主要优势种的 IRI 值依次为湖鲚（9 219.28）、鲫（1 698.78）和鲤（1 075.27）。太湖 87.9%的鱼类全长在 200 mm 以下，88.2%的鱼类体重在 50 g 以下。2016~2020 年，在太湖共发现鱼类 68 种，太湖水环境总体保持稳定，但鱼类群落结构发生了较大变化，优势种发生明显改变。对太湖鱼类群落结构的多样性指数进行分析，结果显示，自 2016 年以来，鱼类多样性指数与其生活的水域环境质量指标之间无显著相关。太湖入湖水量、人工增殖放流对太湖鱼类群落结构具有重要影响。因此，需结合太湖水环境状况建立鲢、鳙增殖放流方案，促进太湖鱼类群落结构恢复，最大程度发挥太湖鲢、鳙控藻潜力（熊满辉 等，2022）。

太湖鱼类演替过程主要节点为（图 7-10）：20 世纪 50 年代，太湖鱼类群落结构合理，主要以大中型鱼类为主。20 世纪 60 年代，兴修水利、修闸筑坝，导致江湖阻隔，江湖洄游、过河海淡水洄游性鱼类减少，鱼类群落结构发生改变。20 世纪 70 年代，围湖造田，导致许多草上产卵鱼类失去产卵场及仔幼鱼的索饵场，太湖鱼类群落结构组成演替为以湖鲚、银鱼等敞水性鱼类和小型鲤科种类为主体的结构。20 世纪 80 年代（1984 年），太湖首次实行半年封湖休渔，为太湖湖鲚的种群繁衍提供了有利条件。21 世纪初（2007 年），太湖蓝藻水华暴发，湖鲚代替鲤科鱼，成为太湖鱼类群落中绝对的优势种，到 2020 年，湖鲚依旧处于太湖鱼类群落优势种之首。综上，2020 年前太湖鱼类群落结构特征为小型化和低龄化。2020 年 10 月，太湖正式实施"十年禁捕"，自此太湖鱼类资源才逐渐得以恢复，鲢、鳙个体增大，洄游性鳗、暗纹东方鲀数量增加。

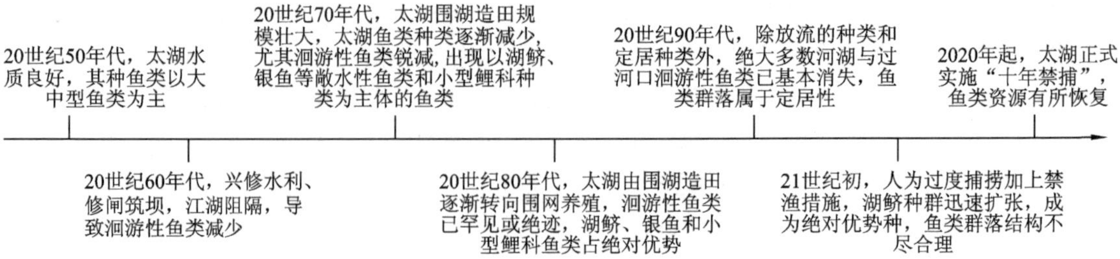

图 7-10　近 70 年太湖鱼类群落结构演变过程

第8章 太湖微生物群落结构与演替

8.1 太湖细菌群落结构与功能

细菌是一类原核微生物，有的以浮游状态存在，有的以附生或共生、互生和寄生的方式存在，不仅存在于水体和沉积物中，而且寄生或共生于鱼体等别的生物中。除蓝细菌（蓝藻，为光合细菌）以外，细菌在湖泊生态系统中主要承担分解者的角色，在太湖碳氮磷等元素生物地球化学循环过程中发挥重要作用。水体中细菌群落结构组成受到温度、COD、DO 和水体富营养化程度等多种因素的影响。

8.1.1 太湖浮游细菌群落结构与功能

太湖细菌种类丰富，群落组成极具多样性。在 20 世纪 90 年代，太湖细菌便得到了关注，硝化、反硝化、亚硝化和氨化细菌大量存在于湖区水体与各种高等水生植物上。在有高等水生植物存在的水体中，反硝化细菌与亚硝化细菌数量比敞水区高，硝化细菌则相反（王国祥 等，1999）。

由 2005 年冬季太湖梅梁湾的水样检测可知，其中细菌主要为 6 个属，分别为黄杆菌属（*Flavobacterium*）、假单胞菌属、食酸菌属（*Acidovorax*）、丛毛单胞菌科（Comamonadaceae）、博德特氏菌属（*Bordetella*）和红长命菌属（*Rubrivivax*）；除此之外，还包括拟杆菌门（Bacteroidetes）的细菌 3 类与不可培养的细菌 3 种。优势细菌类群占比达到 44.3%、27.8%和 25.3%，分别为拟杆菌、γ变形菌（γ-Proteobacteria）和β变形菌（β-Proteobacteria），（吴鑫 等，2006）。

2012 年的采样结果分析发现，太湖细菌群落组成主要为变形菌门（Proteobacteria）、拟杆菌门、放线菌门（Actinobacteria）、厚壁菌门（Firmicutes）、蓝细菌门（Cyanobacteria）（李向阳 等，2020），且细菌的分布具有时空差异性。

2013 年夏季梅梁湾水体中细菌的优势门类为蓝细菌门（39.7%）、放线菌门（27.2%）和变形菌门（23.4%），这 3 门共计 90.3%的总细菌数。蓝细菌门的微囊藻属（21.0%）和聚球藻属（*Synechococcus*，15.9%）为主要优势种（徐超 等，2015）。

环境因素影响细菌群落的空间分布，水温、TP、NO_3^--N、藻类密度对细菌群落结构的影响最为显著。太湖水草区、湖心区和河口区水域细菌群落有着明显的差异。不同采样点水体中，优势类群的密度也存在明显差异。细菌组成的密度和均匀度在水草区、湖心区和河口区依次递减。就环境因素而言，TP、NO_3^--N 和水温是影响细菌群落结构与分布最主要的非生物因素，不同湖区蓝藻水华和高等水生植物存在与否是影响细菌群落结构与分布的主要生物因素。

在时间尺度上，太湖细菌密度随时间而变化。2015年5月～2016年3月太湖湖滨湿地浮游细菌群落生物量及群落结构的研究发现，2015年水样浮游细菌群落结构随时间呈现渐变的趋势，其中5月、7月水样相较于9月、11月水样形成一个小聚类。而2016年1月和3月水样单独形成一个聚类，与2015年5～11月水样相比存在较大差异。在门水平上，太湖湖滨湿地浮游细菌中主要门类为变形菌门、放线菌门、拟杆菌门和蓝细菌门，分别占比为37.07%、26.31%、15.87%和10.86%。太湖浮游细菌群落多样性在夏季显著升高，在冬季显著降低。不同季节，温度变化是浮游细菌群落结构组成发生变化的直接原因（钱玮等，2018）。

水华蓝藻与细菌群落存在相互作用。微囊藻水华降低细菌群落多样性，环境因素如DO浓度、氧化还原电位和有机质浓度受水华蓝藻堆积的影响而变化，这会导致在水华暴发的不同时期优势细菌类群组成存在差异。2016年4月8日、5月6日、6月6日、6月26日太湖竺山湾水样中细菌群落分析发现，浮游细菌中变形菌门的丰度最高，放线菌门和拟杆菌门占优势。变形菌门中β变形菌占主要优势，其次为α变形菌（α-Proteobacteria）（彭宇科等，2018）。相较2005年的水样，2016年采集的水样中发现了大量α变形菌和γ变形菌，而非水华样品中这些细菌丰度相对较低，表明这些细菌适应水华暴发的环境条件并可能在水华形成过程中发挥作用（彭宇科等，2018）。

反硝化作用是氮素转化的重要环节，水体中因为存在较高的DO浓度，一般以好氧反硝化作用为主。根据2009年的太湖水样采集分析，太湖水体5～8 mg/L的DO浓度环境也并不适合厌氧反硝化，太湖水体中广泛存在好氧反硝化细菌。在水样中分离得到了好氧反硝化菌群，根据其对氮素去除能力分析，发现太湖存在着巨大的好氧反硝化脱氮潜力（郭丽芸，2013）。

1. 太湖水体中细菌群落结构与蓝藻水华的关系

湖泊中细菌在碳氮磷等营养物质的循环中扮演关键角色，直接影响水体的营养状态。湖泊细菌群落组成、功能及相互作用的研究已成为热点之一，为细菌群落生态学带来新见解。细菌群落由参与氨氧化、反硝化和有机物代谢等不同类群组成。蓝藻水华改变了湖泊溶解性有机物和甲烷浓度，加速反硝化和磷积累，改变了磷氮循环。微生物组成和活性影响湖泊元素循环，进而影响藻类的营养盐利用，最终影响水华的发生和发展。因此，富营养化湖泊微生物群落结构和演替对生态系统至关重要。

太湖细菌群落的分布受区域和局部条件影响，包括气候、营养盐、溶解有机碳、O_2和高等水生植物等因素。蓝藻生物量和氮磷营养盐浓度对细菌群落组成产生巨大的影响，导致太湖水体中细菌的空间分布受到环境因素的调节，而非随机分布。

1）太湖水体中细菌群落结构组成

细菌作为生态系统的分解者，是生态系统的重要组成部分，其组成和活性直接影响湖泊的营养盐循环，进而影响藻类对营养盐的利用和湖泊生态功能。

（1）16S rRNA基因文库分析。

2009～2011年采集太湖不同湖区含藻水样，最终从1 085个阳性有效克隆中获得487个太湖浮游细菌16S rRNA基因序列，并用于后续分析。各文库中阳性有效克隆数量为51～73个，通过限制性片段长度多态性（restriction fragment length polymorphism，RFLP）筛选出的运算分类单元（operational taxonomic unit，OTU）数量为 17～34 个。浮游细菌在太湖的分布表现出明显的季节性差异。夏、秋季（8 月和 11 月）浮游细菌密度和多样性指数普遍较低，而冬、春季（1 月和 5 月）较高，梅梁湾除外。梅梁湾 5 月的浮游细菌密度和多样性指数最高。靠近湖心的 N2 点在 1 月细菌密度和多样性指数最高，11 月最低。相关性分析显示细菌指数与藻类密度存在显著关联。因此，细菌群落组成和藻类密度存在相互联系（彭宇科，2017）。

（2）克隆文库组成。

16S rRNA 基因文库序列比对显示，太湖浮游细菌群落种类丰富，主要分布于细菌域的 9 个门。按百分比排列，变形菌门最多，占比 59.3%，其中以 β 变形菌纲为主，达到 26.9%。其他门如浮霉菌门（Planctomycetes）、放线菌门等占比较高。此外，其他一些数量较少的序列属于芽单胞菌门（Gemmatimonadetes）、绿菌门（Chlorobi）、异常球菌-栖热菌门（Deinococcus-Thermus）和厚壁菌门。α 变形菌、β 变形菌和蓝细菌在所有文库中均有记录。细菌种类数量在不同季节存在差异。5 月和 8 月的 α 变形菌数量高于 11 月和 1 月，而 β 变形菌则相反。γ 变形菌数量在不同月份间差异不大。蓝细菌在 8 月和 11 月的文库中最多，与太湖蓝藻高峰期相吻合。太湖细菌群落采样分析结果显示，α 变形菌、β 变形菌交替占据主导地位，放线菌数量相对稳定。5 月和 8 月的文库中，浮霉菌比例较高，占比在 5.8%～39.2%，尤其在 8 月达到 39.2%。这是蓝藻水华暴发的时节，显示了浮霉菌与蓝藻水华的密切联系。研究表明，一些浮霉菌含有分解蓝藻多糖的基因。太湖水样中主要的异养细菌包括 β 变形菌、α 变形菌、浮霉菌、γ 变形菌、放线菌、疣微菌和拟杆菌。

（3）文库组成相似性分析。

在 1 月、5 月、8 月之间，太湖各点浮游细菌的组成存在显著的季节差异性，较小的空间分布差异性。1 月的文库中存在较多的 β 变形菌和拟杆菌，而 α 变形菌和浮霉菌很少。太湖北部 8 月和 11 月的浮游细菌组成具有显著性差异，存在差异的细菌主要是浮霉菌、β 变形菌和放线菌这 3 类细菌。太湖南部浮游细菌组成的季节差异性极为明显。2009 年 5～8 月，β 变形菌减少至 7.8%，放线菌增加至 17.2%，α 变形菌组成未发生变化。2009 年 8～11 月，β 和 γ 变形菌比例增加至 32.8% 和 12.5%，浮霉菌减少至 3.1%，α 变形菌转为典型淡水类细菌。

在蓝藻水华暴发的富营养化湖泊中，优势细菌类群主要是变形菌、蓝细菌、放线菌、拟杆菌和疣微菌。通过比较发现，尽管蓝藻的种类、地理和气候条件有所不同，蓝藻水华水体中的主要细菌类群在较高的系统分类水平上具有相似性。因此，推测与蓝藻水华相关的细菌优势功能类群可能在水华发生过程中与蓝藻共存。

2）菌群随蓝藻水华形成的动态变化过程

太湖大规模蓝藻水华暴发引发了一系列生态环境问题，改变了湖泊的物理、化学和生物等过程。同时，藻类水华对湖泊元素循环造成影响，比如通过促进反硝化作用使富营养化湖泊氮素浓度下降，夏季水体低 TN 浓度成为藻类生长的限制因子。

湖泊生态系统中高浓度营养盐导致蓝藻水华发生，主要是蓝藻（尤其是微囊藻）具有竞争优势。微生物加快湖泊营养盐循环，促进蓝藻生长。细菌与蓝藻之间复杂的代谢产物交换影响着水华的发生和持续。此外，蓝藻与细菌之间的直接相互作用也对蓝藻的生长具有积极或消极的影响。

在蓝藻水华暴发过程中细菌的作用已成为研究关注的热点之一，异养细菌和蓝藻之间的相互作用仍然有待进一步阐述。为了检测水华蓝藻积累过程中细菌群落的动态变化情况，研究人员对同一采样地点蓝藻水华过程中细菌组成的变化进行详细研究。并每月定点采样，2016年4～6月共进行采样4次，对太湖水体的整体细菌群落进行高通量测序分析，以获得更详尽的细菌群落变化信息。

4月8日～5月6日，太湖蓝藻密度由 $5.44×10^6$ cells/L 增至 $2.06×10^7$ cells/L，但尚未见明显的水华颗粒。到6月6日，出现轻度蓝藻水华，蓝藻密度达到 $6.35×10^8$ cells/L。到6月26日，水华更加严重，蓝藻密度达到 $2.02×10^9$ cells/L，比首次采样时增加了370倍。4月8日，太湖水体初始TP和COD浓度较低，随着时间推移，蓝藻密度增加，NO_3^- 和 NH_3-N 浓度上升，TP和COD浓度最终分别达到0.25 mg/L和144.00 mg/L。与此相比，伴随水华形成，NO_3^- 和 NH_3-N 浓度从1.76 mg/L和0.56 mg/L下降至0.55 mg/L和0.18 mg/L。TN、TP、NO_2^- 浓度从非水华时期开始下降至中度水华时期，然后在重度水华时期增加。因此，蓝藻生物量显著影响水体化学组成。在含水华水体中总有机碳浓度显著增高，而无机氮磷浓度较低（彭宇科，2017）。

（1）太湖水华形成过程中细菌群落多样性变化。

对太湖6个样品的基因组总DNA进行提取，针对细菌16S rRNA基因V3-V4区进行聚合酶链式反应（polymerase chain reaction，PCR）扩增，之后进行高通量测序。研究结果发现，蓝藻水华出现前，水体细菌群落物种丰度和多样性均较高。而蓝藻水华发生时相关的样本中，细菌群落多样性随着蓝藻水华的发生而降低，并且水华持续时间越长，暴发程度越高，细菌群落多样性降低越明显。藻类附生细菌的多样性低于游离细菌，且群落分布具有较大的不均匀性，其中少数种群占主导，蓝藻密度对细菌多样性产生负面影响。较高浓度的蓝藻促进了异养细菌的生长，减少了细菌多样性。然而，一些研究发现，水华状态下浮游细菌的多样性增加。这可能是由于蓝藻产生的溶解性有机质（dissolved organic matter，DOM）和颗粒态有机质（particulate organic matter，POM）刺激了细菌的生长并提高了细菌生物多样性。研究发现，随着蓝藻密度的增加，太湖水体COD浓度上升，细菌的多样性下降。

没有蓝藻水华的水体中，总的蓝细菌序列不到20%，微囊藻相对丰度低。蓝藻水华发生后，微囊藻增加，蓝藻群落多样性降低（彭宇科，2017）。

（2）太湖细菌群落结构的动态变化。

在太湖非水华样品中，蓝细菌群落多样性较高，其中铜绿微囊藻只占整个蓝细菌群落的0.85%～2.29%。然而，在水华样品中，大部分游离和附生细菌消失，铜绿微囊藻占据蓝藻总数的99%以上，成为水华中的优势种。水华暴发时，铜绿微囊藻对其他蓝藻具有压倒性竞争优势。

作为主要生产者之一，蓝藻固定 CO_2，为微生物提供有机碳。蓝藻群落组成和生物量变化影响水体的碳源、氮源和微环境，蓝藻聚集体内外的营养水平和环境因子差异导致生态位分化，影响细菌群落组成，从而影响水华的形成。

从属及以上水平对太湖水体细菌群落结构进行分析。一共观察到586个OTU，在门水平上，多个样品共有的OTU数量为493个，其中变形菌门占主导地位，占OTU总数的50.9%，其次是拟杆菌门和厚壁菌门。在轻度水华样品中，变形菌门、拟杆菌门和厚壁菌门的比例分别为55.7%、15.5%和5.6%；在附生细菌部分中，比例分别为57.8%、8.5%和10.3%。在重度水华样品中，变形菌门、拟杆菌门和厚壁菌门的比例分别为 60.0%、14.4%和 2.2%；在蓝藻附生中，比例分别为 56.0%、12.0%和 15.0%。蓝藻水华发生时，附生和游离细菌群落共有 OTU120 个，占总数的 24.3%。游离细菌群落的共有 OTU 数量为 246 个，远高于蓝藻附生细菌群落的 164 个。重度水华样品的附生和游离细菌群落共有 OTU 数目为 145 个，低于轻度水华样品的 190 个。移除与蓝细菌相关的属后，变形菌门在各个样本中都占主导地位，蓝藻附生细菌群落中厚壁菌门居次，而游离细菌群落中放线菌和拟杆菌门居后。

黄杆菌、玫瑰单胞菌（*Roseomonas*）、变形杆菌（*Proteobactia*）、红杆菌（*Rhodobacter*）和桑德拉金刚杆菌（*Sandarakinorhabdus*）在蓝藻附生细菌群落中占优势，而其中前两个种类在游离细菌群落中更为丰富。尽管在门水平上，蓝藻附生和游离细菌群落的差别不大，但在属水平上它们之间就能看出明显的区别。黄杆菌、弓形杆菌（*Arcobacter*）、未分类伞形菌科（Comamonadaceae Unclassified）和未分类孢子菌科（Sporichthyaceae Unclassified）等在游离细菌群落中特别丰富，而卟啉菌（*Porphyrobacter*）、红杆菌、盐单胞菌属（*Halomonas*）、芽孢杆菌和乳球菌（*Lactococcus*）在蓝藻附生细菌中更为丰富。立克次体菌科（Rickettsiaceae）的 OTU 在高密度蓝藻的游离细菌群落中更丰富，比低密度蓝藻样品游离部分细菌中质量分数高出 100 倍。此外，与低密度蓝藻样品相比，高密度蓝藻的游离细菌群落中，胞角菌科（Cytophagaceae）增加了 26 倍，鞘氨醇单胞菌科（Sphingomonadaceae）增加了 12 倍，蒺藜科（Zygophyllaceae）增加了 8 倍，盐单胞菌属增加 5.4 倍。立克次体菌科和噬氢菌（*Hydrogenophaga*）等在蓝藻附生细菌中质量分数更高。同时弓形杆菌（降为 1/134）、硫化螺旋菌属（*Sulfurospirillum*）（降为 1/103）、嗜甲基菌科（Methylophilaceae）（降为 1/47）和丙酸弧菌（*Propionivibrio*）（降为 1/30）在高密度蓝藻的游离细菌群落中数量都降低。

太湖蓝藻水华暴发造成了细菌群落的均匀度和多样性的下降。附生细菌的主要细菌类群有噬纤维菌-屈挠杆菌-拟杆菌（Cytophaga-Flavobacterium-Bacteroides，CFB）、β变形菌纲和γ变形菌纲。在水华暴发期，不管是在游离细菌还是附生细菌中，β变形菌纲总占主导地位。水华样品中存在大量的卟啉菌、红杆菌、芽孢杆菌、乳球菌和盐单胞菌属，而在非水华样品中这些细菌类群的数量则相对较低。

附生细菌中富集的厚壁菌门主要为芽孢杆菌和乳球菌。其中，芽孢杆菌经常被发现在微囊藻团聚体周围聚集。此外，之前有一些研究也发现在蓝藻存在的条件下，附着在蓝藻表面的厚壁菌门出现积累的情况。水华颗粒表面和邻近水体中溶解性有机物、DO、pH 及氧化还原电位这些微环境因子的特定变化可能导致这些作为关键生态功能的细菌类群在附生和游离细菌中具有较高的存活率，在水华引起的极端环境条件下，这些细菌类群的代谢特性有助于适应环境变化，促成其大量繁殖。

相反，水华样品对于放线菌和拟杆菌门的细菌表现出排斥性，类似的现象在其他水华体系中也被观察到。一般来说，在淡水生态系统中，放线菌的数量较多。然而，也有研究指出，放线菌在富营养的淡水生态系统中的丰度可能会下降，并且与蓝藻的丰度呈负相关。因此，在存在大量水华的情况下，藻类释放到水体中的 DOM 可能对放线菌的生长造成不利影响（彭宇科，2017）。

太湖水华暴发期间，富集和减少的细菌门类及特定细菌种属的相对丰度持续不断地变化，可能是细菌与不断变化的环境条件之间紧密互动的结果。这种变化主要受到藻类有机质的可利用性、水体营养盐水平及局部微环境因素的影响。

2. PAOs 与蓝藻水华

氮磷营养盐引起水体富营养化。在太湖水体中检测到 7 个类别的潜在 PAOs，随着水华程度的增加，PAOs 多样性也增加，尤其是在附生细菌中，PAOs 的相对丰度是游离细菌的 10 倍。其中一种未培养的芽单胞菌属（*Gemmatimonas*）是主要优势菌属之一，具有强大的聚磷能力，即使在磷酸盐受限条件下，也能在 25~35 ℃生长，最适生长温度约为 30 ℃，与微囊藻的最适生长温度相近。此外，芽单胞菌属细菌利用的碳源种类有限，主要利用琥珀酸、醋酸等小分子酸进行生长，乳球菌这类发酵细菌在水华过程中出现积累可以为 PAOs 的生长提供低分子量的有机酸，这也有助于芽单胞菌属细菌等 PAOs 的积累。

在微囊藻水华发生过程中 PAOs 出现富集，随着水华程度的增加，富集的 PAOs 可以通过磷代谢内循环促进微囊藻的生长，减轻由磷缺乏对微囊藻细胞造成的损伤。PAOs 的富集可能与水华导致的 DO 和氧化还原电位的剧烈变化有关，PAOs 能适应水华颗粒内部这种环境。

3. 氮素转化细菌及其与环境交互作用

1）硝化细菌和反硝化细菌的变化

对太湖蓝藻水样中硝化细菌和反硝化细菌进行鉴定，分别检测到 4 个潜在硝化细菌 OTU 和 17 个潜在反硝化细菌 OTU。重度水华样品中硝化细菌的百分比较低，中度水华样品和非水华样品较高，表明高密度水华抑制了硝化细菌的生长。然而，对于潜在反硝化细菌而言，中度水华样品和重度水华样品中反硝化细菌的相对丰度明显高于非水华样品，但重度水华样品相对于中度水华样品则有所降低。同时，中度水华样品中潜在反硝化细菌的丰度也减少。有研究表明高有机质浓度会抑制硝化细菌的生长，综合对硝化细菌的分析，推测重度微囊藻水华不利于硝化细菌生长繁殖，因此，微囊藻水华发生过程中硝化过程受到抑制。

氮循环相关功能基因与总细菌（16S rRNA）丰度分析结果显示，整个细菌群落中 NirK 基因的相对丰度在非水华水体中最高，而蓝藻水华暴发过程中除了 NarG 以外的氮循环基因的相对丰度呈下降趋势。在水华发生前和发生过程中，反硝化还原酶基因（除 NorB 外）的相对丰度在非水华样品和水华样品的游离细菌中没有显著差异。研究显示，随着水华程度的加剧，反硝化细菌多样性和反硝化还原酶基因丰度下降（彭宇科，2017）。

水华样品中，蓝藻指数增长，光合作用活性和氮摄入量增强。高 DO 浓度抑制了反硝化细菌生长，同时溶解性有机物抑制硝化，导致反硝化细菌与微囊藻竞争 NO_3^-。高 DO 浓度也抑制了反硝化细菌，这 3 者共同影响了水华发生和维持期间的反硝化过程。

微生物在碳氮磷循环中的作用及异养细菌与微囊藻的互动是影响微囊藻水华形成的重要外部因素。在富营养化水体中，微囊藻依靠其生长优势和外源营养盐的供应快速增加，磷和氮的富集加速了水华形成的进程。微囊藻生长过程中释放的溶解性有机物和 O_2 有助于异养细菌的繁殖。PAOs 在水华中富集，可作为磷的来源，支持微囊藻的生长，减轻磷限制。

2）反硝化细菌群落结构对蓝藻水华暴发及消亡的响应

在太湖水华形成期间，Chl-a 浓度会达到 10 μg/L 以上。淡水藻类大部分类群都能够形成有害水华，蓝藻水华暴发的范围最广、危害最大。于 2012 年 7 月蓝藻水华暴发期间，收集太湖梅梁湾蓝藻样品，并在相同地点采集水样（0.5 m 深）。检测结果发现，在藻液中，Nir 编码基因 NirK、NirS 基因丰度均显著升高，之后随着藻的腐烂消亡，NirK 和 NirS 基因丰度略有下降，但依然明显高于非藻液。反硝化还原酶基因 NosZ，即 Nos 编码基因，在藻液中也显著升高，且随着藻液浓度增大，其升高幅度也越大。

在湖泊中蓝藻的过量繁殖会破坏水体原有的生态系统，相应的生态功能也随之变化。蓝藻水华暴发时，大量藻细胞加快光合作用，改变了水体 pH，从而促进沉积物中营养盐的释放，反过来又促进藻体的生长，水体中 TN、TP 浓度及重铬酸盐指数（COD_{Cr}）均有所上升。蓝藻生长消耗水体中营养盐，消亡分解后藻体沉降至沉积物，引起水体中有机物浓度再次发生改变。蓝藻的代谢产物藻毒素会抑制或促进某些细菌的增殖，水体中微生物群落结构和数量发生适应性变化，其所驱动的元素生物地球化学循环的改变又会反作用于蓝藻的增殖。蓝藻水华的暴发影响着湖泊中细菌群落结构组成。在暴发蓝藻水华的湖泊中，其微生物分布情况与未暴发蓝藻水华的湖泊具有明显差异。蓝藻亦极大地影响反硝化细菌群落结构及数量。在蓝藻水华暴发时水体反硝化速率达到最高。由于反硝化作用是由微生物驱动的，所以可以推断，反硝化细菌群落结构和（或）数量也相应发生了变化。在蓝藻水华暴发期间，某些反硝化细菌数量上升成为优势菌，同时另一些反硝化细菌数量逐渐减少直至消失。

蓝藻水华暴发后期水体本身可能是除沉积物外另一个适合反硝化作用发生的生态环境。蓝藻水华暴发时水体处于厌氧状态，水体 pH、营养盐浓度改变，并能够提供大量的有机碳。蓝藻水华暴发期间，水体中的反硝化速率提高，反硝化细菌群落结构组成发生了明显变化，促进了反硝化脱氮，导致水体 TN 浓度下降（彭宇科，2017）。

3）太湖好氧反硝化细菌脱氮潜力

水体中氮素脱除主要有以下 4 种途径：反硝化、厌氧氨氧化、沉积物吸附和浮游植物吸收，而反硝化和厌氧氨氧化作用是真正将氮素从水体脱除的 2 个途径。反硝化作用在淡水生态系统中远比厌氧氨氧化作用重要，是最有效的氮素脱除途径。

由于太湖水体经常受到风浪的影响，水中 DO 浓度保持较高水平。举例来说，2010 年 4 月，太湖表层水的平均 DO 浓度为 11.68 mg/L，底层水的平均 DO 浓度为 11.17 mg/L，差异微乎其微。这表明太湖整体处于氧化状态，有利于好氧反硝化的进行。

异养硝化细菌往往也是好氧反硝化细菌，可以在好氧条件下脱除氮。从富营养化的太湖梅梁湾水体中筛选土著异养硝化-好氧反硝化细菌，在富营养化湖泊水体中实现硝氮和 NH_3-N 的同时脱除。

太湖水体存在着明显的好氧反硝化作用。2009 年 12 月 5 日，分别在太湖西部湖区、湖心区和贡湖湾设置位点采样（图 8-1），其中 N1 位于太湖西部湖区，N2 位于湖心区，N3 位于贡湖湾（郭丽芸，2013）。

（1）好氧反硝化细菌筛选结果及菌株 T1 的鉴定。

NO_3^- 消耗、pH 上升及气泡形成则意味着反硝化细菌反硝化过程的存在。试验筛选获得 48 株好氧反硝化细菌阳性菌株。其中 T1、T2、T3 菌株在较短时间内具有较高反硝化强度。

（2）菌株的形态学观察。

观察了 T1、T2 和 T3 3 株好氧反硝化细菌的细胞形态及菌落形态。3 株均为革兰氏阳性、无芽孢、无鞭毛的杆状细菌，直径为 0.5~0.8 μm，长为 1~2.4 μm。菌落呈圆形、不透明、边缘整齐、易挑取、无运动性。其他细胞形态和菌落形态指标分别见表 8-1。

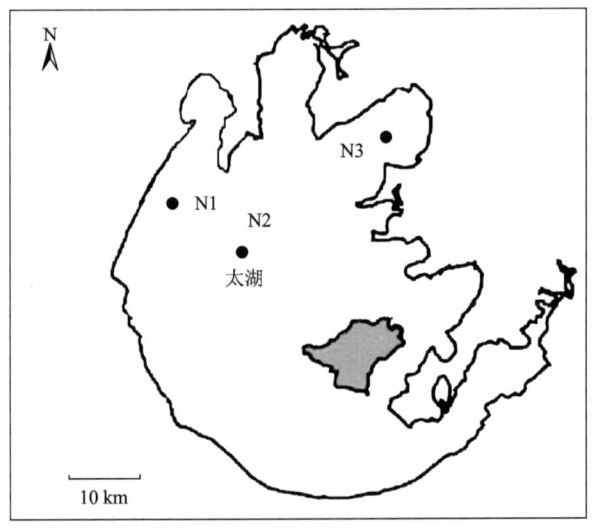

图 8-1 太湖采样位点分布图（郭丽芸，2013）

表 8-1 菌株 T1、T2、T3 的菌落形态及菌体形态特征

指标	T1	T2	T3
颜色	乳白	鹅黄	鹅黄
大小	较小	较大	较大
形状	圆形	圆形	圆形
有无褶皱	−	＋	＋
是否易挑起	＋	＋	−
革兰氏染色	G^+	G^+	G^+
形状	杆状	杆状	杆状
大小/μm	(0.5~0.8)×(1.2~1.7)	(0.5~0.8)×(1~2.4)	(0.5~0.6)×(1~2)
鞭毛	−	−	−
荚膜染色	−	−	−

＋表示阳性；−表示阴性。

（3）菌株生理生化指标。

细菌对各种生理生化试验的不同反应，显示出各类菌种的酶系不同，因此反应的结果也比较稳定，可作为鉴定的重要依据。各项生理生化指标的测定均按常规方法进行，具体结果见表 8-2。并通过分子生物学方法鉴定 T1 菌株为施氏假单胞菌（*Pseudomonas stutzeri*）strain T1。

表 8-2 T1 菌株生理生化特性

检测项目	结果	检测项目	结果
过氧化氢酶	＋	葡萄糖产酸	＋
厌氧生长	＋	阿拉伯糖产酸	−
V.P.反应	＋	木糖产酸	−
V.P.培养液生长后的 pH	5.2~5.6	甘露醇产酸	−

续表

检测项目	结果	检测项目	结果
最高生长温度/℃	45～50	酪素水解	+
最低生长温度/℃	10	酪氨酸水解	+
溶菌酶（0.001%）	+	柠檬酸盐利用	+
培养基 pH5.7	+	淀粉水解	−
NaCl 2%	+	还原 $NO_3^- \rightarrow NO_2^-$	+
NaCl 7%	+	苯丙氨酸脱氨	+

＋表示阳性；−表示阴性。

(4) 施氏假单胞菌 strain T1 对富营养化湖泊脱氮的优势。

每年夏、秋季，蓝藻水华期间的氮素输入量与太湖浮游植物生物量呈显著正相关，表明氮素限制了太湖的富营养化和浮游植物生长。2011 年 4 月，太湖梅梁湾的 TN 浓度达到了 (3.44±1.13) mg/L。在 2011 年 11 月蓝藻水华暴发后，TN 浓度降至 (1.69±0.48) mg/L。到了 2012 年 1 月，太湖 TN 浓度重新上升至 (2.32±0.34) mg/L，这表明在太湖水体中，好氧状态下的反硝化作用是氮脱除的重要过程。通过向太湖梅梁湾水样中添加施氏假单胞菌 strain T1 菌株，TN 浓度从 4 mg/L 降低至 1 mg/L，水质相应得到改善。

总之，太湖中浮游细菌群落组成主要为拟杆菌、变形菌、放线菌与蓝细菌。在空间上，太湖不同湖区细菌密度不同，且水流速度越缓慢的地区细菌密度越高，高等水生植物越多的地方细菌密度也越高。因此，在空间上，湖水流动速度与可供细菌附着的基质大小是影响细菌密度的主要原因。在时间上，夏、秋季细菌密度与多样性远高于冬、春季。其中，夏、秋季蓝细菌在整个太湖细菌群落结构中占据了极高的比例，因为在夏、秋季，温度较高，光照强烈，蓝藻得以快速繁殖，形成蓝藻水华。蓝藻水华暴发程度越重，细菌的多样性便越小。

8.1.2 太湖附生细菌群落结构与功能

1. 蓝藻水华附生细菌多样性

蓝藻水华暴发，大量氮磷和有机污染物富集于水华蓝藻颗粒中，为附生细菌提供了必要的生存条件。自然水体中，微囊藻的胶鞘上常附生着大量细菌，微囊藻胶鞘可以为细菌提供生长必需的物质与场所，同时，细菌可以担任分解者的角色，反过来服务于微囊藻，藻类与附生细菌之间为互生关系。但是，当环境中营养缺乏时，细菌与藻类也会转变为竞争关系。

蓝藻附生细菌可以加速藻类的衰亡和藻体内磷的释放。假单胞菌可以抑制处于延迟期与对数增长期的微囊藻磷的释放，但会加速处于稳定后期与衰亡期的微囊藻磷释放和微囊藻衰亡（图 8-2 和图 8-3）。当太湖中水华暴发时，因为藻类处于不同的生长阶段，所以附生细菌的存在既会促进衰老的藻细胞释放磷，也会同时促进处于生长期的藻细胞吸收磷。

蓝藻附生细菌对于水华蓝藻的影响除了磷循环外，还需考虑夏季的光照条件。附生细菌存在时，更长的光照时间会明显促进铜绿微囊藻的生长（袁丽娜 等，2006）。在光照条件下，附生假单胞菌在铜绿微囊藻细胞上快速增殖时释放磷供藻利用，铜绿微囊藻的增殖速率和生物量则影响附生假单胞菌的磷净释放量。

■ N:P=4:1   ○ N:P=16:1   ▲ N:P=40:1   ★ N:P=80:1

图 8-2　附生细菌存在与否对铜绿微囊藻生长的影响（邹迪 等，2005）

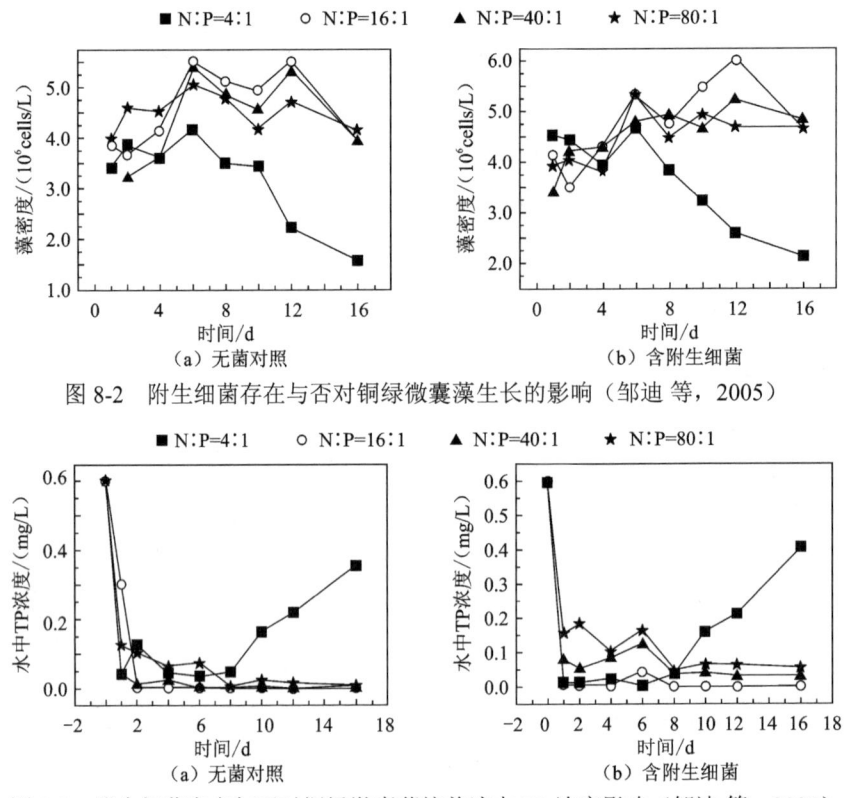

■ N:P=4:1   ○ N:P=16:1   ▲ N:P=40:1   ★ N:P=80:1

图 8-3　附生细菌存在与否对铜绿微囊藻培养液中 TP 浓度影响（邹迪 等，2005）

除了假单胞菌这样的一般附生细菌外，也存在着一些具有溶藻能力的细菌，比如葡萄球菌（Staphylococcus sp.）、芽孢杆菌和节杆菌（Arthrobacter sp.），它们的液体溶藻现象较固体溶藻现象明显。

根据 2015 年 3～10 月及 12 月的采样分析，太湖水样中细菌以变形杆菌门、拟杆菌门、厚壁菌门和放线菌门细菌为主（何颖，2017）。太湖水体中可分离菌的优势菌株为黄杆菌属、产嘌呤杆菌、根瘤菌（Rhizobium）和赤微菌（Erythromicrobium），占比分别为 19%、11%、9%和 9%。同时，优势菌中黄杆菌占 25%，假单胞菌占 13%，莱茵海默氏菌（Rheinheimera）占 8%。在 59 株菌株中筛选出 16 株对蓝藻表现有较强的溶藻效果，分属于变形菌门（14 株）、拟杆菌门（1 株）、异常球菌-栖热菌门（1 株）。其中变形菌门 α 变形菌纲有 7 株，β 变形菌纲 5 株，γ 变形菌纲 5 株，表明溶藻菌主要来自变形菌门。同时筛选的溶藻菌主要来源鞘氨醇单胞菌目（Sphingomonadales）的 5 株细菌和黄色单胞菌属（Xanthomonadaceae）的 3 株细菌。进一步筛选得到 6 株属于不同种属的菌株。其中有两株高效溶藻菌，分别为辣椒溶杆菌（Lysobacter capsici）和绿色几丁单胞菌（Chitinimonas viridis）。这两种菌聚 β-羟基丁酸酯（poly-β-hydroxybutyrate，PHB）染色结果显示，辣椒溶杆菌 PHB 染色为阴性，绿色几丁单胞菌为阳性。辣椒溶杆菌和绿色几丁单胞菌均通过菌体作用于蓝藻，以此抑制蓝藻的生长和促进其死亡，达到较好的溶藻效果。

2. 高等水生植物附生细菌多样性

金鱼藻、伊乐藻、萍蓬草（Nuphar pumila）和菱 4 种高等水生植物表面附生细菌群落优势门类依次为变形菌门、厚壁菌门、绿弯菌门（Chloroflexi）、拟杆菌门、酸杆菌门和疣微菌门，具有水体净化功能。

在东太湖进行野外围隔试验，用苦草、轮叶黑藻、穗状狐尾藻作为基质。研究结果发现，不同植物叶片附生细菌群落多样性和结构存在差异，其中轮叶黑藻叶片附生细菌群落 α 多样性最高，β 多样性最低。高等水生植物通过影响水体中氮磷营养盐的浓度间接影响叶片附生细菌群落的结构和多样性。嗜甲基菌、红杆菌、黄杆菌等物种共现网络的关键物种在植物叶片生物膜的构建、糖类的降解等过程中发挥关键作用（昂正强 等，2022）。

本课题组在太湖贡湖湾小溪港湿地中设 16 个沉水植物采样点，基于水环境特征和沉水植物群落组成的不同，研究沉水植物附着生物膜的空间差异性。结果表明不同采样点沉水植物附着生物膜的细菌密度、藻密度和生物量存在显著的空间差异性。湿地西部、中部和东部的附着生物膜细菌密度分别为 $6.96×10^6$ cells/cm^2、$3.60×10^6$ cells/cm^2 和 $5.81×10^6$ cells/cm^2，藻密度分别为 $4.89×10^5$ cells/cm^2、$3.60×10^5$ cells/cm^2 和 $4.83×10^5$ cells/cm^2，细菌密度和藻密度呈西部和东部高、中部低的变化趋势。湿地西部、中部和东部的附着生物膜生物量分别为 6.83 mg/m^2、5.50 mg/cm^2 和 4.03 mg/m^2，附着生物膜生物量与 NH$_3$-N、TP、TN 和 COD$_{Mn}$ 等浓度一致，呈西高东低的变化趋势。通过附着生物膜与水环境特征和沉水植物群落的线性回归方程和主成分分析可知，附着生物膜干重与沉水植物干重和盖度呈正相关，与物种多样性呈负相关。附着生物膜生物量随 NH$_3$-N 浓度升高而升高。

3. 水生动物互生和寄生细菌多样性

湖鲚是太湖中一类重要的水生动物，湖鲚的肠道菌群主要包括 26 门、62 纲和 490 属。在门水平上，变形菌门和厚壁菌门所占比例最高（85%以上），其他丰度大于 1%的菌群包括浮霉菌门、蓝细菌门、柔膜菌门（Tenericutes）、放线菌门和拟杆菌门。纲水平上，主要的优势菌群为 γ 变形菌纲（54.25%）和梭菌纲（Clostridia，13.60%）。属水平占主导地位的是盐单胞菌属（41.40%）。大规格湖鲚肠道中细菌特征类群主要来自厚壁菌门，以毛螺菌科 NK4A136 群（Lachnospiraceae NK4A136 group）为主。中等规格湖鲚肠道中主要以浮霉菌门的浮霉状菌属（*Planctomycetes*）和热微菌纲（Thermomicrobia）为特征菌群。小规格湖鲚中的差异菌群主要属于变形菌门和柔膜菌门，其中变形菌门以分枝杆菌科（Phyllobacteriaceae）和丛毛单胞菌科为主，柔膜菌门以柔膜体纲（Mollicutes）为主（姜敏，2019）。

太湖鲢、鳙肠道中可鉴别出 41 门细菌。其中变形菌门（48.46%）、厚壁菌门（31.75%）、蓝藻门（13.31%）和疣微菌门（1.93%）较为丰富，优势菌属为微囊藻（*Microcystis* PCC-7914，11.60%）、罗姆布茨菌（*Romboutsia*，10.85%）、不动杆菌（8.51%）、大不里士杆菌（*Tabrizicola*，5.24%）、普雷沃式菌（*Phreatobacter*，4.34%）和肠杆菌属（*Enterobacter*，4.27%）。不同生境中鱼类肠道细菌组成不同，草型湖区鱼类肠道微囊藻属、普雷沃式菌属和大不里士杆菌属细菌丰度较高，藻型湖区鱼类肠道不动杆菌属（*Acinetobacter*）、蓝藻属、气单胞菌属和肠道杆菌属细菌丰度较高（周丹，2022）。

太湖水体中附生细菌主要附着在藻类、高等水生植物、水生动物上。藻类的附生细菌主要为假单胞菌；高等水生植物的附生细菌为变形菌门、厚壁菌门、绿弯菌门、拟杆菌门、酸杆菌门、疣微菌门，丰度依次递减；水生动物的附生细菌以变形菌门、厚壁菌门和浮霉菌门为主。

8.1.3 太湖沉积物细菌群落结构与功能

2015年与2017年冬季太湖不同湖区沉积物中细菌群落检测发现（薛银刚 等，2018），在门水平上，2015年冬季沉积物中主要门类以变形菌门、绿弯菌门、酸杆菌门、放线菌门、拟杆菌门、厚壁菌门、疣微菌门、硝化螺旋菌门和潜伏菌门（Latescibacteria）为主（图8-4），达到细菌总量的69.5%~81.5%。2017年冬季沉积物中绿弯菌门、变形菌门、酸杆菌门、蓝细菌门和硝化螺旋菌门等占比较高，为优势类群（图8-5）。因此，绿弯菌门、变形菌门、酸杆菌门和硝化螺旋菌门是太湖沉积物中细菌群落的主要组成部分。

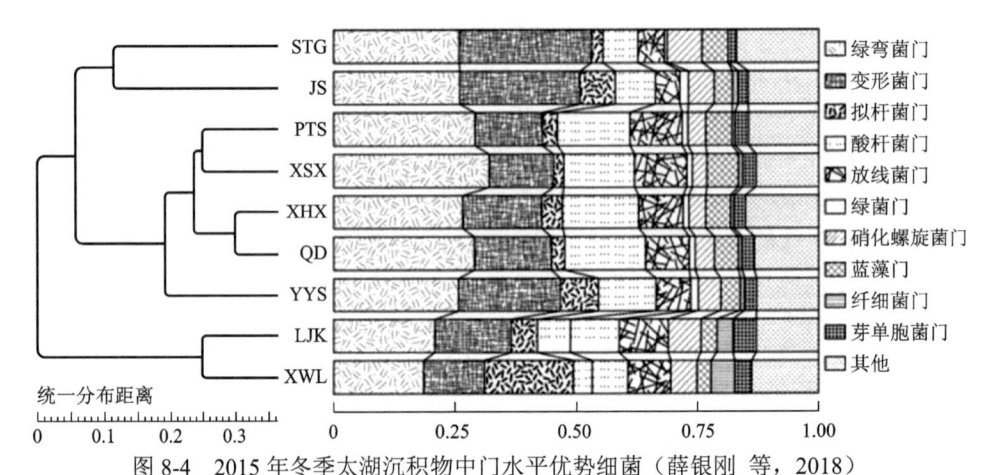

图 8-4　2015年冬季太湖沉积物中门水平优势细菌（薛银刚 等，2018）

STG：沙塘港；JS：椒山；PTS：平台山；XSX：西山西；XHX：胥湖心；
QD：七都；YYS：渔洋山；LJK：闾江口；XWL：小湾里

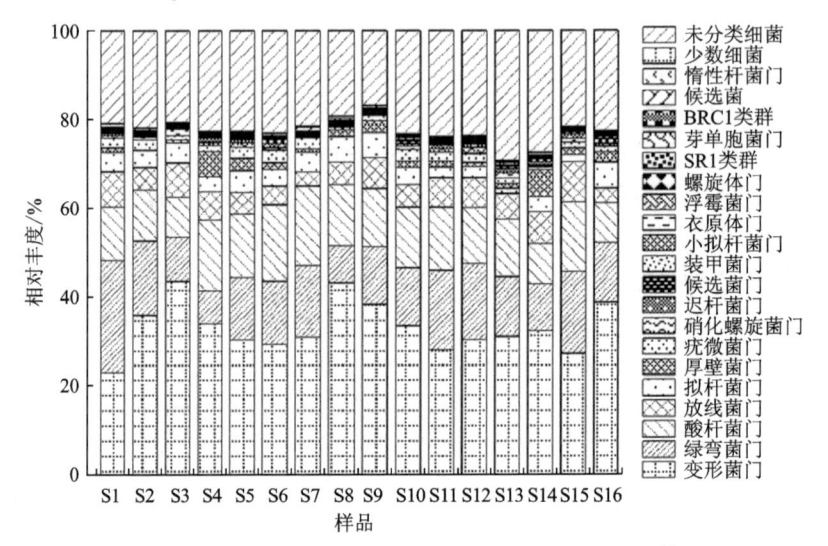

图 8-5　2017年冬季太湖沉积物中门水平优势细菌（汪贝贝 等，2021）

湖泊沉积物是湖泊生态系统的重要组成部分，当外源污染物输入通量较大时，来不及降解的污染物直接进入沉积物，沉积物中细菌是有机质降解者，从而促进湖泊生态系统中碳、氮、硫和磷等元素的循环。

1. 太湖沉积物中氮素转化细菌

太湖沉积物中氮素转化细菌主要为硝化细菌、反硝化细菌、厌氧 AOB。硝化细菌包括 AOB、AOA 及亚硝酸盐氧化细菌（nitrite-oxidizing bacteria，NOB），它们可以促进 NH_3 转化并生成 NO_3^-。

硝化细菌大量存在于沉积物上表层，由于硝化反应需氧，所以有氧沉积物处硝化作用最强烈。反硝化细菌在厌氧条件下进行反硝化，速率与上覆水中 NO_3^- 浓度呈正相关。厌氧 AOB 是在厌氧条件下进行氨氧化作用。厌氧氨氧化受到沉积物有机物矿化速率、NO_3^- 浓度、有机质浓度、厌氧 AOB 的生长状况等因素的影响。

2015 年 11 月对太湖北部梅梁湾和湖心区沉积物进行采样分析（吴玲 等，2017）。通过 AOA amoA 基因的变性梯度凝胶电泳（denaturing gradient gel electrophoresis，DGGE）分析得到 TH AOA-1、2、3、4、7 条带（图 8-6）。其中 TH AOA-1、2 和 7 属于亚硝化单胞菌（*Nitrosopumilis*）（1.1a group），与海洋水体和沉积物的 AOA 相近；TH AOA-4 属于亚硝化球菌（1.1b group），与土壤中的 AOA 相近。梅梁湾湖区和湖心区表层沉积物 AOA amoA 基因丰度分别为 4.63×10^7 copies/g 和 8.61×10^8 copies/g，AOB amoA 基因丰度分别为 6.53×10^7 copies/g 和 1.32×10^7 copies/g。梅梁湾湖区的 AOA/AOB 丰度比低于湖心区。

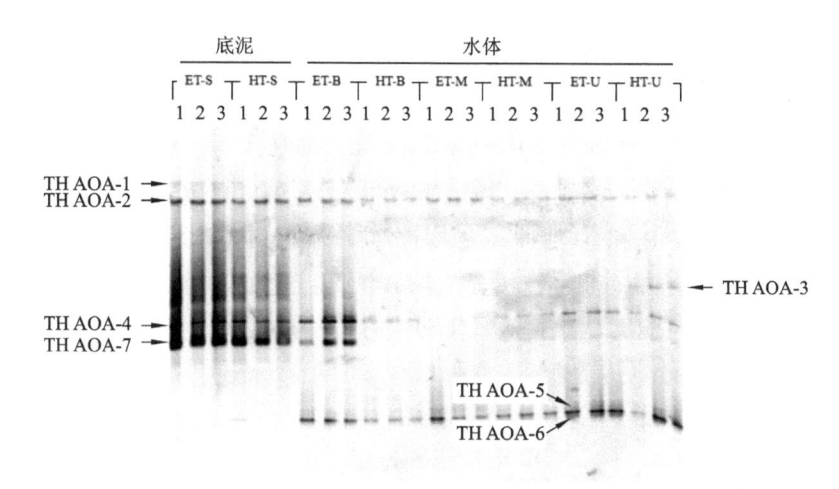

图 8-6　太湖表层沉积物中 amoA 基因 DGGE 图谱（吴玲 等，2017）

ET-S：湖心区底泥；HT-S：梅梁湾底泥；ET-B：湖心区下层水体；HT-B：梅梁湾下层水体；ET-M：湖心区中层水体；HT-M：梅梁湾中层水体；ET-U：湖心区上层水体；HT-U：梅梁湾上层水体

太湖表层底泥样品中，AOB 群落主要包括亚硝化螺旋菌（*Nitrosospira*）和亚硝化单胞菌。其中亚硝化螺旋菌以 97.54% 的相对丰度成为梅梁湾湖区表层底泥的主要 AOB，湖心区底泥中亚硝化螺旋菌和亚硝化单胞菌相对丰度分别为 48.57% 和 51.43%。

太湖表层沉积物样品中，NOB 群落主要包括硝化螺旋菌和硝化刺菌（*Nitrospina*）两大属，梅梁湾湖区和湖心区表层沉积物中均以硝化螺旋菌为主，两个湖区硝化螺旋菌的相对丰度分别为 80.0% 和 90.0%。两个湖区的 AOB 与 NOB 相对丰度见图 8-7。

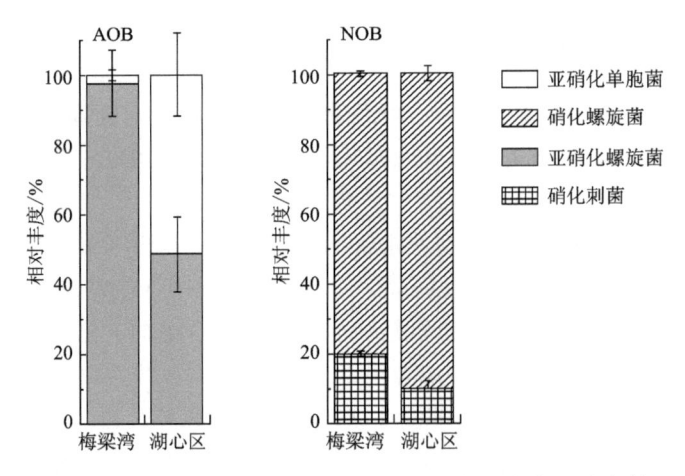

图 8-7 梅梁湾与湖心区表层沉积物 AOB 与 NOB 相对丰度（吴玲 等，2017）

2010 年 10 月，在太湖沉积物中 NirK-反硝化细菌分布较为广泛，且数量远高于 NirS-反硝化细菌。2014 年 8 月、2014 年 11 月、2015 年 2 月及 2015 年 5 月采集太湖沉积物，测定沉积物中反硝化还原酶基因的丰度，从年均值来看，各样点沉积物中 NorB 基因丰度最高，为 $9.03×10^9$ copies/g，其次为 NirS 基因（$1.14×10^9$ copies/g），NirK 和 NosZ 基因丰度均值分别为 $3.04×10^8$ copies/g 和 $1.09×10^8$ copies/g（刘德鸿 等，2019）。

2016 年 11 月，在太湖梅梁湾、贡湖湾和胥口湾进行采样分析，在水平和垂直方向上探究沉积物中厌氧 AOB 的分布特征及其差异环境驱动因子。研究结果显示厌氧 AOB、AOA 和 AOB 丰度在 0～5 cm 泥层均显著高于 5～10 cm 泥层。此外，梅梁湾湖区的厌氧氨氧化细菌和 AOB 丰度均显著高于其他两个湖区，而梅梁湾的 AOA 丰度显著低于其他两个湖区。太湖不同湖区沉积物中厌氧 AOB 和 AOB 群落结构也存在差异。TN 浓度、氧化氮浓度、pH、总有机碳与 TN 的比值和溶解性有机碳浓度是影响 AOA 群落和 AOB 群落分布的重要因子。总之，0～5 cm 深度的表层沉积物是具有氨氧化功能的微生物集中区域，厌氧 AOB 的丰度呈现 0～5 cm 泥层高于 5～10 cm 泥层的趋势（秦红益，2017）。

2. 太湖沉积物中磷素转化细菌

太湖沉积物中磷与水体中磷存在着相互迁移，主要通过磷的生物循环、颗粒物的沉降与再悬浮、吸附与解吸、沉淀与溶解等物理、化学、生物作用完成。水体与沉积物中无机磷和有机磷在微生物的作用下转化成为可溶性的磷酸盐，提高磷元素的生物可利用性，使得磷元素更容易被其他水生生物所吸收利用。磷素转化的重点则是 PAOs 与解磷菌。PAOs 是一类对磷超量吸收的细菌，磷以 polyP（异染粒）的形式存在于细胞内，PAOs 不是单一的细菌而是由不同的细菌群落组成。太湖沉积物中 TP 浓度随深度增加的变动范围比较小，相对稳定。

分别于 2005 年 6 月、2005 年 9 月、2005 年 12 月及 2006 年 3 月采集太湖梅梁湾 2 个沉积物样品和贡湖湾草型湖区 1 个沉积物样品，对沉积物中细菌进行分离纯化培养。试验发现好氧异养菌种数随深度增加而减少。这是由于随着深度增加，环境条件趋向厌氧，不利于好氧菌的生存，所以其数量逐渐减少。因为沉积物中大部分细菌为中温菌，受到温度影响，且夏季有机物浓度高,所以细菌总数夏季最大,秋季总数约为夏季的70%,而冬季及春季仅为夏季的50%。解磷菌总数随着深度的增加而减少,种类秋季最多,冬季最少,由于酶促反应随温度升高而提高,解磷能力较强的细菌大部分出现在夏季。

贡湖湾采样点高等水生植物覆盖度高,好氧异养菌和解磷菌数量及碱性磷酸酶活性均低于梅梁湾。贡湖湾沉积物每个采样点碱性磷酸酶活性基本随深度增加而减小,各点不同剖层碱性磷酸酶活性与解磷菌数量的相关系数在 0.50～0.85。细菌是沉积物中碱性磷酸酶的重要载体,在解磷菌数量较多的剖层深度,碱性磷酸酶的活性也较高。营养性物质(主要是有机磷)可有效提高碱性磷酸酶的活性,富营养化太湖水体可以充分提供有机磷化合物。试验结果表明距表层6～10 cm的中间层是沉积物碱性磷酸酶的另一重要作用区域。由于较深层的沉积物受风浪作用再悬浮的能力较弱,物质交换不明显,营养水平及有机磷浓度变化不大,而酶的产生有赖于底物浓度,所以较深层酶活性变化不明显。在太湖沉积物 14 cm 深度之下,高的磷酸盐浓度抑制了细菌碱性磷酸酶的产生,其酶活性较低。

太湖沉积物中碱性磷酸酶活性具有明显的季节变化,在夏天最高,秋季最低。夏季藻类大量繁殖,导致水体中磷酸盐浓度下降,沉积物中磷酸盐不断释放到上覆水中使得沉积物中磷酸盐浓度下降,碱性磷酸酶被诱导产生。温度降低后藻类衰亡,在底泥表层被微生物分解后,可溶性磷浓度升高,碱性磷酸酶的活性受到抑制。磷酸酶活性与沉积物有机质的积累相关,在有机质沉积发生较少的冬季,沉积物中碱性磷酸酶活性较低。

2012年5月于太湖竺山湾采样,分析发现不同深度的沉积物中PAOs数量差异不大,底层和表层泥中PAOs种类相对较丰富。在底泥中变形菌属(*Proteus*)、微囊藻属、芽孢杆菌属和芽孢梭菌属(*Clostridium*)细菌普遍存在且具有多样性。PAOs多样性在沉积物 0～15 cm 段随深度的增加而减少,但在15～35 cm呈相反趋势。均一性则在 0～8 cm 段增加,8～35 cm段减少。差异性在12～15 cm段最显著(钱玮等,2017)。

太湖北部沉积物中解磷菌的空间分布研究结果显示沉积物中解磷菌丰度高,无机磷分解菌(inorganic phosphorus decomposing bacteria,IPB)数量高于有机磷分解菌(organic phosphorus decomposing bacteria,OPB),并且两者数量从表层到底层呈现递减趋势,其中沉积物表层和中间层解磷菌数量相近。IPB中有不动杆菌和假单胞菌(龙宏燕,2020)。

3. 太湖沉积物中碳素转化细菌

2017年12月对太湖大浦、湖心、胥口湾和贡湖湾水域的沉积物采样分析,大浦湖区产甲烷菌的活性要高于湖心区,这主要是因为不同湖区沉积物理化性质不同。无论是大浦湖区还是湖心区,沉积物整个深度上产生甲烷的氢营养型、甲基营养型和乙酸营养型3种途径均存在,这表明不同湖区不同深度的沉积物中3种营养型的产甲烷菌均有分布。

太湖沉积物中以绿弯菌、变形菌、酸杆菌、硝化螺旋菌为主,沉积物中营养物质浓度直接影响沉积物细菌丰度,因此,沉积物细菌丰度与外源污染物的输入量相关。碳氮磷作为主要的营养物质,沉积物中细菌生长与这3种营养物质有关,细菌丰度随着沉积物厚度的增加而减少,这与营养物质浓度有关,也与氧化还原电位有关。

8.2 太湖古生菌群落结构与功能

1977年，Carl Woese 以 16S rRNA 序列比较为依据，提出了独立于真细菌和真核生物之外的生命的第 3 种形式——古生菌。在代谢过程中，古生菌有许多特殊的辅酶，代谢呈多样性，古生菌中有异养型、自养型和不完全光合作用 3 种类型，在湖泊、湿地和海洋中广泛存在。

8.2.1 太湖氨氧化古生菌群落结构与功能

AOA 在太湖氮素循环过程中发挥重要作用，在数量上较 AOB 占明显优势。硝化作用是氮转化过程中一个备受关注的环节，氨氧化作用是硝化作用的第一步反应，也是限速步骤，因此，AOA 逐渐受到研究人员的关注，侧重 AOA 来分析太湖古生菌群落，太湖沉积物也是 AOA 的最大储存库之一。

2006~2007 年，太湖沉积物中古生菌群落主要由广古菌门（Euryarchaeota）和泉古菌门（Crenarchaeota）组成，其中 AOA 是一类重要的古生菌群落，它们在沉积物中显示了很高的多样性（叶文瑾，2009）。对沉积物中微生物的分析可知，古生菌广泛存在，且其数量约占总菌数的 15%~20%，随着沉积物厚度增加，古生菌数量减少，但占比增加（岳冬梅 等，2011）（图 8-8）。在 2008 年太湖沉积物中，各深度普遍存在 AOA，其群落结构在沉积物 1~7 cm 及 11~19 cm 深度变化不大，但是在 9~11 cm 深度发生显著变化（向燕，2010）。通过对 2015 年太湖梅梁湾区与湖心区水样采集分析，得到了两个湖区水体与沉积物中 AOA 的群落组成（吴玲 等，2017）。从纵向空间看 AOA 的基因丰度随着采集深度的增加而变大，湖心区水样的 AOA 丰度高于梅梁湾，这表明湖心区水样的 AOA 基因丰度占整个氨氧化微生物功能基因

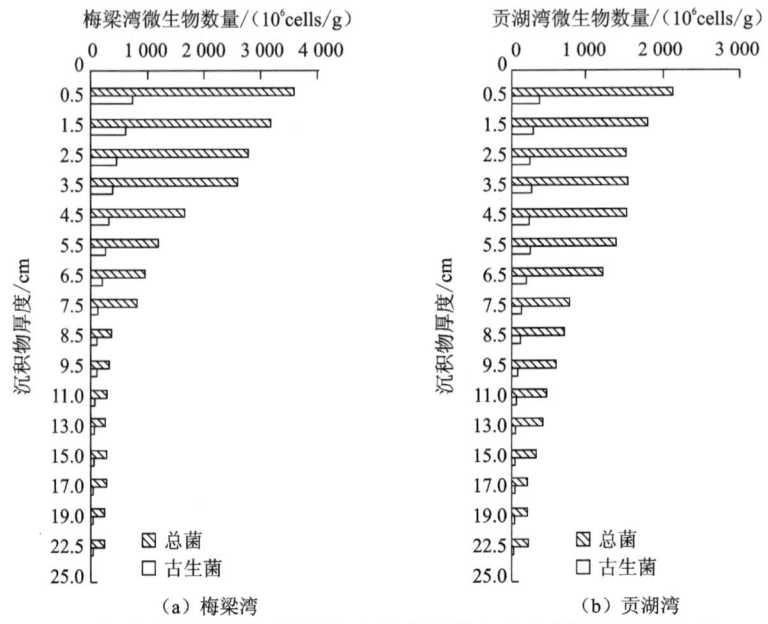

图 8-8 2006 年太湖梅梁湾和贡湖湾沉积物总菌数与古生菌数（岳冬梅 等，2011）

丰度的比重大于梅梁湾，AOA 在两个湖区均随着采样深度的加大而不断增加（吴玲，2018）。AOA 的基因丰度与 TN、TP、DO 浓度均显著相关。AOA 群落结构也会受到蓝藻水华、高等水生植物等因素的影响。

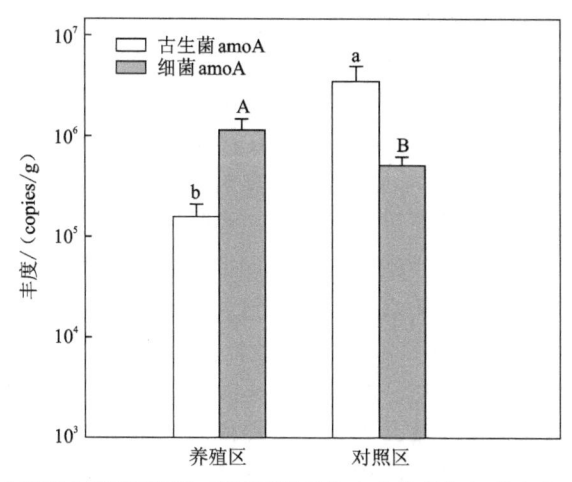

对 2016 年东太湖沉积物中 AOA 进行分析，围网养殖也会对 AOA 的丰度产生影响（储瑜 等，2018）（图 8-9）。从丰度上来看，AOA 适合在 NH_3-N 浓度较低时生长，而在 NH_3-N 浓度过高的环境中生长会受到抑制，所以在养殖区中 AOA 的丰度相对较低，原因是养殖区沉积物中 NH_3-N 浓度相对较高。从多样性而言，则是养殖区的 AOA 多样性较高。

图 8-9　2016 年东太湖养殖区与对照区沉积物中古生菌与细菌丰度（储瑜 等，2018）

8.2.2　太湖产甲烷古生菌群落结构与功能

湖泊是大气中甲烷的重要释放源，占自然源释放总量的 6%～16%。湖泊甲烷主要来自沉积物中产甲烷菌的厌氧分解。产甲烷菌为专性厌氧菌，是一类能够将无机或有机化合物厌氧发酵转化成甲烷和 CO_2 的古生菌。

2017 年 12 月 6 日，对太湖大浦湖区、湖心区、胥口湾区和贡湖湾区沉积物进行采样分析，大浦湖区沉积物水-气界面甲烷排放通量最高，达到了 1.249 9 mg/（m²·h）。湖心区最低，仅为 0.365 7 mg/（m²·h）（郭佳晨 等，2021）。结合地理位置分析，这种情况极有可能是太湖沿岸营养物质输入大，沉积物中有机物丰富造成的。同时，沉水植物会影响产甲烷菌群落结构，胥口湾的甲烷排放通量小于贡湖湾，也极有可能是胥口湾沉水植物丰富造成的。此外，沉积物甲烷释放潜力与含水率、总有机碳质量分数呈正相关，与盐度呈负相关。

产甲烷菌可分为氢营养型、甲基营养型和乙酸营养型。无论是大浦湖区还是湖心区，这 3 种途径均存在，这 3 种营养型的产甲烷菌在不同湖区均有分布。其中大浦和湖心区沉积物产甲烷潜力以甲基营养型途径为主，并且大浦湖区甲烷释放潜力相比湖心区随沉积物厚度呈现的空间差异性更大。

综合而言，含水率、有机质、盐度和沉积物厚度都会影响太湖沉积物甲烷产生和释放的潜力。

8.3 太湖真菌群落组成与分布

水生真菌是湖泊生态系统的重要组成部分，对湖泊生态系统的物质循环和能量流动起着重要作用。水生真菌的种类繁多，代谢能力强，是生物质降解的主角之一（宣淮翔等，2011）。

2009年对太湖8个湖区水样进行采集分析，太湖水生真菌主要归属于子囊菌门（Ascomycota）的格孢菌目（Pleosporales）、柔膜菌目（Helotiales）、粪壳菌亚纲（Sordariomycetidae）一目、圆盘菌目（Orbiliales）、煤炱目（Capnodiales）这5个目，占比达到了57.7%。另有26.9%归属于担子菌门（Basidiomycota）中的外担菌纲（Exobasidiomycetes）一目、革菌目（Thelephorales）、褐褶菌目（Gloeophyllales）这3个目。剩余的15.4%则归属于壶菌目（Chytridiales）、一类未培养接合菌和卵菌纲（Oomycetes）的水霉目（Saprolegniales）。综合而言，子囊菌和担子菌是太湖不同湖区水生真菌的优势类群，且子囊菌比担子菌的分布更加广泛。不论是如子囊菌这样的高等淡水真菌，还是低等淡水真菌，太湖水体中丰富的真菌类群都发挥着其生态功能。进一步的研究发现，水生真菌在水体和沉积物中优势类群存在明显的垂直分布差异，比如卵菌纲的水霉目这样的发达菌丝体，仅在一个湖区检测到，这表明，水生真菌的分布与水体营养水平、高等水生植物分布、动植物残体质量分数等因素相关。

太湖不同湖区沉积物水生真菌的分布具有明显的空间差异性。太湖富营养化水平高的西半湖区沉积物水生真菌组成相似，富营养化水平较低的东半湖区沉积物水生真菌组成相似，湖心区与梅梁湾的沉积物水生真菌组成相近。富营养化水平从高到低的湖区，水生真菌种类也逐步增加，即太湖湖区富营养化水平越低，沉积物中水生真菌种类越丰富，太湖不同湖区营养水平高低是造成水生真菌多样性差异的原因之一。同时，东太湖区高等水生植物覆盖率较高，可以为水生真菌提供适宜的附着基质，适合水生真菌生长。除以上两点外，沿岸湖区风浪小、水位变化小且有大量枯木、叶子等，风平浪静的水环境与适合的养分为水生真菌生长繁殖提供了有利条件。

8.4 太湖病毒组成与数量

病毒作为非细胞的微生物，在水环境中广泛存在。按照存在的形式，湖泊水体中病毒分为浮游病毒和附着病毒。浮游病毒作为湖泊系统中的重要组成部分，在水体中数量巨大，对浮游细菌和浮游藻类群落组成和数量具有重要影响。按照宿主的不同，湖泊水体中病毒可分为寄生鱼类的病毒和寄生藻类的病毒等，湖泊中寄生藻类的噬藻体数量多，受到广泛关注。

8.4.1 太湖浮游病毒

在2013~2014年进行了太湖水体中浮游病毒的采样分析（段翠兰等，2015），将太湖采样区域分为敞水区、围网养殖区、保护区、入湖河道4个水域，从空间上来看，太湖水体中浮游病毒密度呈现出了显著的空间差异性，秋季围网养殖区的病毒密度较高，而保护区的病毒密度较低（图8-10）。从时间上来看，太湖水体中浮游病毒密度的时间差异也十分明显。

秋季水体中病毒密度远高于春季水体中病毒密度，高达近10倍。

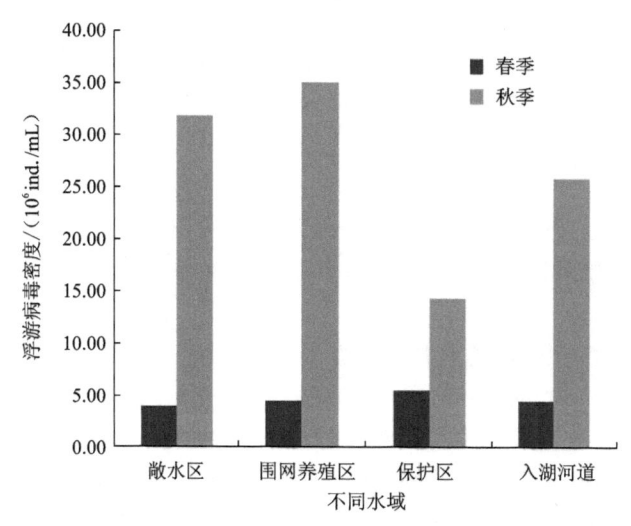

图 8-10　2013~2014 年太湖不同水域浮游病毒密度（段翠兰 等，2015）

病毒繁殖需要宿主，在太湖水体中，浮游病毒的宿主分为两类。一类是水体中浮游细菌，另一类是水体中浮游藻类。以浮游细菌为宿主的病毒称为噬菌体，而以浮游藻类为宿主的病毒则称为噬藻体。在后续的研究中发现，病毒与细菌比例在春、秋两个季节中均无显著的相关性，但春、秋季浮游病毒与 Chl-a 之间呈现显著的正相关，所以太湖水体中病毒以噬藻体为主。当然，因为太湖养殖业的存在，也有可能存在以养殖水生动物为宿主的病毒，以白斑综合征和桃拉综合征这两种影响虾类养殖的病毒性鱼病为例，检测分析并未发现太湖青虾感染或携带这两种病毒（岳春梅 等，2005）。

从空间与时间分布上来看，太湖病毒群落结构组成与数量存在巨大的差异。太湖水面面积广阔，其不同湖区水生境条件存在差异，又或是因为有水产养殖，致使环境条件区别于其他湖区，藻类数量差异巨大。病毒对于环境条件的变化又极为敏感，这便造成了病毒时空差异显著，病毒也极具多样性。

采用分子手段检测了太湖铜绿微囊藻水华季节性和空间性调查中转录组文库中的标志性病毒标记基因，以确定核质大 DNA 病毒（nucleocytoplasmic large DNA viruses，NCLDV）、RNA 病毒、单链 DNA 病毒、噬菌体和病毒噬菌体的活动性感染。系统发育分析显示，病毒种类多样，具有季节和空间差异性。在微囊藻水华高峰期，观察到与 NCLDV 和单链 RNA（single-stranded RNA，ssRNA）病毒（与感染光合原生生物的病毒一致）相关的标记物，相对于感染异养细菌或蓝藻的噬菌体有不成比例的高表达。因此，感染原生生物的病毒有助于抑制光合真核生物群落，并允许微囊藻等蓝藻的增殖，从而促进蓝藻水华的暴发（Pound et al.，2020）。

8.4.2　太湖噬藻体

噬藻体是一类以蓝藻为宿主的病毒，广泛分布在全球不同的水体中。现阶段，已经从淡水和海水中分离出数百株裂解微囊藻、聚球藻、鱼腥藻和结球藻等的噬藻体。

噬藻体是蓝藻的天敌，对蓝藻具有高度专一致死性。2008 年 11 月~2009 年 10 月，采集太湖藻样，鉴定发现有蓝藻门、硅藻门、甲藻门、绿藻门、金藻门共5门11个属，微囊藻最多，长孢藻次之。铜绿微囊藻912被病毒感染后，细胞变得比较圆滑，不再呈现群体状态，变得较为分散，细胞膜与细胞器开始分离，细胞膜逐渐溶解，细胞器严重受损，最终裂解死亡，这证实了太湖水域中存在能特异性感染铜绿微囊藻912的噬藻体（梁兴飞，2010）。

除了铜绿微囊藻912，铜绿微囊藻905也是常被用作研究对象的藻类。在太湖采样中，分离到头部为二十面体，直径约50 nm，有1短尾部的噬藻体，该噬藻体的核酸是双链环状DNA，可以被Sma I、Pst I和Hinc II 3种酶酶切，蛋白外壳至少具有9种不同形态的多肽，能够快速感染铜绿微囊藻905，使藻细胞由圆形变为不规则形，细胞亚结构遭到破坏（刘露，2013）。

对太湖南部湖区、湖州市内的庞儿港、新塘港、龙溪港、潜庄等有蓝藻水华的河流、池塘等水体采集蓝藻水样，检测到SSM和SPGM 2种噬藻体（邵朝纲 等，2012）。

浮游动物捕食和病毒裂解是控制自然水体中藻类生消的重要途径。噬藻体作为水体中浮游病毒的重要组成部分，在控制蓝藻密度、减少蓝藻水华发生频率等方面具有突出的作用。噬藻体在适宜的环境中可通过快速侵染蓝藻、裂解宿主藻细胞，改变水体生物群落结构。一方面，侵染裂解后的蓝藻向水体中释放大量溶解性碳氮磷等营养物质，可直接被浮游植物利用，从而增加水体初级生产力；另一方面，噬藻体裂解蓝藻释放颗粒性有机碳氮磷等到水体中，在细菌作用下转化为溶解性有机碳氮磷等营养物质，然后被利用。噬藻体侵染也可能导致产毒蓝藻快速释放大量藻毒素进入水体，危害整个生态系统（张奕妍 等，2022）。

太湖蓝藻水华暴发加速了碳氮磷物质循环的速率，微生物群落也随着发生变化，生物量增加，生物多样性下降，而噬藻体的数量增加。

第 9 章 太湖水环境质量变化

9.1 太湖湖体水质变化过程

9.1.1 太湖湖体水质年际变化

1. 太湖湖体水质总变化过程

70 多年来，太湖的水环境质量呈现从优到劣然后趋稳转好的变化趋势。在 20 世纪 50 年代以前，太湖水质优。20 世纪 60~70 年代，随着工农业的发展，太湖水质受到轻微污染。至 20 世纪 80 年代初期，太湖水质总体良好，很少暴发蓝藻水华。1981 年太湖水质调查显示，太湖面积 99%的水域水质为优 III 类，只有 1%为 IV 类水。太湖只有 16.9%的面积为富营养状态，其余 83.1%的面积为中营养状态。20 世纪 80 年代初期，太湖湖体总体维持在 III 类水质，但随着流域内工农业的快速发展，在 20 世纪 80 年代中后期，大量污染物排入太湖，太湖水质呈现恶化的趋势。1988 年太湖水体总无机氮和 TN 浓度分别为 1.115 mg/L 和 1.84 mg/L。到 1998 年，水体总无机氮和 TN 浓度分别达到 1.582 mg/L 和 2.34 mg/L，分别是 1988 年的 1.42 倍和 1.27 倍。TP 和 COD_{Mn} 浓度也有显著增加，1988 年分别为 0.032 mg/L 和 3.30 mg/L，到 1998 年则达 0.085 mg/L 和 5.03 mg/L，分别是 1988 年的 2.66 倍和 1.52 倍（吴月芽和张根福，2014）。随着入湖水体中氮磷营养盐浓度的上升，太湖轻度富营养化面积不断缩小，中度富营养化面积不断增加。2002 年，梅梁湾、竺山湾、五里湖均已处于富营养化状态，2003 年扩大到其他湖区。2005 年中度富营养化面积比 1998 年增加近 1 600 km²。2006 年，除东太湖属中营养化外，其他湖区均已富营养化，水体富营养化面积占太湖水域总面积的 92.6%。2008 年太湖营养状况总体评价为中度富营养，除东太湖和东部沿岸带为轻度富营养外，剩余太湖总面积的 81.2%湖区为中度富营养状态。2007 年以来太湖水质有所改善，至 2012 年，太湖总体水质处于 IV 类（不计 TN），TN 年均浓度仍高于 V 类水标准限值，太湖湖体水质整体处于富营养化状态。

环境监测部门在太湖湖体布设 20 个监测点位对太湖水质进行了逐月监测，2011 年以来太湖湖区监测点分布如图 9-1 所示。2011~2020 年，太湖湖区 COD_{Mn} 浓度呈现波动下降的趋势。2020 年太湖 COD_{Mn} 年均浓度为 3.8 mg/L（图 9-2）。2007~2020 年，太湖湖体 NH_3-N 年均浓度总体呈现下降的趋势，从 2007 年 0.39 mg/L 下降到 2020 年 0.12 mg/L，降幅明显（图 9-3）。2011~2020 年，太湖湖体 TN 年均浓度呈持续下降趋势，从 2011 年的 2.48 mg/L 下降到 2020 年的 1.31 mg/L（图 9-4）。

2011~2014 年，太湖湖体 TP 年均浓度在 0.069~0.078 mg/L 波动，但 2015~2020 年出

现了波动反弹。2015 年全湖 TP 年平均浓度开始回升，达到 0.082 mg/L，2016～2020 年全湖 TP 年平均浓度在 0.079～0.084 mg/L 间波动，2021 年出现较大幅度下降，为 0.063 mg/L，太湖湖体 TP 年均浓度反弹势头得到有效遏制（图 9-5）。

图 9-1　太湖不同湖区和监测点位分布图

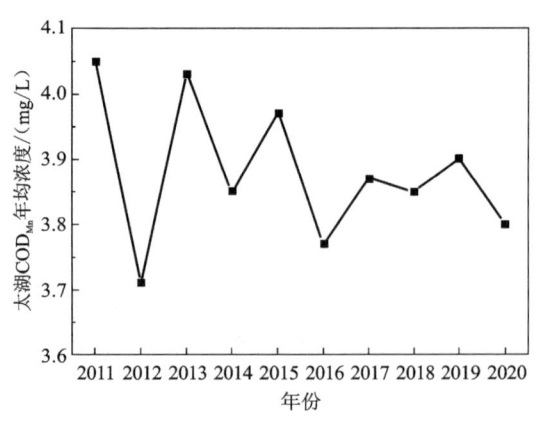

图 9-2　2011～2020 年太湖 COD_{Mn} 年均浓度变化过程

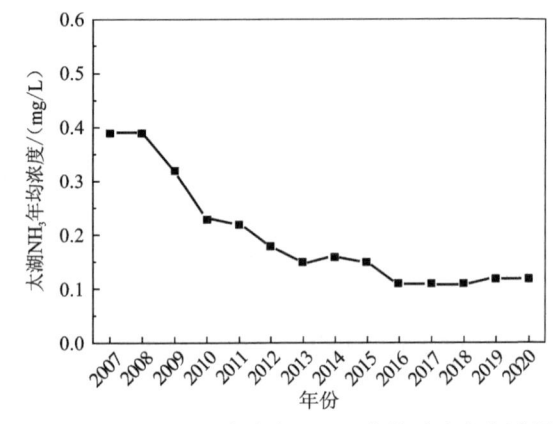

图 9-3　2007～2020 年太湖 NH_3-N 年均浓度变化过程

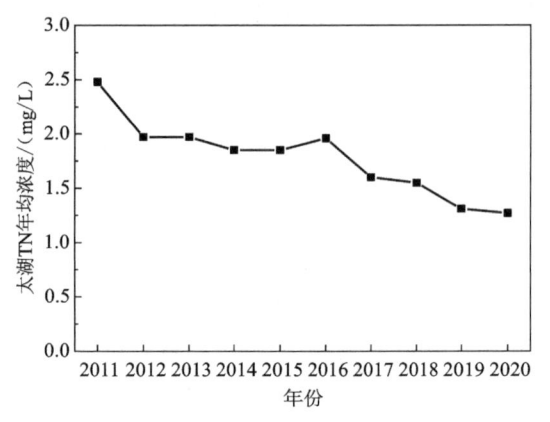

图 9-4　2011～2020 年太湖 TN 年均浓度变化过程

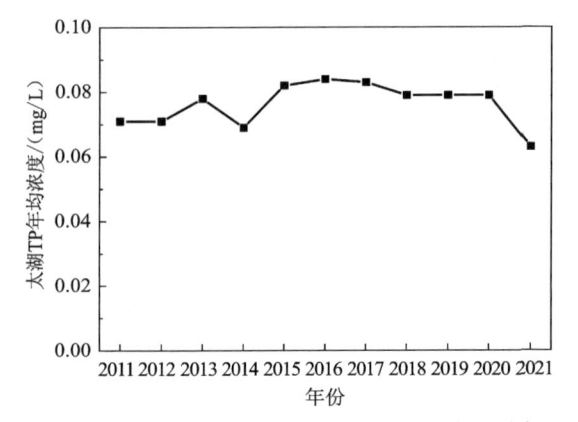

图 9-5　2011～2021 年太湖 TP 年均浓度变化过程

2011~2020 年，太湖湖体 NH_3-N 和 TN 年均浓度呈现不断下降的趋势，COD_{Mn} 年均浓度基本处于波动状态，TP 年均浓度呈现上升转企稳态势。

分年度来看，2015 年太湖全湖总体水质为 V 类，其中五里湖、东太湖、东部沿岸区水质为 IV 类，占评价水面面积的 19.1%；梅梁湾、湖心区和南部沿岸区为 V 类，占 62.4%；其余湖区均为劣 V 类，占 18.5%。2016 年太湖全湖总体水质为 IV 类，其中 COD_{Mn}、NH_3-N 和 TP 年均浓度分别处于 III 类、II 类和 IV 类，TN 年均浓度处于 V 类。2017 年太湖湖体水质 COD_{Mn}、NH_3-N、TP 和 TN 年均浓度分别处于 III 类、II 类、IV 类和 V 类，在太湖西部湖区和北部湖区 TP 和 TN 年均浓度较其他湖区高，与 2010 年不同湖区氮磷浓度空间差异性一致。

2018 年太湖全湖水质总体处于 IV 类，其中 COD_{Mn} 为 II 类，NH_3-N 为 I 类，TP 年均浓度为 0.087 mg/L，为 IV 类，TN 年均浓度为 1.38 mg/L，为 IV 类。在太湖西部湖区和北部湖区 TP 和 TN 浓度较其他湖区高，与 2010 年不同湖区氮磷浓度空间差异性一致。

2010~2018 年，太湖水体 COD_{Mn}、TN 和 NH_3-N 年均浓度呈递减趋势，而湖体 TP 年均浓度上升后处于高位波动状态。

2019 年，太湖全湖总体水质处于 IV 类，湖体 COD_{Mn} 和 NH_3-N 年均浓度分别为 3.9 mg/L 和 0.12 mg/L，分别处于 II 类和 I 类。TP 年均浓度为 0.079 mg/L，TN 年均浓度为 1.31 mg/L，均处于 IV 类。与 2018 年相比，湖体 COD_{Mn}、NH_3-N 年均浓度稳定在 II 类，TN、TP 年均浓度分别下降 5.1% 和 9.2%，TLI 上升 0.5。

2020 年，太湖湖体总体水质处于 IV 类；湖体 COD_{Mn}、NH_3-N、TP 和 TN 年均浓度分别为 3.8 mg/L、0.12 mg/L、0.075 mg/L 和 1.27 mg/L，分别处于 II 类、I 类、IV 类和 IV 类。与 2019 年相比，TP 和 TN 年均浓度分别下降 5.1% 和 3.1%。

2021 年，太湖湖体总体水质处于 IV 类，为轻度富营养状态。TP 年均浓度为 0.058 mg/L，TN 年均浓度为 1.10 mg/L。

2023 年太湖各湖区 TP、TN 年均浓度均达约束性目标。2023 年 1~12 月，太湖湖体平均水质为 IV 类。TP、TN 年均浓度分别为 0.053 mg/L、1.08 mg/L，同比下降 14.5%、14.3%。

2. 太湖水体营养盐水平及变化趋势

太湖是我国最早开展水体磷浓度观测记录的湖泊之一。1949 年 10 月，中国科学院水生生物研究所的朱树屏、杨光圻先生就开始对太湖北部的五里湖和梅梁湾进行为期 1 年的逐月磷浓度观测。在 1949 年 10 月~1950 年 10 月的 13 次调查中，梅梁湾鼋头渚附近水域的总可溶性磷酸盐（total dossived phosphorus，TDP）浓度（未过滤样的磷酸盐浓度）均值为 0.020 mg/L。1960 年夏（6 月 15 日~8 月 25 日），中国科学院南京地理与湖泊研究所对全太湖 135 个点进行采样调查，测定水体磷浓度，结果表明太湖水体 TDP 呈现较大的时空差异性。夏季太湖水体 TDP 一般在 0.01~0.05 mg/L，最大值可达 0.28 mg/L。其中东太湖及马山南较高，达 0.16~0.25 mg/L，其他地区均在 0.02 mg/L 左右（朱广伟 等，2021）。

江苏省环境监测系统对太湖湖体的氮磷等水质指标进行例行监测。经过 30 多年对监测频次和点位的优化调整，根据 2012 年江苏省环境质量报告和国家的相关要求，太湖湖体的国控点位调整为 20 个，湖区划分也由五里湖、梅梁湾、西部沿岸区、湖心区和东部沿岸区调整为东部湖区、西部湖区、南部湖区、北部湖区和湖心区。

1987~2016 年太湖湖体 TN 浓度变化见图 9-6，各湖区 TN 浓度变化见图 9-7。其中，西部湖区的 TN 浓度最高，在 2.60～6.02 mg/L，呈先上升后下降的变化趋势，变化幅度较大。北部湖区与西部湖区的变化相似，2000～2016 年 TN 浓度为 1.66～4.66 mg/L；湖心区、南部和东部湖区总体优于西部和北部湖区，各年 TN 浓度均低于全湖，2000～2016 年 TN 浓度处于 1.01～2.62 mg/L。太湖各湖区 TN 浓度的年均变化与全湖 TN 浓度变化的相关性分析发现，西部和北部湖区 TN 浓度与全湖呈明显的正相关，西部和北部湖区 TN 浓度的下降带动了全湖 TN 浓度的下降。与 2006 年相比，2016 年西部和北部湖区 TN 浓度分别下降 63.4% 和 51.2%，全湖 TN 浓度下降 49.7%（范清华 等，2017）。

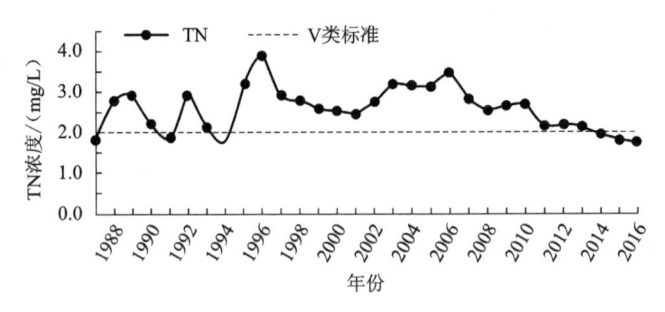

图 9-6　1987～2016 年太湖湖体 TN 浓度变化过程（范清华 等，2017）

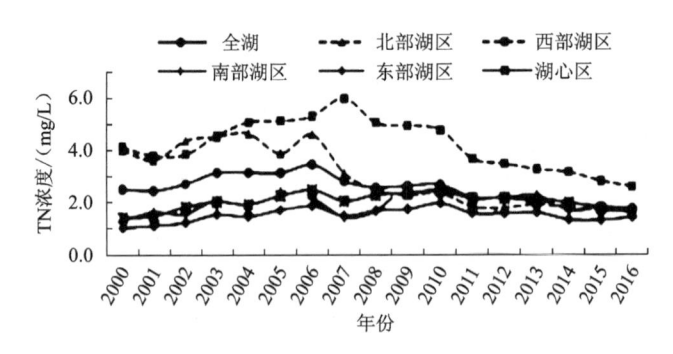

图 9-7　2000～2016 年太湖各湖区 TN 浓度变化过程（范清华 等，2017）

20 世纪 80 年代太湖流域经济社会快速发展，伴随着工农业生产和城市化进程的加速，入湖污染负荷增大。1985～1995 年十年间太湖 TP 浓度急剧升高，1995 年达到峰值 0.133 mg/L，比 1987 年升高了 358.6%，这段时期简称为"TP 急剧上升期"。随着太湖治理力度的加强，1995 年 TP 年均浓度达到峰值后逐渐下降，到 2009 年 TP 年均浓度下降至 0.062 mg/L，与 1995 年的峰值相比下降了 53.4%，此段时期称为"TP 快速下降期"。2009 年后进入窄幅波动期，到 2019 年为 0.087 mg/L，比 2009 年增长了 40.3%，2008～2019 年太湖净入湖的 TP 负荷比 1998～2007 年增加了 33.9%，2020 年太湖 TP 年均浓度有所降低，为 0.073 mg/L，较 2019 年下降 16.1%（图 9-8）（吴浩云 等，2021）。

中国科学院太湖湖泊生态系统研究站在太湖水面点位的布设由 2 个增加至 32 个，各阶段水面点位的布置见图 9-9。以典型监测点及记录相对完整的梅梁湾梁溪河口（TH00 点位）、太湖湖心（TH08 点位）和太湖五里湖（TH09 点位）3 个点位为例，分析 1991～2020 年太湖水体 TP

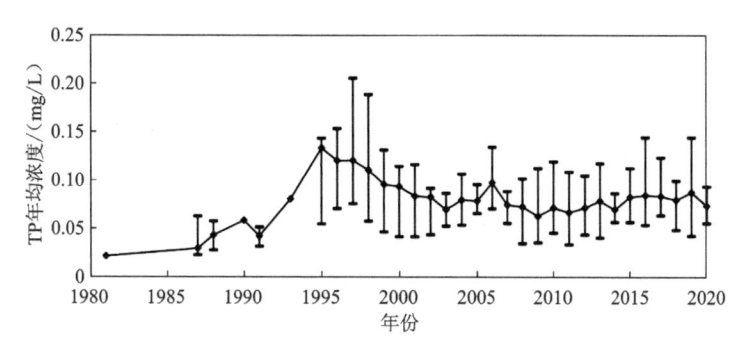

图 9-8 1980～2020 年太湖 TP 年均浓度年际变化过程（吴浩云 等，2021）

浓度（未过滤直接测定）的总体变化趋势。点位 TH00 的 TP 年均浓度变化范围为 0.031～0.824 mg/L，均值为 0.207 mg/L；湖心区的点位 TH08 TP 年均浓度的变化范围为 0.014～0.359 mg/L，均值为 0.09 mg/L；而位于五里湖的点位 TH09 TP 年均浓度的变化范围在 0.005～0.302 mg/L，均值为 0.122 mg/L（图 9-10）。梅梁湾梁溪河口的点位 TH00 TP 平均浓度波动性最大，而位于湖心区的点位 TH08 的波动性较小。湖心区受到河道入湖过程及蓝藻水华堆积等因素的影响较小，因此，湖心区 TP 年均浓度的波动性显著小于滨岸带点位（朱广伟，2008）。

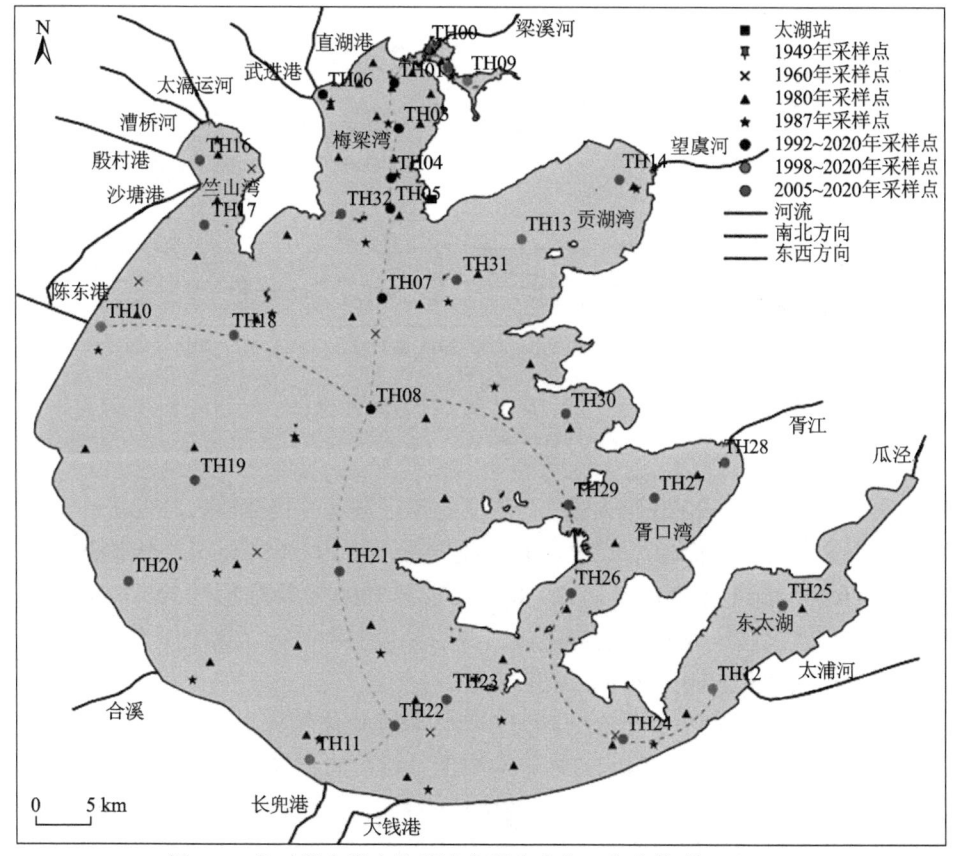

图 9-9 各时期太湖水体磷浓度调查点位（朱广伟 等，2021）

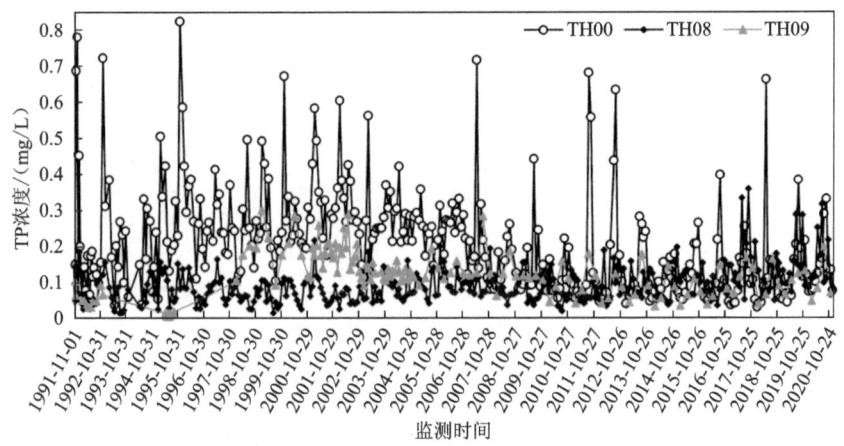

图 9-10 太湖典型监测点水体 TP 浓度变化过程（朱广伟 等，2021）

2005～2020 年，根据北太湖 14 个布点的逐月监测值和全太湖 32 个布点的逐季度监测值，计算出北太湖和全太湖 TP（未过滤全混样）、DTP 和总活性磷（total reactive phosphorus，TRP）3 种形态磷浓度的年均值。由图 9-11 可以看出，北太湖与全太湖的 TP、DTP 和 TRP 3 个指标的变化趋势具有较好的一致性。北太湖的 TP、DTP 和 TRP 浓度始终高于全太湖，其与全太湖年均 TP、DTP 和 TRP 的相关系数分别达到 0.83、0.82 和 0.83（$n=16$）。

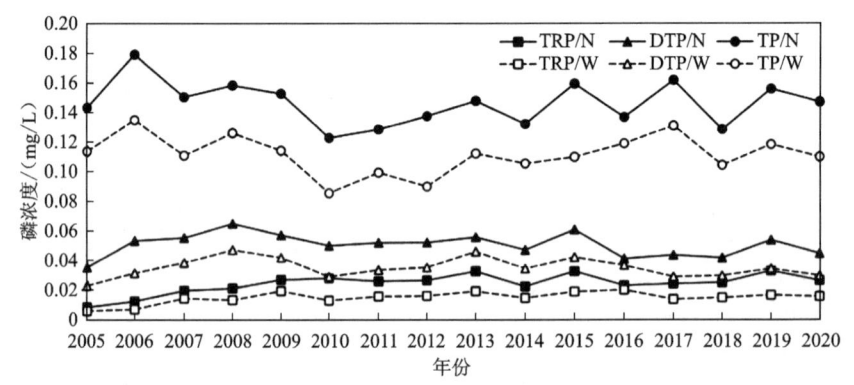

图 9-11 北太湖及全太湖年均 TP、DTP 及 TRP 浓度年变化（朱广伟 等，2021）

N：北太湖；W：全太湖

从整体上分析，2005～2020 年太湖 TP 浓度的年际波动性仍然较大，仅从外源污染负荷变化来解释有很大局限性。在此期间 TP 年均浓度的最小值为 0.086 mg/L（全混测定值）（2010 年），最大值为 0.135 mg/L（2006 年）。2010 年相较于 2006 年降幅超过 36%，而 2010 年后，TP 浓度有持续升高的趋势。这种波动与流域面源污染控制和外源污染削减有关，也与人类活动因素以外的自然因素对太湖磷浓度的影响相关。

由图 9-11 可以看出，太湖全湖 TP 与 DTP 年均浓度变化趋势基本一致，但也有例外，如 2007 年和 2017 年的 TP 年均浓度和 DTP 年均浓度呈相反的趋势，这可能与这两年特殊的蓝藻水华暴发情势有关。TRP 是水体中与藻类生长关系最密切的磷形态，而太湖湖体中 TRP 浓度有增高的趋势，特别是北太湖的趋势更加明显，这一现象与蓝藻释磷有关（朱广伟 等，2021）。

对 2019 年太湖湖体水质进行单独分析。2019 年 12 月，全太湖水质总体符合 V 类标准，定类指标 TP 浓度为 0.106 mg/L，同比上升 19.1%；COD_{Mn} 浓度为 4.1 mg/L，达到 III 类标准，COD_{Mn} 浓度同比上升 7.9%；NH_3-N 浓度为 0.13 mg/L，达到 I 类标准，同比下降 23.5%；TN 作为单独评价指标，浓度为 1.18 mg/L，符合 IV 类标准，同比下降 11.3%（表 9-1）。

表 9-1 2019 年 12 月和全年太湖各湖区水质

湖区名称	年	月	COD_{Mn} 浓度 /(mg/L)	TP 浓度 /(mg/L)	TN 浓度 /(mg/L)	NH_3-N 浓度 /(mg/L)	TLI	水质类别	富营养化状况
全太湖	2019	12	4.1	0.106	1.18	0.13	56.8	V	轻度富营养
东部水域	2019	12	4.1	0.063	0.40	0.03	51.4	IV	轻度富营养
南部水域	2019	12	3.5	0.087	0.59	0.04	56.7	IV	轻度富营养
西部水域	2019	12	3.7	0.100	1.88	0.26	56.2	IV	轻度富营养
北部水域	2019	12	4.4	0.132	1.83	0.21	58.8	V	轻度富营养
湖心区	2019	12	4.3	0.118	0.99	0.08	55.0	V	轻度富营养
全太湖	2019	1～12	3.9	0.079	1.31	0.12	56.6	IV	轻度富营养
东部水域	2019	1～12	3.4	0.047	0.82	0.05	50.3	III	轻度富营养
南部水域	2019	1～12	3.4	0.069	1.30	0.08	57.9	IV	轻度富营养
西部水域	2019	1～12	4.1	0.126	2.09	0.27	60.2	V	中度富营养
北部水域	2019	1～12	4.3	0.081	1.22	0.13	55.6	IV	轻度富营养
湖心区	2019	1～12	3.8	0.075	1.25	0.09	56.4	IV	轻度富营养

2019 年 1～12 月，全太湖水质总体符合 IV 类水平，TP 浓度为 0.079 mg/L。COD_{Mn} 浓度为 3.9 mg/L，达到 II 类标准。NH_3-N 浓度为 0.12 mg/L，达到 I 类标准。TN 浓度为 1.31 mg/L，达到 IV 类标准（表 9-1）。

9.1.2 太湖湖体水质时空变化

太湖温度随季节变化，不同湖湾风浪扰动强度不同，水深不同，在其中生长的水生动植物也具有不同的特性，导致太湖水环境质量在空间、时间上具有较大的差异性。此外，不同水域沉积物的悬浮及蓝藻水华的堆积也是造成太湖水质时空异质性的重要原因。研究表明，在太湖水体中，超过 50%的磷是以颗粒态形式存在，而悬浮的沉积物又是颗粒磷的主要来源，因此，不同湖区对沉积物的扰动程度的不同，造成悬浮作用也不同，从而造成 PP 浓度的不同，最终导致水体 TP 浓度发生变化。在夏季产生的水华蓝藻在风力驱动下向太湖西北岸边堆积，因为蓝藻衰亡能引起水体 COD_{Mn}、氮磷浓度的显著增高，并导致水体透明度下降，从而使这些湖区水质明显差于其他湖区。

从 2011～2018 年多年太湖湖体各测点水质指标 7 月均值来看，7 月，太湖 COD_{Mn} 浓度在空间上有 2 个高值核心区（图 9-12），分别位于西部湖区和北部湖区，均为受入湖河流和水华蓝藻堆积影响的水域。

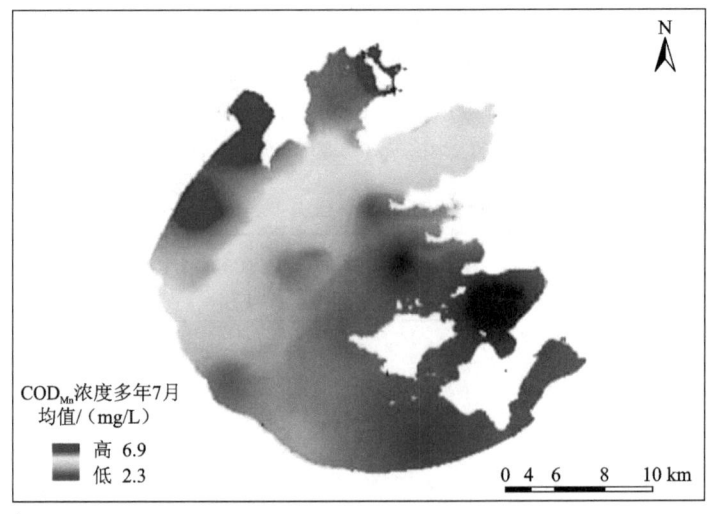

图 9-12　太湖湖体 COD_{Mn} 浓度多年 7 月均值空间差异

2011～2018 年多年太湖湖体各测点 TP 浓度 7 月均值见图 9-13，太湖西部湖区偏西北水域的 TP 浓度常年处于高值核心区。

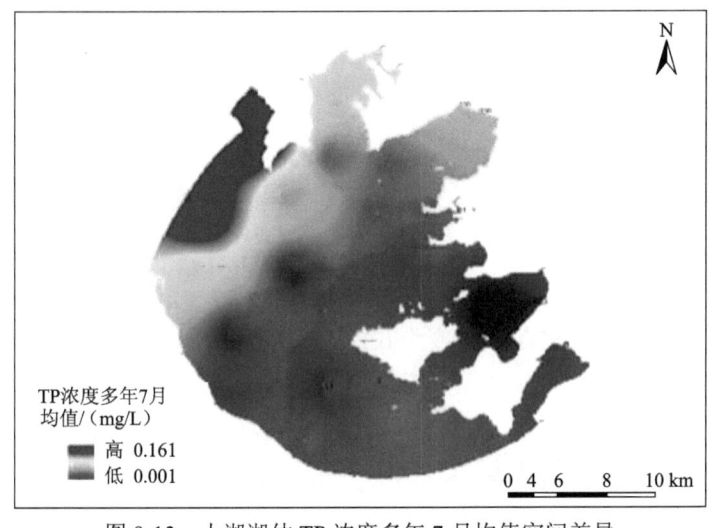

图 9-13　太湖湖体 TP 浓度多年 7 月均值空间差异

从 2011～2018 年多年太湖湖体测点 TN 浓度 7 月均值来看（图 9-14），7 月 TN 浓度低值区域为东部湖区和湖心区。7 月高值核心区在受入湖河流影响的西部湖区，在南部湖区也形成小范围的高值核心区。

太湖湖体测点多年 COD_{Mn}、TP 和 TN 浓度月均值变化特征显示，入湖河流对湖体水质的影响最大，高值核心区均出现在入湖河流集中的湖区，尤其是西部湖区受湖西区入湖河流的影响最为显著。西部湖区偏西北区域 4 项指标全年均处于高值状态。

2008 年以来，太湖湖体 $NH_3\text{-}N$ 和 TN 年均浓度呈现逐渐降低的趋势，年均减少率分别为 2.1%和 2.3%。在空间格局上，竺山湾为 $NH_3\text{-}N$ 和 TN 浓度高值核心区，分别为 0.50 mg/L 和 3.68 mg/L。太湖整个湖区 $NH_3\text{-}N$、TN 浓度和 $NH_3\text{-}N$、TN 入湖通量总体均呈下降趋势，其空间响应特征基本一致。

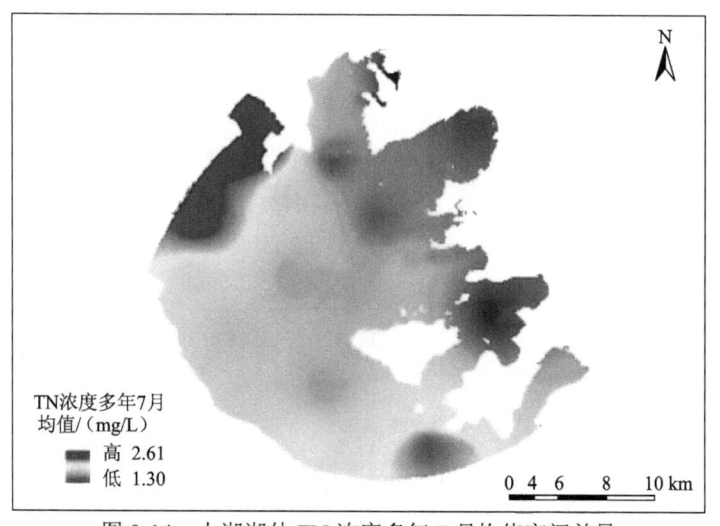

图9-14 太湖湖体TN浓度多年7月均值空间差异

2008~2020年，太湖湖体TP年均浓度整体呈上升趋势，年均增长率为1.0%。TP入湖通量在2016年出现峰值，为$2.4×10^3$ t，高于其他年份，2011~2013年湖体TP年均浓度年际变化趋势存在部分年份呈现反向变化特点，入湖通量由$2×10^3$ t下降至$1.5×10^3$ t，此时湖体TP浓度却上升到最高值。空间格局上，竺山湾和西部湖区为TP浓度高值核心区，竺山湾和西部湖区所处河道TP入湖通量年均值分别为1 000 t和700 t，比其他湖区高，而贡湖湾、东部沿岸区和东太湖所处河道以出湖为主，TP入湖通量低或为零。湖体TP浓度与入湖TP通量空间格局基本一致。

2008~2020年，太湖湖体COD呈起伏变化趋势，COD_{Mn}年均浓度年际变化幅度较小，范围为4.2~4.9 mg/L。COD呈下降趋势，年均减少率为2.2%；而COD_{Mn}整体呈下降趋势，年均减少率为1.6%。空间格局上，COD_{Mn}浓度多年均值为5.5 mg/L，高值核心区主要为竺山湾和西部湖区；COD浓度多年均值为23.6 mg/L，高值核心区主要为竺山湾和西部湖区。湖西区入湖河道COD_{Mn}入湖污染物通量多年均值和COD入湖污染物通量多年均值分别为$2.61×10^4$ t和$7.8×10^4$ t。竺山湾入湖河道COD_{Mn}入湖污染物通量多年均值和COD入湖污染物通量多年均值分别为$1.70×10^4$ t和$11.8×10^4$ t。东部沿岸区、贡湖湾和东太湖COD_{Mn}对应河道以出湖为主，COD_{Mn}入湖污染物通量低，因此，COD_{Mn}和COD入湖污染物通量空间格局与湖区水质变化趋势基本一致。

从年际水平来看，1987年以前太湖TP浓度普遍较低，表现为"北高南低"的区域特征，五里湖、梅梁湾及部分东部湖区TP浓度较高，湖心区为浓度最低的区域，其中东部湖区TP浓度高是因为该部分湖区有大量的围湖农场，农业面源污染较为严重。到1995年太湖全湖除东部湖区以外，其他湖区TP浓度均处于劣Ⅴ类水平。2000~2005年太湖整体TP浓度有所下降，基本形成了"西北高、东部低"空间分布格局，具体表现为梅梁湾、竺山湾、西南沿岸、西北沿岸等主要入流湖区TP浓度显著高于其他湖区。这段时期梅梁湾内因有武进港、直湖港、梁溪河等入湖河流，特别是梁溪河将无锡城区面源污染物排入太湖，梅梁湾成了太湖水质最差的湖区（图9-15）。因此，2007年无锡供水危机之后，在确保防洪安全的前提下梅梁湾沿岸的大部分口门常年关闭，梅梁湾泵站常年从太湖抽水，经梁溪河排入江南运河。在切断主要外源直接输入后，梅梁湾水质有所好转。2015~2020年太湖TP浓度仍呈现"西北高东南低"的格局。相关研究表明 75% 的入湖 TP 负荷来自湖西区，从竺山湾、西北沿岸进入太湖。15% 的入湖 TP 负荷来自浙西地区，从西南沿岸河流进入太湖。1987~2007 年湖西区入湖水量占比 56%，浙西区入湖水量占比 23%，1995 年、2000 年和 2005 年的太湖 TP 空间格局与来水情况相吻合。2008~2020 年由于水文情势变化，湖西区入湖水量占比升高至 66%，浙西区入湖水量占比减小至 21%，浙江苕溪在枯水期表现为出湖状态，因此，2010 年、2015 年和 2020 年太湖 TP 浓度时空变化格局为从 TP 浓度高的竺山湾和西北沿岸区域逐渐向东南扩散（吴浩云 等，2021）。

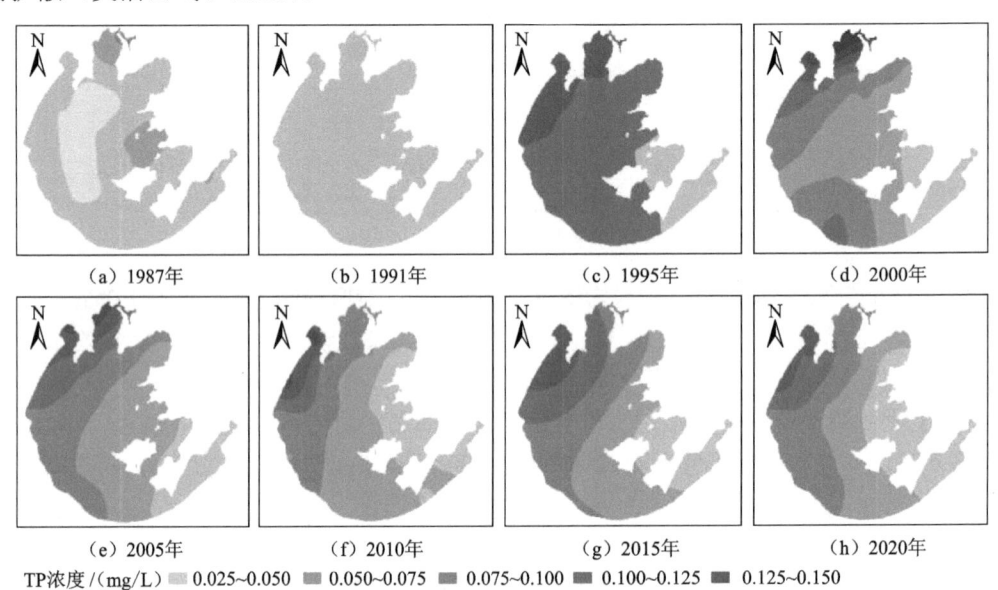

图 9-15 太湖 TP 浓度时空变化过程（吴浩云 等，2021）

1987~2015 年，太湖各湖区 TN 和 TP 浓度有较大差异。北部湖区 TN 年均浓度在 1.74~5.73 mg/L，29 年的浓度均值为（3.09±0.05）mg/L。TP 年均浓度在 0.05~0.20 mg/L，29 年的浓度均值为（0.096±0.002）mg/L。20 世纪 80 年代中期 TN 浓度处在 V 类水平，20 世纪 80 年代后期进入劣 V 类水平，此后 TN 浓度在波动中迅速上升，至 1996 年北部湖区达历史最高值 5.73 mg/L，1997~2006 年在相对平稳中小幅波动，水质从 2007 年开始逐步改善，至 2014 年，持续 25 年的劣 V 类升至 IV 类。TP 浓度从 20 世纪 80 年代中期的 IV 类开始持续上升，1991 年开始进入 V 类，持续至 2006 年，其中 1996 年 TP 浓度达历史最高值 0.20 mg/L，2007 年开始升至 IV 类并持续到 2015 年（图 9-16）。

1987~2015 年，太湖西部湖区 29 年的 TN 浓度均值为（4.25±0.08）mg/L，在 1.68~6.02 mg/L 波动。29 年的 TP 浓度均值为（0.13±0.003）mg/L，在 0.04~0.18 mg/L 变化。20 世纪 80 年代中期太湖西部湖区 TN 浓度处在 V 类水平，20 世纪 80 年代后期到 2007 年，TN 浓度在小幅波动中上升，至 2007 年达 6.02 mg/L，2008~2015 年 TN 浓度维持在 V 类水平。1991 年，太湖西部湖区 TP 浓度在 III 类和 IV 类之间波动，1992~1996 年处于 V 类水平，最高浓度出现在 1994 年，为 0.12 mg/L。1997~2015 年 TP 浓度均为 IV 类水平。

1987~2015 年，太湖南部湖区 29 年的 TN 浓度均值为（1.96±0.04）mg/L，在 1.12~2.86 mg/L 波动。29 年的 TP 浓度均值为（0.079±0.002）mg/L，在 0.04~0.15 mg/L 波动。

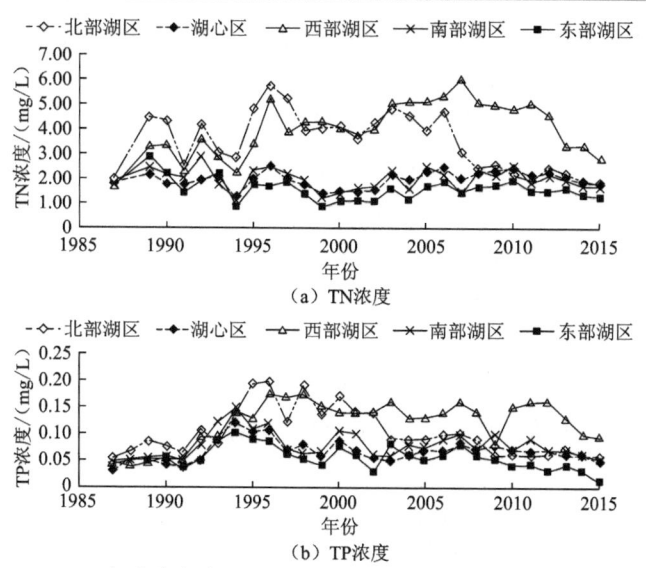

图 9-16 1987~2015 年太湖各湖区 TN 和 TP 浓度年度变化趋势（戴秀丽 等，2016）

TN 浓度几乎均在 V 类和劣 V 类之间小幅波动，1999 年除外（IV 类水平），1992 年 TN 浓度最高，为 2.86 mg/L。在 20 世纪 80 年代初期 TP 浓度为 III 类，20 世纪 80 年代后期到 90 年代中期从 IV 类快速下降到 V 类，1994 年 TP 浓度最高，为 0.14 mg/L，1995~2015 年南部湖区水质在 IV 类与 V 类之间波动（图 9-16）。

1987~2015 年，太湖东部湖区 29 年的 TN 浓度均值为（1.48±0.03）mg/L，在 0.81~2.90 mg/L 波动。29 年 TP 浓度均值为（0.053±0.001）mg/L，在 0.01~0.10 mg/L 变化。1989 年、1990 年、1993 年，TN 浓度均为劣 V 类，1999 年为 III 类，其余年份在 IV 类~V 类波动。在 29 年中，除 1994 年为 V 类外，TP 浓度其余时间在 III 类和 IV 类之间波动（图 9-16）（戴秀丽 等，2016）。

在时间格局上，太湖水体 NH_3-N 和 TN 浓度自 2008 年起呈下降趋势，入湖 NH_3-N 通量年均下降率为 8.0%，入湖 TN 通量年均下降率为 2.0%，入湖 COD_{Mn} 通量年均下降率 1.6%，入湖 COD 通量年均下降率为 2.2%。可见，太湖污染减排初见成效。

在空间格局上，NH_3-N、TP、TN、COD_{Mn} 和 COD 自西部、西北湖区向东部、东南湖区整体呈逐渐降低的趋势，对应入湖河道污染物通量与湖体水质的空间格局相同。太湖西部、西北湖区大量氮磷、有机物输入，使得湖区氮磷、有机物负荷增加，在太湖湖体的自净后，东部、湖心和东南湖区氮磷及有机物浓度明显降低。

9.2 太湖水体富营养化状态及其影响因素

9.2.1 太湖水体富营养化状态年际变化

湖泊富营养化主要是湖泊水体接纳了过多的氮磷等营养盐，导致藻类及其他浮游生物异常繁殖，当藻类衰亡时水中 DO 浓度下降，水质恶化。水体富营养化具有发展速度快、危害大、治理难等特点，已经成为社会普遍关注的环境问题之一（吕振霖，2012）。

根据我国《地表水环境质量标准》(GB 3838—2002),选取 Chl-a 浓度(μg/L)、TP 浓度(mg/L)、TN 浓度(mg/L)、透明度(SD)和 COD_{Mn} 浓度(mg/L) 5 个水体营养状态指标来综合评价太湖水体营养状态,太湖综合营养状态指数(TLI)的计算公式如公式(9-1)~(9-7)所示:

$$TLI_\Sigma = \sum W_j \times TLI_j \qquad (9\text{-}1)$$

$$W_j = r_{ij2} / \sum r_{ij2} \qquad (9\text{-}2)$$

$$TLI(Chl\text{-}a) = 10 \times [2.5 + 1.086 \ln(Chl\text{-}a)] \qquad (9\text{-}3)$$

$$TLI(TP) = 10 \times [0.436 + 1.624 \ln(TP)] \qquad (9\text{-}4)$$

$$TLI(TN) = 10 \times [5.453 + 1.694 \ln(TN)] \qquad (9\text{-}5)$$

$$TLI(SD) = 10 \times [5.118 - 1.94 \ln(SD)] \qquad (9\text{-}6)$$

$$TLI(COD_{Mn}) = 10 \times [0.109 + 2.66 \ln(COD_{Mn})] \qquad (9\text{-}7)$$

式中:TLI_Σ 为太湖的综合营养状态指数;TLI_j 为第 j 种单一参数的营养状态指数;W_j 为第 j 种参数的营养状态指数在 TLI 中的相关权重;r_{ij} 为第 j 种参数与基准参数浓度的相关系数。采用 0~100 的一系列连续数值对水体营养状态进行分级(表 9-2)。

表 9-2 湖泊营养状态评价标准及分级方法

营养状态分级		TLI	TP 浓度/(mg/L)	TN 浓度/(mg/L)	Chl-a 浓度/(mg/L)	COD_{Mn} 浓度/(mg/L)	SD/m
贫营养	0≤TLI≤20	10	0.001	0.02	0.000 5	0.15	10.00
		20	0.004	0.05	0.001 0	0.40	5.00
中营养	20<TLI≤50	30	0.010	0.10	0.002 0	1.00	3.00
		40	0.025	0.30	0.004 0	2.00	1.50
		50	0.050	0.50	0.010 0	4.00	1.00
富营养	轻度富营养 50<TLI≤60	60	0.100	1.00	0.026 0	8.00	0.50
	中度富营养 60<TLI≤80	70	0.200	2.00	0.064 0	10.00	0.40
		80	0.600	6.00	0.160 0	25.00	0.30
	重度富营养 80<TLI≤100	90	0.900	9.00	0.400 0	40.00	0.20
		100	1.300	16.00	1.000 0	60.00	0.12

随着太湖水环境治理力度不断增强,湖体 TLI 总体呈现波动性缓慢下降的趋势,2019 年有所回升(图 9-17)。

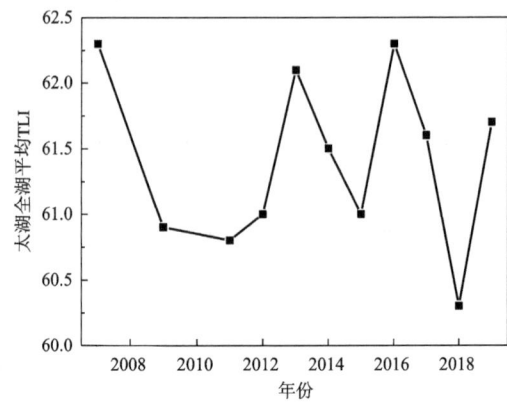

图 9-17 太湖全湖平均 TLI 年际变化趋势(水利部太湖流域管理局 等,2019)

1980~2019年，太湖水体由轻度富营养化水平变为中度富营养化水平。富营养化加剧，致使太湖蓝藻水华频繁暴发，Chl-a 的浓度逐年升高（图9-18）。

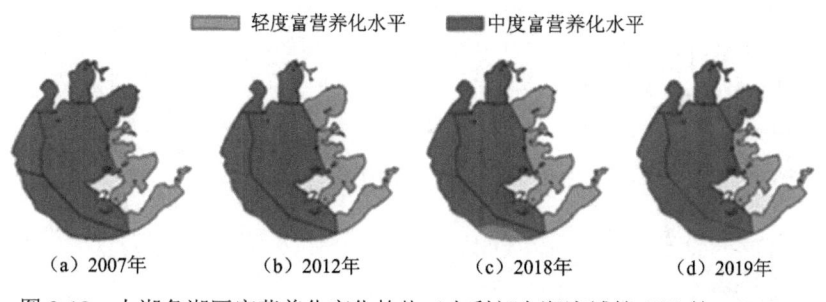

图9-18 太湖各湖区富营养化变化趋势（水利部太湖流域管理局 等，2019）

在太湖各湖区中，富营养化较重的湖区为太湖北部的五里湖、梅梁湾和竺山湾，其余湖区在2000年后富营养化水平稍降低后，自2002年持续上升，目前除东太湖外，其余湖区均达到了中度富营养化水平。东部沿岸区1997~2004年为轻度富营养化水平，2005年后达到中度富营养化水平，西部沿岸区自1999年至今均为中度富营养，其他湖区目前均为中度富营养化水平。2019年，太湖为中度富营养化水平，与2018年相比，五里湖、贡湖湾由轻度富营养转为中度富营养，其他湖区营养状态未发生变化。分湖区来看，东太湖和东部沿岸区为轻度富营养化水平，五里湖、贡湖湾、梅梁湾、竺山湾、湖心区、西部沿岸区和南部沿岸区为中度富营养化水平。2023年1~6月，太湖湖体平均水质为Ⅳ类，TLI为52.0，处于轻度富营养化水平。

9.2.2 太湖水体富营养化的影响因素

1. 水体营养盐浓度高

从太湖湖体氮磷浓度可知，影响太湖水体富营养化程度的TN、TP浓度在2020年以前长期在Ⅳ~Ⅴ类水质标准之间波动。在湖体中存在较高浓度的氮磷等营养盐是造成太湖水体富营养化的最直接原因，加之近年来太湖流域不断增加的用水量，以及周边居民的生活污水、养殖废水及工业废水排放，造成太湖外源输入营养盐负荷超过环境容量，而外源营养盐入湖后较大一部分滞留在沉积物中，成为营养盐释放内源。太湖内源氮磷污染机制、释放条件、贡献大小等与深水湖泊存在较大差异（图9-19）（秦伯强，2020），太湖风浪扰动对沉积物中营养盐的再悬浮作用远大于深水湖泊，这也使得湖体沉积物中营养盐更容易释放到水体中。虽然风浪导致的沉积物悬浮与营养盐释放以颗粒态为主，但是部分颗粒态磷能直接被藻类吸收利用。大部分颗粒态营养盐在风浪过后又沉淀至湖底，因而其生态系统贡献一直不清楚，重要性在以前研究中也常常被忽略。但已有研究表明在太湖没有高等水生植物覆盖的水域，再悬浮可以导致一年中水体 TN 浓度增加 0.34 mg/L，TP 浓度增加约 0.05 mg/L（Zhu et al.，2015）。因此，在湖体自身净化能力不足以抵消出入湖的营养盐负荷差的情况下，太湖湖体中营养盐浓度一直难以保持在较低水平。

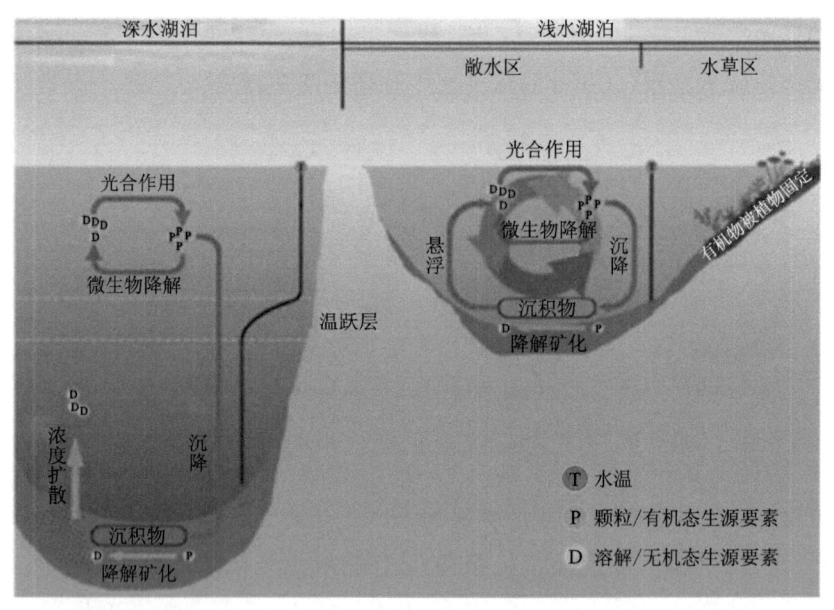

图 9-19 浅水湖泊与深水湖泊不同的营养盐循环模式（秦伯强，2020）

湖泊富营养化又会造成蓝藻水华暴发、草型生态系统退化与藻型生态系统扩张等不良后果，当夏季温度持续偏高、风浪偏弱时，这些聚集在湖面的水华蓝藻很快就会腐烂分解，造成异味、恶臭，甚至形成"湖泛"，再释放出大量的营养盐参与湖泊氮磷循环。与此同时，湖泊富营养化导致藻类成为湖体中主要的初级生产者，微生物矿化快速将聚集衰亡的藻类转化为无机的营养盐，重新被其他初级生产者吸收利用，这种营养盐在较短的食物链中快速传递，促进了其在藻类-水体间及有机和无机态之间高效转化循环（图 9-20）（秦伯强，2020）。

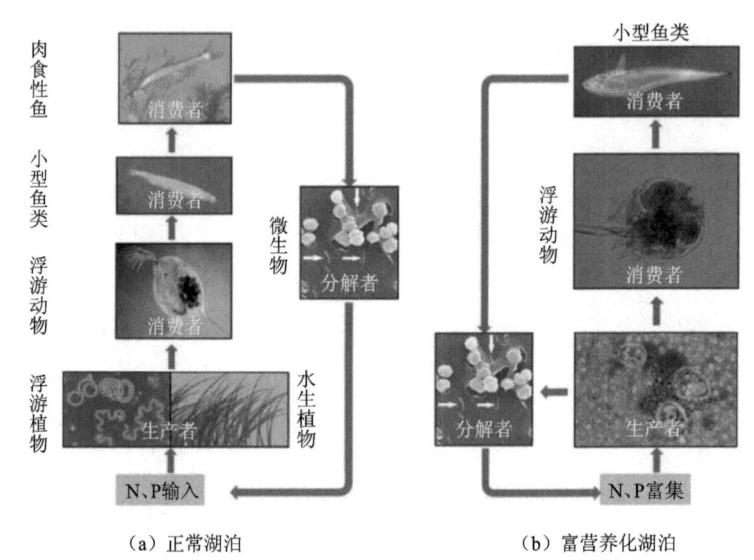

（a）正常湖泊　　（b）富营养化湖泊

图 9-20 正常湖泊与富营养化湖泊营养盐循环途径的差异（秦伯强，2020）

2. 湖体藻类数量上升

水体富营养化容易造成蓝藻水华暴发，而蓝藻大量生长加快了湖体营养盐循环，因此

2020 年以前藻类数量增加是太湖营养盐浓度上升的原因之一。太湖蓝藻水华在 1950 年就有报道。从 20 世纪 80 年代在太湖五里湖、梅梁湾等水域明显出现较大规模的水华,直到 2010 年蓝藻水华主要出现在竺山湾、梅梁湾、西北沿岸和小部分湖心区,且主要在夏季暴发。2012~2020 年,蓝藻水华暴发的时间、空间、强度均呈现"扩张"趋势,从时间上看,太湖出现蓝藻水华的时段从原先的 5~9 月,逐渐延长到几乎全年都有,有些年份 12 月~次年 2 月等冬季时段也出现过超过 500 km² 的蓝藻水华。蓝藻生长可增加沉积物磷的释放和有机磷的转化,加快湖体磷循环,增加水体 TP 浓度。从图 9-21 可以看出,2010~2020 年太湖 TP 浓度与蓝藻密度具有较好的相关性,两者相关系数高达 0.72。用入湖 TP 负荷从 2 200 t 到 1 800 t 之间的 2015 年、2017 年和 2019 年 3 年的太湖逐月 TP 浓度与蓝藻密度做相关分析,相关系数为 0.43。蓝藻密度与 TP 浓度的关系较好地佐证了蓝藻水华暴发强度加大可能会导致 TP 浓度升高(吴浩云 等,2021)。蓝藻暴发在增加水体 Chl-a 浓度的同时,提高了水体 TP 浓度,导致水体富营养化加重。

(a) 2010~2020年太湖TP浓度与蓝藻密度的关系

(b) 2015年、2017年和2019年太湖逐月TP浓度与蓝藻密度的关系

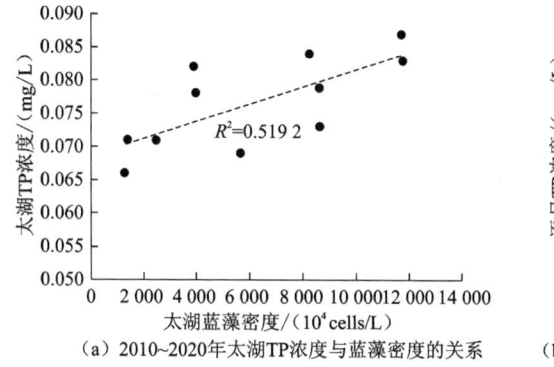

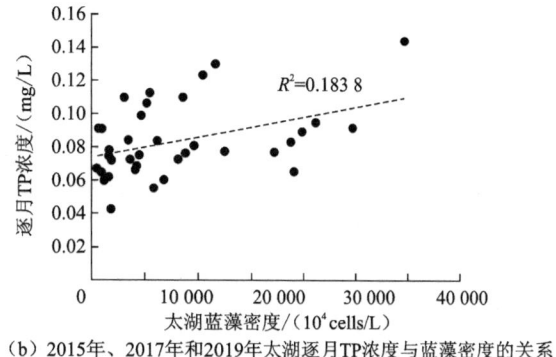

图 9-21　太湖 TP 浓度、逐月 TP 浓度与蓝藻密度的关系(吴浩云 等,2021)

20 世纪 80 年代以前,太湖湖体水质为 III 类。从 20 世纪 80 年代中期开始,湖体水质为劣 V 类,到 2007 年以后水质有所改善,处于轻度富营养化状态。在太湖入湖外源氮磷负荷逐年下降的趋势下,滞留在沉积物中的内源氮磷释放成为湖体水华蓝藻水华暴发的主要氮磷来源。蓝藻水华的暴发,促进了太湖湖体 TN 浓度下降和 TP 浓度上升,2020~2023 年湖体 TN 和 TP 浓度不断下降,2023 年太湖 TP、TN 浓度分别为 0.053 mg/L、1.08 mg/L。2020~2023 年,在太湖入湖氮磷负荷下降和禁捕情形下,蓝藻水华暴发频率和规模减轻,水体 TN 和 TP 浓度也下降。

第10章 太湖生态系统演替原因分析

10.1 太湖流域入湖氮磷负荷

太湖流域河网密布，流域内河道总长约 $1.2×10^5$ km，河网密度 3.3 km/km²。在 228 条出入太湖河流中，主要入湖河流有 22 条，其中 15 条位于江苏，7 条位于浙江。在 2020 年以前，太湖流域入湖河流氮磷负荷处于高位，超过太湖环境容量，导致蓝藻水华持续暴发。

10.1.1 太湖流域入湖河流水质年际变化

2010 年，太湖流域 22 条主要入湖河流中，劣 V 类河流有 7 条，其中江苏 15 条入湖河流中劣 V 类河流有 6 条，浙江 7 条入湖河流中劣 V 类河流有 1 条。2010 年入湖河流的主要超标指标为 NH_3-N 和 COD_{Mn}。

2011 年，太湖流域 22 条主要入湖河流中，劣 V 类河流有 11 条，其中江苏 15 条入湖河流中劣 V 类河流有 9 条，浙江 7 条入湖河流中劣 V 类河流有 2 条。2011 年入湖河流的主要超标指标为 NH_3-N、TP 和 COD_{Mn}。

从 2012 年到 2018 年，太湖流域 22 条主要入湖河流水质持续好转（图 10-1），达到或优于 III 类标准的河流数量逐年增加，且连续 4 年无劣 V 类入湖断面。

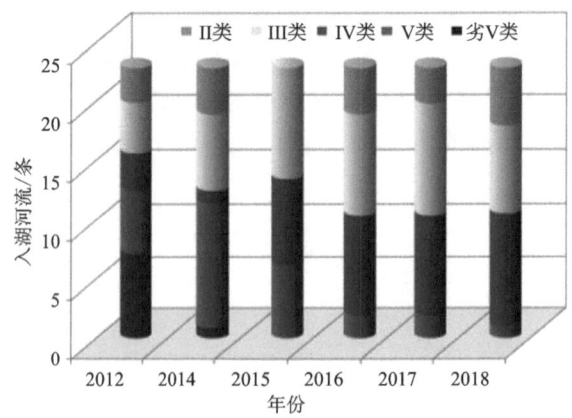

扫一扫，见彩图

图 10-1　2012~2018 年太湖 22 条主要入湖河流水质类别（水利部太湖流域管理局 等，2018）

2018 年，太湖流域 22 条主要入湖河流中，12 条河流达到或优于 III 类标准（其中 5 条河流达到 II 类标准），占总入湖河流数的 54.5%；IV 类河流有 9 条，V 类河流有 1 条。其中江苏的 15 条主要入湖河流中，3 条河流达到 II 类标准，5 条河流达到 III 类标准，IV 类河流有 6 条，V 类河流有 1 条。

2019 年，江苏 15 条主要入湖河流水质全部达到 III 类，与 2018 年相比，水质达到 III 类河流数增加 4 条。2021 年，江苏 15 条主要入湖河流中，14 条河流水质达到或好于 III 类，与 2020 年相比，水质保持稳定。2022 年，江苏 15 条主要入湖河流中 4 条河流水质达到 II 类，11 条河流水质达到 III 类。因此，太湖流域主要入湖河流氮磷浓度整体不断下降，水质不断改善。

10.1.2 太湖湖西区主要入湖河流水质年际变化

太湖上游湖西区主要入湖河流包括百渎港、直湖港、武进港、太滆运河、漕桥河、殷村港（太滆南运河）、官渎港、社渎港、洪巷港、陈东港、大浦港、乌溪港等，为江苏主要入湖河流。

江苏共有 15 条主要入湖河流，其 TP、COD_{Mn}、$NH_3\text{-}N$ 和 TN 4 项指标的变化趋势分析表明，2010～2018 年，各条入湖河流中这 4 项指标的变化趋势不尽一致。15 条河流中，有 14 条河流的 $NH_3\text{-}N$ 年均浓度呈下降趋势，其中有 5 条河流的 $NH_3\text{-}N$ 年均浓度下降趋势达到显著水平，仅大港河 $NH_3\text{-}N$ 年均浓度在 2010～2018 年呈现小幅升高趋势；有 9 条河流的 TP 年均浓度呈下降趋势，但均未达到显著水平，相反，百渎港 TP 年均浓度在 2010～2018 年却表现出显著的升高趋势；有 8 条河流的 COD_{Mn} 年均浓度呈下降趋势，其中武进港和太滆运河的 COD_{Mn} 年均浓度下降趋势达到显著水平，而社渎港的 COD_{Mn} 年均浓度则呈显著的升高趋势；有 11 条河流的 TN 年均浓度呈下降趋势，其中直湖港、大浦港和陈东港 3 条河流的 TN 年均浓度下降趋势达到显著水平，武进港的 TN 年均浓度则呈显著的升高趋势。

综合来看，2010～2018 年江苏主要入湖河流 COD_{Mn}、TP、$NH_3\text{-}N$ 和 TN 4 项水质指标中，TP、COD_{Mn} 和 TN 年均浓度呈下降的趋势，但是下降趋势均不明显，只有 $NH_3\text{-}N$ 浓度呈显著下降趋势（图 10-2）。2019 年以后江苏 15 条主要入湖河流水质快速提升，2023 年 15 条主要入湖河流水质全部达到或优于 III 类水质标准。

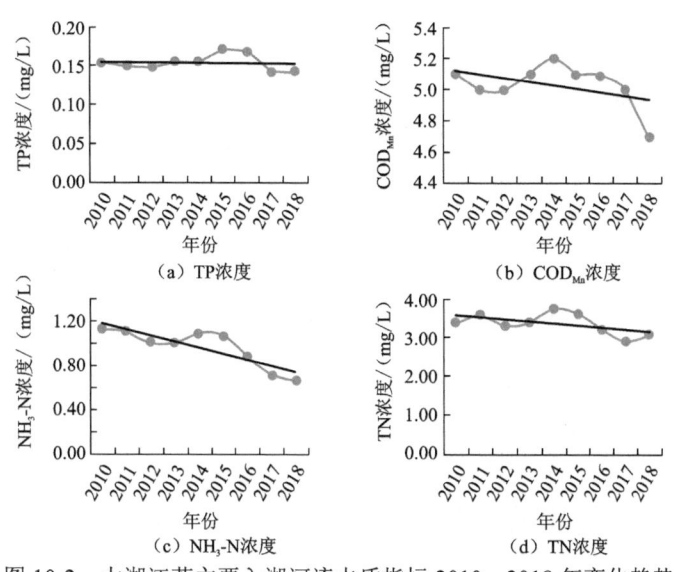

图 10-2 太湖江苏主要入湖河流水质指标 2010～2018 年变化趋势

10.1.3 太湖主要入湖河流氮磷负荷

太湖入湖河道流量和水体 TN 和 TP 浓度决定了环太湖河道 TN 和 TP 入湖通量的大小。根据环太湖河道流量及水质数据计算，2007~2020 年太湖入湖河道输入 TP 负荷为 1 835~2 799 t，占太湖 TP 入湖负荷的 55%~73%，因此，河道是太湖外源输入最主要的途径。其中以 2010 年最高，2016 年和 2011 年其次，2017~2020 年基本维持在 2 000 t 左右（毛新伟 等，2023）。2010~2019 年，环太湖河道年均 TN 和 TP 入湖通量分别为 $3.24×10^4$ t 和 $1.80×10^3$ t。其中，2013 年环太湖河道 TN 和 TP 入湖通量最小，分别为 $2.45×10^4$ t 和 $1.4×10^3$ t；2016 年最大，分别为 $4.22×10^4$ t 和 $2.50×10^3$ t；2019 年环太湖河道 TN 和 TP 入湖通量分别为 $3.27×10^4$ t 和 $1.40×10^3$ t（图 10-3）。

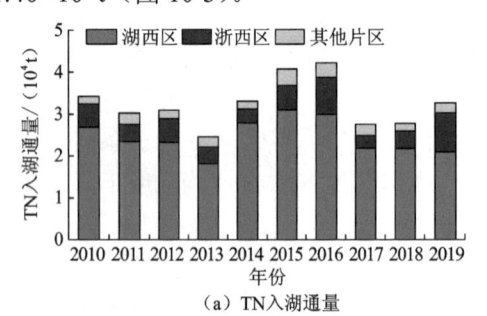

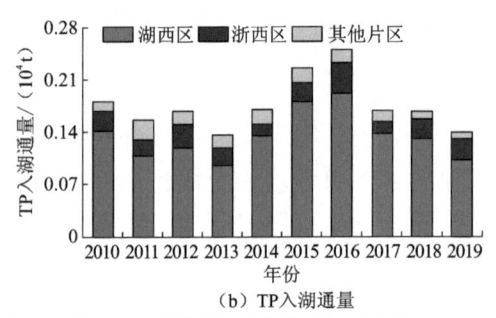

图 10-3　2010~2019 年太湖不同片区河道年 TN 和 TP 入湖通量（陆昊 等，2022）

2010~2019 年，环太湖河道入湖氮磷主要来源于湖西区和浙西区，两个区域河道 TN 和 TP 入湖通量占全湖的 90%以上。湖西区入湖河道是氮磷主要来源区，2010~2019 年，湖西区河道年均 TN 入湖通量为 $2.45×10^4$ t，年均 TP 入湖通量为 $1.40×10^3$ t，占环太湖河道年均 TN 和 TP 入湖通量的 77%和 76%。湖西区 2013 年河道 TN 和 TP 入湖通量最小，分别为 $1.82×10^4$ t 和 $1.00×10^3$ t；2016 年最大，分别为 $3.08×10^4$ t 和 $1.90×10^3$ t。浙西区 2017 年河道 TN 和 TP 入湖通量最小，分别为 $3.10×10^3$ t 和 200 t；2019 年最大，分别为 $9.40×10^3$ t 和 400 t。太湖流域河道 TN 和 TP 入湖通量变化较大，与区域降水量有关。2022 年太湖河道 TP 入湖通量为 $1.40×10^3$ t，2020~2022 年入湖 TP 负荷稳中有降。

2007~2020 年太湖湖体 TP 滞留量年均值为 1 959 t，表明目前太湖沉积物仍是磷"汇"，沉积物对磷的吸附和沉积作用要远远大于其释放作用。TP 滞留量约占太湖 TP 入湖负荷量的 41%~74%，2017 年之前 TP 滞留量总体低于 2 000 t，2018 年开始 TP 滞留量明显减少并处于最低水平（毛新伟 等，2023）。滞留于太湖中磷主要吸附在沉积物中或被水生生物吸收，TP 逐年累积，成为影响太湖水体 TP 浓度的重要内源，这也是 2016~2020 年在入湖河流 TP 浓度持续下降的前提下太湖水体 TP 浓度持续高位波动的重要原因。

1998~2007 年，太湖入湖河道 NH_3-N、TP、TN 入湖通量都有明显的增长趋势，2003 年年入湖水量、NH_3-N、TN、COD_{Mn} 入湖通量最大，1999 年年入湖水量、TN、COD_{Mn} 入湖通量最小。入湖 NH_3-N 多年平均浓度为 3.16 mg/L，入湖 TP 多年平均浓度为 0.231 mg/L，入湖 TN 多年平均浓度为 5.26 mg/L，入湖 COD_{Mn} 多年平均浓度为 7.26 mg/L。NH_3-N、TP、TN 和 COD_{Mn} 多年平均污染物入湖通量分别为 $2.14×10^4$、$1.70×10^3$ t、$3.70×10^4$ t 和 $5.32×10^4$ t（图 10-4 和图 10-5）。

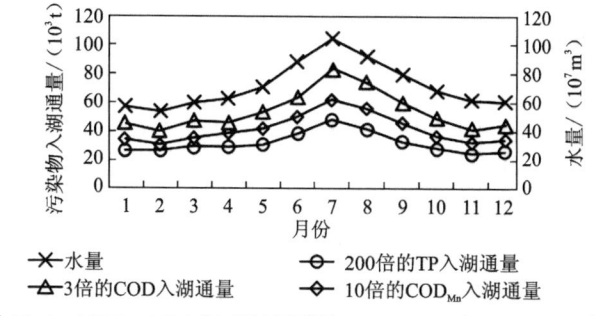

第 10 章 太湖生态系统演替原因分析

图 10-4 1998~2021 年多年月平均 TP、COD 和 COD_{Mn} 入湖通量与水量年内分配（温舒珂 等，2023）

2008~2021 年，太湖入湖河道 NH_3-N、TN、COD、COD_{Mn} 入湖通量均有明显的下降趋势。入湖 NH_3-N、TP、TN、COD 和 COD_{Mn} 多年平均浓度分别为 1.19 mg/L、0.216 mg/L、3.78 mg/L、23.92 mg/L 和 5.37 mg/L，多年平均污染物入湖通量分别为 $9.0×10^3$ t、$1.6×10^3$ t、$2.89×10^4$ t、$1.899×10^5$ t 和 $4.21×10^4$ t（图 10-4 和图 10-5）。年入湖水量最大值出现在 2016 年，最小值出现在 2008 年；NH_3-N 和 TP 入湖通量最大值均出现在 2011 年，最小值均出现在 2021 年；TN、COD_{Mn} 入湖通量最大值出现在 2010 年，最小值分别在 2021 年和 2019 年。

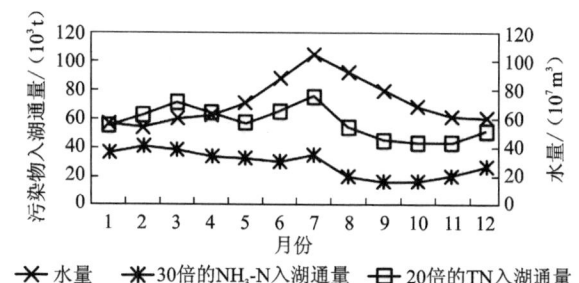

图 10-5 1998~2021 年多年月平均 NH_3-N 和 TN 入湖通量与水量年内分配（温舒珂 等，2023）

太湖流域内整体用水量的增加及面源污染包括农业种植业尾水、乡镇企业废水、农村居民生活污水、养殖废水等排放是入湖河道氮磷主要来源。持续高负荷外源营养盐输入太湖，超过了太湖水体的自净能力，造成营养盐在水体及沉积物中不断蓄积，增加了太湖内源营养盐数量。太湖沉积物中氮磷在风浪、生物等因素作用下释放到水体，提高了水体氮磷浓度。

10.2 太湖沉积物氮磷释放对湖体水质影响

湖泊沉积物是湖泊生态系统的重要组成部分，也是水土界面营养物质交换活跃带。湖泊沉积物不仅是营养盐的"汇"，也是"源"，其营养盐浓度可以间接反映湖泊的污染状况，在外界动力因素（风浪和鱼类活动等）作用下，沉积物作为"源"向上覆水释放营养盐，影响上覆水水质与富营养化状态。当外源氮磷得到有效控制后，湖泊沉积物内源氮磷释放将成为影响湖泊富营养化状态的关键因素。

10.2.1 太湖沉积物蓄积量

据 2018 年全太湖详查资料（图 10-6），太湖淤泥面广且量大。太湖全湖平均沉积物厚度为 82 cm，总蓄积量为 $1.915\times10^9\,\mathrm{m}^3$。太湖软性沉积物面积约占全湖面积的 70%。太湖表层沉积物黏土（粒径小于 0.001 mm）数量占 20%~40%，粉砂（粒径 0.001~0.1 mm）数量占 60%~80%。西部、南部沿岸及东太湖区粉砂数量占 80%~85%。

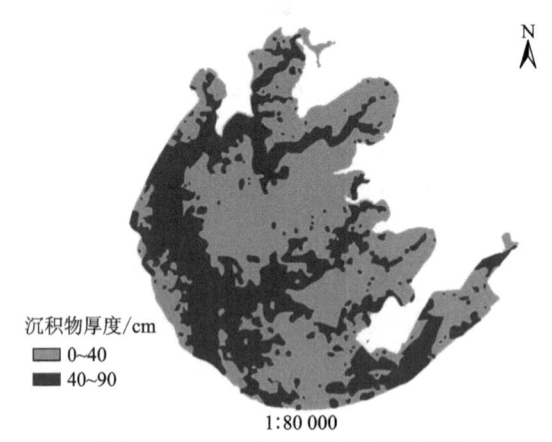

图 10-6 2018 年太湖沉积物分布图

太湖沉积物主要以块状或带状分布，全湖沉积物厚度 50 cm 内的蓄积量约 $3.5\times10^8\,\mathrm{m}^3$。除湖心区外，太湖主要湖区均有较大范围的沉积物分布，其中五里湖、竺山湾、梅梁湾、贡湖湾、西部沿岸区、南部沿岸区、东太湖和其他湖区沉积物面积分别为 5.60 km²、42.56 km²、61.90 km²、74.80 km²、216.90 km²、313.80 km²、134.20 km² 和 796.00 km²。北部的 3 个故河道平均沉积物厚度约 0.65 m，最深处达 10.4 m（月亮湾附近）。全太湖沉积物厚度超 0.3 m 的污染沉积物总蓄积量近 $2.4\times10^8\,\mathrm{m}^3$，主要分布于太湖西部沿岸区、竺山湾、梅梁湾、东太湖和贡湖湾等处。沉积物厚度大于 80 cm 的湖区面积为 527 km²，占太湖总面积 22.5%；沉积物厚度大于 30 cm 的湖区面积为 969 km²，占太湖总面积的比例为 41.4%；沉积物厚度大于 20 cm 的面积为 1 251.2 km²，占太湖总面积的 53.5%。太湖不同湖区平均沉积物厚度存在差异。竺山湾平均沉积物厚度为 27 cm，梅梁湾为 29 cm，月亮湾为 169 cm，太湖西部沿岸区为 29.04 cm，湖心区北部为 41.9 cm，东太湖为 23 cm，厚度小于 20 cm 的沉积物主要分布在湖心区及南部沿岸区。

受波浪和湖流的耦合作用，太湖沉积物空间分布不均，在非湖心区和沿岸区沉积物分布相对集中，太湖 3 个沉积物蓄积带分别为大浦口和菱渎港向东北至金墅港沉积物蓄积带、新渎港沿西部沿岸往南至长兴分港沉积物蓄积带及自沉渎港向东北至漫山湖沉积物蓄积带。在沉积物蓄积带上，平均沉积物厚度超过 1.5 m，3 个沉积物蓄积带的沉积物蓄积量占到太湖沉积物总蓄积量的 2/3，梅梁湾和贡湖湾最大沉积物厚度均超过 9 m，是太湖沉积物厚度最大的两个湖区（表 10-1）。

第 10 章 太湖生态系统演替原因分析

表 10-1 太湖各湖区不同厚度沉积物分布

湖区名称	沉积物面积 /km²	沉积物蓄积量 /(10^4 m³)	$0<H\leq1$ m 沉积物蓄积量 /(10^4 m³)	$1<H\leq1.5$ m 沉积物蓄积量 /(10^4 m³)	$H>1.5$ m 沉积物蓄积量 /(10^4 m³)
竺山湾	42.56	3 597.9	261.2	1 480.0	1 856.7
西部沿岸南区	64.53	5 254.2	2 501.5	1 027.5	1 725.2
西部沿岸北区	40.00	3 627.2	1 123.0	596.25	1 907.9
湖心区西部	300.30	32 684.5	4 202.12	3 395.2	25 087.2

H 表示沉积物厚度。

太湖有黑泥淤积，存在氮磷释放风险。竺山湾在殷村港离岸 2 km 处发现较严重的沉积物淤积现象，全湖湾平均沉积物厚度 30.86 cm，黑泥平均厚度为 19.35 cm。梅梁湾平均沉积物厚度为 30.23 cm，黑泥平均厚度为 14.58 cm，沉积物淤积主要分布在十里风光带自近岸向湖心延伸 3.50 km 内。贡湖湾平均沉积物厚度仅为 20.00 cm，黑泥平均厚度为 8.71 cm，主要的沉积物淤积分布在贡湖湾新安湿地公园至大贡山所形成的中轴线上，其中 0~5 km 的区域平均沉积物厚度为 24.14 cm，5~13 km 的区域平均沉积物厚度为 78.20 cm，黑泥平均占比小于 40%。

根据水利部太湖流域管理局的调查结果，太湖沉积物呈薄层分布，沉积物厚度超过 1.5 m 的区域主要分布在西沿岸入湖河口的大浦口以北至茭渎港、乌溪港、长兴分港以南区域及长兜港与大钱口之间，殷村港和沉渎港河口也较重，沉积物厚度达 1 m，平均沉积物厚度较大的还有西部沿岸北区及梅梁湾北区，沉积物厚度达 0.9 m。太湖西部沉积物分布面积较大，其中湖心区西部平均沉积物厚度 1.09 m，沉积物蓄积量巨大，约占全湖沉积物总蓄积量的 17.1%。

处于流动状态的流泥浮于沉积物的上层，厚度不等，在太湖广泛分布，密度约小于 1.5 g/cm³。由于流泥沉积环境和污染程度不同，在不同湖区其内部组成、颜色及厚度均存在较大差异，在竺山湾、梅梁湾、贡湖湾等湖湾的河流入湖口主要分布着含有机质高的深灰或者黑色流泥。太湖西部沿岸北区大浦港以北各港口也发现有灰、深灰及黑色流泥（表 10-2）。

表 10-2 太湖流泥深度、面积及流泥量分布情况

序号	湖区名称	流泥深度范围/m	>5 cm 流泥面积/km²	流泥总量/(10^4 m³)
1	竺山湾	0.02~0.65	29.74	1 091.1
2	西部沿岸南区	0.00~0.47	13.98	680.2
3	西部沿岸北区	0.02~0.31	16.96	279.3
4	湖心区西部	0.00~0.50	247.33	2 158.4

2020 年 11 月，对太湖沉积物分布和厚度进行了测定，并结合太湖多个底泥测定结果，得到的太湖沉积物分布图如图 10-7 所示，沉积物厚度和分布与 2018 年差别不大。

太湖沉积物主要为粒度较细的疏松状，包括灰色、深色及灰黑色淡泥，富含有机质。太湖沉积物由 20 世纪 70 年代的黄土状粉砂质黏土发展为现代的粉砂及细沉积物。太湖各湖区沉积物沉积速率存在显著差异，主要表现为西太湖沉积物沉积不稳定，表层易被扰动，东太湖沉积速率加快。2002~2020 年太湖各湖区沉积物沉降速率普遍上升。

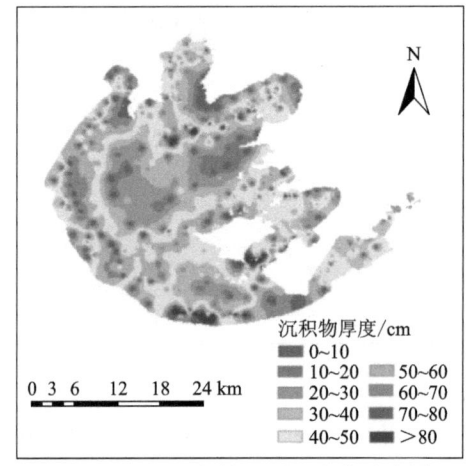

图 10-7 2020 年校对后沉积物分布图

10.2.2 太湖沉积物氮磷释放

湖泊沉积物是太湖生态系统的重要组成部分，也是湖泊内源污染的主要来源。结合历年相关文献资料，太湖沉积物 TP 质量分数在 20 世纪 80 年代约为 250 mg/kg，2000 年左右约为 500 mg/kg，2012 年沉积物中 TP 质量分数为 616.84 mg/kg，太湖湖滨带沉积物中 TP 质量分数在 258.28~1 392.16 mg/kg，按太湖沉积物密度 1 300 kg/m³ 计算，各分区 TP 质量分数变化趋势为竺山湾>梅梁湾>东太湖>南部沿岸>贡湖湾>东部沿岸>西部沿岸。2015~2017 年太湖沉积物 TP 质量分数约为 650 mg/kg，是 20 世纪 80 年代的 2.6 倍。根据美国环境保护署（US Environmental Protection Agency，EPA）制定的沉积物分类标准，梅梁湾 TP 质量分数在 420~650 mg/kg，属中度污染区；竺山湾 TP 质量分数大于 650 mg/kg，属重度污染区；其他各区均小于 420 mg/kg，属轻度污染区，重度污染的太湖湖滨带沉积物成为磷重要的"储备库"（图 10-8）。

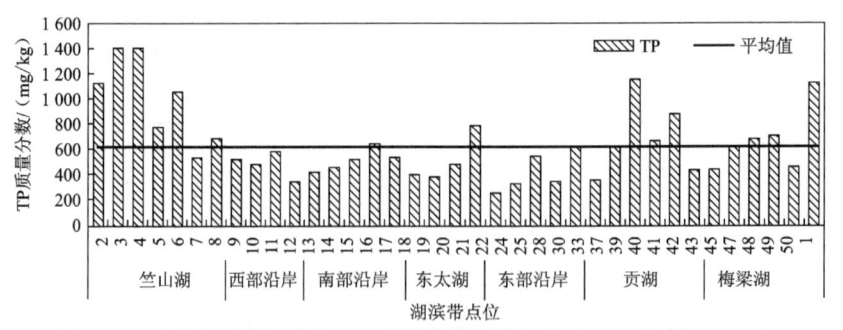

图 10-8 太湖湖滨带沉积物 TP 质量分数及空间分布（王佩 等，2012）

太湖生态清淤工程就是在满足环保要求的前提下，利用机械清除污染沉积物，减少湖体内源污染物质量分数，以减少"湖泛"发生概率，改善湖区水质和底栖环境，促进生态系统的恢复。自 2009 年开始，太湖生态清淤工程全面推开，政府持续对竺山湾、梅梁湾、月亮湾、东太湖沿岸进行了生态清淤，并针对太湖主要出入河道、沿岸带、水源地取水口等实施了清淤工程。截至 2017 年底，江苏省共完成太湖湖底沉积物清淤超过 3.9×10⁷ m³，有效削减了太湖沉积物氮磷负荷。

以年为尺度，2007~2017年太湖磷负荷沉积比例见图10-9。沉积物中TP沉积比例（沉积量/入湖通量）在40.8%~68.6%波动。太湖TP输入量大于输出量，外源磷在湖内大量积累，太湖沉积物积累是磷的重要归趋之一。

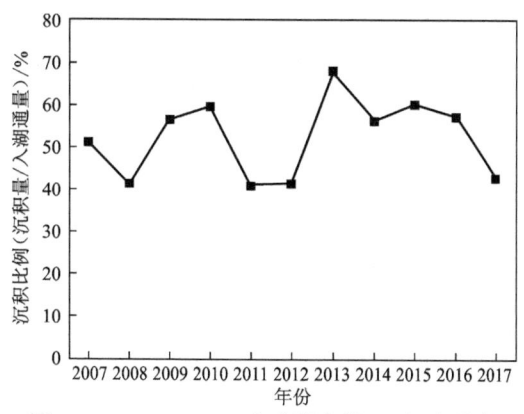

图10-9 2007~2017年太湖入湖TP沉积比例

1. 藻类生物泵取的沉积物氮磷释放

以2016~2017年为典型，进一步细化太湖磷负荷逐月平衡计算结果（图10-10）。可以看出，尽管2016年、2017年沉积物磷总蓄积量是增加的，但是细化到每个月时，2016年1月、7月，2017年3月、5月、6月、7月和12月太湖磷蓄积量为负值，表明这些月份存在明显的沉积物磷释放。从逐月湖体磷浓度增量变化可以发现（图10-11）沉积物磷释放对太湖水体TP浓度有显著贡献，内源磷贡献在蓝藻水华暴发季节表现更为明显（朱广伟 等，2021）。

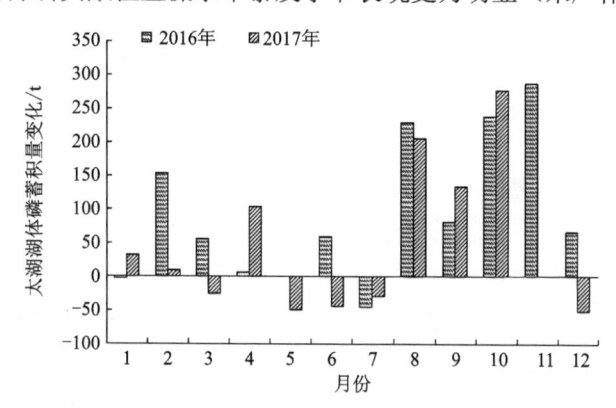

图10-10 2016~2017年太湖湖体磷蓄积量变化（朱广伟 等，2021）

太湖沉积物中TN、TP、总有机碳质量分数平均达0.18%、0.12%和2.5%。湖泊是流域物质的汇集地，流域内生产和生活排放的磷伴随着泥沙以水为载体在湖泊中聚集，2001~2020年平均入湖TP负荷是1 984.6 t，随水流出太湖的TP通量为583.8 t，剩余1 400.8 t TP则存储于太湖内，其中，小部分被水生动植物利用，大部分则沉积于沉积物中。

在静态条件下，太湖沉积物每年释放的磷为700~900 t，接近外源输入的1/3。蓝藻水华的频繁暴发提高了水体中pH和活性有机物质量分数，同时导致水土界面形成厌氧或缺氧环境，蓝藻水华通过加速沉水植物消退和直接泵取等途径加剧沉积物磷释放。因此，浅水湖泊沉积物内源磷释放比重随着水体富营养化与蓝藻水华的加重而逐渐凸显（秦伯强，2020）。

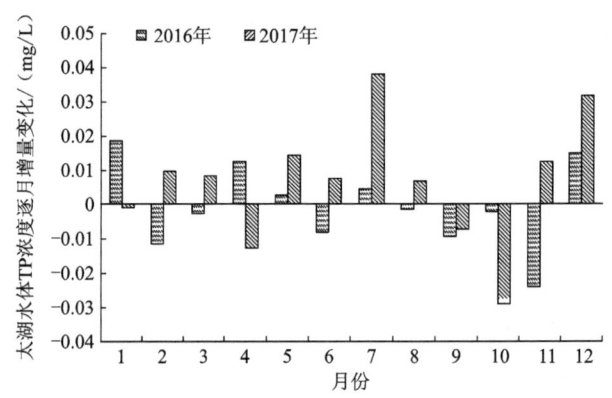

图 10-11 太湖水体 TP 浓度逐月增量变化（月末-月初）（朱广伟 等，2021）

太湖的水动力作用对沉积物的扰动比较大，在小风速条件下，悬浮物浓度的垂直变化不显著，根据野外现场观测及对悬浮物浓度分析结果发现，对于水深>1 m 的湖区，当风速达 5 m/s 以上时，悬浮物浓度将显著增加，特别是底部泥沙悬浮增加。在风速 6.5 m/s 以上时，风浪可以引起湖水中悬浮物浓度提高数倍甚至数十倍，频繁的风浪扰动导致太湖的表层底泥反复发生再悬浮。徐徽等（2009）分析太湖水土界面氮释放通量发现，不同湖区 NH_3-N、磷酸盐交换速率存在显著差异，梅梁湾北部、竺山湾、西部沿岸带湖区因受入湖河道污染输入影响较大，NH_3-N 释放速率显著高于太湖其他湖区。在内源释放过程中，另一个常被忽视的过程为藻类通过生物泵作用直接从沉积物中获取氮磷，在风浪的作用下，沉积物与水华蓝藻接触，水华蓝藻颗粒主动吸收沉积物颗粒上氮磷，其中磷以 polyP 颗粒的形式积存于藻类细胞内，导致蓝藻在含磷量很低的水体中也能快速生长，形成大规模水华。

在小风速情况下，太湖悬浮颗粒物主要是有机颗粒物。这些有机颗粒物部分长期漂浮于水中，部分沉积在水-土界面处，即使遇到较小的风浪也会发生悬浮，并伴有少量营养盐释放。当沉积物发生大规模起悬后，沉积物释放大量营养盐。风浪过后，悬浮物及一些悬浮的营养盐和有机质会迅速沉降至湖底沉积物。根据沉积物起悬沉降的物理过程，一次风浪过程中最终进入水体的悬浮物量为沉积物起悬通量与沉降通量之间的差值。由于在沉积物起悬沉降过程中，水体的 DO 浓度、氧化还原电位等条件的变化，氮磷营养盐会在不同形态间发生非常复杂的化学转化。因此，TN 和 TP 的释放通量可以用再悬浮沉积物中 TP 质量分数来计算。依此计算得到的沉积物再悬浮通量，计算结果见表 10-3。由表 10-3 可知：2011 年太湖 TP 再悬浮通量为 234 t，2013 年为 187 t，2014 年为 185 t。太湖全年平均 TP 再悬浮通量约为 200 t（李一平，2005）。

表 10-3 2011 年、2013 年、2014 年太湖沉积物 TP 起悬、沉降及再悬浮通量计算

年份	起悬量/t	沉降量/t	再悬浮通量/t
2011	23 466	23 232	234
2013	18 758	18 571	187
2014	18 413	18 228	185

引自李一平（2005）。

2011~2018年,太湖水体月均TN浓度的变化与估算的月内源氮净负荷之间存在显著的相关性[图10-12(a)],太湖水体月均TP浓度的变化与估算的月内源磷净负荷之间也存在显著的相关性[图10-12(b)]。因此,2011~2018年,内源氮磷净负荷可能是引起太湖水体月均TN和TP浓度变化的重要原因。

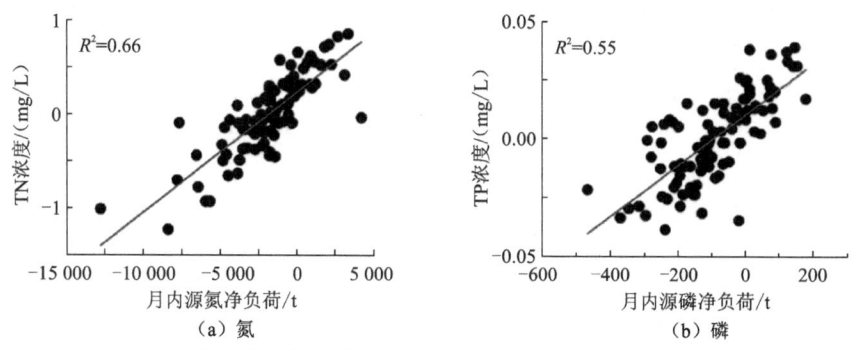

图10-12 2011~2018年月内源氮磷净负荷与月均TN、TP浓度变化对比(Lu et al., 2022)

风浪引起的沉积物大规模悬浮,使得沉积物营养盐动态释放的量和强度远高于静态释放。蓝藻主要通过生物泵取作用吸收沉积物中磷,导致蓝藻水华大规模暴发,使大量磷从沉积物转入到水体中,造成太湖水体富营养化。

2. 风浪扰动促使沉积物磷释放

水动力作用会影响水体水温层结构,同时对颗粒物、营养盐在水体中传输与分布也有一定的影响。浅水湖泊具有水-土界面的稳定性较差、没有长期稳定的温度分层、水体生产力高、内源营养丰富等环境特征,使得水动力过程对浅水湖泊产生更明显的影响。在周期性剧烈风浪扰动下,沉积物-水之间的稳定界面会被水动力过程所破坏,造成沉积物的大量再悬浮并将沉向水体中释放大量营养盐,造成水体中营养盐浓度明显升高。水动力扰动扩散而导致的沉积物营养盐的释放量要远大于普通的静态扩散产生的释放量,已有研究表明部分浅水湖泊由于水动力悬浮产生的营养盐浓度增加量可达到原来的20~30倍。此外,水动力过程会对藻类的空间堆积和漂移过程产生一定的影响,造成藻类在某一区域出现爆发式增长或堆积。同时水动力过程也会对湖泊中的浮游生物的种类组成、数量、优势种的演替产生一定的影响。

秦伯强等(2005)在太湖开展野外观测发现,沉积物营养盐释放极大地增加了水土交界处的上覆水体中溶解性营养盐浓度,并依据水动力学的原理,提出了一个概念性模型,阐明了大型浅水湖泊中水动力作用下沉积物二次悬浮所导致的可溶性营养物质向上覆水体的内源释放机制。

朱广伟等(2005)在野外观测发现,风速超过8 m/s时会促使太湖沉积物的大量悬浮,且悬浮量随着风力的增加而增加。风浪引起的水体SRP浓度变化可达100%,供藻类吸收利用。

胡开明等(2011)为探索浅水湖泊水动力扰动作用对沉积物再悬浮影响,模拟了各种水动力条件下太湖沉积物的启动过程,结果表明太湖沉积物在个别动、少量动和普遍动3种状况下的启动流速分别为15 cm/s、30 cm/s和40 cm/s,且沉积物再悬浮通量与流速呈现显著正相关关系,再悬浮通量随流速增大而增大(图10-13)。

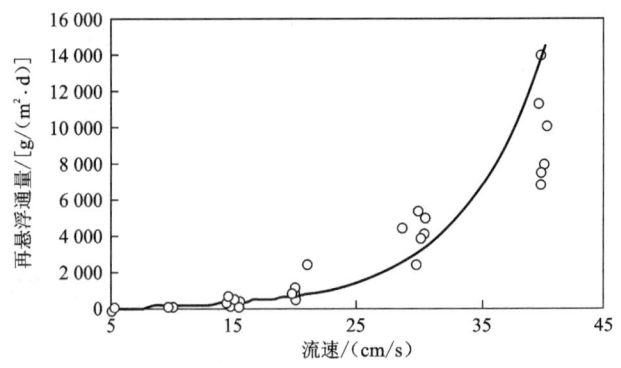

图 10-13 太湖沉积物再悬浮通量与流速拟合曲线（胡开明 等，2011）

太湖沉积物分布面积较大，各湖区均受到不同程度的氮磷污染，风浪扰动促使沉积物迅速释放出氮磷和有机物，提升了水体中氮磷和有机污染物浓度，造成太湖水体的二次污染。据中国科学院南京地理与湖泊研究所的研究，太湖全湖全年因风浪扰动引起的表层再悬浮颗粒量为 2.58×10^5 t，具体数值见表 10-4。

表 10-4 不同风速对太湖扰动产生的再悬浮颗粒量统计

项目	风速 s/（m/s）									
	$0<s<1$	$1<s<2$	$2<s<3$	$3<s<4$	$4<s<5$	$5<s<6$	$6<s<7$	$7<s<8$	$8<s<9$	$s>9$
持续时间/d	8.1	36.4	96.5	113.5	56.7	30.5	15.5	3.4	3.4	1.0
五里湖/t	2.3	10.6	28.1	33.0	16.5	8.9	4.5	1.0	1.0	0.3
梅梁湾/t	185.2	835.4	2 216.1	2 607.0	1 302.4	700.4	355.5	79.1	79.1	23.0
湖心区/t	10 486.2	19 406.1	51 478.7	60 557.4	30 253.5	16 270.0	8 258.8	1 837.3	1 837.3	533.5
西部沿岸带/t	439.9	1 984.1	5 263.3	6 191.5	3 093.2	1 663.5	844.4	187.8	187.8	54.5
高等水生植物区/t	637.1	2 873.8	7 623.4	8 967.9	4 480.2	2 409.4	1 223.0	272.1	272.1	79.0
全湖/t	11 750.7	25 110.0	66 609.6	78 356.8	39 145.8	21 052.2	10 686.2	2 377.3	2 377.3	690.3

引自范成新等（2003）。

太湖不同湖区 3~4 m/s 风速段风速对沉积物扰动引起的再悬浮颗粒量增加量最大，因为该风速段时长约占全年时间总长的 1/3；而大于 5 m/s 风速对水体中再悬浮颗粒量增加量的贡献并不明显（表 10-4）。太湖全年再悬浮颗粒中磷的释放量达到了 425.8 t，占总入湖磷量的 15%（表 10-5）。因此，对于浅水湖泊而言，由风引起的再悬浮颗粒物中可溶性磷是夏季藻类繁殖所需磷的主要供应源之一，太湖一次蓝藻水华暴发，水华蓝藻从沉积物中吸收 90 t 磷（Lu et al.，2022）。

表 10-5 太湖中再悬浮颗粒对可溶性磷贡献量

	春季	夏季	秋季	冬季	合计
可溶性磷增加量/t	12.2	320.6	88.8	4.2	425.8

引自范成新等（2003）。

内源磷释放分为静态释放和动态释放，太湖水流的底层流速变化趋势为太湖湖心区较为缓慢，靠近湖岸和地形较为狭窄的水域水流流速比其他水域快。将太湖不同湖区 TP 浓度和悬浮物浓度进行 Pearson 相关性分析发现,风浪扰动引起的内源磷动态释放是导致太湖 TP 升高的重要原因(表 10-6)。

表 10-6 太湖不同湖区 TP 和悬浮物浓度相关性分析

悬浮物	TP				
	北部湖区	南部湖区	西部湖区	湖心区	东部湖区
北部湖区	0.501**	—	—	—	—
南部湖区	—	0.265	—	—	—
西部湖区	—	—	−0.014	—	—
湖心区	—	—	—	0.378*	—
东部湖区	—	—	—	—	0.356*

**表示在 0.01 水平(双侧)上显著相关;*表示在 0.05 水平(双侧)上显著相关。

可知,太湖北部湖区、湖心区和东部湖区 TP 浓度与悬浮物浓度显著相关,表明太湖北部湖区、湖心区和东部湖区的 TP 浓度受悬浮物浓度变化的影响较大。风浪扰动造成沉积物磷的释放是太湖湖体 TP 浓度上升的原因之一。

10.3 水文和气象过程影响生态系统

10.3.1 太湖来水量与河道入湖氮磷负荷

1. 太湖入湖水量变化过程

太湖区域调水工程导致太湖常年来水量大增。从长江引水增加了湖西区入湖水量。2010 年以来,太湖年入湖水量呈增加趋势(图 10-14)。太湖 2010~2013 年平均入湖水量 $1.063\,3\times10^{10}\,\text{m}^3$,2014~2018 年平均入湖水量 $1.239\,6\times10^{10}\,\text{m}^3$。2010~2018 年约有 65.4%入湖水量来自湖西区,宜兴陈东港是太湖西北片区最主要的入湖河流。

太湖流域降水量的大小决定了太湖入湖水量和水位涨落,从而影响太湖流域水文过程、水资源量和水环境质量。2010~2019 年,太湖流域年平均降水量为 1 322 mm,较 1986~2009 年的年平均降水量增加 15%。其中,2013 年太湖流域年降水量最少,只有 1 067 mm,而 2016 年太湖流域年降水量最多,为 1 792 mm,2019 年太湖流域年降水量为 1 271 mm。2010~2019 年,湖西区年平均降水量为 1 263 mm,较 1986~2009 年的年平均降水量增加 3%。其中,2013 年湖西区年降水量最少,只有 928 mm,而 2016 年湖西区年降水量最多,为 2 026 mm,2019 年湖西区年降水量较少,为 952 mm。2010~2019 年,浙西区年平均降水量为 1 552 mm,较 1986~2009 年的年平均降水量增加 10%。2013 年浙西区年降水量最少,为 1 297 mm,而 2016 年浙西区年降水量最多,为 2 035 mm,2019 年浙西区年降水量较多,为 1 628 mm。因此,2010~2019 年,太湖流域不同年份降水量变化较大,湖西区年降水量均小于同期浙西区年降水量,其中 2019 年差值最大,湖西区年降水量比浙西区年降水量少了 676 mm(图 10-15)。

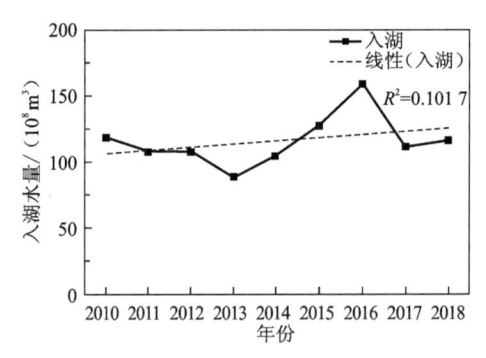

图 10-14　太湖入湖水量年际变化

（水利部太湖流域管理局，2018，2017，2016，2015，2014，2013，2012，2011b，2010）

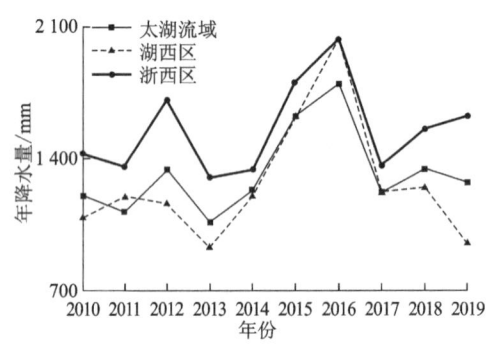

图 10-15　2010～2019 年太湖流域、湖西区和浙西区年降水量（陆昊 等，2022）

根据测算，环太湖河道入湖水量主要包括 3 部分：①流域天然降水，为主要部分，占入湖水量的 70%～80%；②区域引水，包括自主引水和引江济太调水，占入湖水量的 20%～30%；③区域工农业生产和生活排水，主要是从长江取水后就地排水，占比较小。2010～2019 年，太湖年均入湖水量为 11.6 km³，其中，2013 年入湖水量最少，为 8.9 km³，2016 年入湖水量最多，为 16 km³，2019 年入湖水量为 12.6 km³。

湖西区和浙西区为太湖上游地区。2010～2019 年，湖西区和浙西区平均入湖水量占太湖入湖水量的 85%。湖西区是太湖入湖水量最多的片区，1986～2009 年湖西区平均入湖水量占太湖入湖水量的 48%，而 2010～2019 年湖西区平均入湖水量占太湖入湖水量的 65%，比例有所上升。1986～2009 年浙西区平均入湖水量占太湖入湖水量的 23%，而 2010～2019 年，浙西区平均入湖水量占太湖入湖水量的 20%，比例略有下降。2019 年，浙西区入湖水量的占比显著增加。武澄锡虞区、杭嘉湖区和阳澄淀泖区的河道以出湖为主，与湖西区和浙西区相比，2010～2019 年，其他片区平均入湖水量只占太湖入湖总水量的 15%（图 10-16）。因此，湖西区和浙西区为太湖主要入湖水来源区，也是太湖入湖氮磷的主要来源区域。

2. 入湖水量与入湖氮磷污染负荷

2008 年开始，太湖入湖河道 TP 年均浓度达到了 III 类水质标准，但其波动较显著。汛前期（1～4 月），2007～2009 年平均浓度 0.194 mg/L；2010～2013 年平均浓度 0.163 mg/L，下

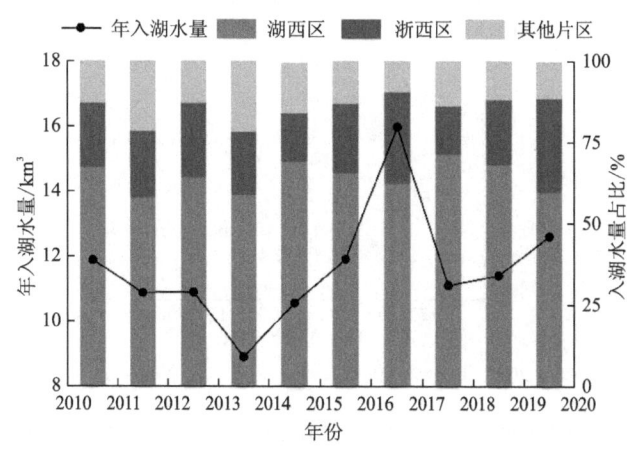

第10章 太湖生态系统演替原因分析

图 10-16 2010~2019 年太湖年入湖水量和不同片区入湖水量占比（陆昊 等，2022）

降显著；2014~2017 年平均浓度 0.198 mg/L，呈上升趋势。汛期（5~9 月），2007~2009 年平均浓度 0.169 mg/L，2010~2013 年平均浓度 0.174 mg/L，2014~2017 年平均浓度 0.183 mg/L，整体呈上升趋势。2007~2020 年，太湖 22 条主要入湖河道 TP 平均浓度由 0.190 mg/L 下降到 2020 年的 0.128 mg/L，但输入 TP 污染负荷却未见明显下降。从长时序水文资料看，2007 年后太湖流域处于相对丰水期，2008~2017 年较 1986~2007 年年平均降水量多 150 mm，增幅 13%。2007~2020 年环太湖年均入湖水量约为 1.140×10^{10} m^3，较 1986~2006 年均值增加了 3.30×10^9 m^3，增加了近 41%（毛新伟 等，2023）。可见，汛期入湖河流 TP 浓度升高，同时入湖水量偏大导致 2010~2020 年湖体 TP 浓度持续上升。

太湖西部河流入湖水量占太湖河流总入湖水量比重较大。根据图 10-17 分析可知，2010~2017 年，2011 年太湖西部沿岸入湖河流 TP 浓度最高，之后总体呈下降趋势。但 2015 年和 2016 年大洪水期间入湖河流 TP 负荷增加，相关性分析结果表明，入湖河流 TP 负荷直接影响湖体的 TP 浓度，即入湖河流水量和入湖河流 TP 浓度共同决定了湖体 TP 浓度。

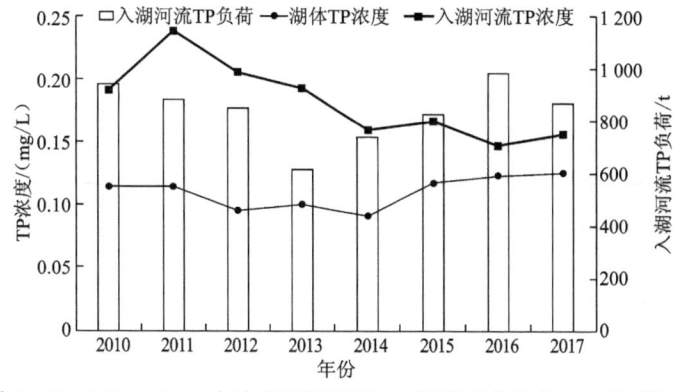

图 10-17 2010~2017 年太湖西部湖区 TP 浓度变化趋势（王华 等，2019）

通过分析 2010~2017 年太湖 TP 净入湖量与太湖 TP 浓度的关系（图 10-18）发现，入湖 TP 负荷变化是影响太湖湖体 TP 浓度变化的直接因素，磷比氮更易滞留于湖体，促使太湖湖体 TP 浓度维持在较高水平。因此，磷入湖量大是 2010~2020 年湖体 TP 浓度居高不下的重要原因。

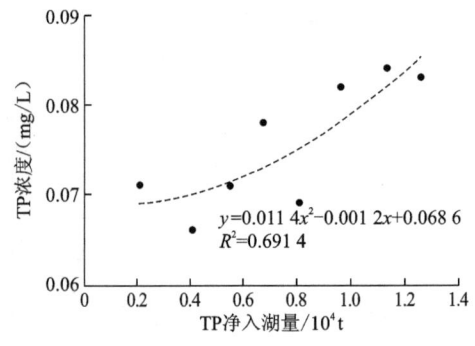

图 10-18　2010～2017 年太湖 TP 净入湖量与 TP 浓度的关系（王华 等，2019）

入湖径流污染是太湖氮磷最主要的外源。2010～2018 年江苏、浙江 TP 和 TN 入湖量见表 10-7 和表 10-8。2016 年入湖氮磷负荷达到最大值，随后呈下降趋势。2010～2018 年环太湖入湖河流 TP 入湖量年均值为 1.81×10^3 t，TN 入湖量年均值为 3.23×10^4 t。除去 2015 年、2016 年大洪水导致 TP、TN 入湖量剧增，TN 入湖量呈下降趋势，其中 2010 年 TN 总入湖量为 3.41×10^4 t，2017 年为 2.75×10^4 t，2018 年为 2.78×10^4 t。TP 入湖量基本持平，其中 2010 年 TP 总入湖量为 1.81×10^3 t，2017 年为 1.70×10^3 t，2018 年为 1.68×10^3 t（图 10-19）。

表 10-7　2010～2018 年江苏、浙江 TP 入湖量　　（单位：10^4 t）

年份	江苏	浙江	合计
2010	0.153	0.028	0.181
2011	0.131	0.027	0.158
2012	0.129	0.039	0.168
2013	0.108	0.030	0.138
2014	0.150	0.020	0.170
2015	0.195	0.030	0.225
2016	0.203	0.048	0.251
2017	0.149	0.021	0.170
2018	0.136	0.032	0.168

表 10-8　2010～2018 年江苏、浙江 TN 入湖量　　（单位：10^4 t）

年份	江苏	浙江	合计
2010	2.76	0.65	3.41
2011	2.55	0.48	3.03
2012	2.40	0.70	3.10
2013	1.94	0.51	2.45
2014	2.91	0.43	3.34
2015	3.31	0.72	4.03
2016	3.20	1.02	4.22
2017	2.37	0.38	2.75
2018	2.25	0.53	2.78

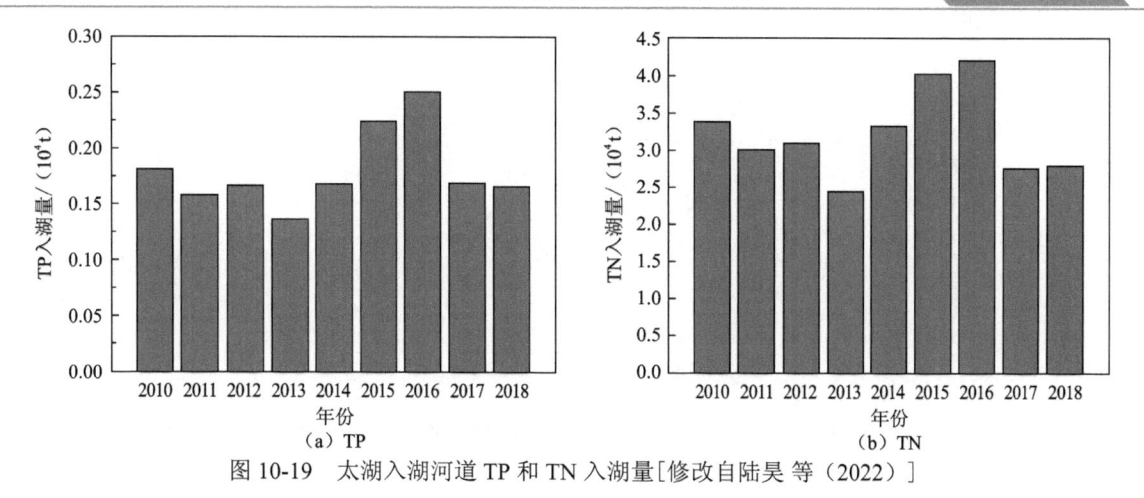

图 10-19　太湖入湖河道 TP 和 TN 入湖量[修改自陆昊 等（2022）]

2010～2012 年平均 TP 和 TN 入湖量分别为 $1.69×10^3$ t 和 $3.20×10^4$ t，2016～2017 年平均 TP 和 TN 入湖量分别为 $2.11×10^3$ t 和 $3.48×10^4$ t。入湖营养盐负荷两次峰值形成的原因均与当年入湖水量较大有关（图 10-20）。

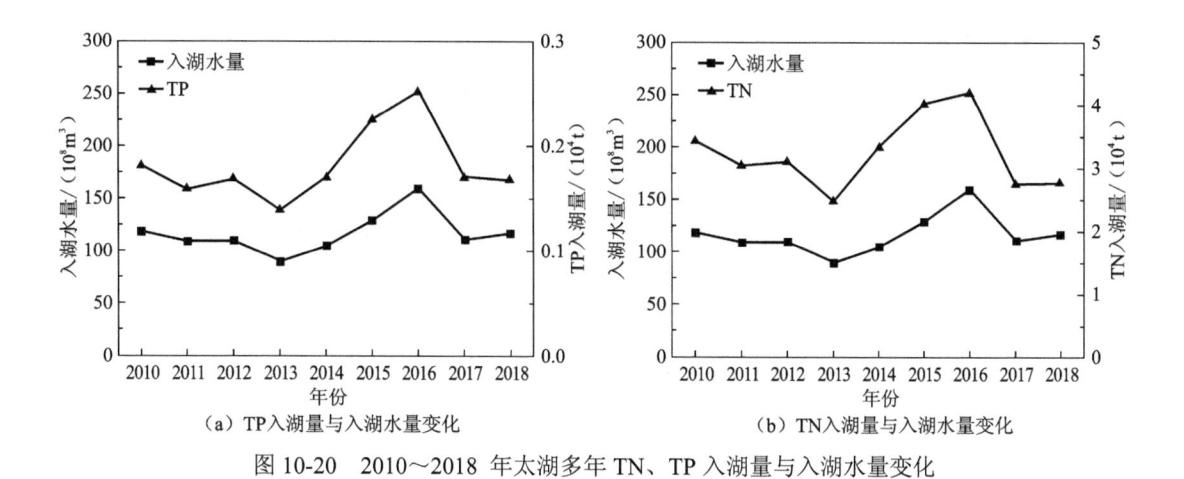

图 10-20　2010～2018 年太湖多年 TN、TP 入湖量与入湖水量变化

2007～2017 年，望虞河引江济太工程向太湖输入 TP 负荷占入湖总负荷的比例为 5.09%（图 10-21）。望虞河引江济太工程向太湖最大输入 TP 负荷为 222.7 t，发生在 2007 年。占比最大为 10.6%，出现在 2011 年，引水量 $1.61×10^9$ m^3，输入 TP 负荷 172.3 t。总体看，望虞河引江济太工程对入太湖 TP 负荷的贡献有限。

太湖流域入湖水量变化受降水量影响，降水量大的年份入湖水量也大。2015 年和 2016 年是 2010～2019 年太湖流域降水最多的两年，入湖水量也非常高，而 2015 年和 2016 年恰好也是 2010～2019 年环太湖河道 TN 和 TP 入湖量最高的两年。2010～2019 年，太湖流域、湖西区和浙西区河道 TN 和 TP 入湖量均与降水量呈显著正相关关系（图 10-22）。浙西区入太湖水量主要来源于区域降水，其入湖水量变化主要与降水有关（闻余华 等，2014），因此，降水量影响浙西区河道 TN 和 TP 入湖量的变化。湖西区入湖水量除了来源于区域降水外，还来源于谏壁闸等沿长江口门引水（胥瑞晨 等，2021）。虽然 2010～2019 年湖西区沿长江口门

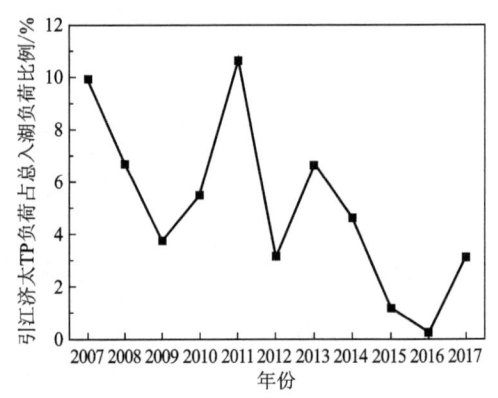

图 10-21　望虞河引江济太工程运行输入 TP 负荷贡献比例

平均年引水量达 2.29 km³，为湖西区平均年入湖水量的 30%，但是湖西区 TN、TP 入湖量的变化与湖西区沿长江口门年引水量之间无显著相关性（图 10-23），因此，降水仍是湖西区 TN 和 TP 入湖量变化的主要影响因素（陆昊 等，2022）。

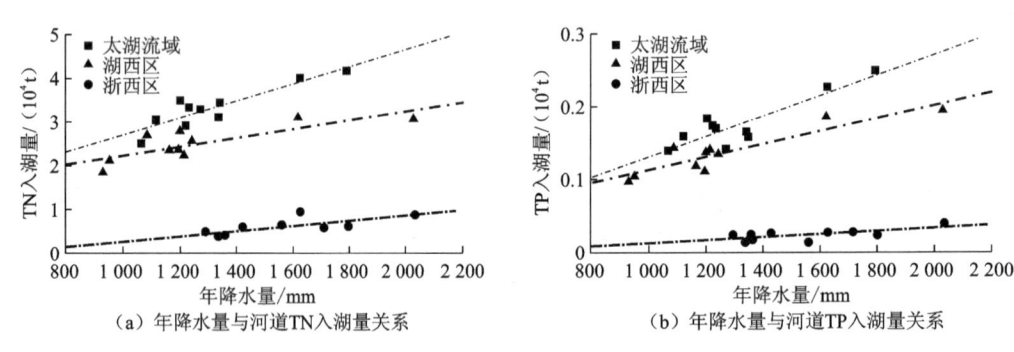

图 10-22　2010～2019 年太湖流域、湖西区和浙西区年降水量
与河道 TN 和 TP 入湖量关系（陆昊 等，2022）

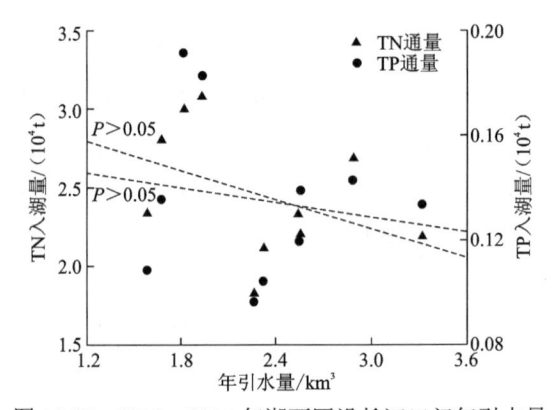

图 10-23　2010～2019 年湖西区沿长江口门年引水量
与湖西区 TN 和 TP 入湖量关系（陆昊 等，2022）

太湖流域湖西区和浙西区河道 TN 入湖量随降水量增加的响应系数分别为 9.96 t/mm 和 5.86 t/mm，TP 入湖量的响应系数分别为 0.895 t/mm 和 0.213 t/mm（图 10-22），湖西区河道

第 10 章 太湖生态系统演替原因分析

TN 和 TP 入湖量随降水量增加的响应系数分别为浙西区的 1.7 倍和 4.2 倍。已有研究结果显示（田甲鸣 等，2020），浙西区土地利用类型以林地和耕地为主，面积占比分别为 62%和 22%，氮磷主要来自林地和农业面源污染。湖西区土地利用类型以城市建设用地和耕地为主，面积占比分别为 22%和 50%（Li et al.，2021）。降水量增加虽然会导致区域氮磷湿沉降量升高，但是从环湖湿沉降监测结果来看，2017 年降水中 TN 和 TP 平均浓度分别为 3.06 mg/L 和 0.08 mg/L（张智渊，2018），降水中 TN 浓度略低于多年河道 TN 浓度平均值，TP 浓度显著低于多年河道 TP 浓度平均值，因此，湿沉降并非造成河道 TN 和 TP 入湖量与降水量之间强相关的原因。根据全球人口数据（Bondarenko et al.，2020），湖西区人口密度约为 998 人/km²，浙西区人口密度约为 444 人/km²，尽管研究表明太湖流域人口密度和城镇与流域污染负荷存在相关性（Lian et al.，2018），但是工业和城镇点源排放的 TN 和 TP 量与降水量之间不呈正相关，工业和城镇点源排放也不是导致 TN 和 TP 入湖量与降水量之间呈显著正相关的原因。综上，相对于浙西区，湖西区城镇和农村面源高强度排放是导致河道 TN 和 TP 入湖量与降水量之间强相关的主要原因。

已有研究表明，2009~2018 年湖西区 5 条太湖主要入湖河流水质均大幅好转（陆隽 等，2020），但统计结果显示，湖西区 TN 和 TP 入湖量并未显著降低。由于存在降水初损（庞琰瑾和袁增伟，2021），降水强度较低时，面源氮磷负荷增加并不明显。而在高强度降水时，太湖平原河网地区河道各形态氮和磷浓度有急剧的升高趋势（连心桥 等，2020；Gao et al.，2014），高强度降水使进入太湖上游河网区的 TN 和 TP 负荷呈现脉冲式增加，而脉冲式增加的 TN 和 TP 在河道中不易得到净化。与此同时，太湖流域高强度降水导致入太湖水量大，河道 TN 和 TP 入湖量也变大。将日降水量达到 25 mm 及以上视为高强度降水，经统计，2010~2019 年，年降水量与湖西区和浙西区年高强度降水量占年降水量比例与之间呈正相关关系（图 10-24），湖西区和浙西区年高强度降水量占年降水量的比例较大的年份，年降水量也大。2010~2019 年中，2016 年湖西区和浙西区年降水量最大，两湖区年高强度降水量占年降水量的比例分别为 63.4%和 54.0%，因此，该年份河道 TN 和 TP 入湖量大增。此外，2010~2019 年，湖西区和浙西区年高强度降水量与所在湖区河道 TN 和 TP 入湖量呈显著正相关（图 10-25）。2019 年，气候气象因素导致降水不均，浙西区山区降水量大增，入湖水量、TN 和 TP 入湖量也显著增加。所以，太湖流域高强度降水增加了河道 TN 和 TP 入湖量。

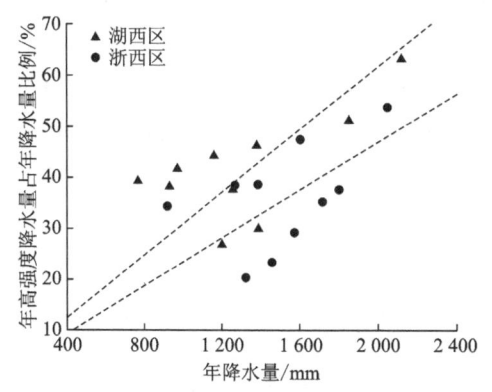

图 10-24 2010~2019 年湖西区和浙西区年高强度降水量占比与年降水量关系（陆昊 等，2022）

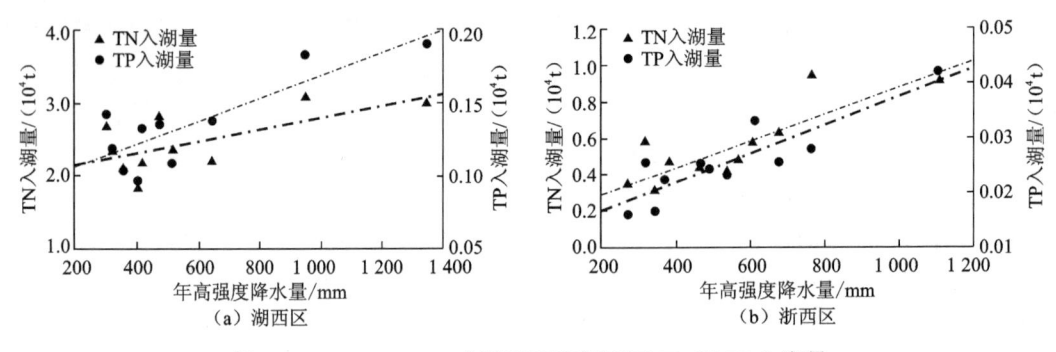

图 10-25　2010～2019 年湖西区和浙西区 TN 和 TP 入湖量与年高强度降水量关系（陆昊 等，2022）

太湖流域河道入湖氮磷污染来源多样，城镇生活、农业和工业等的氮磷排放是最主要的来源，同时大气沉降、长江引水也是入湖氮磷的来源。在太湖流域氮磷污染控制力度不断增大与引水调控的背景下，尽管河道水质有所改善（孙瑞瑞 等，2021；张伊佳 等，2020），但环太湖河道 TN 和 TP 入湖量未见明显减少。根据分析，长江引水与入湖氮磷通量变化无显著相关性。研究表明（牛勇 等，2020），2018 年与 2010 年相比，太湖流域降水中 TN 浓度变化不大，降水中 TP 浓度有下降趋势，而 2014～2015 年太湖流域降水中 TN 为 2.17 mg/L，降水中 TP 浓度为 0.036 mg/L，河道 TN 平均浓度（3.47 mg/L）稍高于雨水 TN 平均浓度，河道 TP 平均浓度（0.18 mg/L）明显高于雨水 TP 平均浓度（邱敏，2017）。此外，多年来太湖流域工业园区污水处理厂、城镇生活污水处理厂及工业行业重点企业污水处理设施进行了提标改造，点源污染防治成效显著，排入河道氮磷数量明显下降（陆昊 等，2022）。综合考虑以上因素并结合降水量与河道 TN 和 TP 入湖量的显著相关关系可以发现，太湖流域上游引水、大气干湿沉降与固定源排放不是影响环太湖河道 TN 和 TP 入湖量变化的主要原因，农村、城镇及农业面源，包括部分降水时雨污合流管的污水溢流，成为河道氮磷污染的主要来源（陆昊 等，2022）。太湖流域降水形成的水循环过程驱动了入湖氮磷迁移过程。由于太湖流域氮磷迁移过程复杂，除了大气沉降外，雨水携带陆源污染物进入河道，环太湖河道 TN 和 TP 入湖量与降水量呈显著正相关。降水主要通过以下几个方面影响环太湖河道 TN 和 TP 入湖量的变化。

降水量大小影响种植业氮磷流失量。种植业是太湖流域农业面源氮磷污染的重要来源。随着太湖流域城市化进程的加快，出于经济利益考虑，太湖流域许多稻田被改为茶园、菜地和果园，2002～2017 年太湖地区茶园和果园面积分别增加了 $1.892\times10^4 \text{ hm}^2$ 和 $2.852\times10^4 \text{ hm}^2$（闵炬 等，2020）。由于果园、菜地和茶园单位面积氮磷施肥用量大，氮磷的地表径流流失量和地下渗漏流失量均明显高于稻田，所以，虽然 2002～2017 年太湖流域种植业面积明显减少，但是磷流失量仅下降了 1.84%（闵炬 等，2020）。此外，枯水期太湖流域的河流 TP 浓度上升幅度较大，也表明目前农村和农业面源污染仍没有得到有效控制。一般情况下，降水量越大，氮磷养分径流流失量也越大，因此，高强度降水导致太湖流域种植田氮磷大量流失，农业面源中大量氮磷输入河道。

降水量大小影响城镇面源污染入河量。城镇面源也是河流氮磷污染的重要来源之一。高强度降水下，太湖流域城镇面源氮磷污染随降水进入河道，同时由于部分雨污合流管道溢流，部分污水进入河道。孙中浩（2017）通过对宜兴不同下垫面的降水径流的研究发现，城区不同下垫面的降水径流中 TN 平均浓度范围为 1.99～10.93 mg/L，超出《地表水环境质量标准》（GB 3838—2002）Ⅴ类水水质标准值的 1.0～5.5 倍，降水径流中 TP 初始浓度为 0.22～1.77 mg/L，超出《地表水环境质量标准》（GB 3838—2002）Ⅴ类水水质标准值的 1.1～5.9 倍。太湖流域高强度降水量越大，对城镇下垫面"清扫"作用越强，导致城镇雨水径流进入河道的氮磷负荷越高，对河道水质的不利影响也越严重。

降水量大小影响水系自净能力。太湖流域水网纵横，湖荡众多，整个流域湿地总面积约为 735 km^2，湖荡面积大于 0.5 km^2 的有 189 个，其总面积占太湖流域平原面积的 10.7%，但是，太湖流域河道以闸坝调控为主，湖西区与浙西区平原河网的连通性与其他片区相比较差（诸发文 等，2017），因此，在降水强度较小时，部分河水积存于圩区或断头浜中，但在降水强度较大时，圩区与断头浜水通过闸泵或支流进入主要入湖河道，氮磷污染物也随之入湖。与此同时，高强度降水导致太湖上游河网区水量增加，流速增大，也会使得沉积在河道中的氮磷污染物再悬浮（钟小燕 等，2017），河道两岸的侵蚀作用也更加明显，因冲刷、侵蚀进入河道的氮磷污染负荷也将增多，共同增加了河道水体中氮磷污染物的数量。研究表明，水力停留时间较长的人工模拟河流反而具有更高的氮磷去除率（马小娜，2016），因此，太湖上游河网区不断增加的高强度降水量加快河道和湖荡水体流速，缩短了水体水力停留时间，降低了河网对氮磷的自净能力，提高了环太湖河道 TN 和 TP 入湖量（陆昊 等，2022）。

10.3.2　太湖换水周期与湖体自净

太湖来水量增加导致太湖换水周期大大缩短，从原来的平均 300 d 缩短到 250 d，现在换水周期在 150 d 左右，随着新孟河延伸拓浚工程的引水量 2.16×10^9 m^3 的满负荷运行，太湖来水量增加将导致太湖换水周期进一步缩短到 125 d 左右。

换水周期的缩短，减少了太湖尤其是东部湖区水体的自净时间，不利于 TP 浓度的改善。太浦河出湖水量大幅度增加，使 TP 浓度相对较高的西部和北部湖区水体向东部、东南部湖区推移的速度加快，造成水体自净时间缩短、净化效果降低，助推东部湖区 TP 浓度上升。

引水工程也会引起太湖来水量大增。引江济太调水通过望虞河长江口的常熟水利枢纽将长江水引入望虞河，再通过望虞河入太湖河口的望亭立交水利枢纽将水引入太湖。引江济太入湖的水质优劣也会影响太湖水质。望虞河引江济太工程调水条件下，太湖水位基本保持在 3.00～3.40 m 的适宜水位，太湖的换水周期从原来的 300 d 缩短至 250 d。另外，非调水引流期整个湖区总体水位低于调水引流期。

随着新沟河、新孟河延伸拓浚工程实施，湖体换水周期进一步缩短，预计两项工程整体结束后，入湖水量增加，如果沿途污染控制不力，太湖 TP 输入负荷增加，基于营养盐的四重循环理论，会促进蓝藻水华暴发，提高太湖蓝藻生物量。太湖重大调水工程，特别是太湖西部的新孟河延伸拓浚工程的 2.16×10^9 m^3 引水量入湖，会影响太湖蓝藻水华分布面积，导致夏季蓝藻水华更加向东和向南分布。

10.3.3 气候变化与太湖蓝藻水华暴发

温度升高能直接增强浮游植物光合作用和呼吸作用酶活性，从而提高生长率及繁殖速率，缩短浮游植物生物量达到峰值的时间，使得蓝藻水华暴发时间提前，蓝藻生长的适宜温度为 25～30℃。根据中国科学院太湖湖泊生态系统研究站 2005～2018 年逐日水温观测结果，2010 年、2013 年出现了接近 35℃的水温，2016 年和 2017 年年均水温异常高于多年平均，水温峰值超过 35℃。2017 年年均水温值最高，为 19.5℃，2016 年年均水温为 19.0℃，第三高值出现在 2007 年，年均水温仅次于 2016 年和 2017 年，为 17.8℃。2017 年冬季气温比多年冬季平均气温高了 1.8℃，是最暖的冬季，其次 2007 年，冬季气温比平均气温高了 1.4℃，是 2005～2018 年第二暖的冬季。2011～2018 年，太湖地区冬季气温呈明显上升趋势（图 10-26）（水专项太湖项目组，2019）。

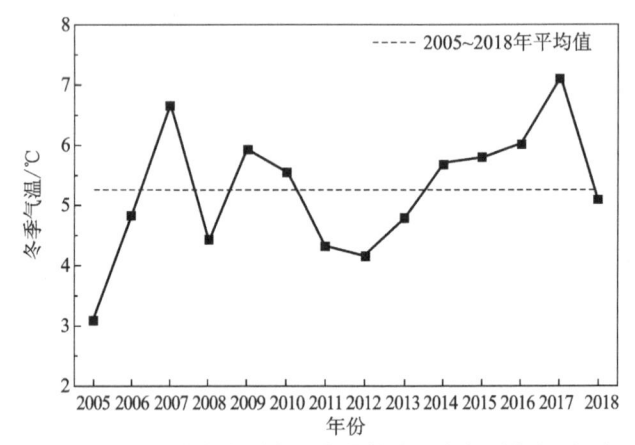

图 10-26　2005～2018 年太湖冬季气温变化趋势（水专项太湖项目组，2019）

全球气候变暖和太湖流域快速城市化引起的热岛效应等导致 1980～2020 年太湖的气温和水温显著上升，平均水温 40 年内增温 2.0℃，增加了 11.6%。平均气温和平均水温的增温率分别高达 0.699℃/10 年和 0.702℃/10 年（图 10-27）。

2005～2018 年的夏季太湖水体平均 Chl-a 浓度与前期冬、春季平均气温呈显著正相关（图 10-28），表明冬、春季的气温显著影响太湖夏季蓝藻水华暴发强度。暖冬有利于水体中水华蓝藻越冬，为来年水华暴发提供"种源"，从而使得水华暴发提前、程度加剧。这就是 2007 年与 2017 年严重的蓝藻水华均发生在温暖的冬、春季之后的原因。

按照不同湖区计算夏季 Chl-a 浓度与冬、春季平均气温也存在相关性。开敞湖区夏季 Chl-a 浓度与冬、春季平均气温相关性要高于北部湖区和东部湖区（图 10-29）。温暖的冬、春季，会显著加剧夏季水华的程度。东太湖夏季 Chl-a 对气温的响应较弱可能是因为东太湖的优势种组成以硅藻门和绿藻门为主，尤其是硅藻，属于狭温性种类，对增温不敏感，同时，东太湖换水周期短，藻类生物量不易累积。

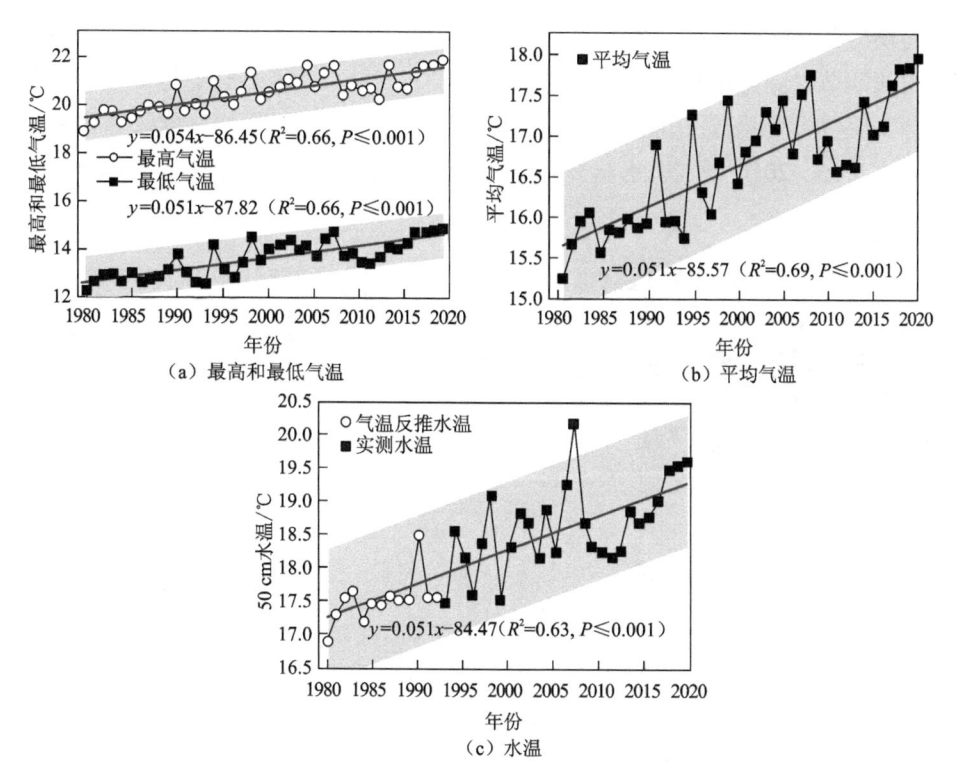

第 10 章 太湖生态系统演替原因分析

图 10-27 1980～2019 年太湖年最高和最低气温、平均气温、水温的长期变化趋势（张运林 等，2020）

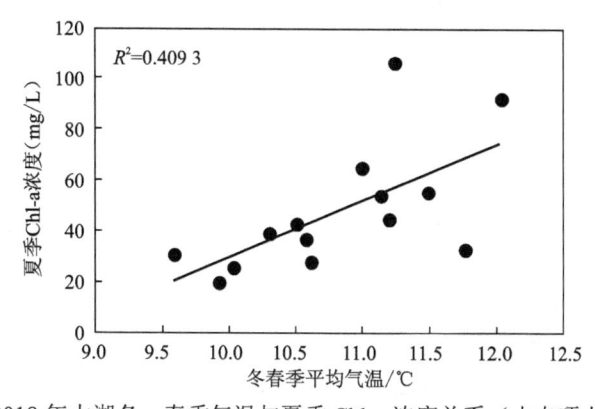

图 10-28 2005～2018 年太湖冬、春季气温与夏季 Chl-a 浓度关系（水专项太湖项目组，2019）

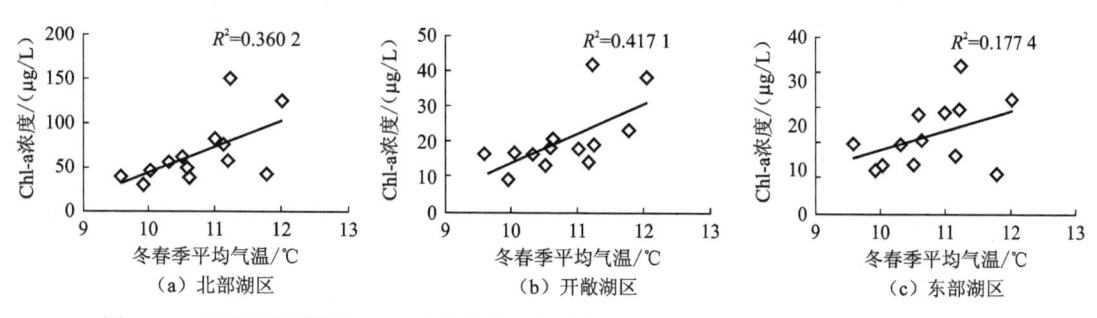

图 10-29 不同湖区夏季 Chl-a 浓度与冬、春季气温的关系（水专项太湖项目组，2019）

水华面积与分布是蓝藻水华发生的两个重要特征。结合太湖遥感监测信息，同样发现气温是影响生长季节太湖蓝藻水华面积的重要因素（图10-30），研究结果与传统监测手段结果一致，充分表明气候变暖造成气温升高，尤其是冬季气温增加，会加剧富营养化浅水湖泊蓝藻水华灾害。2005~2018年冬季水温升高给蓝藻提前复苏提供了条件（水专项太湖项目组，2019）。

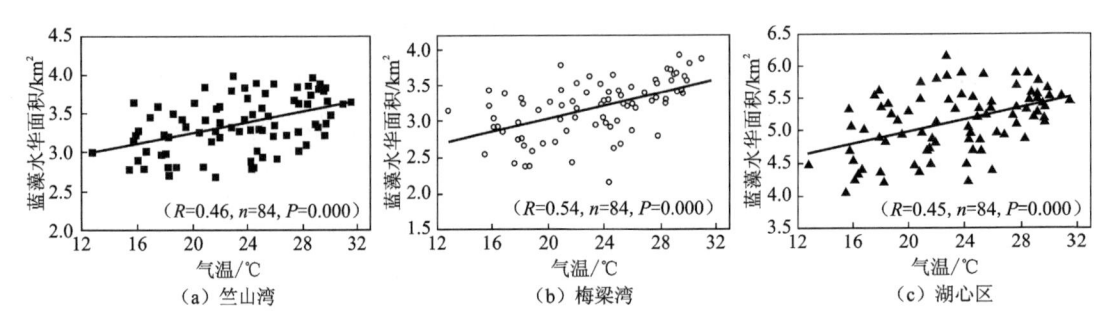

图10-30 生长季节太湖蓝藻水华面积与气温的关系（水专项太湖项目组，2019）

全球变暖不仅仅意味着平均气温的升高，也会导致更加剧烈和频繁的短期气温波动。浮游藻类因其细胞体积小，生命周期短，对气温波动极为敏感。春季气温的快速波动增加有利于蓝藻的光合作用和生长，并促进水华蓝藻在群落中确立优势地位，导致太湖蓝藻水华暴发期提前，春季气温低，不利于水华蓝藻确立优势，夏季蓝藻水华暴发规模就变小。同时，蓝藻为了抗高温胁迫，合成polyP，导致蓝藻"奢侈吸磷"，一旦晚间气温下降，蓝藻就利用细胞内磷进行生长，导致蓝藻异常增殖。

太湖蓝藻水华的漂浮和迁移堆积受风场影响。长期监测数据表明，由于气候变化和太湖周边快速城市化，太湖地区风速呈现极显著下降趋势（图10-31）。

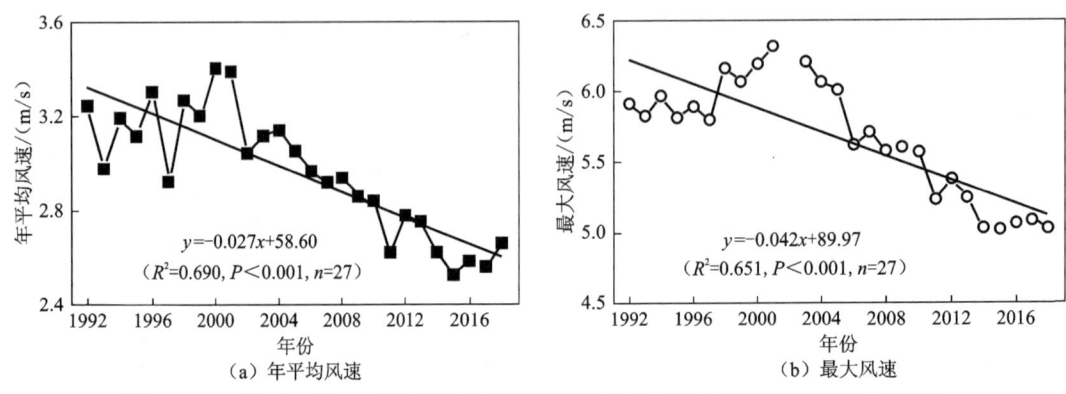

图10-31 太湖年平均风速和最大风速长期变化趋势（水专项太湖项目组，2019）

由于蓝藻细胞内含有伪空胞，容易在水面漂浮聚集，所以蓝藻占优势随着风速下降而进一步增大（图10-32）。风速下降首先减少沉积物的再悬浮，提高水体透明度，改善水下光照条件，有利于浮游植物的光合作用。风速下降减少水体扰动，从而增大个体藻类的沉降速率，使得大部分硅藻门种类和小部分绿藻门种类丧失竞争优势。同时低风速情况下蓝藻上浮更迅速、更容易形成表面水华（水专项太湖项目组，2019）。

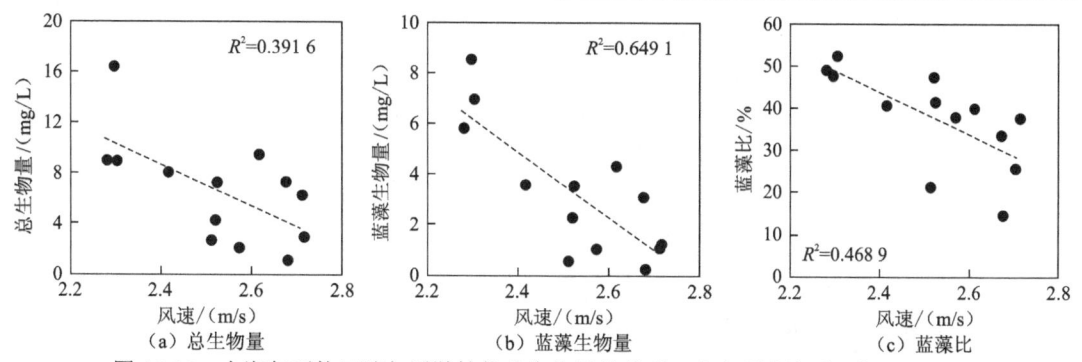

第 10 章 太湖生态系统演替原因分析

图 10-32 太湖年平均风速与浮游植物总生物量的关系（水专项太湖项目组，2019）

蓝藻比指蓝藻生物量与浮游植物总生物量的比值

太湖三个主要湖区 Chl-a 浓度对风速的响应趋势一致，且三者相关性基本接近（图 10-33），表明风速对不同湖区 Chl-a 浓度的影响可能相同。低风速有利于微囊藻获得竞争优势，并在下风向堆积形成严重的水华。基于 2003~2018 年逐日蓝藻水华面积遥感数据分析也发现，无论是日、月还是年尺度上，蓝藻水华面积与风速均存在显著负相关，表现为小风蓝藻聚集效应，而大风蓝藻混合效应（图 10-34）。

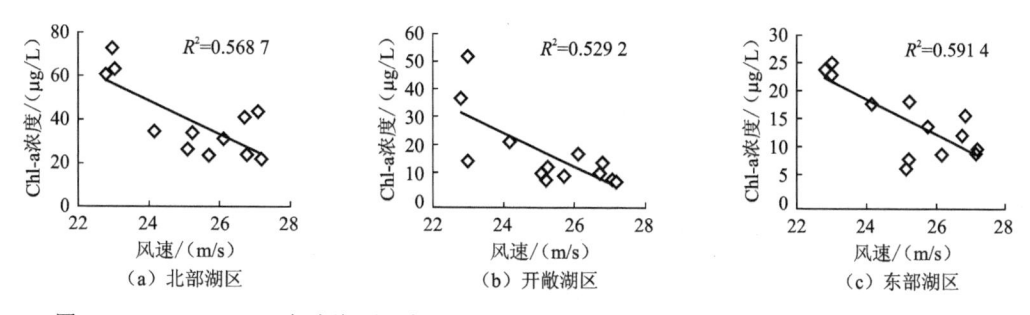

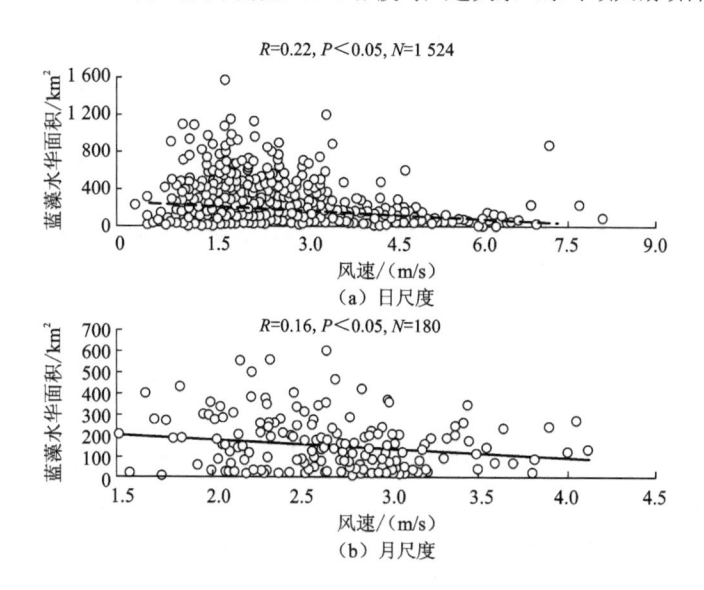

图 10-33 2003~2018 年太湖不同湖区 Chl-a 浓度与风速关系（水专项太湖项目组，2019）

(c)年尺度

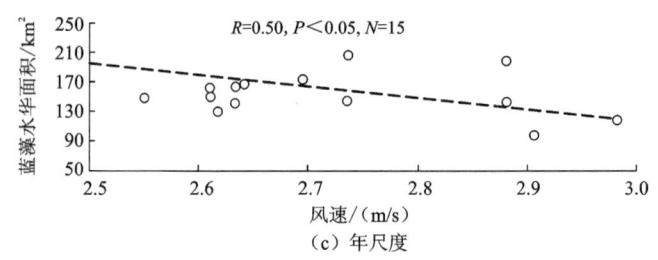

图 10-34　基于 2003～2018 年逐日遥感数据的日、月、年尺度上蓝藻水华面积与风速关系（水专项太湖项目组，2019）

风力条件是导致太湖水华蓝藻迁移聚集的关键因子。风向主要影响水华蓝藻的水平迁移，使其进行方向性迁移并逐渐形成大面积蓝藻水华区域。风速主要影响水华蓝藻的垂向迁移并存在临界阈值，当风速低于 2.5 m/s 的临界风速时，蓝藻水华面积随风速增加而增加；当风速高于临界风速时，蓝藻水华面积随风速增加而减少。随着太湖周边城市高大建筑建设，太湖地区年平均风速持续下降，1980～2020 年太湖地区年平均风速下降了 1.06 m/s，降低了 29.6%。相比于 1980～2020 年平均水温 40 年内增加 11.6%，年平均风速的下降更为明显（图 10-35）。

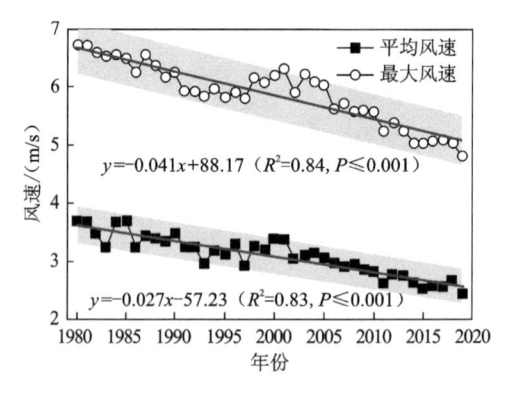

图 10-35　1980～2019 年太湖风速的长期变化趋势（张运林 等，2020）

此外，紫外辐射对蓝藻水华的大规模暴发也有促进作用。Wang 等（2022）研究发现，在富营养化湖泊水体中，强紫外辐射诱导水华蓝藻累积 polyP，导致蓝藻"奢侈吸磷"，弱紫外辐射促进蓝藻快速生长。Wang 等（2024）进一步对 2000～2020 年全球紫外辐射强度、太湖蓝藻水华年平均暴发面积和年平均暴发频率分析发现，太湖蓝藻水华年平均暴发频率和面积的周期与紫外辐射强度的年均值周期存在一致性，且周期为 9 年，2020～2023 年处于太湖蓝藻水华暴发低频周期内。

在太湖高营养盐浓度的背景下，2000～2020 年蓝藻水华规模的扩张受气候变化因子的影响，而风速降低和日照时间增加是蓝藻水华初始发生时间提前和年内持续时间延长的主要原因。因此，未来气候变化对太湖蓝藻水华暴发的主要影响因素是气温、风速和风向的变化。

10.4 藻毒素影响生态系统结构组成

微囊藻毒素（microcystins，MCs）是全世界纪录最多的蓝藻毒素，目前已知 200 多种，也是所有蓝藻毒素中分布最广泛、危害最严重的一类七肽环状肝毒素，湖泊生态系统中可产生 MCs 的有微囊藻、颤藻、长孢藻、念珠藻（*Nostoc*）、拟柱胞藻（*Clindrospermopsis*）、浮丝藻（*Planktothrix*）、束丝藻等。微囊藻毒素（D-alanine-X-D MeAsp-Z-Adda-D glutamate-Mdha）是一类具有环状结构的大分子物质，其中，其毒性由 Adda 结构决定；X 和 Z 代表可变亮氨酸（L）、精氨酸（R）和酪氨酸（Y）。最为普遍的是 MC-LR、MC-RR 和 MC-YR，其中 MC-RR 因具有亲水性基团，毒性最弱，MC-LR 因具有疏水性基团，毒性最强。微囊藻毒素的结构稳定，在去离子水中可保持稳定状态长达 27 d，易溶于水、甲醇或丙酮，不挥发，耐酸碱和高温。在自然环境下，微囊藻毒素易发生微生物降解和光降解。

微囊藻毒素毒性效应较广泛，例如嗜肝性器官毒性、遗传毒性、神经毒性、免疫毒性、生殖毒性和潜在的促癌性等。微囊藻毒素在生态系统中普遍存在，并沿食物链在不同营养级间累积，影响生态系统的结构、功能和稳定性，并威胁人体健康。

10.4.1 太湖水体中微囊藻毒素

水环境中的微囊藻毒素主要有 4 种存在状态：赋存于藻细胞内、溶解于水体中、累积于生物体内及结合于沉积物或悬浮物上，其中，溶解于水体中的微囊藻毒素可以通过食物链或吸附作用进一步传递给其他环境介质，如沉积物、动物、水生和陆生植物等，进而影响微囊藻毒素的分布和赋存状态。微囊藻毒素是一种细胞内毒素，在抵御外界侵扰的同时，也参与细胞内的信号传递与基因调控，通常存在于健康的蓝藻细胞内，而当蓝藻细胞大量衰亡裂解时，水体中也会出现高浓度的微囊藻毒素。

太湖沉积物中微囊藻毒素质量分数具有显著的时空差异性，受水华暴发时间和密度影响。梅梁湾沉积物中微囊藻毒素质量分数在 20.4~168.1 ng/g DW，主要分布在沉积物的表面并存在显著的空间分布差异，微囊藻毒素在蓝藻密集区沉积物中质量分数较高，并且随沉积物厚度的增加呈先上升后下降的趋势。

王经结等（2011）对太湖微囊藻毒素的时空分布进行分析，采样点分布见图 10-36。

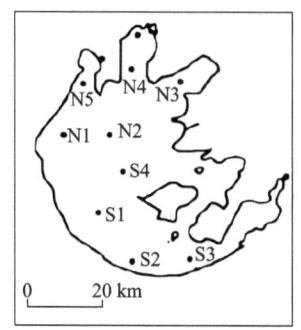

图 10-36 太湖采样点分布图（王经结 等，2011）

微囊藻毒素在平均深度较浅的太湖（<2 m）表层和底层的分布趋势一致（图 10-37），外在的风浪扰动及 MCs 本身具有较大的溶解度（>1 g/L）导致微囊藻毒素在水体中混合均匀，垂直分层现象不明显。

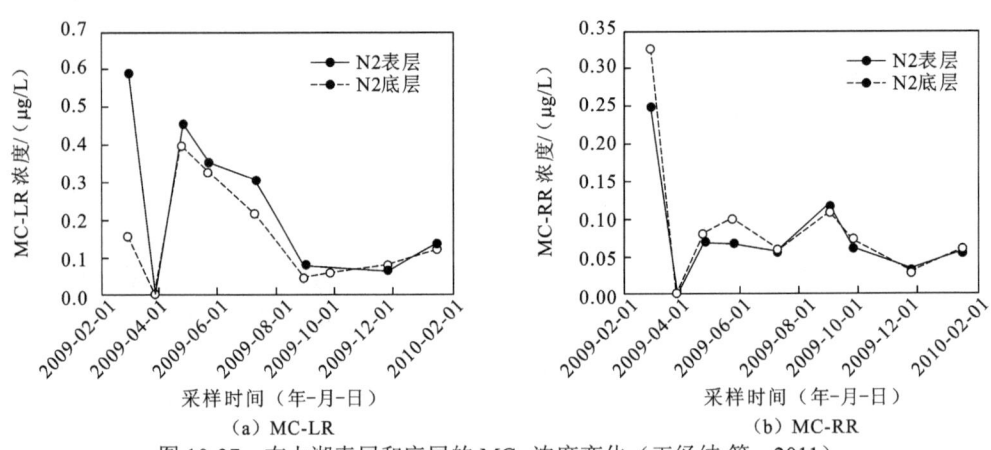

图 10-37 在太湖表层和底层的 MCs 浓度变化（王经结 等，2011）

太湖微囊藻毒素浓度的空间分布具有不均匀性，且不同异构体空间分布存在差异。MC-LR 空间分布特征表现为 S4、S1>S2>S3，N1>N2、N4>N3，而 MC-RR 的空间分布特征为 S2>S4>S1、S3，N1>N2、N4>N3（图 10-38）。但二者浓度均低于国际和国内推荐的饮用水标准（1 μg/L）。此外，蓝藻水华暴发会促进湖体微囊藻毒素的累积，例如，在蓝藻水

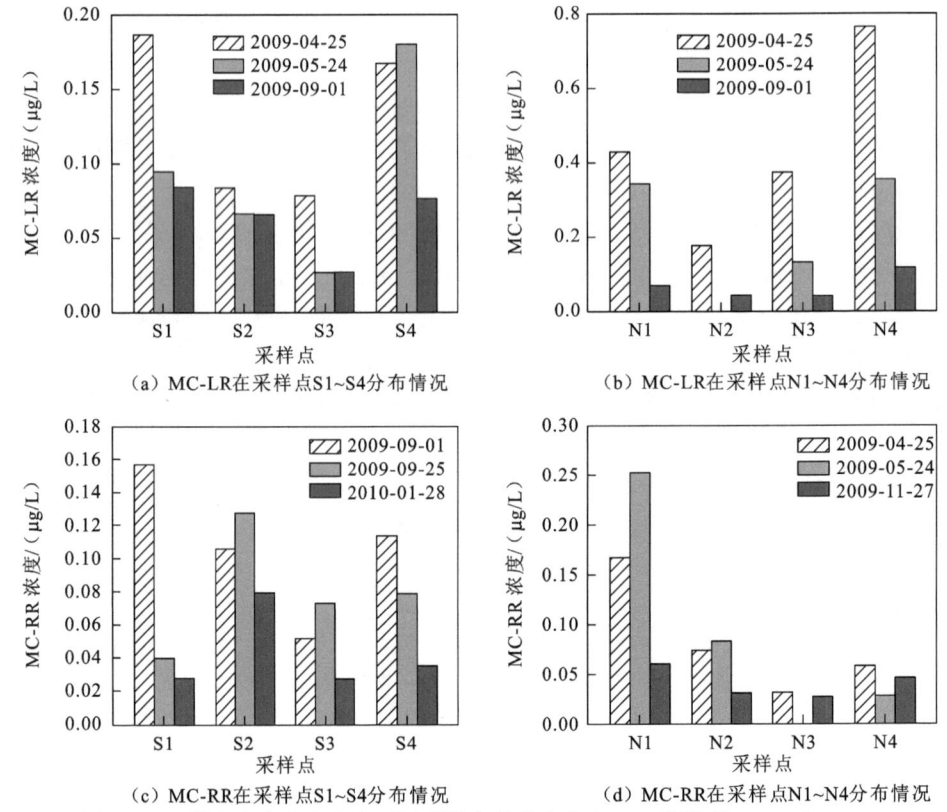

图 10-38 微囊藻毒素在太湖不同采样点的分布状况（王经结 等，2011）

华暴发之前 N1 点的 MC-LR 浓度低于 N2 点，暴发后浓度高于 N2 点。尽管在夏季东南风影响下，蓝藻在 N1 点聚集并释放大量藻毒素，同时 N1 点受上游来水的影响较大。因此，N1 点 MC-LR 浓度的高低受蓝藻藻毒素释放量和水量的双重影响。

在时间格局上，湖体冬季微囊藻毒素浓度最大，夏季浓度最小。原因如下：蓝藻在春、夏季生长过程伴随着藻的死亡释放微囊藻毒素，但是自然水体中微囊藻毒素随着光照时间和光照强度增加，其光降解的速度及微生物降解速度也较快，加之汛期降水增多，稀释湖体微囊藻毒素，导致夏季微囊藻毒素浓度较低。10 月之后蓝藻衰亡释放大量微囊藻毒素到水体中，同时汛期后太湖流域来水量的减少缓解了毒素的稀释效应。另外，有研究表明在自然环境中沉积物中细菌对微囊藻毒素的生物降解起到关键的作用，冬季微生物及水生生物的活性降低，光照强度减弱，对藻毒素的降解作用减小，导致太湖冬季微囊藻毒素浓度较高。此外，不同微囊藻毒素异构体在时间上也差异。例如，2009 年 7~11 月，MC-LR 浓度缓慢增加，但是 MC-RR 浓度呈先增加后减小趋势，在 8 月、9 月 MC-RR 浓度显著高于 MC-LR 浓度。微囊藻毒素受产毒基因调控在细胞内产生毒素。自然水体中，微囊藻毒素一般在蓝藻衰亡的季节才会大量释放到水体中，因此太湖水体微囊藻毒素浓度随时间变化受水华蓝藻组成及其他环境因子（如光照、温度、氮磷等）共同影响。

10.4.2　微囊藻毒素在水生动物体内积累

水生动物暴露在微囊藻毒素中途径主要有两种：一是通过皮肤或鳃等组织直接接触水体中可溶性微囊藻毒素；二是水生动物牧食有毒蓝藻或含微囊藻毒素的食物。鱼、虾、腹足纲和瓣鳃纲体内积累微囊藻毒素，并通过食物链传递至更高营养级。

1. 浮游动物积累微囊藻毒素

浮游动物作为生态系统中物质循环和能量传递的重要组成部分，是湖泊中上层水域鱼类和其他经济动物的重要饵料。浮游动物牧食水华蓝藻积累微囊藻毒素，并通过食物链将毒素传递至更高营养级，是湖泊生态系统中微囊藻毒素迁移的重要方式。环境中微囊藻毒素浓度越高，浮游动物对微囊藻毒素的积累量越高。通过摄食产毒阿氏浮丝藻（*Planktothrix agardhii*），溞类体内微囊藻毒素积累量高达 1 099 µg/g DW。此外，不同微囊藻毒素异构体对浮游动物的危害也存在种属差异。如 MC-LR 对轮虫的毒性高于水溞，MC-RR 对甲壳纲浮游动物的毒性高于对轮虫和桡足类的毒性。此外，不同浮游动物对同种微囊藻毒素的耐受程度也存在差异，例如，低额溞（*Simocephalus* sp.）、多刺裸腹溞和介形虫对微囊藻毒素的耐受性高于其他物种，浮游动物体内酶的组成和活性变化直接影响其对微囊藻毒素的耐受性（邱雨等，2022）。

2. 底栖动物积累微囊藻毒素

营底栖生活的瓣鳃纲和腹足纲贝类，通过滤食水华蓝藻积累大量微囊藻毒素。微囊藻毒素的积累水平在不同贝类和腹足动物同一器官体内存在较大差异。例如腹足动物淡水田螺（*Sinotaiahistrica*）和瓣鳃纲圆顶珠蚌肝胰腺的微囊藻毒素质量分数分别为 436 µg/g DW 和 630 µg/g DW（Ferrão-Filho et al.，2002）。珠蚌（*Anodonta* sp.）微囊藻毒素质量分数可达

（88.4±0.3）μg/g DW，无齿蚌（*Unio* sp.）微囊藻毒素质量分数可达（74.3±0.5）μg/g DW。而斑马贻贝一方面可以选择性摄食无毒蓝藻，另一方面可以通过体内多种酶活性降解微囊藻毒素，降低其毒性效应。因此，相较于珠蚌和无齿蚌，斑马贻贝生理上对微囊藻毒素有更高的适应性。

微囊藻毒素在同一物种不同生理阶段的个体中积累量也有所不同。例如，由于不同生理阶段的椎实螺免疫系统的发育程度的差异，幼体微囊藻毒素质量分数（42 ng/g DW）远高于成体（11 ng/g DW）。因此，相对于幼体椎实螺，成体可通过各种机制减少微囊藻毒素在体内富集，从而提高成体对微囊藻毒素的耐受性。微囊藻毒素的积累对不同底栖动物造成的危害也存在差异，例如，尽管椎实螺（有肺目）体内积累的微囊藻毒素量要比淡水螺（前鳃亚纲）高1 300倍，但其活力和繁殖力损伤程度远低于淡水螺，可见有肺目动物对微囊藻毒素环境具有更好的适应性（Lance et al.，2010）。

3. 甲壳动物积累微囊藻毒素

底栖动物中种类多、数量大的甲壳动物是生态系统的重要组成部分。其中，虾、蟹等软甲纲动物富有较高的营养价值，是人类重要的食物来源，具有较高的经济价值。甲壳动物在滤食浮游藻类时极易受到微囊藻毒素的影响。小龙虾、河虾等体内积累微囊藻毒素会影响其生理生化性能。不同甲壳动物同一器官内微囊藻毒素的积累水平存在差异。例如，秀丽白虾和日本沼虾肝胰腺内微囊藻毒素质量分数分别为4.3 μg/g DW和0.5 μg/g DW，微囊藻毒素在蟹类可食用肌肉中的质量分数高于虾类。微囊藻毒素积累对甲壳动物的生理学影响也随着研究的不断深入逐渐被揭示，MC-LR不仅影响克氏原螯虾（*Procambarus clarkii*）mRNA的分解代谢过程，改变虾肠道菌群的组成，并损伤肝胰腺和肠道的结构，而且威胁其繁殖能力（邱雨 等，2022）。

4. 鱼类积累微囊藻毒素

鱼类作为人类饮食结构中极为重要的组成部分，积累微囊藻毒素的现象十分普遍。例如，南太湖湖鲚中微囊藻毒素检出率为66.7%（袁瑞 等，2021）。2016～2018年采集南太湖水产品，分析水产品中藻毒素质量分数，结果发现，在81份水产品中，藻毒素检出率为9.09%，分别为MC-LR、MC-RR和MC-WR。湖鲚内脏藻毒素检出率最高，达到80.0%，肌肉样品中次之，为5.13%。世界卫生组织（World Health Organization，WHO）确定的MC-LR日均耐受摄入量（tolerable daily intake，TDI）为0.04 μg/kg/d。经检测调查，太湖多数鱼类肌肉中微囊藻毒素质量分数已超过该阈值。太湖湖鲚微囊藻毒素平均质量分数为（92.0±23.6）ng/g DW，间下鱲微囊藻毒素平均质量分数为（269.9±9.3）ng/g DW，鲤微囊藻毒素平均质量分数为（59.0±2）ng/g DW（贾军梅 等，2014）。太湖养殖区域水体中有毒微囊藻占比较小，金鲫成鱼肌肉部分的微囊藻毒素质量分数仍高达0.172 ng/g DW。在食物链中，随着水生生物营养级的升高，其对微囊藻毒素的积累量逐渐增多。初级消费者作为与有毒蓝藻最直接接触的类群，在长期摄入藻细胞过程中可能进化出了适应微囊藻毒素的机制。例如，以浮游植物为食的鱼体内谷胱甘肽浓度较高，促进肝脏抗氧化应激，快速排出微囊藻毒素，达到解毒效果，而二、三级消费者因不具备微囊藻毒素适应性，微囊藻毒素会在体内积累。鲢、拟鲤（*Rutilus rutilus*）和金鲫肝脏的微囊藻毒素水平远高于湖鲚、梭子鱼和花鲈（*Lateolabrax japonicus*），因为鲢为浮游植物食性鱼类，金鲫和拟鲤为杂食性鱼类，湖鲈、梭子鱼和花鲈为肉食性鱼类。该现象常被用于非传统生物操纵法控制有害蓝藻水华（图10-39）。

图 10-39　水环境中微囊藻毒素的迁移途径概况（邱雨 等，2022）

此外，小型鱼类由于其生物转化和排泄功能不够发达，微囊藻毒素常在其肾脏或心脏大量积累（贾军梅 等，2014）。综上，不同鱼类物种及其不同生长阶段对微囊藻毒素的积累和抗性具有较大差异，鉴于鱼类与人类的食物链关系，微囊藻毒素在食物链中复杂的转移途径需要高度重视，以控制微囊藻毒素在食物网中的潜在风险。

10.4.3　微囊藻毒素改变水生生物群落组成

有机阴离子多肽（organic anion transporting polypeptide，OATP）是真核生物微囊藻毒素转运到细胞中的重要介质，在生物体内的不同组织和器官广泛存在，在生物体多种器官中物质的吸收、分布和排泄等过程中担任重要角色。例如，微囊藻毒素在进入肝细胞后，特异性结合蛋白磷酸酶1（protein phosphatase 1，PP1）和蛋白磷酸酶2A（protein phosphatase 2A，PP2A）的丝氨酸/苏氨酸亚基（图10-40），降低蛋白磷酸酶活性，导致蛋白磷酸化与去磷酸化过程的动态失衡及细胞内多种蛋白质过度磷酸化，进而损伤细胞骨架，改变细胞膜的通透性和完整性。在微囊藻毒素暴露下，生物体细胞内原癌基因（Gankyrin、c-Met、c-fos、cmyc、c-jun、N-ras）和抑癌基因（PTEN）的表达发生变化，促进机体产生肿瘤。此外，微囊藻毒素通过抑制PP1和PP2A活性诱导细胞产生包括超氧阴离子（O_2^-）、过氧化氢（H_2O_2）和羟基自由基（HO·）在内的活性氧自由基（ROS）。一方面，ROS诱发的氧化应激促进胞内谷胱甘肽（GSH）产生，诱导线粒体膜通透性转换孔开放，释放大量细胞色素c，促使细胞凋亡；另一方面，ROS可以损伤DNA结构并使修复受阻，诱发DNA突变（邱雨 等，2022）。

微囊藻毒素对水生动物多种器官产生毒性，微囊藻毒素将肝脏作为靶器官时，造成肝细胞肿大、淤血、肝脏出血坏死，肝窦状血管破坏、细胞间隙增大等。微囊藻毒素将脑作为靶器官时，通过OATP运输进入中枢神经系统，再穿过血脑屏障，造成神经递质途径紊乱，进而诱发神经毒性；微囊藻毒素将心脏作为靶器官时，因心肌线粒体富含大量的不饱和脂肪酸，

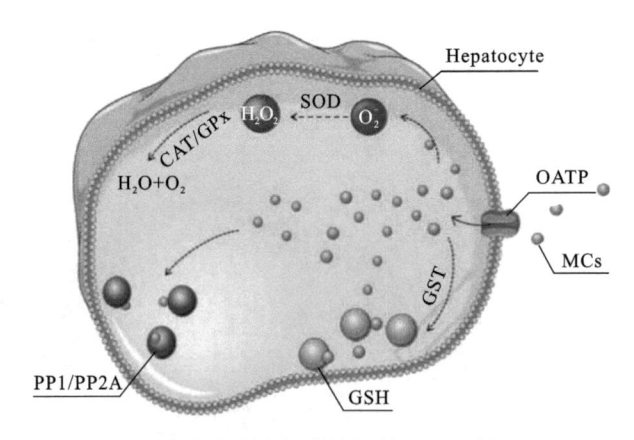

图 10-40　微囊藻毒素的毒性机制（邱雨 等，2022）

SOD：超氧化物歧化酶，superoxide dismutase；CAT：过氧化氢酶，catalase；GPx：谷胱甘肽过氧化物酶，glutathione peroxidase；GST：谷胱甘肽硫转移酶，glutathione Stransferases；Hepatocyte：肝细胞

刺激心脏产生氧化应激，进而导致循环系统紊乱。此外，慢性暴露于微囊藻毒素的水生动物，其淋巴细胞活力及免疫因子基因表达受限，进而影响其免疫功能，提高各种疾病发生的风险。

1. 微囊藻毒素对水生动物的危害

微囊藻毒素会对水生动物个体产生不同程度的神经或组织病理学损伤，例如，微囊藻毒素通过损伤水生动物生殖系统影响水生动物的种群动态和种间关系。研究发现，高浓度微囊藻毒素下，水生动物体内积累的微囊藻毒素可以通过受精卵传递给后代，导致胚胎出现发育畸形、发育迟缓甚至死亡等不可逆的损伤。因此湖泊水体中产毒蓝藻的增殖或许会在一定程度上改变水生动物的种群丰度和群落组成，导致淡水生态系统结构改变。

长期暴露于微囊藻毒素中大型溞和盔型溞（*Daphnia galeata*）会产生组织病理学变化，直接影响其生命活动。Nandini 等（2019）发现，萼花臂尾轮虫暴露于微囊藻毒素后，其早期繁殖过程中的种群增长速率升高，平均寿命降低，不利于萼花臂尾轮虫种群的长期繁殖。同时，暴露于微囊藻毒素的浮游动物也可以通过调节酶活性和提高脂肪酸的利用等方式抵御微囊藻毒素胁迫。浮游动物作为产毒蓝藻首要牧食者，微囊藻毒素影响其生长繁殖等生理活动，长期高浓度暴露可能造成部分浮游动物消亡，进而改变湖体浮游动物群落结构，破坏食物链及生态系统的平衡。

贝类生物中腹足类动物耐受有毒蓝藻的能力最强，春末夏初的水华期是腹足类动物的主要繁殖期，腹足类动物从幼龄到成熟期持续暴露在微囊藻毒素当中。水生动物长期暴露于低剂量的产毒蓝藻，机体也会受到一定程度的损伤，如暴露于微囊藻毒素淡水田螺肝胰腺受到组织病理学损伤，斑马贻贝体内免疫调节受损，三角帆蚌（*Hyriopsis cumingii*）抗氧化酶活性也受到影响。

长期暴露于微囊藻毒素的鱼类不止生长速度受到限制，部分器官（如肝脏、肠、肾、心脏和鳃等）也受到组织病理学损伤，直接导致幼龄鱼类心脏水肿、心跳加快、头部缩小、骨骼畸形和肝细胞受损、身体和尾巴弯曲等。微囊藻毒素会抑制罗非鱼鳃部的离子运输，并导致斑马鱼胚胎出现甲状腺内分泌紊乱、渗透压失调等跨代效应。

2. 微囊藻毒素对高等水生植物的影响

在蓝藻水华频发的湖区，水体中微囊藻毒素质量分数较高，该区域中高等水生植物可能会不断暴露于高浓度的微囊藻毒素中，并在体内积累微囊藻毒素。经检测太湖空心眼子草（*Alternanthera philoxeroides*）、微齿眼子菜、凤眼莲和穗状狐尾藻等常见高等水生植物体内微囊藻毒素质量分数为124.2~3 944.7 ng/g DW，表明高等水生植物在自然状态下可积累大量的MCs，并具有一定的微囊藻毒素耐受性。虽然沉水植物在水体净化和重金属吸收方面的能力高于其他高等水生植物，但沉水植物吸收微囊藻毒素的能力远低于其他高等水生植物（Romero-Oliva et al., 2014）。此外，高等水生植物如水蕨、四角菱（*Trapa natans*）等也可以吸收微囊藻粗提物中微囊藻毒素，但不同种类高等水生植物中微囊藻毒素质量分数存在差异。高浓度微囊藻毒素往往对高等水生植物生长产生不利影响，从而改变水生生物群落组成，进而对生态系统产生不利影响。

太湖生态系统是一个复杂的系统，初级生产者、消费者和分解者通过食物网相互联系，实现有序的物质循环和能量流动。这样的生态系统依靠源源不断的物质和能量输入，得以不断新陈代谢，在较长时间内维持一定的生态平衡。太湖生态系统不断受到自然和人类的干预，正常的物质循环和能量流动过程受阻。如气候变化、台风、洪水影响初级生产者浮游植物和高等水生植物的生长；过量的氮磷营养盐输入湖体，导致蓝藻水华暴发；鱼类过度捕捞，导致生物小型化、低龄化，生物操纵失效。对太湖生态系统演替过程的梳理，有助于我们认识太湖生态系统演替的驱动因子及生物与环境之间相互作用，从而为太湖生态服务功能的发挥提供新认识。

参 考 文 献

昂正强, 孙晓健, 曹新益, 等, 2022. 不同沉水植物叶片附着细菌群落多样性及网络结构差异[J]. 湖泊科学, 34(4): 1234-1249.

白国栋, 1962. 五里湖 1951 年湖泊学调查 4: 浮游动物[J]. 水生生物学集刊, 2(1): 932100.

鲍建平, 陈辉, 1983. 太湖的浮游动物[J]. 淡水渔业(6): 33-38.

蔡后建, 1998. 原生动物纤毛对太湖梅梁湖水质富营养化的响应[J]. 湖泊科学, 10(3): 43-48.

蔡琨, 2013. 太湖大型底栖无脊椎动物群落特征和生态健康评价[D]. 南京: 南京农业大学.

蔡琳琳, 朱广伟, 朱梦圆, 等, 2012. 太湖梅梁湾湖岸带浮游植物群落演替及其与水华形成的关系[J]. 生态科学, 31(4): 345-351.

蔡天祎, 叶春, 李春华, 等, 2023. 太湖湖滨带水向辐射带水生植物多样性及生境因子分析[J]. 环境工程技术学报, 13(1): 164-170.

蔡永久, 龚志军, 秦伯强, 2009. 太湖软体动物现存量及空间分布格局(2006~2007 年)[J]. 湖泊科学, 21(5): 713-719.

蔡永久, 龚志军, 秦伯强, 2010. 太湖大型底栖动物群落结构及多样性[J]. 生物多样性, 18(1): 50-59.

常翔宇, 蔡宇, 柯长青, 2022. 基于卫星测高数据的 2002~2018 年太湖水位变化监测[J]. 中国环境科学, 42(3): 1295-1308.

陈成, 郑超群, 王梦梦, 等, 2022. 低浓度硝态氮促进微囊藻累积多聚磷酸盐[J]. 湖泊科学, 34(3): 766-776.

陈丽娜, 凌虹, 吴俊锋, 等, 2014. 武宜运河小流域平原河网地区氮磷污染来源解析[J]. 环境科技, 27(6): 63-66.

陈立侨, 刘影, 杨再福, 等, 2003. 太湖生态系统的演变与可持续发展[J]. 华东师范大学学报(自然科学版), 4: 99-106.

陈桥, 张翔, 沈丽娟, 等, 2017. 太湖流域江苏片区底栖大型无脊椎动物群落结构及物种多样性[J]. 湖泊科学, 29(6): 1398-1411.

陈伟民, 蔡后建, 1996. 微生物对太湖微囊藻的好氧降解研究[J]. 湖泊科学, 8(3): 248-252.

陈伟民, 秦伯强, 1998. 太湖梅梁湾冬末春初浮游动物时空变化及其环境意义[J]. 湖泊科学, 10(4): 10-16.

陈伟民, 陈宇炜, 秦伯强, 等, 2000. 模拟水动力对湖泊生物群落演替的实验[J]. 湖泊科学, 12(4): 343-352.

陈伟民, 刘恩生, 刘正文, 等, 2005. 太湖鱼类产量、组成的变动规律及与环境的关系[J]. 湖泊科学, 17(3): 251-255.

陈卫东, 生楠, 朱法明, 2017. 太湖渔业资源现状及产业发展对策[J]. 安徽农业科学, 45(7): 226-228.

陈小锋, 2012. 我国湖泊富营养化区域差异性调查及氮素循环研究[D]. 南京: 南京大学.

成芳, 2010. 太湖水体富营养化与水生生物群落结构的研究[D]. 苏州: 苏州大学.

储瑜, 何肖微, 曾巾, 等, 2018. 东太湖水产养殖对沉积物中氨氧化原核生物的影响[J]. 环境科学, 39(9): 4206-4214.

代培, 刘凯, 周彦锋, 等, 2019. 太湖五里湖湖滨带浮游动物群落结构特征[J]. 水生态学杂志, 40(1): 55-63.

戴秀丽, 钱佩琪, 叶凉, 等, 2016. 太湖水体氮、磷浓度演变趋势(1985—2015 年)[J]. 湖泊科学, 28(5): 935-943.

邓昶身, 2012. 苏州太湖湖滨带芦苇湿地鸟类群落研究[D]. 南京: 南京林业大学.

邓思明, 臧增嘉, 詹鸿禧, 等, 1997. 太湖敞水区鱼类群落结构特征和分析[J]. 水产学报, 21(2): 134-142.

参考文献

丁娜, 徐东坡, 刘凯, 等, 2015. 太湖五里湖着生藻类群落结构特征分析[J]. 江西农业大学学报, 37(2): 346-352.

董一凡, 郑文秀, 张晨雪, 等, 2021. 中国湖泊生态系统突变时空差异[J]. 湖泊科学, 33(4): 992-1003.

杜明勇, 于洋, 阳振, 等, 2014. 太湖流域 2012 年枯水期浮游生物群落结构特征[J]. 湖泊科学, 26(5): 724-734.

段翠兰, 胡志新, 邹勇, 等, 2015. 大型浅水湖泊太湖中浮游病毒的时空分布特征及其环境因子的相关性分析[J]. 海洋与湖沼, 46(4): 937-941.

范成新, 1996. 太湖水体生态环境历史演变[J]. 湖泊科学, 8(4): 297-304.

范成新, 张路, 秦伯强, 等, 2003. 风浪作用下太湖悬浮态颗粒物中磷的动态释放估算[J]. 中国科学(D辑), 33(8): 760-768.

范竟成, 朱铮宇, 冯育青, 2016. 苏州湿地公园鸟类多样性与影响因子相关性研究[J]. 湿地科学与管理, 12(4): 52-55.

范清华, 沈红军, 张涛, 等, 2017. 1987—2016 年太湖总氮浓度变化趋势分析[J]. 环境监控与预警, 9(6): 8-13.

谷庆义, 仇潜如, 1978. 太湖鱼类区系的特点及其改造和调整的探讨[J]. 淡水渔业, 8(6): 33-37.

谷先坤, 刘燕山, 唐晟凯, 等, 2021. 东太湖鱼类群落结构特征及其与环境因子的关系[J]. 生态学报, 41(2): 769-780.

谷孝鸿, 张圣照, 白秀玲, 等, 2005. 东太湖水生植物群落结构的演变及其沼泽化[J]. 生态学报, 25(7): 1541-1548.

谷孝鸿, 毛志刚, 丁慧萍, 等, 2018. 湖泊渔业研究: 进展与展望[J]. 湖泊科学, 30(1): 1-14.

谷孝鸿, 曾庆飞, 毛志刚, 等, 2019. 太湖 2007~2016 十年水环境演变及"以渔改水"策略探讨[J]. 湖泊科学, 31(2): 305-318.

顾良伟, 1993. 关于太湖人工放流与渔业增殖效益的探讨[J]. 现代渔业信息, 8(11): 11-12.

郭佳晨, 阮爱东, 李思言, 等, 2021. 太湖不同水域沉积物甲烷释放潜力及其途径分析[J]. 四川环境, 40(2): 36-41.

郭丽芸, 2013. 江苏省湖泊反硝化菌群落结构及反硝化潜力研究[D]. 南京: 南京大学.

韩沙沙, 温琰茂, 2004. 富营养化水体沉积物中磷的释放及其影响因素[J]. 生态学杂志, 23(2): 98-101.

何昶, 邓建明, 李雪纯, 等, 2022. 太湖流域近 60 年气温多时间尺度波动幅度的长期变化特征[J]. 河南师范大学学报(自然科学版), 50(6): 9.

何俊, 谷孝鸿, 白秀玲, 2009. 太湖渔业产量和结构变化及其对水环境的影响[J]. 海洋湖沼通报, 2: 143-150.

何俊, 谷孝鸿, 王小林, 等, 2012. 太湖鱼类放流增殖的有效数量和合理结构[J]. 湖泊科学, 24(1): 104-110.

何颖, 2017. 浅水湖泊水华附生菌的种群结构和溶藻菌的选育及溶藻特性研究[D]. 南京: 东南大学.

胡东方, 2017. 太湖湖泛易发区大型底栖动物的群落结构及水质评价[D]. 南京: 南京师范大学.

胡开明, 逄勇, 余辉, 等, 2011. 基于底泥再悬浮试验的太湖水质模拟[J]. 长江流域资源与环境(Z1): 94-99.

黄漪平, 2001. 太湖水环境及其污染控制[M]. 北京: 科学出版社.

黄玉瑶, 2001. 内陆水域污染生态学: 原理与应用[M]. 北京: 科学出版社.

纪迪, 张慧, 沈渭寿, 等, 2013. 太湖流域下垫面改变与气候变化的响应关系[J]. 自然资源学报, 28(1): 51-62.

贾军梅, 罗维, 吕永龙, 2014. 微囊藻毒素在太湖白鲢体内累积及其影响因素[J]. 生态毒理学报, 9(2): 382-390.

贾军梅, 罗维, 杜婷婷, 等, 2015. 近 10 年太湖生态系统服务功能价值变化评估[J]. 生态学报, 35(7): 2255-2264.

姜敏, 2019. 太湖湖鲚(*Coilia ectenes taihuensis*)不同群体肠道菌群群落特征[D]. 上海: 上海海洋大学.

蒋燮治, 1955. 五里湖的枝角类[J]. 水生生物学报(2): 97-113.

金科, 张祎旸, 2021. 2021 年太湖流域水旱灾害防御工作综述[J]. 中国防汛抗旱, 31(12): 30-33.

金科, 王洁, 李鹏, 2022. 2022 年太湖流域水旱灾害防御工作[J]. 中国防汛抗旱, 32(12): 32-34.

金科, 汪大为, 王洁, 2023. 2023 年太湖流域水旱灾害防御工作[J]. 中国防汛抗旱, 33(12): 31-33.

雷泽湘, 陈光荣, 谢贻发, 等, 2009. 太湖高等水生植物的管理探讨[J]. 环境科学与技术, 32: 189-194.

李娣, 李旭文, 牛志春, 等, 2014a. 太湖浮游植物群落结构及其与水质指标间的关系[J]. 生态环境学报, 23(11): 1814-1820.

李娣, 李旭文, 牛志春, 等, 2014b. 太湖浮游动物群落结构调查[J]. 安徽农业科学, 42(29): 10173-10174.

李娣, 李旭文, 牛志春, 等, 2017. 江苏省不同营养状况湖泊底栖动物群落结构与多样性比较[J]. 生态毒理学报, 12(1): 163-172.

李倩, 田翠翠, 肖邦定, 2014. 黑藻根际对沉积物中氨氧化细菌和古菌的影响[J]. 环境工程学报, 8(10): 4209-4214.

李涛, 董元华, 王辉, 等, 2002. 太湖鼋头渚地区鹭类觅食生境研究[J]. 农村生态环境, 18(3): 1-4.

李文朝, 1997. 东太湖茭黄水发生原因与防治对策探讨[J]. 湖泊科学, 9(4): 364-368.

李向阳, 李媛, 杨紫琳, 等, 2020. 中国江苏太湖和阳澄湖细菌群落组成、多样性和时空动态比较研究[J]. 生命科学研究, 24(3): 187-198.

李新国, 江南, 杨英宝, 等, 2006. 太湖围湖利用与围网养殖的遥感调查与研究[J]. 海洋湖沼通报(1): 93-99.

李艳, 蔡永久, 秦伯强, 等, 2012. 太湖霍甫水丝蚓(*Limnodrilus hoffmeisteri* Claparède)的时空格局[J]. 湖泊科学, 24(3): 450-459.

李一平, 2005. 太湖水体透明度影响因子实验及模型研究[D]. 南京: 河海大学.

李云凯, 刘恩生, 王辉, 等, 2014. 基于 Ecopath 模型的太湖生态系统结构与功能分析[J]. 应用生态学报, 25(7): 2033-2040.

连心桥, 朱广伟, 杨文斌, 等, 2020. 强降雨对平原河网区入湖河道氮、磷影响[J]. 环境科学, 41(11): 4970-4980.

梁龙, 2013. 湖泊沉积物中类蛭弧菌与氨氧化菌群的分布及其捕食关系[D]. 北京: 中国科学院大学.

梁兴飞, 2010. 南太湖浮游植物种群季节变化及噬藻体的初步研究[D]. 杭州: 浙江大学.

刘德鸿, 文帅龙, 龚琬晴, 等, 2019. 太湖沉积物反硝化功能基因丰度及其与 N_2O 通量的关系[J]. 生态环境学报, 28(1): 136-142.

刘恩生, 刘正文, 陈伟民, 等, 2005a. 太湖湖鲚渔获量变化与生物环境间相互关系[J]. 湖泊科学, 17(4): 340-345.

刘恩生, 刘正文, 陈伟民, 等, 2005b. 太湖鱼类产量、组成的变动规律及与环境的关系[J]. 湖泊科学, 17(3): 251-255.

刘恩生, 刘正文, 鲍传, 等, 2007. 太湖鲚鱼和鲢、鳙鱼的食物组成及相互影响分析[J]. 湖泊科学, 19(4): 451-456.

刘露, 2013. 太湖铜绿微囊藻噬藻体的分离与鉴定[D]. 杭州: 浙江大学.

刘燕山, 孙晶莹, 朱明胜, 等, 2023. 基于 eDNA 技术的太湖鱼类多样性调查[J]. 生态毒理学报, 18(6): 16-26.

龙宏燕, 2020. 太湖沉积物中磷素分布特征与解磷菌影响机制[D]. 南京: 南京大学.

卢新, 谢冬, 2022. 吴中区太湖湖滨湿地系统治理实践[J]. 农村科学实验, 11: 3.

陆昊, 杨柳燕, 杨明月, 等, 2022. 太湖流域上游降水量对入湖总氮和总磷的影响[J]. 水资源保护, 38(4): 174-181.

陆隽, 孔繁璠, 张鸽, 等, 2020. 2009—2018 年江苏省太湖西岸主要入湖河道水质变化趋势[J]. 江苏水利, 3: 5-9.

陆伟, 刘旭, 徐方向, 等, 2018. 河蟹池塘水草的养护管理[J]. 科学养鱼, 6: 89.

吕振霖, 2012. 太湖水环境综合治理的实践与思考[J]. 河海大学学报(自然科学版), 40(2): 123-128.

马荣华, 孔繁翔, 段洪涛, 等, 2008. 基于卫星遥感的太湖蓝藻水华时空分布规律认识[J]. 湖泊科学, 20(6): 687-694.

马陶武, 黄清辉, 王海, 等, 2008. 太湖水质评价中底栖动物综合生物指数的筛选及生物基准的确立[J]. 生态学报, 28(3): 1192-1200.

马小娜, 2016. 狐尾藻作用下尾水深度处理的模拟河道实验[D]. 石家庄: 河北科技大学.

毛新伟, 代倩子, 吴浩云, 等, 2023. 2007 年以来太湖总磷污染负荷质量平衡计算与分析[J].. 湖泊科学, 35(5): 1594-1603.

毛志刚, 谷孝鸿, 曾庆飞, 等, 2011. 太湖渔业资源现状(2009～2010 年)及与水体富营养化关系浅析[J]. 湖泊科学, 23(6): 967-973.

闵炬, 纪荣婷, 王霞, 等, 2020. 太湖地区种植结构及农田氮磷流失负荷变化[J]. 中国生态农业学报(中英文), 28(8): 1230-1238.

牛勇, 牛远, 王琳杰, 等, 2020. 2009～2018 年太湖大气湿沉降氮磷特征对比研究[J]. 环境科学研究, 33(1): 122-129.

庞琰瑾, 袁增伟, 2021. 平原河网区降雨径流污染负荷测算: 以太湖流域望虞河西岸为例[J]. 湖泊科学, 33(2): 439-448.

彭宇科, 2017. 太湖富营养化本体中细菌群落结构特征和功能与蓝藻水华相关性的研究[D]. 南京: 南京大学.

彭宇科, 路俊玲, 陈慧萍, 等, 2018. 蓝藻水华形成过程对氮磷转化功能细菌群的影响[J]. 环境科学, 39(11): 4938-4945.

钱玮, 朱艳霞, 邱业先, 2017. 太湖底泥中聚磷菌多样性的垂直分布[J]. 江苏农业科学, 45(3): 221-224.

钱玮, 张济凡, 张铭连, 等, 2018. 太湖湖滨湿地浮游细菌群落结构及时间动态[J]. 基因组学与应用生物学, 37(12): 5325-5331.

秦伯强, 2007. 我国湖泊富营养化及其水环境安全[J]. 科学对社会的影响, 3: 17-23.

秦伯强, 2009. 太湖生态与环境若干问题的研究进展及其展望[J]. 湖泊科学, 21(4): 445-455.

秦伯强, 2020. 浅水湖泊湖沼学与太湖富营养化控制研究[J]. 湖泊科学, 32(5): 1229-1243.

秦伯强, 胡维平, 陈伟民, 等, 2004. 太湖水环境演化过程与机理[M]. 北京: 科学出版社.

秦伯强, 朱广伟, 张路, 等, 2005. 大型浅水湖泊沉积物内源营养盐释放模式及其估算方法: 以太湖为例[J]. 中国科学(D 辑), S2: 33-44.

秦伯强, 张运林, 高光, 等, 2014. 湖泊生态恢复的关键因子分析[J]. 地理科学进展, 33(7): 918-924.

秦红益, 2017. 太湖沉积物厌氧氨氧化细菌分布、多样性及其活性研究[D]. 南京: 南京师范大学.

邱敏, 2017. 太湖氮磷大气沉降及水体自净模拟实验研究[D]. 广州: 暨南大学.

邱伟建, 钱程远, 黄晓峰, 等, 2022. 浮游植物群落结构季节变化研究: 以太湖梅梁湾和东太湖为例[J]. 环境保护科学, 48(1): 81-88.

邱雨, 马增岭, 张子怡, 等, 2022. 水生态系统中微囊藻毒素的分布及其生态毒理效应研究进展[J]. 应用生态学报, 34(1): 1-14.

任天一, 徐向华, 宋玉芝, 等, 2024. 太湖常见 3 种沉水植物附着生物的生物量及潜在反硝化速率[J]. 湖泊科学, 36(1): 77-87.

邵朝纲, 徐秀芳, 周晓勇, 等, 2012. 太湖及湖州市河流中噬藻体分离与鉴定[J]. 安徽农业科学, 40(25):

12562-12563, 12612.

申金玉, 石亚东, 甘升伟, 等, 2011. 太湖流域湖西区入湖水量变化趋势及成因分析[J]. 水资源保护, 27(4): 48-50.

沈爱春, 徐兆安, 吴东浩, 2012. 太湖夏季不同类型湖区浮游植物群落结构及环境解释[J]. 水生态学杂志, 33(2): 43-47.

生态环境部, 2020. 水华遥感与地面监测评价技术规范(试行): HJ 1098—2020[P]. 北京: 中国环境出版社.

盛漂, 阳敏, 石智宁, 等, 2023. 太湖禁捕当年鱼类群落结构及环境驱动因子[J]. 应用生态学报, 34(9): 2555-2565.

盛漂, 阳敏, 陈文凯, 等, 2024. 禁捕初期太湖浮游植物的群落结构特征及其环境影响因子[J/OL]. 生态学杂志: 1-16[2024-10-21]. http://kns.cnki.net/kcms/detail/21.1148.q.20240119.1404.004.html.

水利部太湖流域管理局, 2010. 太湖流域引江济太年报[R]. 上海: 水利部太湖流域管理局.

水利部太湖流域管理局, 2011a. 健康太湖指标体系研究[M]. 南京: 河海大学出版社.

水利部太湖流域管理局, 2011b. 太湖流域引江济太年报[R]. 上海: 水利部太湖流域管理局.

水利部太湖流域管理局, 2012. 太湖流域引江济太年报[R]. 上海: 水利部太湖流域管理局.

水利部太湖流域管理局, 2013. 太湖流域引江济太年报[R]. 上海: 水利部太湖流域管理局.

水利部太湖流域管理局, 2014. 太湖流域引江济太年报[R]. 上海: 水利部太湖流域管理局.

水利部太湖流域管理局, 2015. 太湖流域引江济太年报[R]. 上海: 水利部太湖流域管理局.

水利部太湖流域管理局, 2016. 太湖流域引江济太年报[R]. 上海: 水利部太湖流域管理局.

水利部太湖流域管理局, 2017. 太湖流域引江济太年报[R]. 上海: 水利部太湖流域管理局.

水利部太湖流域管理局, 2018. 太湖流域引江济太年报[R]. 上海: 水利部太湖流域管理局.

水利部太湖流域管理局, 2019. 太湖流域引江济太年报[R]. 上海: 水利部太湖流域管理局.

水利部太湖流域管理局, 2020a. 太湖流域及东南诸河水资源公报[R]. 上海: 水利部太湖流域管理局.

水利部太湖流域管理局, 2020b. 太湖流域引江济太年报[R]. 上海: 水利部太湖流域管理局.

水利部太湖流域管理局, 2021. 太湖流域引江济太年报[R]. 上海: 水利部太湖流域管理局.

水利部太湖流域管理局, 2022a. 太湖流域引江济太年报[R]. 上海: 水利部太湖流域管理局.

水利部太湖流域管理局, 2022b. 太湖流域及东南诸河水资源公报[R]. 上海: 水利部太湖流域管理局.

水利部太湖流域管理局, 江苏省水利厅, 浙江省水利厅, 等, 2008. 太湖健康状况报告[R]. 上海: 水利部太湖流域管理局.

水利部太湖流域管理局, 江苏省水利厅, 浙江省水利厅, 等, 2009. 太湖健康状况报告[R]. 上海: 水利部太湖流域管理局.

水利部太湖流域管理局, 江苏省水利厅, 浙江省水利厅, 等, 2010. 太湖健康状况报告[R]. 上海: 水利部太湖流域管理局.

水利部太湖流域管理局, 江苏省水利厅, 浙江省水利厅, 等, 2011. 太湖健康状况报告[R]. 上海: 水利部太湖流域管理局.

水利部太湖流域管理局, 江苏省水利厅, 浙江省水利厅, 等, 2012. 太湖健康状况报告[R]. 上海: 水利部太湖流域管理局.

水利部太湖流域管理局, 江苏省水利厅, 浙江省水利厅, 等, 2013. 太湖健康状况报告[R]. 上海: 水利部太湖流域管理局.

水利部太湖流域管理局, 江苏省水利厅, 浙江省水利厅, 等, 2014. 太湖健康状况报告[R]. 上海: 水利部太湖流域管理局.

水利部太湖流域管理局, 江苏省水利厅, 浙江省水利厅, 等, 2017. 太湖健康状况报告[R]. 上海: 水利部太湖流域管理局.

水利部太湖流域管理局, 江苏省水利厅, 浙江省水利厅, 等, 2018. 太湖健康状况报告[R]. 上海: 水利部太湖流域管理局.

水利部太湖流域管理局, 江苏省水利厅, 浙江省水利厅, 等, 2019. 太湖健康状况报告[R]. 上海: 水利部太湖流域管理局.

水利部太湖流域管理局, 中国科学院南京地理与湖泊研究所, 2000. 太湖生态环境图集[M]. 北京: 科学出版社.

水专项太湖项目组, 2019. 太湖总磷与水华的十年变化及防控对策[R]. 北京: 国家水专办.

宋兵, 2004. 太湖渔业和环境的生态系统模型研究[D]. 上海: 华东师范大学.

宋玉芝, 朱广伟, 秦伯强, 2013. 太湖康山湾示范区水生植物对水体氮、磷控制的适用性分析[J]. 湖泊科学, 25(2): 259-265.

孙瑞瑞, 吕文, 顾林森, 等, 2021. 阳澄西湖入湖河道水质时空变化特征[J]. 水资源保护, 37(4): 105-108.

孙旭, 杨柳燕, 2018. 蓝藻堆积对河蚬 N_2O 释放通量及其肠道细菌群落结构的影响[J]. 微生物学通报, 45(11): 2376-2386.

孙中浩, 2017. 太湖流域典型城市面源污染削减技术研究[D]. 西安: 西安建筑科技大学.

陶艳茹, 董稳静, 罗明科, 等, 2024. 太湖底栖动物时空分布特征及基于底栖动物完整性指数的水生态健康评价[J]. 环境科学研究, 41(21): 107-109.

田甲鸣, 王延华, 叶春, 等, 2020. 太湖流域土地利用方式演变及其对水体氮磷负荷的影响[J]. 南京师大学报: 自然科学版, 43(2): 63-69.

田颖, 李冰, 王水, 2016. 江苏太湖流域生态系统重要性评价[J]. 江苏农业科学, 44(5): 454-457.

汪贝贝, 刘宇轩, 陆光华, 等, 2021. 冬季太湖底泥细菌群落结构特征及其与环境因子的相关性[J]. 环境科技, 34(3): 1-6.

汪大为, 陈红, 2016. 太湖流域沿长江及环太湖引排水量趋势分析[J]. 水利规划与设计(1): 54-56.

汪院生, 柳子豪, 展永兴, 等, 2022. 环太湖出入湖水量变化探析[J]. 江苏水利(4): 14-17, 56.

王国祥, 濮培民, 黄宜凯, 等, 1999. 太湖反硝化、硝化、亚硝化及氨化细菌分布及其作用[J]. 应用与环境生物学报, 5(2): 190-194.

王华, 陈华鑫, 徐兆安, 等, 2019. 2010～2017年太湖总磷浓度变化趋势分析及成因探讨[J]. 湖泊科学, 31(4): 919-929.

王经结, 杨佳, 鲜啟鸣, 等, 2011. 太湖微囊藻毒素时空分布特征及与环境因子的关系[J]. 湖泊科学, 23(4): 513-519.

王俊杰, 2016. 太湖流域河网-湖泊水环境安全评价方法构建与应用[D]. 南京: 南京农业大学.

王磊之, 胡庆芳, 胡艳, 等, 2016. 1954—2013年太湖水位特征要素变化及成因分析[J]. 河海大学学报(自然科学版), 44(1): 13-19.

王佩, 卢少勇, 王殿武, 等, 2012. 太湖湖滨带底泥氮、磷、有机质分布与污染评价[J]. 中国环境科学, 32(4): 703-709.

王晓菲, 杨昌涛, 南晶, 等, 2019. 东太湖浮游动物群落结构动态变化及驱动因素[J]. 农村科学试验, 11(5): 83-87.

王颖, 杨桂军, 秦伯强, 等, 2014. 太湖不同生态类型湖区浮游甲壳动物群落结构季节变化比较[J]. 湖泊科学,

26(5): 743-750.

王应超, 韦娟, 2013. 水草对河蟹生长和水质变化的影响[J]. 科学养鱼(3): 32-33.

王友文, 徐杰, 李继影, 等, 2021. 东太湖围网全面拆除前后水生植被及水质变化[J]. 生态与农村环境学报, 38(1): 104-111.

王宇佳, 2017. 太湖附泥藻类时空分布及其影响因子的研究[D]. 南京: 南京信息工程大学.

温超男, 黄蔚, 陈开宁, 等, 2020. 太湖滨岸带浮游动物群落结构特征与环境因子的典范对应分析[J]. 水生态学杂志, 41(2): 36-44.

温舒珂, 彭凯, 龚志军, 等, 2023. 近 40 年来太湖梅梁湾底栖动物群落演变特征及驱动因素[J]. 湖泊科学, 35(2): 599-609.

温周瑞, 谢平, 徐军, 2011. 太湖贡湖湾虾类种类组成与时空分布特征[J]. 湖泊科学, 23(6): 961-966.

闻余华, 王中雅, 董家根, 2014. 太湖入出湖水量变化情势及其原因初探[J]. 人民长江, 45(1): 20-23.

吴浩云, 贾更华, 徐彬, 等, 2021. 1980 年以来太湖总磷变化特征及其驱动因子分析[J]. 湖泊科学, 33(4): 974-991.

吴玲, 2018. 太湖沉积物中硝化作用及硝化微生物的分布与活性研究[D]. 南京: 南京师范大学.

吴玲, 秦红益, 朱梦圆, 等, 2017. 太湖富营养化湖区秋季水体和沉积物中硝化微生物分布特征及控制因素[J]. 湖泊科学, 29(6): 1312-1323.

吴庆龙, 2001. 东太湖养殖渔业可持续发展的思考[J]. 湖泊科学, 13(4): 337-344.

吴鑫, 奚万艳, 杨虹, 2006. 太湖梅梁湾冬季浮游细菌的多样性[J]. 生态学杂志, 25(10): 1196-1200.

吴月芽, 张根福, 2014. 1950 年代以来太湖流域水环境变迁与驱动因素[J]. 经济地理, 34(11): 151-157.

伍献文, 1962. 五里湖 1951 年湖泊学调查(五): 鱼类区系及其分析[J]. 水生生物学集刊, 1: 99-113.

向燕, 2010. 太湖沉积物中氨氧化原核生物的群落结构及其分布研究[D]. 广州: 暨南大学.

肖科沂, 朱颖, 周敏军, 等, 2022. 基于鸟类生物完整性指数的苏州湿地健康评价[J]. 中国城市林业, 20(1): 114-119.

谢平, 2008. 太湖蓝藻的历史发展与水华灾害[M]. 北京: 科学出版社.

谢宇, 2012. 不同水动力下太湖水生植物群落对水体净化能力研究[D]. 南京: 南京林业大学.

熊满辉, 任泷, 徐东坡, 2022. 2016~2020 年太湖鱼类群落结构变化及对太湖水环境的响应[J]. 上海海洋大学学报, 31(6): 1478-1487.

胥瑞晨, 逄勇, 胡祉冰, 2021. 1990~2019 年江苏片区入太湖水量变化及原因分析[J]. 湖泊科学, 33(3): 797-805.

徐超, 张军毅, 朱冰川, 等, 2015. 夏季太湖梅梁湾水体中细菌的群落结构[J]. 环境监控与预警, 7(1): 37-40.

徐德琳, 林乃峰, 邹长新, 等, 2017. 太湖食物网生态化学计量学特征空间差异[J]. 中国环境科学, 37(12): 4681-4689.

徐徽, 张路, 商景阁, 等, 2009. 太湖水土界面氮磷释放通量的流动培养研究[J]. 生态与农村环境学报, 25(4): 66-71.

徐卫东, 毛新伟, 吴东浩, 等, 2012. 太湖五里湖水生态修复效果分析评估[J]. 水利发展研究, 12(8): 60-63.

徐雪红, 2011. 健康太湖指标体系研究[M]. 南京: 河海大学出版社.

许浩, 蔡永久, 汤祥明, 等, 2015. 太湖大型底栖动物群落结构与水环境生物评价[J]. 湖泊科学, 27(5): 840-852.

许钦, 叶鸣, 蔡晶, 等, 2023. 1956—2018 年太湖流域降水统计特征及演变趋势[J]. 水资源保护, 39(1): 127-132.

宣淮翔, 安树青, 孙庆业, 等, 2011. 太湖不同湖区水生真菌多样性[J]. 湖泊科学, 23(3): 469-478.

薛庆举, 汤祥明, 龚志军, 等, 2020. 典型城市湖泊五里湖底栖动物群落演变特征及其生态修复应用建议[J].

湖泊科学, 32(3): 762-771.

薛涛涛, 刘雄军, 武瑞文, 等, 2019. 太湖蚌类现存量及空间分布格局[J]. 湖泊科学, 31(1): 202-210.

薛银刚, 刘菲, 江晓栋, 等, 2018. 太湖不同湖区冬季沉积物细菌群落多样性[J]. 中国环境科学, 38(2): 719-728.

杨桂军, 秦伯强, 高光, 等, 2008. 太湖不同湖区轮虫群落结构季节变化的比较研究[J]. 环境科学, 29(10): 2963-2969.

杨宏伟, 高光, 朱广伟, 2012. 太湖蠡湖冬季浮游植物群落结构与氮磷浓度关系. 生态学杂志, 31(1): 1-7.

杨佳, 周健, 秦伯强, 等, 2020. 太湖梅梁湖浮游动物群落结构长期变化特征(1997~2017 年)[J]. 环境科学, 41(3): 1246-1255.

杨井志成, 罗菊花, 陆莉蓉, 等, 2021. 东太湖围网拆除前后水生植被群落遥感监测及变化[J]. 湖泊科学, 33(2): 507-517.

杨柳, 章铭, 刘正文, 2011. 太湖春季浮游植物群落对不同形态氮的吸收[J]. 湖泊科学, 23(4): 605-611.

杨柳燕, 王楚楚, 孙旭, 等, 2016. 淡水湖泊微生物硝化反硝化过程与影响因素研究[J]. 水资源保护, 32(1): 12-22.

杨柳燕, 杨欣妍, 任丽曼, 等, 2019. 太湖蓝藻水华暴发机制与控制对策[J]. 湖泊科学, 31(1): 18-27.

杨清心, 李文朝, 俞林, 等, 1995. 东太湖围栏养殖及其环境效应［J］. 湖泊科学, 7(3): 256-262

叶佳林, 2006. 太湖梅梁湾沿岸带鱼类组成和摄食生态研究[D]. 武汉: 华中农业大学.

叶文瑾, 2009. 太湖富营养化水体和底泥中微生物群落的分子生态学研究[D]. 上海: 上海交通大学.

叶学瑶, 2021. 竺山湖主要小型鱼类资源利用状况及其生态位研究[D]. 上海: 上海海洋大学.

袁丽娜, 宋炜, 肖琳, 等, 2006. 附生假单胞菌存在下不同光照时间对铜绿微囊藻生长与磷代谢的影响[J]. 生态与农村环境学报, 22(2): 85-87.

袁瑞, 付云, 张鹏, 等, 2021. 南太湖水体及水产品中微囊藻毒素污染状况调查[J]. 中国卫生检验杂志, 31(10): 1243-1246.

袁信芳, 施华宏, 王晓蓉, 2006. 太湖着生藻类的时空分布特征[J]. 农业环境科学学报, 25(4): 1035-1040.

岳春梅, 袁新华, 董在杰, 等, 2005. 应用 PCR 检测太湖青虾白斑病毒和桃拉病毒[J]. 淡水渔业, 35(6): 16-18.

岳冬梅, 田梦, 宋炜, 等, 2011. 太湖沉积物中氮循环菌的微生态[J]. 微生物学通报, 38(4): 555-560.

张海燕, 陈桥, 张翔, 等, 2018. 太湖钩虾种群时空分布特征及与环境因子关系分析[J]. 海洋湖沼通报(5): 57-65.

张红燕, 袁永明, 贺艳辉, 等, 2010. 蠡湖鱼类群落结构及物种多样性的空间特征[J]. 云南农业大学学报, 25(1): 22-28.

张虎军, 宋挺, 朱冰川, 等, 2022. 太湖蓝藻水华暴发程度年度预测[J]. 中国环境监测, 38(1): 157-164.

张强, 刘正文, 2010. 附着藻类对太湖沉积物磷释放的影响[J]. 湖泊科学, 22(6): 930-934.

张圣照, 王国祥, 濮培民, 等, 1999. 东太湖水生植被及其沼泽化趋势[J]. 植物资源与环境, 8(2): 1-6.

张彤晴, 唐晟凯, 李大命, 等, 2016. 太湖鲢鳙放流增殖效果评价和容量研究[J]. 江苏农业科学, 44(9): 243-247.

张翔, 徐东炯, 陈桥, 2014. 太湖湖滨带大型底栖动物的群落结构研究[J]. 环境科学与管理, 39(1): 159-163.

张翔, 沈伟, 周国栋, 2021. 2018—2020 年太湖鱼类群落结构及其环境因子典范对应分析[J]. 生态与农村环境学报, 37(5): 674-680.

张亚洲, 曹菊萍, 戴晶晶, 等, 2017. 基于太湖模型的区域调水引流改善水环境方案研究[C]//2017(第五届)中国水生态大会论文集. 上海: 太湖流域管理局水利发展研究中心.

张伊佳, 陈星, 许钦, 等, 2020. 太湖下游河网区水质变化特征与引水调控效果[J]. 水资源保护, 36(5): 79-86.

张奕妍, 黄兰兰, 王夕予, 等, 2022. 噬藻体对蓝藻种群密度的调控及其对水体中物质循环的影响[J]. 湖泊科学, 34(2): 376-390.

张迎梅, 阮禄章, 董元华, 等, 2000. 无锡太湖地区夜鹭及白鹭繁殖生物学研究[J]. 动物学研究, 21(4): 275-278.

张运林, 秦伯强, 朱广伟, 2020. 过去40年太湖剧烈的湖泊物理环境变化及其潜在生态环境意义[J]. 湖泊科学, 32(5): 1348-1359.

张振振, 2019. 太湖渔业捕捞配额制度演变路径研究[D]. 上海: 上海海洋大学.

张智渊, 2018. 太湖大气湿沉降氮、磷营养盐特征及其对浮游植物的影响[D]. 北京: 中国环境科学研究院.

赵冬福, 2023. 梅梁湾食物网结构对两种渔业管理方式的生态响应[D]. 上海: 上海海洋大学.

赵凯, 2017. 太湖水生植被分布格局及演变过程[D]. 南京: 南京师范大学.

赵凯, 周彦锋, 蒋兆林, 等, 2017. 1960年以来太湖水生植被演变[J]. 湖泊科学, 29(2): 351-362.

中国科学院南京地理研究所, 1965. 太湖综合调查初步报告[M]. 北京: 科学出版社.

钟春妮, 杨桂军, 高映海, 等, 2012. 太湖贡湖大型浮游动物群落结构的季节变化[J]. 水生态学杂志, 33(1): 47-52.

钟小燕, 王船海, 庾从蓉, 等, 2017. 流速对太湖河道底泥泥沙、营养盐释放规律影响实验研究[J]. 环境科学学报, 37(8): 2862-2869.

周纯, 宋春雷, 曹秀云, 等, 2012. 太湖不同解有机磷菌株胞外碱性磷酸酶活性对蓝藻碎屑的响应[J]. 水生生物学报, 36(1): 119-125.

周丹, 2022. 太湖鲢、鳙肠道微生物群落结构特征研究[D]. 上海: 上海海洋大学.

周彦锋, 周游, 尤洋, 2017. 五里湖人工基质上着生藻类群落结构及其影响因子研究[J]. 水生态学杂志, 38(2): 57-64.

周义道, 2019. 太湖浮游动物群落结构及环境相关性研究[D]. 上海: 上海师范大学.

朱爱民, 2020. 淡水生态系统监测评价指标体系初步研究[J]. 人民长江, 51(2): 32-37.

朱成德, 钟瑄世, 1978. 太湖人工放流效果的初步探讨[J]. 淡水渔业(2): 2-9.

朱广伟, 2008. 太湖富营养化现状及原因分析[J]. 湖泊科学, 20(1): 21-26.

朱广伟, 秦伯强, 高光, 2005. 风浪扰动引起大型浅水湖泊内源磷暴发性释放的直接证据[J]. 科学通报, 50(1): 66-71.

朱广伟, 钟春妮, 秦伯强, 等, 2018. 2005~2017年北部太湖水体叶绿素a和营养盐变化及影响因素[J]. 湖泊科学, 30(2): 279-295.

朱广伟, 邹伟, 国超旋, 等, 2020. 太湖水体磷浓度与赋存量长期变化(2005~2018年)及其对未来磷控制目标管理的启示[J]. 湖泊科学, 32(1): 21-35.

朱广伟, 秦伯强, 张运林, 等, 2021. 近70年来太湖水体磷浓度变化特征及未来控制策略[J]. 湖泊科学, 33(4): 957-973.

朱金格, 胡维平, 刘鑫, 等, 2019. 湖泊水动力对水生植物分布的影响[J]. 生态学报, 39(2): 454-459.

朱锦旗, 徐恒力, 2008. 太湖水域氮、磷环境容量研究[J]. 人民长江, 39(18): 29-31.

朱明胜, 周法兴, 陈卫东, 等, 2019. 关于新发展理念下太湖捕捞渔业转型的思考[J]. 渔业信息与战略, 34(1): 24-29.

朱松泉, 2004. 2002—2003年太湖鱼类学调查[J]. 湖泊科学, 16(2): 120-124.

朱威, 2022. 太湖流域2021年水旱灾害防御工作经验与启示[J]. 中国水利(9): 8-10.

参 考 文 献

朱铮宇, 范竟成, 张铭连, 2016. 苏州市湿地公园鸟类评估指标研究[J]. 江苏林业科技, 43(4): 27-30.

诸发文, 陆志华, 蔡梅, 等, 2017. 太湖流域平原河网区水系连通性评价[J]. 水利水运工程学报, 4: 52-58.

邹迪, 肖琳, 杨柳燕, 等, 2005. 不同氮磷比对铜绿微囊藻及附生假单胞菌磷代谢的影响[J]. 环境化学, 24(6): 647-650.

BONDARENKO M, KERR D, SORICHETTA A, et al., 2020. Census/projection-disaggregated Gridded Population Datasets for 189 Countries in 2020 using Built-Settlement Growth Model (BSGM) Outputs[DB]. Southampton: University of Southampton.

CARLTON R G, WETZEL R G, 1988. Phosphorus flux from lake sediments: Effect of epipelic algal oxygen production[J]. Limnology and oceanography, 33(4): 562-570.

CHATELAIN M, GUIZIEN K, 2010. Modelling coupled turbulence-dissolved oxygen dynamics near the sediment-water interface under wind waves and sea swell[J]. Water research, 44(5): 1361-1372.

CHEN C, YIN D, YU B, et al., 2007. Effect of epiphytic algae on photosynthetic function of Potamogeton crispus[J]. Journal of freshwater ecology, 22(3): 411-420.

CHEN W, NAWERCK A, 1996. A note on composition and feeding of crustacean zooplankton of Lake Taihu, jiangsu province, China[J]. Limnologica, 26(3): 275-279.

CHEN X, JIANG H, XU S, et al., 2016. Nitrification and denitrification by algae-attached and free-living microorganisms during a cyanobacterial bloom in Lake Taihu, a shallow Eutrophic Lake in China[J]. Biogeochemistry, 131: 135-146.

COUCH K M, BURNS C W, GILBERT J J, 2001. Contribution of rotifers to the diet and fitness of Boeckella (Copepoda: Calanoida)[J]. Freshwater biology, 41(1): 107-118.

CRAWFORD R L, CRAWFORD D L, 1996. Biorcemediation: Principles and applications[M]. London: Cambridge University Press.

DODDS W K, 2010. The role of periphyton in phosphorus retention in shallow freshwater aquatic systems[J]. Journal of phycology, 39(5): 840-849.

FERRÃO-FILHO A S, KOZLOWSKY-SUZUKI B, AZEVEDO S M F O, 2002. Accumulation of microcystins by a tropical zooplankton community[J]. Aquatic toxicology, 59(3/4): 201-208.

FERREIRA T F, CROSSETTI L O, MARQUES D M L M, et al., 2018. The structuring role of submerged macrophytes in a large subtropical shallow lake: Clear effects on water chemistry and phytoplankton structure community along a vegetated-pelagic gradient[J]. Limnologica, 69: 142-154.

GAO Y, ZHU B, YU G, et al., 2014. Coupled effects of biogeochemical and hydrological processes on C, N, and P export during extreme rainfall events in a purple soil watershed in southwestern China[J]. Journal of hydrology, 511: 692-702.

HAMPEL J J, MCCARTHY M J, GARDNER W S, et al., 2018. Nitrification and ammonium dynamics in Taihu Lake, China: Seasonal competition for ammonium between nitrifiers and cyanobacteria[J]. Biogeosciences, 15: 733-748.

HANSSON L, 1988. Effects of competitive interactions on the biomass development of planktonic and periphytic algae in lakes[J]. Limnology and oceanography, 33(1): 121-128.

HUANG Q, WANG Z, WANG D, et al., 2006. Distribution and origin of biologically available phosphorus in the water of the Meiliang Bay in summer[J]. Science in China(series D earth sciences), 49: 146-153.

ISOBE K, KOBA K, SUWA Y, et al., 2012. High abundance of ammonia-oxidizing archaea in acidified subtropical forest soils in southern China after long-term N deposition[J].FEMS microbiology ecology, 80(1): 193-203.

JI L, WANG Y R, WANG Q S, et al., 2023. Spatial and temporal pattern of benthic macroinvertebrate assemblages in two large Chinese freshwater lakes subjected to different degrees of eutrophication[J]. Journal of freshwater ecology, 38(1): 2259229.

JIRKA G H, HERLINA H, NIEPELT A, 2010. Gas transfer at the air-water interface: Experiments with different turbulence forcing mechanisms[J]. Experiments in fluids, 49(1): 319-327.

LANCE E, NEFFLING M R, GERARD C, et al., 2010. Accumulation of free and covalently bound microcystins in tissues of Lymnaea stagnalis (Gastropoda) following toxic cyanobacteria or dissolved microcystin-LR exposure[J]. Environmental pollution, 158: 674-680.

LI G, LI L, KONG M, 2021. Multiple-scale analysis of water quality variations and their correlation with land use in highly urbanized Taihu Basin, China[J]. Bulletin of environmental contamination and toxicology, 106(1): 218-224.

LIAN H, LEI Q, ZHANG X, et al., 2018. Effects of anthropogenic activities on long-term changes of nitrogen budget in a plain river network region: A case study in the Taihu Basin[J]. Science of the total environment, 645: 1212-1220.

LIU Y, XIE P, ZHANG D, et al., 2008. Seasonal dynamics of microcystins with associated biotic and abiotic parameters in two bays of Lake Taihu, the third largest freshwater lake in China[J]. Bulletin of environmental contamination and toxicology, 80 (1): 24-29.

LOVLEY D R, 1993. Anaerobes into heavy metal: Dissimilatory metal reduction in anoxic environments[J]. Trends in ecology and evolution, 8(6): 213-217.

LU H, YANG L, FAN Y, et al., 2022. Novel simulation of aqueous total nitrogen and phosphorus concentrations in Taihu Lake with machine learning[J]. Environmental research, 204: 111940.

MADSEN J D, CHAMBERS P A, JAMES W F, et al., 2001. The interaction between water movement, sediment dynamics and submersed macrophytes[J]. Hydrobiologia, 444: 71-84.

MCKEE D, ATKINSON D, COLLINGS S, et al., 2002. Macro-zooplankter responses to simulated climate warming in experimental freshwater microcosms[J]. Freshwater biology, 47(8): 1557-1570.

MONTEIRO M, SÉNECA J, MAGALHAES C, 2014. The history of aerobic ammonia oxidizers: from the first discoveries to today[J]. Journal of microbiology, 52(7): 537-547.

MOORE P A, REDDY K R, FISHER M M, 1998. Phosphorus flux between sediment and overlying water in lake okeechobee, Florida: Spatial and temporal variations[J]. Journal of environmental quality, 27(6): 1428-1439.

NANDINI S, SANCHEZ-ZAMORA C, SARMA S S S, 2019. Toxicity of cyanobacterial blooms from the reservoir Valle de Bravo (Mexico): A case study on the rotifer Brachionus calyciflorus[J]. Science of the total environment, 688: 1348-1358.

NICHOLS S A, SHAW B H, 1986. Ecological life histories of the 3 aquatic nuisance plants, myriophyllum-spicatum, potamogeton-crispus and elodea-canadensis[J]. Hydrobiologia, 131(1): 3-21.

NICOL G W, LEININGER S, SCHLEPER C, et al., 2008. The influence of soil pH on the diversity, abundance and transcriptional activity of ammonia oxidizing archaea and bacteria[J]. Environmental microbiology, 10(11): 2966-2978.

PAERL H W, XU H, MCCARTHY M J, et al., 2011. Controlling harmful cyanobacterial blooms in a hyper-eutrophic lake (Lake Taihu, China): The need for a dual nutrient (N & P) management strategy[J]. Water research, 45: 1973-1983.

POUND H L, GANN E R, TANG X, et al., 2020. The "neglected viruses" of Taihu: Abundant transcripts for viruses infecting eukaryotes and their potential role in phytoplankton succession[J]. Frontiers in microbiology, 11: 338.

QIN B Q, ZHU G W, GAO G, et al., 2010. A drinking water crisis in Lake Taihu, China: Linkage to climatic variability and lake management[J]. Environmental management, 45: 105-112.

ROMERO-OLIVA C S, CONTARDO-JARA V, BLOCK T, et al., 2014. Accumulation of microcystin congeners in different aquatic plants and crops-A case study from lake Amatitlan, Guatemala[J]. Ecotoxicology and environmental safety, 102: 121-128.

SALK K R, BULLERJAHN G S, MCKAY R M L, et al., 2018. Nitrogen cycling in Sandusky Bay, Lake Erie: Oscillations between strong and weak export and implications for harmful algal blooms[J]. Biogeosciences, 15(9): 2891-2907.

SAND-JENSEN K, MOLLER C L, 2014. Reduced root anchorage of freshwater plants in sandy sediments enriched with fine organic matter[J]. Freshwater biology, 59(3): 427-437.

SCHUTTEN J, DAINTY J, DAVY A J, 2005. Root anchorage and its significance for submerged plants in shallow lakes[J]. Journal of ecology, 93(3): 556-571.

STIEF P, POLERECKY L, POULSEN M, et al., 2010. Control of nitrous oxide emission from Chironomus plumosus larvae by nitrate and temperature[J]. Limnology and oceanography, 55: 872-884.

VAN ZUIDAM B G, PEETERS E T H M, 2015. Wave forces limit the establishment of submerged macrophytes in large shallow lakes[J]. Limnology and oceanography, 60(5): 1536-1549.

WANG M M, ZHAN Y X, CHEN C, et al., 2022. Amplified cyanobacterial bloom is derived by polyphosphate accumulation triggered by ultraviolet light[J]. Water research, 222: 118837.

WANG M M, BIAN W B, QI X M, et al., 2024. Cycles of solar ultraviolet radiation favor periodic expansions of cyanobacterial blooms in global lakes[J]. Water research, 255: 121471.

WANG X, LU Y, HE G, et al., 2007. Exploration of relationships between phytoplankton biomass and related environmental variables using multivariate statistic analysis in a eutrophic shallow lake: A 5-year study[J]. Journal of environmental sciences, 19(8): 920-927.

WILHELM S W, FARNSLEY S E, LECLEIR G R, et al., 2011. The relationships between nutrients, cyanobacterial toxins and the microbial community in Taihu (Lake Tai), China[J]. Harmful algae, 10(2): 207-215.

YANG G, ZHONG C, PAN H, 2009. Comparative studies on seasonal variations of metacrustaceans in waters with different eutrophicstates in Lake Taihu[J]. Environmental monitoring and assessment, 150: 445-453.

YANG G, QIN B, TANG X, et al., 2012. Characterization of crustaceans communities in waters with different eutrophic states in a large shallow eutrophic fresh water lake (Lake Taihu, China)[J]. Fresenius environmental bulletin, 21(3): 534-542.

YUAN D, MENG X, DUAN C, et al., 2018. Effects of water exchange rate on morphological and physiological characteristics of two submerged macrophytes from Erhai Lake[J]. Ecology and evolution, 8(24): 12750-12760.

ZHANG Y, QIN B, LIU M, 2007. Temporal-spatial variations of chlorophyll a and primary production in Meiliang Bay, Lake Taihu, China from 1995 to 2003[J]. Journal of plankton research, 29(8): 707-719.

ZHAO D, LV M, JIANG H, et al., 2013. Spatio-temporal variability of aquatic vegetation in Taihu Lake over the past 30 years[J]. Plos one, 8(6): e66365.

ZHAO K, WANG L, YOU Q, et al., 2021. Influence of Cyanobacterial Blooms and Environmental Variation on Zooplankton and Eukaryotic Phytoplankton in a Large, Shallow, Eutrophic Lake in China[J]. Science of the total environment, 773(1): 145421-145434.

ZHONG J, FAN C, LIU G, et al., 2010. Seasonal variation of potential denitrification rates of surface sediment from Meiliang Bay, Taihu Lake, China[J]. Journal of environmental sciences, 22(7): 961-967.

ZHU M Y, ZHU G W, NURMINEN L, et al., 2015. The influence of macrophytes on sediment resuspension and the effect of associated nutrients in a shallow and large lake (lake Taihu, China)[J]. Plos one, 10(6): e0127915.